Waldaufbau auf standortgerechter Grundlage

am Beispiel Bärenthoren und Hoher Fläming

FOR a. D. Dr. Ottomar Greger

unter Mitarbeit von Gerhard Schulze

(Fm. a. D. und ehemaliger Leiter der Standortserkundung
der Deutschen Demokratischen Republik)

Dem Altmeister
der Standort- und Naturraumerkundung
für die Daseinsvorsorge,
Herrn Dr. habil. Dietrich Kopp (+),
in Ehrfurcht gewidmet

Impressum

Herausgeber:
cw Nordwest Media Verlagsgesellschaft mbH • Am Lustgarten 1 • 23936 Grevesmühlen
Tel./Fax: 03881/2339 • info@nwm-verlag.de • www.nwm-verlag.de

Autor: FOR a.D. Dr. Ottomar Greger
unter Mitarbeit von Gerhard Schulze
1. Auflage 2021

Das Cover des Buches wurde vom Verleger Ulf Peter Schwarz gestaltet
und symbolisiert den Kiefernwald als einen der tragenden Gedanken des Buches.

Gesamtherstellung:
cw Nordwest Media Verlag
Erscheint unter dem Label: FOX

ISBN: 978-3-946324-46-1

Waldaufbau auf standortgerechter Grundlage am Beispiel Bärenthoren und Hoher Fläming

FOR a. D. Dr. Ottomar Greger

unter Mitarbeit von Gerhard Schulze

(Fm. a. D. und ehemaliger Leiter der Standortserkundung
der Deutschen Demokratischen Republik)

NWM

Zum Geleit

Auf einem forstwissenschaftlich und forstpraktisch sehr anspruchsvollem Niveau wird der direkte Zusammenhang zwischen Standort und Waldbau an einem repräsentativ ausgewählten Beispiel, dem Forstrevier Bärenthoren und seinem umgebenden Naturraum, anschaulich dargestellt und sachlogisch erläutert.
Der Inhalt des Buches ist deutschlandweit beispielgebend für eine effiziente, nachhaltige Waldbewirtschaftung. Für das Land Sachsen-Anhalt ist es eine konkrete, aktuelle Anleitung für den praktischen Waldbau auf standortskundlicher Grundlage. Die im Verlaufe eines Berufslebens gewonnenen praktischen Erfahrungen und wissenschaftlichen Erkenntnisse münden als Synthese in wichtige Empfehlungen für Forstwirtschaft und Forstpolitik.
Nur wenigen forstlichen Persönlichkeiten ist es vergönnt, ein derartig mit aggregiertem Fachwissen ausgestattetes Buch schreiben zu können. Dieses Fachwissen integriert die gemeinschaftliche Arbeit mit dem ehemaligen Leiter der Standortserkundung in der Deutschen Demokratischen Republik Forstmeister a. D. Gerhard Schulze/Schwerin.

Professor Dr. sc. Karl-Willi Lockow/Eberswalde

Foto: O. Greger

Allgemeines

Der Autor hatte als einer der letzten Studenten das Glück, ein Studiensemester der Forstlichen Fakultät der TU Dresden im Rahmen des Ingenieurpraktikums in Eberswalde zu verbringen. Die Ausbildung erfolgte unter der Leitung des Forstmeisters, und späteren Professors, Dr. Norbert Kohlstock in der Oberförsterei Chorin. Sehr bedauerlicher Weise war die bedeutende Forstfakultät der Humboldt-Universität in Eberswalde 1963 aufgelöst worden. Jedoch kurz danach war im Staatlichen Forstwirtschaftsbetrieb Eberswalde mit Unterstützung des ehemaligen Lehrkörpers der Fakultät die Möglichkeit für eine duale Ausbildung als Ingenieurpraktikum im Sinne der „Eberswalder Schule" geschaffen worden.

Diese Schule verkörpert die standortgerechte Forstwirtschaft nach Pfeil'schem Vorbild, indem sie ganzheitlich Praxis mit Wissenschaft verbindet. Das bewog den Autor, nach dem Erwerb des Hochschuldiploms an der TU Dresden, eine Arbeit als Standortserkunder im VEB Forstprojektierung Potsdam, Betriebsteil Schwerin, zu beginnen. Die hier erworbenen Kenntnisse halfen dem Autor, nach der deutschen Einheit als altmärkischer Forstamtsleiter gleichermaßen waldkundegerecht wie betriebswirtschaftlich zu arbeiten. Diese Sicht vervollständigte sich, als er nach der Auflösung des altmärkischen Forstamtes Stendal als Waldökologe in die Standortserkundung des Hohen Flämings (Forstamt Nedlitz) beordert wurde. Hier strebte der Autor das außerordentlich hohe Arbeitsniveau des ehemaligen VEB Forstprojektierung an. Unterstützt wurde die praktische Arbeit durch den Amtsleiter des Betreuungsforstamtes Nedlitz, Herrn Diplomforstingenieur D. Radtke. Die Erkundung kombinierte die Bodeneigenschaften mit den Eigenschaften der Forst- und Waldgesellschaften und den anthropogenen Standortsveränderungen aus der Landeskulturgeschichte. Aus dieser ganzheitlichen Waldbetrachtung erklärt sich die Entwicklung neuer Bodenformen.

Das Buch ist dem Andenken der „Eberswalder Schule" und dem ehemaligen Dauerwaldrevier Bärenthoren gewidmet. Nachdem Krutzsch „Bärenthoren 1924" und Krutzsch und Weck „Bärenthoren 1934" aus Dauerwaldsicht herausgaben, soll hier Bärenthoren in seinem Naturraum aus waldkundlich-standortskundlicher Sicht dargestellt werden.

Der „Dreiklang" des Buchtitels Standort - Waldbau - Bärenthoren zielt auf die Ganzheit, den Forstdirektor Professor Dr. Alfred Möller anstrebte. Das Buch möchte vom Standort insbesondere vom Boden ausgehend über die Behandlung des Naturraumes Bärenthorens zum Waldverständnis führen. Der Dauerwaldstreit und die Diskussion um Bärenthoren haben dazu geführt, dass die Entwicklung der Grundlagenwissenschaften der Forstwirtschaft beschleunigt wurde. Dabei wurde Möllers These von der Untrennbarkeit von Standort und Bestockung (ein Waldwesen) bestätigt. Seine diesbezügliche Waldorganismusidee hat letztlich zum Waldökosystembegriff weitergeführt. Damit ist auch die Idee von der Stetigkeit des Waldwesens gemeint, dessen Selbstorganisationsvermögen vom standortgerechten Waldbau genutzt wird und dabei auch die Möllersche Idee vom Dauerwald als Betriebsziel nutzt. Inwieweit Bärenthoren diesen Dauerwald repräsentiert, wird im „Dreiklang" dargelegt.

Das Buch dient der Bewahrung der Erkenntnisse der standortgerechten Forstwirtschaft mit der Empfehlung von Waldaufbauformen, die gleichermaßen ökologisch wie leistungsstark ausgerichtet sind. Das Buch wurde stark gegliedert und stellt in seinen Gliederungen bewusst wiederholt Grundlegendes dar, um es als Nachschlagewerk nutzbar zu machen.

Inhaltsverzeichnis

Übersicht

Das Buch „Standort und Waldbau - Bärenthoren" gründet sich auf dem Erläuterungsband zu Standortskarten für den Hohen Fläming, Forstamt Nedlitz (LPF, Greger, O. 2007/2008).
Sein Ziel ist es, standortskundlich-naturräumlichen Befunde in die Praxis des laufenden Betriebes zu überführen. Es handelt sich um die Befunde einer Wiederholungs-Standortserkundung. Diese wurde notwendig, weil die aktuell vorliegende Erkundung (VEB Forstprojektierung 1989, 1990) eine teilweise fehlerhafte Umstufung auf ein neues, standortskundlich-waldbaulich wichtiges Entwicklungsstadium war. Greger (2007/2008) bezog sich stark auf die sehr frühe, sehr gute Erstkartierung (Teichmann 1954, Ergebnisse Standortserkundung Nedlitz 1954). Die Wiederholungskartierung strebte hinsichtlich der waldbaulich-waldökologischen Aussagen der Erkundungsergebnisse eine neue Qualität an.
Dabei ging es erstrangig um die Verwirklichung des kombinierten Erkundungsverfahrens: Stabile, potenzielle Standortseigenschaften werden von den instabilen, biologisch veränderbaren getrennt erhoben und kartiert und dann vergleichend auswertend kombiniert.
Dabei werden ihr Entwicklungszustand und die waldbaulichen Entwicklungsmöglichkeiten eines meliorativen Waldbaus deutlich. Das gilt besonders für die Abweichungen des Oberbodenzustandes von der normalen Standortspotenz. Dieses Kombinierte Erkundungsverfahren hat in Mitteleuropa eine herausgehobene beispielhafte Pionierfunktion. Es betrachtet die Standorte und Naturräume betont aus **waldbaulich-waldökologischer** Sicht. So gelang es, modifizierte Betriebsformen für Teile des Flachlandes Sachsen-Anhalts mit **trockenheitsangepassten Bewirtschaftungsrichtlinien** besonders für die Kiefer, aber auch für das besondere Rotbuchenvorkommen im Fläming zu entwickeln. Sie sind besonders standortgerecht nach der Nährkraft der Mosaikbereiche gegliedert. Das Buch erfasst das Wuchsgebiet Hoher Fläming mit Teilen der Wuchsbezirke Wiesenburger Fläminghochfläche und der Nedlitzer Flämingrandplatte.
Weiterhin war es zunächst notwendig, das geologische Stadium Grundmoräne zu erkunden. Damit entstand die Basis für die Bestimmung der Feinbodenformen und die Korrektur der fraglichen Bodenformen der Altkartierung (VEB Forstprojektierung 1989, 1990). Diesbezüglich gilt die Forstliche Standortserkundung mit ihrer Zwischenstellung zwischen Bodenkunde und Geologie als **Bodengeologie**. Sie erkundet und kartiert den entwickelten, belebten und durchwurzelten Boden mit Bohrungen bis zu 4 m Tiefe. Darüber hinaus gehende Untersuchungen obliegen z. B. der (Hydro-) Geologie, besonders wenn es um den waldbaulich so wichtigen Bodenwasserhaushalt geht. Die Standortserkundung hat besonders die vorwiegend vorkommenden **Sand-Braunerden stärker gegliedert** bewertet. Hierzu wurde vorrangig der Einfluss des Substrates in den oberen Bodenlagen hinsichtlich Staub-, Schluff- und Tongehalt zur Beurteilung herangezogen. Das Vorkommen der ziemlich armen Bärenthorener Sand-Braunerde (Sand-Braunpodsol) (BäS), das in der Altkartierung großflächig ausgeschieden wurde, ließ sich fast vollständig ausschließen. Die geologischen Nachforschungen hatten ergeben, dass sich auf den Hochflächensanden der Grundmoräne überwiegend anlehmige Oberböden mit der Nedlitzer Sand-Braunerde befinden. Die BäS besitzt jedoch im Oberboden nur reinen Sand und scheidet deshalb als Feinbodenform im Bereich der Hochflächensande aus. Die Bestimmung der BäS war eine Verwechselung mit der Rüthnicker Sand-Rumpfrosterde. Diese stellt den erosionsbedingten Rumpf der Braunerde (NeS) dar, der seinen anlehmigen, verbraunten Oberboden weitgehend verloren hat. Zugleich wurden **neue Bodenformen** ausgeschieden. Sie erklären das besondere Rotbuchenvorkommen unter anderem aus dem neu entdeckten Lößsandvorkommen.
Aber auch der **Standortsfaktor Mensch** wurde gezielt untersucht. Dabei stellten sich auf nahezu allen Forstorten die verschiedensten Einflüsse durch eine tlw. Jahrhunderte währende landwirtschaftliche Bodennutzung heraus. Neu ist die Entdeckung der Eschböden als kulturgeschichtlicher Fund aus der Flamenzeit. Alle Erkenntnisse führten dazu, dass die alten Standortsformen auf nahezu der Hälfte der Fläche mehr oder weniger korrigiert wurden. Damit wird dem **Waldumbau** eine neue Grundlage für eine standorts- und naturraumgerechte Arbeitsweise gegeben.
Erstmals wurde im Untersuchungsgebiet die **Zustandsfruchtbarkeit** des Oberbodens in Form einer Humusformenkartierung erfasst. Damit erhielt der Waldbau Hinweise auf den Zustand der durch ihn beeinflussbaren Standortsfaktoren, so dass er sich auf den Faktorenkomplex Waldbau, Klimawandel einschließlich der Grundwasserab-

senkung, Eutrophierung wie Degradierung und betriebswirtschaftliche wie forstpolitische Erfordernisse einstellen kann. Als ein besonderes Problem wurde die **immissionsbedingte Verbuschung** mit Traubenkirsche und **Vergrasung** sowie die klimabedingte **Grundwasserabsenkung** behandelt.
Die genaue Bestimmung der Braunerden führte zu dem Nachweis, dass es sich im Hohen Fläming überwiegend um Standorte des **Buchenmischwaldes** handelt. Das schließt die Existenz eines **„Kiefern-Dauerwaldes"** aus und beendet diesbezüglich den „Dauerwaldstreit".
Die Irrtümer in diesem Streit erklären sich forsthistorisch großenteils aus einem Mangel an Kenntnissen vom Standort und dessen Entwicklungsdynamik. Somit kann Bärenthoren nicht mehr als „Kronzeuge" für eine Dauerwaldwirtschaft dienen.
Die **waldökologische Besonderheit des Rotbuchenvorkommens** im Fläming wurde mit der Naturraumerkundung untersetzt, denn die Kartierung der Mosaikbereiche grenzt die waldbaulichen Möglichkeiten der Bestockungszieltypen (BZT) ab und erläutert sie. Hierbei ist die unterschiedliche Bewertung jeder Feinbodenform nach ihrem jeweiligen Vorkommen in den Mosaikbereichen unterschiedlicher Trophie für den Fläming neu. Erst ein Tabellenwerk
für BZT, das nährstoffbedingt nach Mosaikgruppen gegliedert ist, ermöglicht einen **regionalen Waldbau auf naturräumlicher Grundlage**. Es werden Hinweise zur Entwicklung eines klimaplastischen Mischwaldes gegeben. Hierzu wurden die wichtigsten Standortsformen im Sinne einer Betriebsanleitung für den praktischen Waldbau näher beschrieben, so dass ein und dieselbe Feinbodenform in den verschiedenen Mosaikbereichen unterschiedlich be-
wertet wird. Das Ergebnis der Wiederholungskartierung verdeutlicht, dass im Fläming, wie auch allgemein im Tiefland nicht nur Sachsen-Anhalts, der mesotrophe Bereich stärker waldökologisch aufgegliedert erkundet und behandelt werden muss, um den Erfordernissen des Waldbaus, der Betriebswirtschaft und der Wissenschaft gerecht zu werden.

A Einleitung

1 Bedeutung des Untersuchungsgebietes – In Bärenthoren offenbarte sich die Dauerwaldwirtschaft

Das Forstamt Nedlitz erhält seine besondere forstliche Geltung für die Kiefernbewirtschaftung u. a. durch das Revier Bärenthoren, aber auch durch die Dobritzer Wirtschaft und die „Hagendorfer Dickten" mit ihren autochthonen Kiefern. Das Revier Bärenthoren als **Ursprungsrevier** für die **„Kiefern-Dauerwaldwirtschaft"** besitzt eine außerordentliche **Bedeutung für Grundsatzfragen in der Kiefernwirtschaft**. Eine der Grundsatzfragen ist die nach den Fundamenten, welche zweifelsohne die standortskundlich-naturräumliche Kenntnis für den betreffenden Naturraum in der Zusammenarbeit mit dem praktischen Waldbau und der Waldökologie erarbeitet. Die Standortserkundung des Nordostdeutschen Tieflandes (Kopp, Jäger, Suckow 1982) wurde eigens zur gesellschaftlich optimalen Landnutzung geschaffen und vermittelt der ökologischen Waldwirtschaft das benötigte Rüstzeug.
Die nächste Grundsatzfrage ist darauf gerichtet - ob es eine „Dauerwaldwirtschaft" mit der Kiefer gibt, d. h. ihre Naturverjüngung unter Beibehaltung der „Stetigkeit des Waldwesens" (Möller, 1922) Das schlösse die Frei- oder Kahlfläche aus. Bei der Beantwortung dieser Frage zur Stetigkeit der Bedeckung des Waldbodens mit Kiefernwald ist zu bedenken, dass jeder **Standort** sich immer nur mit einem **Entwicklungszustand** darstellt, der in den letzten Jahrzehnten immissionsbedingt verstärkt fließend wurde. Das legt die Frage nahe, wie ein steter Fluss der Standortszustände mit dem konstanten Anspruch der Kiefer nach dystrophen und armen Standortszuständen in Einklang zu bringen ist? Ist es doch eine Hauptaufgabe der ökologischen meliorativen Waldwirtschaft, eine Verbesserung des Humuskapitals der Wälder unter Benutzung des Fließgleichgewichtes der Standortszustandsfruchtbarkeit zu erreichen! Dann gewinnen veränderte, degradierte Standorte schrittweise ihre potenzielle Produktivkraft zurück, und ertragsschwache Braunerden können unter Umständen auch ohne Ertragseinbußen mit Laubholz bewirtschaftet werden. Diese Entwicklung führt zweifelsohne von einer sich selbsttätig naturverjüngenden Kiefernwirtschaft weg, weil diese nur mit armen und ziemlich armen Humusformen selbstregulativ ist. Damit ist die „Dauerwaldwirtschaft" ihrem Wesen nach eine richtig verstandene Humuswirtschaft ohne stetig einer Baumart verhaftet sein zu müssen.
Diese Art von **Waldentwicklungsdenken erarbeitet die Betriebsform für die Kiefernwirtschaft**. In Bärenthoren entwickelt der Reifeprozess die Standorte in Richtung der natürlichen Waldgesellschaft Traubeneichen-Buchenwald. Als Pionier gehört die Kiefer ebenso zu dieser Waldgesellschaft wie die Traubeneiche als Zwischenwaldbaumart und die Rotbuche als Schlussbaumart. Auf den ehemaligen Verheidungen und Ackernutzungen musste die Kiefer mit der Waldentwicklung beginnen. Auf gereifteren Standorten mit moderartiger Humusform kann bereits die Traubeneiche Fuß fassen, während die Rotbuche auf alten, gereiften Waldstandorten unvermutet hohe Leistungen erreicht.
Die drei Baumarten **Kiefer, Eiche, Rotbuche sind Teil ein und derselben Traubeneichen-Buchenwaldgesellschaft.** Hält der Waldbauer die Waldgefügeentwicklung in ihrem Vorwaldgefüge an, so handelt es sich dabei um den sogenannten „Kiefern-Dauerwald", der heute als Sonderbetriebsklasse Waldkulturdenkmal Bärenthoren ausgeschieden wird (Titelbild dieses Buches). Diese Sonderbetriebsklasse kann entsprechend den Lichtansprüchen der Kiefer nur über eine Bestandeswirtschaft mit Vorwaldcharakter auf Kahlschlag und nicht plentermäßig erhalten werden, sonst läuft die Entwicklung zum Kiefern-Traubeneichenzwischenwald weiter.
Hier wird deutlich, wie die Standortslehre mit der Differenzierung in stabile und labile, biogen leicht veränderbare Standortsfaktoren den Grundstock für die ökogerechte Waldwirtschaft legt. Tatsächlich beginnt hiermit die forstliche Jahrhundertaufgabe – der Weg zur ökologischen Waldwirtschaft. Diese stößt die Selbstregeneration der veränderbaren Standortseigenschaften zu mehr Naturnähe an, um das Wirtschaftsziel durch eine verbesserte ökologische Stabilität und Produktivkraft zu erreichen. Weiterhin beabsichtigt die Standortslehre, dem Waldbau ein **ganzheitliches, naturräumliches Denken** zu vermitteln. Nicht zuletzt muss der Waldbau den **menschlichen Einfluss auf den Standort** in Rechnung stellen. Im Verlauf der Landeskultur veränderten sich auch im Waldrevier Bärenthoren und in seiner Nachbarschaft viele Standortseigenschaften. Diese Faktorenvielfalt gilt es, stellvertretend für viele andere Kiefernreviere, hinsichtlich ihrer Eignung für einen „Kiefern-Dauerwald" zu bewerten.

Diese Bewertung Bärenthorens begann bereits vor dem Ersten Weltkrieg mit der Einrichtung durch Oberförster Semper und der standortskundlichen Aufnahme und Bewertung durch Professor Albert (1921, Kapitel G.1.3, G.2). Sie setzte sich fort über die Arbeiten von Wiedemann und Ganßen (1932), welche die besonderen Standortsbedingungen der für die Kiefernnaturverjüngung in den humosen Oberböden (Esch) fanden. Wiedemann (Kapitel B. 2. Abbildung 7a, b; 1925) bezweifelte daraufhin die von den Dauerwaldvertretern behauptete Allgemeingültigkeit der Bärenthorener Wirtschaft für die Kiefernwirtschaft an. Die Standortserkundung der DDR/ Neue Bundesländer bestätigt diese Erkenntnis über ihr wissenschaftlich hoch entwickeltes Lokalbodenformensystem (Greger; Schulze 2007/2008), indem sie die **Eschböden** aus der Flamenzeit als Basis der Kiefernnaturverjüngung erkennt und die Kiefernwirtschaft wieder auf ihren Vorwaldcharakter mit standortgemäßem Kahlschlag zurückführt. Das ist volkswirtschaftlich entscheidend und bedeutsam für eine großflächig standortgerechte rationelle, waldkundlich richtig verstandene Kiefernbewirtschaftung. Diese verkörpert die Erfahrungen der „Eberswalder Schule", die beginnend mit den Untersuchungen vor dem Ersten Weltkrieg begründet wurde. Heute, in einer Zeit der Fortführung des Dauerwaldgedankens, muss verstanden werden, dass der Dauerwaldstreit der Vergangenheit unzureichend auf der Basis der Standortserkundung und des Versuchswesens geführt wurde, sonst hätten die Bedenken Wiedemanns und die Funde der Bodenkunde ausreichend Beachtung gefunden. Stattdessen wurde die Kiefernbewirtschaftung bis heute verunsichert und volkswirtschaftlich negativ beeinträchtigt.

2 Ziele und Nutzen der Standortserkundung

2.1 Allgemeines

Primäres Ziel der forstlichen Standortserkundung ist die Erfassung aller für das Waldwachstum wichtigen natürlichen und anthropogenen Standortsbedingungen. Die Erkundungsergebnisse sollen eine wesentliche Entscheidungsgrundlage für eine rationelle und umweltbewusste Forstwirtschaft sein. Letztlich liefert die Standortserkundung damit einen wichtigen Beitrag zur Verbesserung der Erfüllung der Waldfunktionen.
Standortsinformationen haben heute eine Bedeutung erlangt, die weit über die klassische Anwendung „Wahl standortgerechter Baumarten zum Zwecke optimaler Holzproduktion" hinausgeht. Die Standortsinformationen sollen wissenschaftlich begründet sein und in ihrer Aussage wertfrei jeder standortgerechten und der Gesellschaft nützlichen Wirtschaftsform dienen können. Die gesellschaftlichen Ansprüche an den Wald haben sich in der letzten Zeit grundsätzlich geändert. Von weiten Teilen der Bevölkerung wird die Erholungsfunktion der Wälder, vor allem aber der Schutz der natürlichen Lebensgrundlagen durch den Wald als wichtiger angesehen als die Nutzfunktion. Es gibt natürlich in der Gesellschaft auch konkurrierende Interessen, die auf der Basis einer wissenschaftlichen Information über die gesellschaftlichen Ressourcen ausgewogen werden müssen. Besonders im Landeswald ist diesen gesellschaftlichen Ansprüchen Rechnung zu tragen und die von der Landesregierung bestätigte Grundlage der langfristigen Waldentwicklung umzusetzen.
Die forstliche Standortserkundung bildet eine von drei Säulen einer umfassenden Betriebsregelung (vgl. Abbildung 1), die dem Forstamt wichtige Entscheidungshilfen liefern soll.
Die Kartierergebnisse fließen nicht nur in die standortgerechte Forsteinrichtung (Richter 1959) (u.a. Planung von Baumart, Bestockungszieltyp, Verjüngungsverfahren) ein, sondern bilden gleichzeitig eine Grundlage für die Waldbiotopkartierung. Erst über die Standortsinformation kann die Naturnähe von Wäldern und Böden sowie deren Naturschutzbedarf beurteilt werden, und lassen sich Aussagen zu Notwendigkeit und Erfolgsaussichten der Renaturierung gestörter Waldökosysteme treffen. Mithilfe der Waldbiotopkartierung und Standortserkundung kann die Untere Forstbehörde als Träger öffentlicher Belange z.B. bei Eingriffsplanungen fundiert Stellung nehmen.
Hauptanwender von Standortsinformationen und damit wichtigste Zielgruppe sind Forstamts- und Revierleiter/innen. Darüber hinaus finden die Kartierergebnisse u.a. Eingang in mittelfristige Planungen auf Direktions- und Ministeriumsebene. Schließlich versteht sich die forstliche Standortserkundung seit langem als Teil einer zweigübergreifenden Naturraumerkundung (vgl. Haase et al. 1985; 1992), so dass andere Teile der öffentlichen Verwaltung, Planungsbüros und Forschungsinstitutionen einen weiteren Anwenderkreis bilden. Standortsinformationen werden somit u.a. in den Bereichen Waldbau, Forsteinrichtung, Ertragskunde, Betriebswirtschaft, Wildbewirtschaftung, Naturschutz, Landschaftsplanung und Waldforschung benötigt. Die naturgemäße Waldwirtschaft und

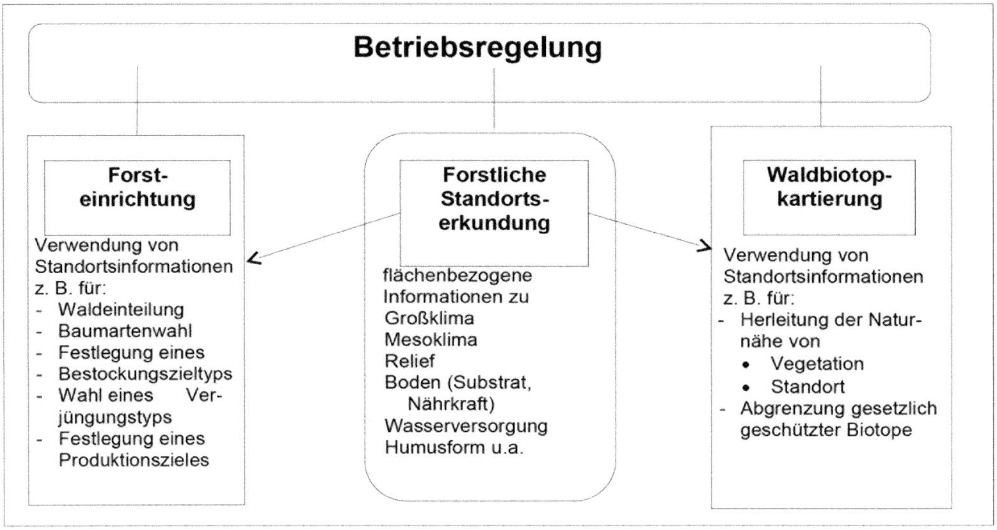

Abb. 1: *Forstliche Standortserkundung als Element der Betriebsregelung. Die Standortserkundung liefert wichtige Grundlagen für die Bereiche Forsteinrichtung und Waldbiotopkartierung.*

der Naturschutz verlieren ihre Argumentationsgrundlage ohne Standortskenntnis. Die Optimierung der Baumartenverteilung, ja die Betriebswirtschaft im Ganzen finden ihre Basis in der Standortskunde. Der Dauerwaldstreit offenbart: Viele Auseinandersetzungen hätten sich bei gründlichen Standorts- und Naturraumkenntnis erübrigt. Deshalb wird hier von einer standortgerechten Forstwirtschaft gesprochen, weil sie gerecht im Sinne der Wissenschaft ist.

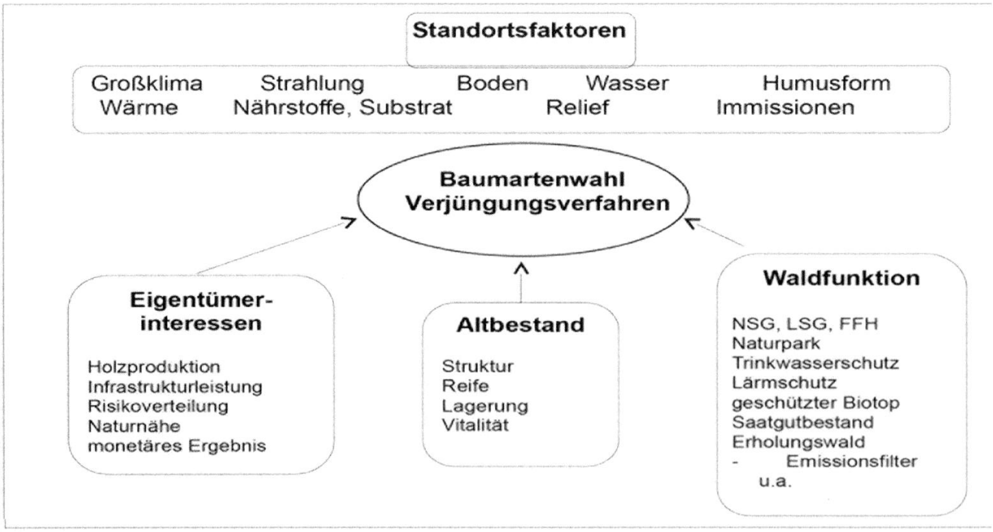

Abb. 2: *Übergeordnete Bedeutung der Standortsfaktoren am Beispiel des Anwendungsbereiches Waldbau (Wahl von Baumart und Verjüngungsverfahren)*

Der zentrale Anwendungsbereich standortskundlicher Ergebnisse ist nach wie vor die Baumartenwahl mit waldgesellschaftlichem Hintergrund als die wichtigste langfristige Entscheidung im Forstbetrieb. Mit ihr werden für die Dauer des Produktionszeitraumes Aufwand und Ertrag, die Lieferung von Infrastrukturleistungen, die Gestaltung des Landschaftsbildes und auch Produktionsrisiken festgelegt (Speidel 1983). Am Beispiel der Walderneuerung (Baumartenwahl und Verjüngungsverfahren) sei anhand der Abbildung 2 die übergeordnete Bedeutung des Standortes dargestellt.
Die Übersicht macht deutlich, dass eine sinnvolle Entscheidung z. B. über Baumart und Verjüngungsverfahren fundierte Angaben zum Standort voraussetzt. Wegen der Langfristigkeit der forstlichen Produktionszeiträume, der hohen Investitionen und des sehr langsamen Kapitalrückflusses haben Fehlentscheidungen hierbei schwerwiegende Folgen. Im vorliegenden Buch werden für die einzelnen Waldstandorte jeweils verschiedene Vorschläge zur Baumartenwahl bzw. Wahl der Bestockungszieltypen (BZT) gemacht. Die Entscheidung über den jeweils zu favorisierenden Bestockungstyp wird u.a. von den speziellen Interessen des Forstbetriebes oder auch der Waldfunktion und von den besonderen Gegebenheiten des Altbestandes abhängen.
Die waldbauliche Anwendung von Standortsinformationen endet nicht bei Baumartenwahl bzw. BZT-Wahl und Verjüngungsverfahren. Als weitere Beispiele seien hier der Technikeinsatz (standortsabhängige Gefahr von Bodenschäden) genannt, Durchforstungsart, Mischungsform, Umtriebsalter, Zielstärken, Astung, Durchforstungsintervalle und -intensitäten oder auch der im Falle künstlicher Bestandesbegründung zu wählende Pflanzverband.
Beispielsweise hängen besonders bei der Eiche die Möglichkeiten, Füll- und Treibhölzer zur Senkung der Pflanzenzahlen zu nutzen, stark von den Standortsverhältnissen ab. Während die Konkurrenz der Weichlaubhölzer auf mäßig nährstoffversorgten Standorten ohne Wasserüberschuss eher milde ist und 4.000 bis 6.000 Eichen/ha zur Erreichung des waldbaulichen Ziels oft ausreichen, sind die Pflanzenzahlen mit steigendem Grundwassereinfluss und besserer Nährstoffausstattung deutlich zu erhöhen (vgl. z.B. Spellmann 1996).
Bei genauer Betrachtung spielen Standortsfaktoren in nahezu allen Bereichen des Waldbaus eine Rolle. Ein typisches Beispiel sind die großkronigen **Flämingbuchen**, die für die altpleistozänen Standorte ein Prinzip verkörpern. Es lautet: je trockener und nährstoffärmer der Standort, desto stärker wird aus einer vertikalen Mehrschichtigkeit des Bestandesgefüges ein horizontales Nebeneinander. Die Stammzahl der Rotbuche sinkt und die Kronengröße wächst.
Ein anderes typisches Flämingbeispiel bietet die **Bärenthorener Kiefer**. Auf Talsanden und Sandern im südmärkischen Klima ist die Drucktellerwirkung des Überhaltes auf die Kiefernnaturverjüngung groß, während sie auf den Hochflächensanden Bärenthorens relativ gering ist.

2.2 Organisation und Zeitablauf der forstlichen Standortserkundung

Die Neukartierung der Reviere wurde zum Zwecke der Überarbeitung der für den laufenden Betrieb unzweckmäßigen Altkartierung (1989) vorgenommen. Zugleich sollte die fehlende Kartierung des Oberbodenfruchtbarkeitszustandes durchgeführt werden. Die Gegenüberstellung von Neu- und Altkartierung belegt die Notwendigkeit der Neukartierung und den Umfang und die Bedeutung der neu gewonnenen Erkenntnisse und offenbart die forstwirtschaftliche Tragweite unzweckmäßiger Standortserkundungen.
Zeitraum der Erkundung: Die Erkundungsarbeiten wurden im Frühjahr 2004 begonnen und im Frühjahr des Jahres 2007 (nach dem Orkan Kyrill) beendet. Danach begann der Innendienst zur Erstellung des Erläuterungsbandes, um diesen bis zum Oktober 2007 mit der Pensionierung des Erkunders zu beenden. In der Regel werden ein Erläuterungsband und die Kartenlegende von einem Kollegenkreis erstellt, in dem jeder spezielle Aufgaben übernimmt. Im vorliegenden Fall konnte die Arbeit mit Unterstützung des Landeszentrums Wald (L. Meyer) erst nach der Pensionierung des Autors im Jahre 2008 fertiggestellt werden.

Die folgende Flächenzusammenstellung **(siehe Abb. folgende Seite)** der bearbeiteten Wuchsgebiete, Wuchsbezirke und Mosaikbereiche erfasst nur den Hohen Fläming, denn die in den Altrevieren Loburg und Lindau sowie der Gemeinde Lübars erkundeten Flächen von über 2.200 ha konnten aus Zeitgründen nicht mehr in den Erläuterungsband aufgenommen werden, weil der Antrag des Autors auf Verlängerung der Arbeitszeit nicht bewilligt wurde.

Flächenzusammenstellung nach Naturräumen

		Kartierungsfläche
14	Wuchsgebiet Mittleres Nordostdeutsches Altmoränenland	
1405	Wuchsbezirk Möckern-Ziesarsche Platte	
1405.097	Mosaikbereich Bornumer Mittelplatte	106 ha
16	Wuchsgebiet Hoher Fläming	
1601	Wuchsbezirk Wiesenburger Fläminghochfläche	
1601.001	Mosaikbereich Setzsteiger Höhenplatte	358 ha
1602	Wuchsbezirk Nedlitzer Flämingrandplatte	
1602.006	Mosaikbereich Dobritzer Nuthe-Niederung	186 ha
1602.007	Mosaikbereich Bärenthorener Oberplatte	77 ha
1602.009	Mosaikbereich Garitzer Mittelplatte	183 ha
1602.010	Mosaikbereich Bornumer Nuthe-Niederung	117 ha
1602.011	Mosaikbereich Medewitzer Oberplatte	2.548 ha
1602.014	Mosaikbereich Golmengliner wellige Oberplatte	570 ha
	Summe	**4.145 ha**

Auftraggeber:

Der Auftrag zur Erkundung im Forstamt Nedlitz wurde 2004 durch den Landesforstbetrieb Sachsen-Anhalt, Magdeburg, erteilt und durch die Forstliche Landesanstalt (FLA) Gernrode/-Haferfeld betreut. Ab 2006 wurde der Landesbetrieb für Privatwaldbetreuung und Forstservice Geschäftsbereich Gernrode hierfür zuständig.

- Einweisung: Nach der Bildung des Landesbetriebes für Privatwaldbetreuung und Forstservice (LPF) wurde die Arbeit durch den Leiter des Geschäftsbereiches Gernrode, Herrn Lutz Meyer, in ganz besonderer verständnisvoller Weise unterstützt. Ohne diese Unterstützung hätte die Arbeit unter den reduzierten Arbeitsbedingungen nicht erfolgreich abgeschlossen werden können. Die Sekretärin Frau Astrid Eichler formatierte den Erläuterungsband und Frau Ilona Walze digitalisierte die Karten als Mitarbeiterinnen des LPF engagiert.

– Besonderheit der Zielstellung, Methode, Ablauf, Darstellung der Ergebnisse: Karten, Tabellen, Analysen

Die Hauptzielstellung der Arbeit bestand darin, die Umstufung von Nedlitz 1989 in eine waldbaulich und betriebswirtschaftlich verwendbare Form zu bringen. Dazu mussten die Naturraumtypen und Feinbodenformen in Übereinstimmung mit den bodengeologischen Gegebenheiten und den Waldwachstumsbedingungen gebracht werden. Das bedeutet, dass Boden- und Forst- bzw. Waldgesellschaft als Ganzheit erkundet wurden. Diesem Ziel diente die fachübergreifende Arbeit, wie sie anschließend beschrieben wird. Tabellen wurden besonders für den Vergleich Alt- und Neukartierung angefertigt. Mit ihnen werden Umfang und Charakter der Neukartierung erfasst und zugleich ein überregionaler Maßstab für die Umkartierung aller umgestuften Standortserkundungen in Sachsen-Anhalt gesetzt. Die Ergebnisse der Kartierung werden in einem Erläuterungsband nach Standortserkundungsanweisung (SEA) 1995 festgehalten und ausgewertet. Die Erkundung strebt praxisnahe Ergebnisse an und stellt aus diesem Grunde im Erläuterungsband ein umfangreiches waldbauliches Kapitel zur Verfügung. In ihm werden die Ergebnisse anwendungsgerecht beschrieben und das naturräumliche Denken gefördert.

Das Kartenwerk wurde nach SEA 1995 erarbeitet.

Die Analysen für die Bodenproben wurden von der Landwirtschaftliche Untersuchungs- und Forschungsanstalten Halle (LUFA), Gesellschaft für Ingenieur-, Hydro- und Umweltgeologie mbH Stendal (IHU) und dem bodenkundlichen Labor der FH Eberswalde durchgeführt und tlw. als Tabellen in den Erläuterungsband übernommen. Die Analysen dienten vor allem dem Zweck, den ökologisch breiten Bereich der Braun- und Fahlerden so zu differenzieren, dass er waldbaulich standortgerecht bearbeitet werden kann. Dabei ist eine rationelle Betriebswirtschaft immer der Hintergrund aller Überlegungen.

– Organisation:

Nach einer kurzen Einweisung erfolgte die Organisation der Arbeiten durch Dr. Greger selbsttätig.

- **Technik:**
  Es wurde fast ausschließlich manuell mit dem Hohlbohrer gearbeitet. Die Bohrarbeit bis maximal 4 m Tiefe wurde ganz überwiegend durch den Autor durchgeführt. Kurzzeitig standen Bohrgehilfen zur Verfügung. Die Bodengruben wurden großenteils durch Waldarbeiter, tlw. durch den Autor angelegt. Technik stand für die Anlage der Gruben und Bohrungen nicht zur Verfügung.

- **Zielstellung der Anlage von Gruben und Bohrungen:**
  Gruben und Bohrungen wurden nicht nach einem starren Punktrastersystem angelegt, sondern unregelmäßig dort konzentriert, wo hypothetische Fragestellungen bestanden. Damit wurde das fehlerhafte Kartenwerk korrigiert, das in den 1980er Jahren aus einer Umstufung hervorgegangen ist, die großenteils im Büro erfolgte. Eine besondere Konzentration wurde dort vorgenommen, wo neue Bodenformen entstanden oder bodengeologische und waldbauliche Zusammenhänge unklar waren. Hier wurde durch den Erkunder eine große Zahl von Tastgruben angelegt (bis 1m Tiefe). Sie ermöglichten über die Erkenntnis des naturräumlichen Zusammenhanges der Bohrpunkte zueinander die flächige Kartierung der Lokalbodenformen und das Entstehen der Standortskarte.

Anzahl der Bohrpunkte:	
Altreviere Golmenglin und Golmitz	178
Altreviere Bärenthoren und Grimme	76
Altrevier Krakau	9
Summe	**263**

Anzahl der Gruben:	
Altreviere Golmenglin und Golmitz	39
Altreviere Bärenthoren und Grimme	13
Summe	**52**

- **Arbeitsdurchführung und Zusammenarbeit:**
  Die gesamte Kartierungsfläche im Hohen Fläming wurde durch den Autor bearbeitet. Fachabsprachen zur Kartierung nach der SEA erfolgten mit Herrn Dr. habil. Dietrich Kopp als ehemaligem Leiter der Entwicklungsabteilung der Erkundung/ Eberswalde, Herrn Fm. Gerhard Schulze/Schwerin als ehemaligem Leiter der Standortserkundung in der DDR, meinem Doktorvater Herrn Prof. Dr. habil. Hans-Jürgen Otto, dem Dezernatsleiter der Standortserkundung in Mecklenburg-Vorpommern Herrn Michael Wirner, Herrn Prof. Dr. habil. Gerhard Hofmann, Waldkunde-Institut Eberswalde, Herrn Prof. Dr. habil. Heinsdorf, Herrn Prof. Dr. sc. Karl-Willi Lockow, Herrn Prof. Dr. habil. Norbert Kohlstock, Herrn Prof. Dr. habil. Siegfried Anders, Herrn Prof. Dr. habil. Hans-Joachim Bergmann, Herrn Prof. Dr. Heinz Frommhold, Herrn Prof. Dr. Jürgen Endtmann, Herrn Oberforstmeister Eckart Hafemann, Herrn Dipl. Biologen Alexander Konopatzky alle Eberswalde, Herrn Olfm. a. D. Robert Hinz, Herrn Dr. Björn Strohbach aus der Landesforstanstalt Eberswalde sowie Herrn Prof. Dr. habil. Manfred Altermann Martin-Luther-Universität Halle-Wittenberg. Die Empfehlung zum Schreiben dieses Buches ging ursprünglich von Herren Professor Heinsdorf aus.
  Eine weitere Zusammenarbeit gab es mit der IHU, Dr. Siegfried Rutter, auf dem Gebiet der Geologie, Wasserwirtschaft und Bodenanalytik. Die Zielstellung des Erreichens einer auf Waldbau und Betriebswirtschaft ausgerichteten Erkundung wurde besonders durch den Forstamtsleiter vom Betreuungsforstamt Nedlitz, Herrn Detlef Radtke sowie durch die Revierleiter von Bärenthoren und Golmenglin, den Herren Ernst-Jörg Freitag und Toren Reis unterstützt. Der Erläuterungsband zum Kartenwerk des Hohen Flämings wurde von Dr. Greger geschrieben. Diese Arbeit wurde durch die Mitarbeit von Herrn Fm. Gerhard Schulze/Schwerin und durch die Landesforstverwaltung Mecklenburg-Vorpommern, Dezernat Standortserkundung, Leiter Herrn Michael Wirner und Herrn Dietmar Frömdling unterstützt. Dabei konnte der dortige besonders hohe Entwicklungsstand dieser Erkundung in den Erläuterungsband übernommen werden. Der alterfahrene norddeutsche Erkunder, Herr Diplom-Forstingenieur (FH) Ernst Pries, Templin, unterstützte auf dem Gebiet der landeskulturell bedingten Bodenveränderungen. In gleicher Weise half die Leiterin des Kreismuseums Genthin, Frau Diplom-Ethnographin Antonia Beran. Ein besonderer Dank gebührt den beiden Eberswalder Chemie-Diplomingenieurinnen (FH), meiner Partnerin Angela Müsebeck/ZALF Müncheberg sowie Ursula Thomas, Ökologisches Labor im Fachbereich 2 der HNE Eberswalde.

Erstere half periodenweise beim Lektorat und letztere bei der Bodenanalytik. Dank gebührt auch der beratenden Forstbaumschule Erwin Vogt Pinneberg, sowie dem Organiker und ehemaligen Forstamtsleiter des Forstamtes Rantzau Hans-Albrecht Hewicker. Landeskulturelle Beratungen erfolgten im ZALF Müncheberg, Forschungsstation Landwirtschaft, Leiter Dr. Dietmar Barkusky und Matthias Lemme. Ebenfalls im ZALF Müncheberg, Institut für Landschaftswasserhaushalt, wurde die Arbeit auf den Gebieten Klimawandel und Bodenwasserhaushalt durch den Geohydrologen, Herrn Dipl.-Phys., Dr. agr. Ralf Dannowski, maßgeblich unterstützt. Herr Diplomforstingenieur (TU Dresden) Volkmar Ernst, Genthin, brachte wesentliche landeskulturelle Kenntnisse über dem Fläming in die Arbeit ein. Im Zusammenhang mit der Berücksichtigung des waldbaulich herausragenden Standortsfaktors Wasserhaushalt ergab sich eine erfolgreiche Zusammenarbeit mit dem Trinkwasserwerk Magdeburg. Stellvertretend für viele Unterstützer seien hier die Herren Nelson und Bogel genannt, deren Angaben für die Arbeit hinsichtlich eines klimaplastischen Waldbaus förderlich waren.

Frau Astrid Eichler, LPF Gernrode, übernahm dankenswerterweise das Formatieren der Arbeit und half beim Zusammenstellen derselben, nachdem Dr. Greger bereits pensioniert war. Die Fortführung der Erkundungsarbeiten zu diesem Buch unterstützten meine ehemaligen Hochschulprofessoren der TU Dresden der Waldbauprofessor Dr. habil. Dr. hc. Harald Thomasius, der Bodenkundeprofessor Dr. habil. Dr. hc. mult. Hans Joachim Fiedler, der Forsteinrichtungsprofessor Dr. habil. Dr. hc. Horst Kurt sowie viele der bereits oben genannten Wissenschaftler, insbesondere die Professoren, Heinsdorf, Hofmann und Lockow. Über viele Jahre unterstütze Dr. Olaf Rüffer, Landeskompetenzzentrum Forst Eberswalde, das Entstehen des Buches und Herr Lothar Löwe/Eberswalde half bei der EDV. Nicht zuletzt war der AFZ-Der Wald Redakteur Herr Dipl. Biologe Stephan Loboda eine hervorragende lektorierende und redaktionelle Unterstützung.

- **Exkursionen:**

  Es wurden mehrere Exkursionen zu unterschiedlichen Zielen durchgeführt. Die Exkursionen mit Herrn Dr. habil. Kopp, Herrn Fm. Schulze, Herrn Ernst Pries, Herrn Prof. Dr. Lockow, Herrn Dr. Pietschmann/Nedlitz, Herrn Dr. Strohbach, Herrn Dr. Siegfried Rutter und Herrn Stiller von der IHU-Geologie und Analytik, Stendal dienten der Abstimmung zwischen geologischen, standortskundlichen, waldbaulichen, ertragskundlichen und bodenanalytischen Kenntnissen. Herr Wolfgang Kainz vom Landesamt für Geologie und Bergwesen, Dezernat Geologie und Georisiken in Halle, unterstütze die geologische Unterscheidung der Hochflächensande von den Sandern (Kapitel B.2.) entscheidend und trug damit dazu bei, die Fehler der Umstufungskartierung zu korrigieren. Das Herausarbeiten des Charakters der Hochflächensande erklärt die standörtliche Besonderheit des Reviers Bärenthoren und wesentliche Ursachen für die örtliche Geschichte der Kiefern-Dauerwaldentwicklung. An der geologischen Bearbeitung der Hochflächensande war auch Herr Dr. H.-H. Müller FU Berlin beteiligt.

  Exkursionen durch die Niederlande und Belgien (Flandern) mit dem holländischen Forstingenieur Henk van der Weyden Gouda beschäftigten sich mit der Eschkultur, wie sie von den Flamen in den Fläming gebracht wurden.

  Die Exkursionen mit dem Forstamtsleiter, Herrn Detlef Radtke, einzelnen Revierleitern und dem Gesamtforstamt dienten der Frage, was erwartet die Praxis von der Standortserkundung, wie kann das Erkundungswerk optimal anwendungsorientiert geschaffen werden.

  Zur Beleuchtung des historischen Hintergrundes der Entwicklung der Waldökosysteme und der Dauerwaldwirtschaft in Bärenthoren fanden mehrere Exkursionen mit dem ehemaligen Produktionsleiter in Nedlitz, Herrn Dr. Günter Pietschmann statt. Zu diesem Thema wurden auch Exkursionen mit alten Waldarbeitern durchgeführt. Hinsichtlich des historischen Hintergrundes der Standortsentwicklung half der zuständige Bodendenkmalspfleger, Herrn Dr. Jörg Lobedank Zerbst sowie die Dipl.-Ethnographin Antonia Beran, Kreismuseum Genthin. Eine weitere Exkursion wurde mit den Mitarbeitern des Landesamts für Denkmalpflege und Archäologie Halle, Frau Dr. Mechthild Klamm und Herrn Andreas Hille, durchgeführt. Hier war auch Herr Wolfgang Kainz beteiligt. Regionale waldbauliche und betriebswirtschaftliche Fragen wurden mit Herrn Diplomforsting. (FH) Meinhard Heinrichs Baumschule Stackelitz auf einer Exkursion im Revier Setzsteig besprochen.

Mein Dank richtet sich an alle, die in diesem Kapitel erwähnt wurden. Ein besonderer Dank gilt der Ehefrau von Herrn Fm. Schulze, Frau Waltraut Schulze, für die ständige Unterstützung insbesondere bei der Planimetrierung.

B Naturräumlicher Überblick

1 Lage und Umgrenzung des Untersuchungsgebietes

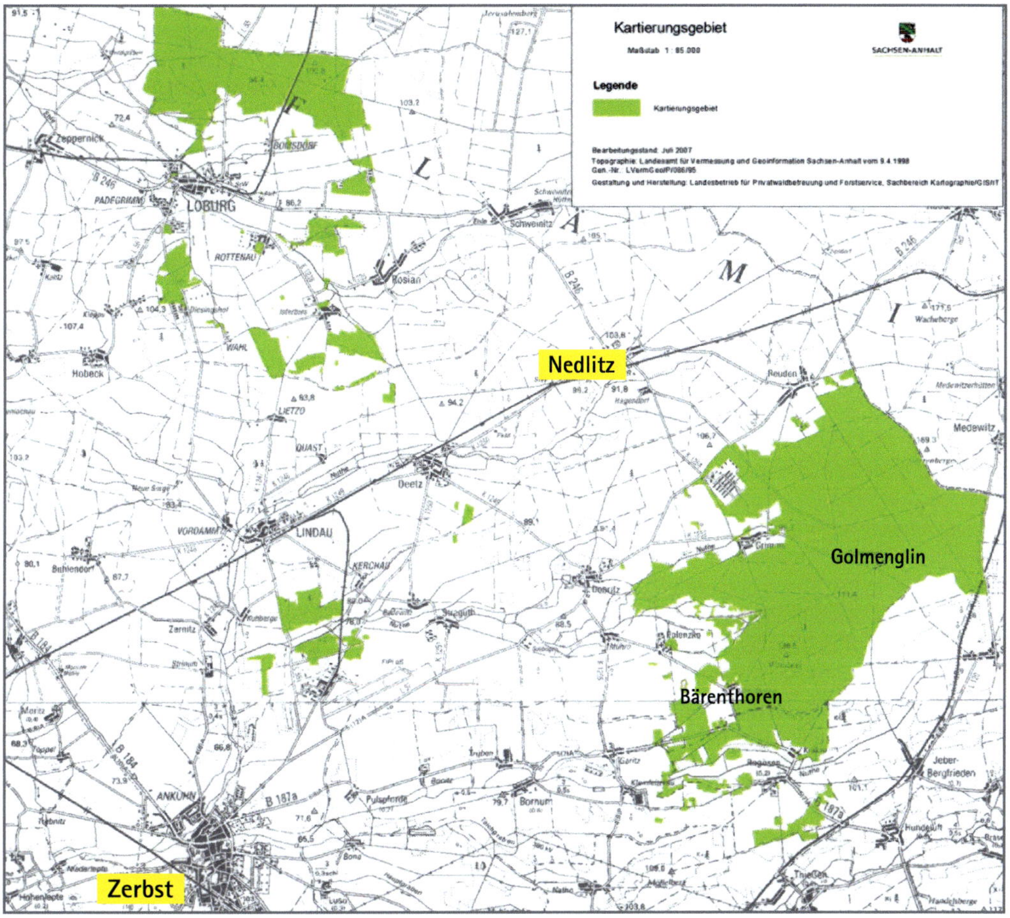

Abb. 3: *Kartenübersicht über die Lage des Erkundungsgebietes im Fläming*

Die Übersicht zeigt den gesamten Erkundungsbezirk. Im Buch wird nur der Hohe Fläming erfasst, welcher den großen östlichen Waldkomplex an der Grenze Brandenburgs darstellt.

2 Wuchsgebiete, Wuchsbezirke und geologisch-naturräumliche Gliederung

Der folgende Abschnitt gibt einen Überblick über das Untersuchungsgebiet. Die Darstellung des Wuchsgebietes Hoher Fläming mit den Wuchsbezirken Nedlitzer Flämingrandplatte und Wiesenburger Fläminghochfläche mit den dazugehörigen Mosaikbereichen (Naturraumerkundung 2001) vermittelt Einzelheiten auch in geologischer Hinsicht.

Der größte Teil des Altforstamtes Nedlitz liegt auf glaziofluviatilen Hochflächensanden (Geologische Erläuterungsbände 1922, TEICHMANN 1954) der Saale-Kaltzeit (Mittelpleistozän) im Warthe-Hauptvorstoß (Fläming Phase),

das vor etwa 130.000 Jahren endete. Diese mittelpleistozänen Ablagerungen sind im Vergleich zu den jungpleistozänen Ablagerungen des Brandenburger Stadiums rund 110 000 Jahre älter als jene (BROCKHAUS 1988). Dementsprechend sind sie stärker verwittert und gealtert. Die Hochflächensande sind durch unterschiedlich starke Zerstörung und durch Schmelzwasser-Auswaschung der Grundmoränen, sowie durch Schmelzwassersande entstanden. Grundmoränen bedeckten ursprünglich das ganze Nedlitzer Gebiet. Ton und Schluff der Moräne wurden durch die Schmelzwässer ausgewaschen, während die gröberen Korngrößen, besonders Mittelsand aber auch Grobsand und Kies zurückblieben. Es verblieb eine mehr oder weniger anlehmige, bis zu 70 cm mächtige Geschiebedecksandschicht über einer Geschiebe(stein)kette (s. Kapitel 2.1.3.1). Die Hochflächensande besitzen, bedingt durch eine zufällig erscheinende, unterschiedliche Aufarbeitung des ursprünglichen Geschiebemergels, unterschiedliche Korngrößenzusammensetzungen und damit auch eine unterschiedliche Ertragsfähigkeit.
Obwohl hierdurch differenzierte Substratfolgetypen entstanden, ist von ihrer Zweiteilung in eigentliche Hochflächensande und Sander abzusehen. Zwischen den von der Geologie kartierten Sandern und Hochflächensanden ist hinsichtlich des Materials und des Nährstoffgehaltes oft kein grundsätzlicher Unterschied zu erkennen. Diese Aussage betrifft größere, geologisch kartierte Sanderflächen in den Altrevieren Nedlitz, Nedlitz-Hütten, Dobritz, Reuden und Lindau, denn diese besitzen einen deutlichen Grundmoränencharakter. Sicherlich bestimmt die Lage zum abschmelzenden Gletscher und den Gletschertoren die Art und Weise der Bildung von Hochflächensanden. Die gewaltige Kraft des Schmelzwassers konnte ganze Sander-Schollen verfrachten und in die Hochflächensande einarbeiten. Dadurch können auch im Untergrund der Hochflächensande Schichtungen vorkommen (Abbildung 33 NeS mit geschichtetem Unterboden). Daher können sanderartige Standortsbereiche neben moränenartigen vorkommen. So sind flächenweise östlich von Golmenglin auch noch ungeschichtete Grundmoränenplatten erhalten geblieben. Die sanderartigen Standorte sind stark verwaschene und zerstörte Moränen, Schmelzwassersande. Sie sind schwächer anlehmig und stark entkalkt wie z. B. in den Altrevieren Bärenthoren und Grimme und im Ostteil der Reviere Golmenglin und Golmitz sowie im Norden des Reviers Krakau.

Die **anlehmigen Hochflächensande** mit einem geringen Anteil an Feinsanden (unter 0,2 mm Korngröße) besitzen eine mittlere Trophie (Nedlitzer Sand-Braunerde). Hartmann (1928) legte für die Differenzierung des Ertragsvermögens die Grenze bei 0,2 mm Korngröße fest. Ein hoher Feinsandanteil des Bodens bedingt gute Ertragsleistungen, ein hoher Anteil an Mittel- und Grobsand dagegen nur schwache.
Die **eigentlichen Hochflächensande** sind in der Deckschicht anlehmig und im Untergrund entkalkt und besitzen deutlich alle Moräneneigenschaften. Sie finden sich z. B. in den Revieren Golmitz, Nedlitz, Nedlitz-Hütten und Dobritz. Diese Hochflächensande nehmen eine Zwischenstellung zwischen den geschichteten Sandern und den ungeschichteten sandigen Grundmoränen ein.
Die **grundmoränenartigen Hochflächensande** sind in der Deckschicht deutlich anlehmig bis lehmig und führen im tieferen Untergrund noch Karbonate, wie besonders im Altrevier Golmenglin, tlw. in Golmitz (s. auch Abbildung 7 a/b) und selten in Bärenthoren.
Dort wo Hochflächensande vorwiegend alle Merkmale der Moräne besitzen gibt es keine Schichtung und alle Korngrößen sind untereinander zu **Mischsanden** geformt, es finden sich lehmige Nester und Knollen, sowie Geschiebe, je nach unterschiedlichem Ursprung ihrer Bildung. Horizontal wechseln die Korngrößenfraktionen nur gelegentlich stark. Vertikal können sie oft auf geringer Entfernung stärker unterschiedlich ausgebildet sein und zeigen einen lebhaften Fraktionswechsel. Das heißt, der horizontal großflächig einheitlich anlehmig ausgebildete Verbraunungshorizont kann im Untergrund (C-Horizont) in seiner Gleichförmigkeit durch Lehmbänder und -nester unterbrochen sein. Dann kommen Bändersande vor.

Ohne die Hochflächensande zu unterteilen, gibt es also:

- nach der Nährkraft ansteigend stärker sanderartige, gefolgt von
- den eigentlichen durchschnittlich ausgebildeten bis zu den stärker
- grundmoränenartigen Bereichen der glaziofluviatil aufgearbeiteten Grundmoräne

Generalisiert befinden sich im Standortsbereich a) die sauren Braunerden (NeS) der Reviere Bärenthoren und Grimme. Der Bereich b) mit den feinsandreicheren Braunerden (NeS, NeSw, ZaS, DoS, FrS) kommt in den Revieren Golmitz, Nedlitz, Nedlitz-Hütten und Dobritz vor. Der Bereich c) mit den weitgehend unzerstörten, lehmhaltigen

Grundmoränen mit Fahlerden (GmSB, LdtL) findet sich vor allem im Revier Golmenglin (glin = slawisch Lehm). Die Hochflächensande lassen sich weder ihrer Ertragsleistung nach noch nach ihrer Materialzusammensetzung wie Sander nach der Entfernung von dem Entstehungsort, insbesondere den ehemaligen Gletschertoren der hohen Stauchendmoräne differenzieren. Denn die einheitliche Aufarbeitung der Decksande der Grundmoräne durch Schmelzwässer ist nicht verwandt mit den verschiedenen Ablagerungen im Sander, die durch die unterschiedliche Transportfähigkeit der Schmelzwässer bestimmt sind. Die grundmoränenartigen Hochflächensande zeigen keine diagonale Schichtung oder Kreuzschichtung mit einheitlichen Korngrößen, wie sie für Sander natürlich ist, sondern besitzen überall die gleiche Decksandschicht mit Mischsanden, bei denen alle Korngrößen gleichmäßig gemischt und durch eine (Stein-)Geschiebekette zum Untergrund abgesetzt sind. Dagegen besitzen normale Sander nach ruhigem Schmelzwassertransport eine gleichmäßige Parallelschichtung.

Die **NATURRAUMERKUNDUNG (2001)** ordnet den Naturraum der Hochflächensande dem Wuchsbezirk 1602 Nedlitzer Flämingrandplatte zu. Die Hochflächensande besitzen geologisch bedingt flächendeckend mesotrophe anlehmige Sand-Braunerden. In der weitgehend ebenen Grundmoräne in den Altrevieren Bärenthoren, Grimme und im Westen der Reviere Golmitz und Golmenglin erscheinen sie sanderartig, während sie vom Dorf Golmenglin zur Endmoräne hin immer stärker zunächst von Lößsandablagerungen und weiter im Osten von der hohen Stauchend-Moräne beeinflusst werden. Westlich des Fußes dieser sandigen Hauptendmoräne, die den eigentlichen Hohen Fläming bildet, kommen lehmige Aufpressungen vor **(Abbildung 4)**. Das gilt im geringeren Umfang auch für die Vorstaffel der Hauptendmoräne mit dem Wein- und Kliekenberg (Rückenberg). Diese Böden mit bindigen Substraten, die wohl durch Verknetungen entstanden sind, enthalten Tieflehm-Fahlerden und lehmunterlagerte Braunerden. Sie sind laubholzbestockt. Die Laubholzbestockung wird mit zunehmender Entfernung von der Moräne immer leistungsschwächer, bis sie auf den endmoränenfernen Hochflächensanden des Reviers Bärenthoren in Kiefernbestände des ehemaligen „Kiefern-Dauerwaldes" übergehen. Die endmoränennahen Böden gehören zur gleichen geologischen Fazies wie die endmoränenfernen.
Sie sind nur anders aufgearbeitet oder abgelagert worden. Die endmoränenferneren glaziofluviatilen, sanderähnlichen Böden mit anlehmigen Decken der Altreviere Bärenthoren und Grimme sind nach einem bis zu 5 km langem Fließen der Gletscherschmelzwasser aufgearbeitet worden. Sie sind auf einen geringen Skelett- und Grobsandanteil und ein weitgehend vereinheitlichtes Korngrößenspektrum mit einem hohen Mittelsandanteil sortiert, der bei falschem Waldbau zur Dichtlagerung neigt. Die endmoränennäheren Böden mit lehmigen Sanden beginnen, von Westen gesehen, in der westlichen Mitte des Altreviers Golmenglin. Hier haben die Schmelzwässer die Grundmoräne nach kürzerem Fließweg ausgewaschen. Direkt vor der Endmoräne besitzen sie einen größeren Skelettanteil. Ihr Kontakt zu den durch den Druck der nahen Stauchendmoräne verursachten lehmigen Verknetungen und Stauchungen in der Grundmoräne verschafft ihnen einen erhöhten Lehmanteil. Insbesondere die Lößsandablagerung in der laubholzbedeckten Mulde östlich von Golmenglin beeinflusst den Trend der von West nach Ost zunehmenden Standortsverbesserung. Diese geologische Erscheinung erklärt den auf den Hochflächensanden der Grundmoräne nach Osten zunehmenden Trend für den Laubholzanbau von den Altrevieren Bärenthoren (Krakau) und Grimme zu den Altrevieren Golmenglin und Golmitz.

Die nachfolgende Abbildung 4 zeigt die glaziale Serie im Schema. Hier wird die Endmoräne am Fuße des Inlandeises erkennbar. Diese Endmoräne ist der Grundmoräne aufgelagert. Die hohe Eiswand presst die Geschiebemergel der Grundmoräne vor dem Fuß der Endmoräne durch einseitigen Druck auf. Das Schema zeigt die Aufpressung mit einem roten Pfeil. Dieser allgemein zu findende Vorgang wird bei Wahnschaffe, Schucht (1921) beschrieben und ist für eine standorts- und naturraumgerechte Forstwirtschaft von Bedeutung (im Waldbaukapitel F weiter behandelt).
Auch vor der Vorstaffel zur Stauchendmoräne mit dem Weinberg fällt ein gutes Wachstum von Kiefer und Rotbuche auf. Auf 2,5 m Tiefe konnte ein Teil der Tieflehme und Bändersande erbohrt werden (s. Abbildung 7 a/b). Ganssen (1937) hat in den 1930-ger Jahren mit der nötigen, mir aber fehlenden, technischen Unterstützung Tiefbohrungen in Bärenthoren durchgeführt, mit denen er in bis zu 4 m Tiefe Lehme entdeckte. Damit ist geklärt, dass allen Endmoränen im Erkundungsbezirk Aufpressungen der Grundmoränen in unterschiedlicher Ausprägung vorgelagert sind. Sie resultieren aus den Schichtenstörungen durch Eisdruck. Die Aufpressungen vor der Vorstaffel mit dem Weinberg in Bärenthoren setzen sich nach Süden über den Dachsbau (ca. 120 m über NN) bis zur hügeli-

gen Landschaft des Reviers Krakau fort. Vor der Stauchendmoräne des Hohen Flämings befindet sich ein ganzes Band solcher feinkörnigen Aufpressungen aus der dem hohen Gletscher unterlagerten Grundmoräne, diemvon den Höhen der Stauchendmoräne durch ein Laubholzband sichtbar werden (Abbildung 79)). In der Geologie sind diese Schichtenstörungen seit langem bekannt.

Zu dieser waldökologisch bedeutsamen Erscheinung schreibt WAHNSCHAFFE 1906: *„Aufpressungen und Aufstauchungen des Untergrundes können im Zentralgebiete des Inlandeises, wo dieses dem Boden unmittelbar aufruht, nicht stattfinden, weil kein Platz vorhanden ist, in den hinein die dem Druck ausgesetzten Massen ausweichen könnten, es sei denn, dass durch subglaziale Schmelzwässer irgendwelche Hohlräume zwischen Eis und Boden geschaffen worden wären, was jedoch vorwiegend im Randgebiet der Fall sein wird. Die Einwirkungen des Inlandeisrandes auf die Ablagerungen des Untergrundes machen sich in verschiedener Weise geltend, je nachdem sich das Eis in stark fortschreitender Bewegung befindet oder stationär geworden ist, so dass das Vorrücken und Zurückschmelzen sich ungefähr die Waage hält, oder bei gleichmäßigem Rückschmelzen in einen toten, bewegungslosen Zustand übergeht". In den ersten beiden Fällen kann durch den Eisrand infolge der einseitigen Belastung eine mehr oder weniger hohe wallartige Aufpressung des Untergrundes bewirkt werden"..... „Bedeutende Aufpressungserscheinungen der Untergrundschichten werden deshalb nur am Rande des im Vorrücken befindlichen oder des stationären Eisrandes entstehen können, weil hier durch das stetige Zuströmen von Eis eine Schwellung der Randpartien bewirkt wird."* Noch größere Störungen können nur auftreten, wenn sich Widerstände entgegenstellen.

Die **Abbildung 4** zeigt die gesetzmäßig gegliederte Landschaft während des Vorstoßes des Inlandeises. Die Vorstellung von Vorschub und Rückzug des Eises ist von waldökologischer Wichtigkeit, weil sie ein Verständnis für den Charakter der Oberflächengestaltung und die daraus folgenden waldbaulichen Rückschlüsse verschafft. Das Eis hat sich auf der Grundmoräne bis zum Stillstand vorgeschoben und dort die Hauptendmoräne (Regionalbeispiel

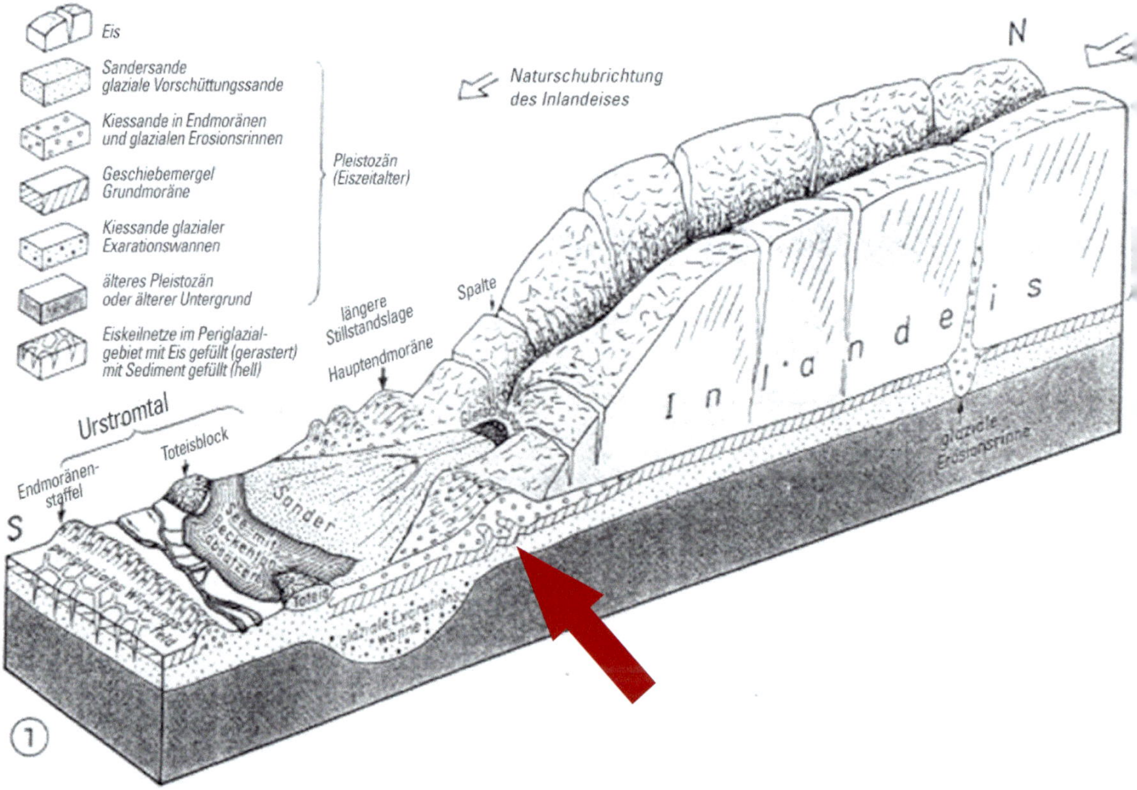

Abb. 4: *Schema der glazialen Serie in der Abfolge von Inlandeis, Gletschertor, Grundmoräne, Sander, Urstromtal mit Talsand und Beckensee sowie abschließend der Endmoränenvorstaffel. WAGENBRETH et. al. 1990 S. 21 ff*

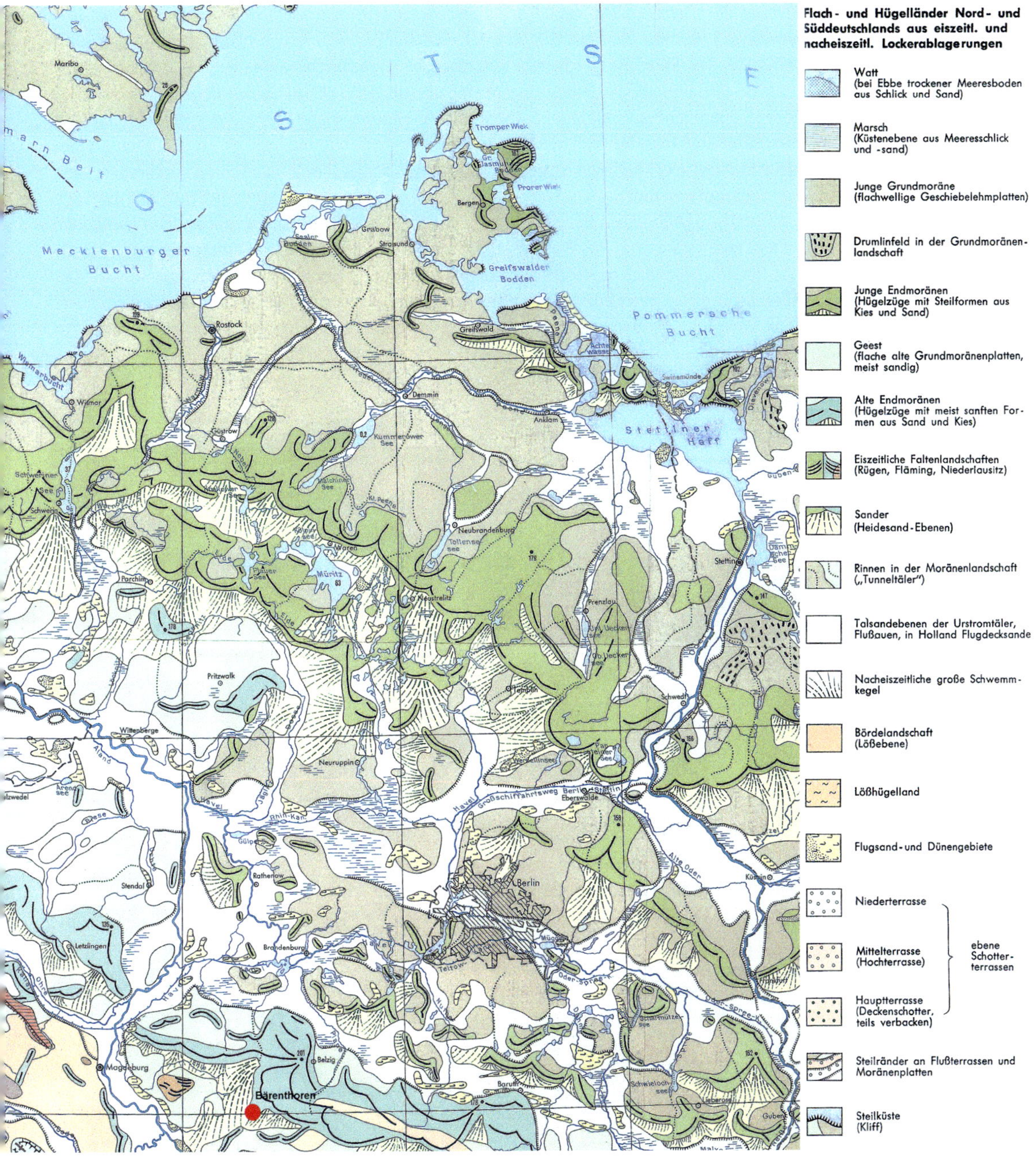

Abb. 5*: Geologische Übersichtskarte mit der Lage des Reviers Bärenthoren (roter Punkt) im nordostdeutschen Tieflande am Fuße der Endmoräne (blau) auf einer durch den Sander aufgearbeiteten Grundmoräne (s. Abbildung 4) (Quelle: Bundesamt für Geowissenschaften und Rohstoffe, RÜFFER und POMMER 2010).*
aus: „Forschungen zur deutschen Landeskunde", Bd. 184, Deutsche Landschaften – Bau und Formen, Entwurf D. Gohl; Kartographie Bundesforschungsanstalt für Landeskunde und Raumordnung, Druck durch das Institut für angewandte Geodäsie, Frankfurt am Main, 1990

Schwarzenberg [170 m] an der Grenze zu Brandenburg) aufgeschoben. Erkennbar ist auch eine Endmoränenstaffel (Regionalbeispiel Weinberg 136,5 m). Die dem Gletschertor entströmenden Schmelzwässer haben der Grundmoräne (Hochflächensande, Rev. Bärenthoren) Sander aufgelagert – perturbierte, verwirbelte Grundmoräne (lat. Perturbatio Verwirrung, Beunruhigung). Der Druck des hohen Eises (bis zu 1.000 m) hat vor der Hauptendmoräne über Solifluktion (Bodenfließen) lehmiges Material aufgepresst (**Abbildung 4**). Sowohl vor der Hauptendmoräne als auch vor der Endmoränenstaffel finden sich hier die Standorte des Laubholzanbaus. Der Sander (ehemals Kieferndauerwald) sind die Standorte der Kiefernwirtschaft. Dort, wo aus der Grundmoräne Lehme durchragen, kann die Kiefer mit Laubholz gemischt werden.

Die geologische Übersichtskarte (**Abbildung 5**) zeigt, dass die Waldbestände Bärenthorens auf endmoränennahen Standorten liegen, einem Endmoränenzug des Warthestadium der Saalevereisung. Die endmoränennahen Standorte haben ein für das Tiefland besonders bewegtes Höhenrelief und einen heterogenen Bodenformenaufbau. Der Weinberg im Revier Bärenthoren auf einer Vorstaffel zur hohen Endmoräne ist eine markante Geländeerhebungen. Diese Vorstaffel teilt die Verteilung der Bodensubstrate. Westlich der markanten Geländeerhebungen befinden sich lehmhaltige Standorte, während sich nach Osten reine Sandböden anschließen, die den flächenmäßig größeren Anteil einnehmen. Dem mittelaltpleistozänen Alter des Vereisungsstadiums geschuldet, stocken die Bestände nur

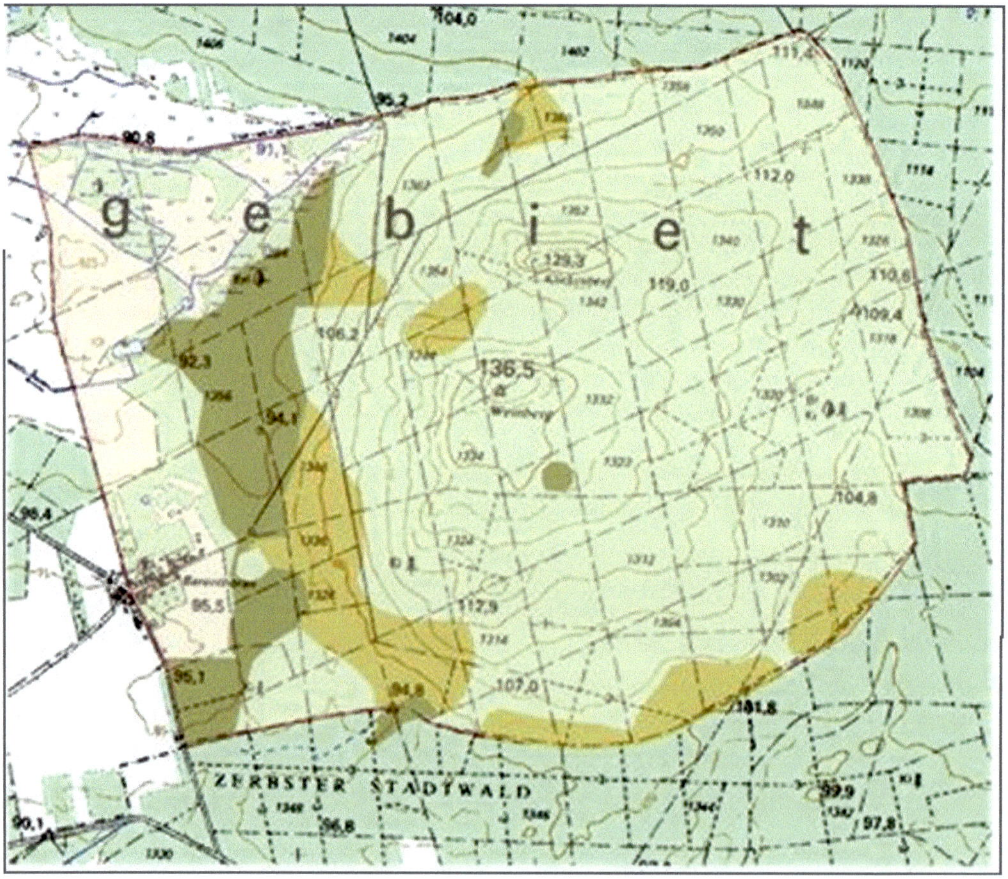

Abb.: 6 *Bodenkarten von Bärenthoren auf geologischer Basis (Fundus WIEDEMANN FHS Eberswalde)*

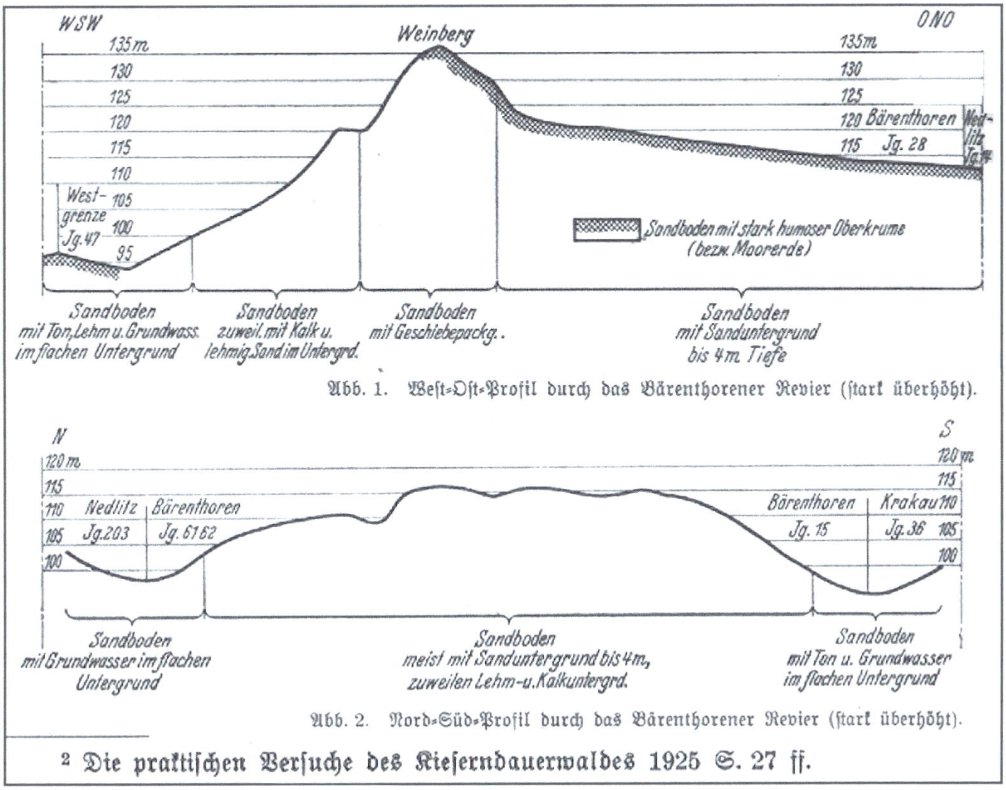

Abb. 7a

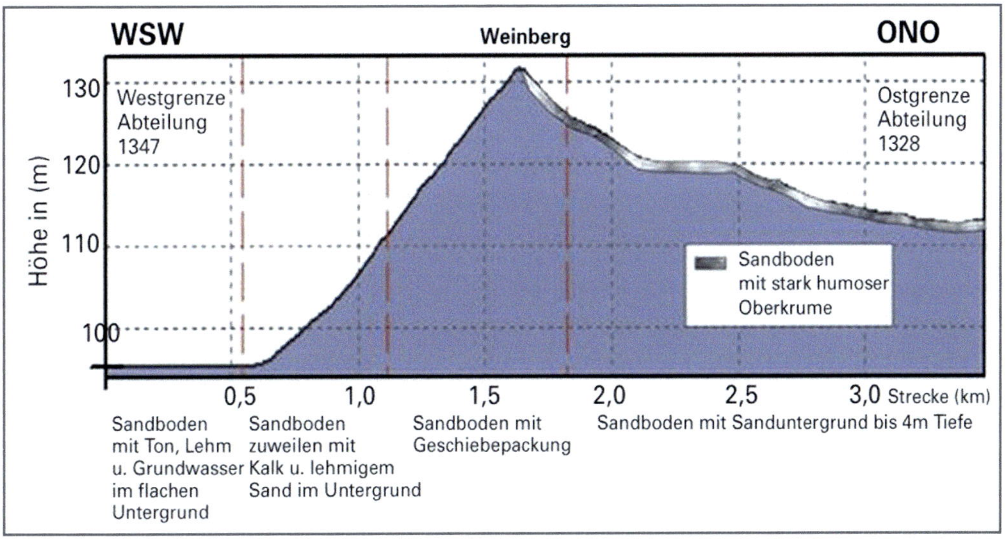

Abb. 7b

Abb. 7 a *und* **b**: *Sie zeigen oben das Relief des Reviers Bärenthoren. Die Vorstaffel zur 5 km entfernten hohen Stauchendmoräne wird überhöht dargestellt. Das Nord-Südprofil macht die flächenhafte Erhebung der Hochflächensande deutlich. Unten zeigt Abb. 7b die Abbildung stark überhöht die Substratabfolge.*

(Fundus Wiedemann FH Eberswalde Ganssen 1925)

auf überwiegend mittleren Stammnährkraftstufen. Als Besonderheit befinden sich im Nordostteil Bärenthorens überwiegend plaggenbeeinflusste Nedlitzer Sandbraunerden, die im Oberboden einen aus menschlicher Kulturtätigkeit entstandenen mächtigen Ap-Horizont (Esch) aufweisen. Klimatisch ist das Waldgebiet mit Niederschlägen zwischen 544 und 564 mm, einer durchschnittlichen Julitemperatur von 18,3 Grad Celsius und einer durchschnittlichen Januartemperatur von -0,7 bis 0,1 Grad Celsius der Buchenmischwaldregion nach Hofmann und Pommer (2004) zuzuordnen. Die Autoren geben die Grenze für den natürlichen reinen Buchenwald im Südwesten Brandenburgs mit ca. 140 m ü. NN an. Demzufolge tragen die Standorte Bärenthorens nur natürliche Buchenmischwälder (s. **Abbildung 8**).

Die Karte (**Abbildung 6**) zeigt die Lehmaufpressungen westlich der Vorstaffel mit dem Weinund Kliekenberg (129,3m). Die Gletscherzunge, welche die Endmoräne schuf, hat mit ihrem Gewicht Druck auf die Moräne ausgeübt und auf diesem Wege über Solifluktion (Bodenfließen) vor ihrem Fuße lehmiges Material aufgepresst. Es sind die Standorte, auf denen Laubholz vorkommt und die Kiefer bessere Leistung zeigt. Auch waldökologisch wichtige, inselartige Lehmvorkommen auf den Hochflächensanden sind erkannt worden.

Das Relief des West-Ostprofils zeigt überhöht die Lehm- und Kalkunterlagerungen im Westen. Das Relief des Nord-Südprofils zeigt im Norden (Revier Grimme, Nedlitz) keine jedoch im Süden Tonaufpressungen (Revier Krakau), verursacht durch die nach Süden einbiegende Vorstaffel.

Das ist von Bedeutung für die Vergleichbarkeit und geologische Verwandtschaft des Dauerwaldreviers mit den Nachbarrevieren. Die **Abbildung 7a und 7b** zeigen auch den stark humosen Oberboden der Eschkultur, der mit seiner Wasserspeicherkapazität wichtig ist für die Kiefernnaturverjüngung des Dauerwaldes. Zugleich wird darauf hingewiesen, dass die Hochflächensande (perturbierte Grundmoräne) zuweilen Lehm und Kalk im Untergrund besitzen. Dies ist die waldökologisch- waldbauliche Basis für Kiefernlaubholzmischbestände.

Die **Abbildung 8** verdeutlicht den Charakter der Hochflächensande, die ihrem Namen entsprechend als Grundmoräne ca. 20 m aus dem Umland herausragen. Sie werden ca. 10 m von der Endmoräne mit dem Weinberg überragt. Somit stockt das Revier Bärenthoren auf einer geologischen Besonderheit, die nicht allgemein mit anderen Kiefernrevieren vergleichbar ist.

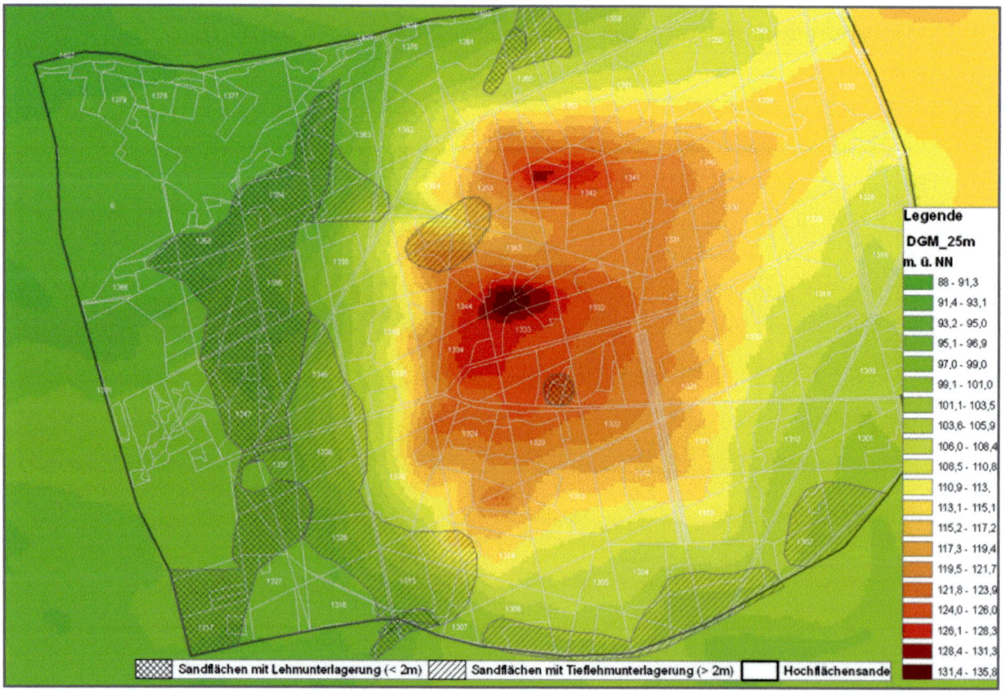

Abb.8: *Revier Bärenthoren im Höhenprofil und Geologie zur deutlichen Darstellung der Hochflächensande und der Endmoränenvorstaffel mit Wein- und Rückenberg (Kliekenberg) (Rüffer und Pommer 2010)*

3 Wuchsgebiete, Wuchsbezirke und geologischer Abriss

Die Darstellung des **Wuchsgebietes Hoher Fläming** mit den **Wuchsbezirken Nedlitzer Flämingrandplatte** und **Wiesenburger Fläminghochfläche** sowie den dazugehörigen Mosaikbereichen (NATURRAUMERKUNDUNG 2001) wird durch geologische Darstellungen ergänzt.

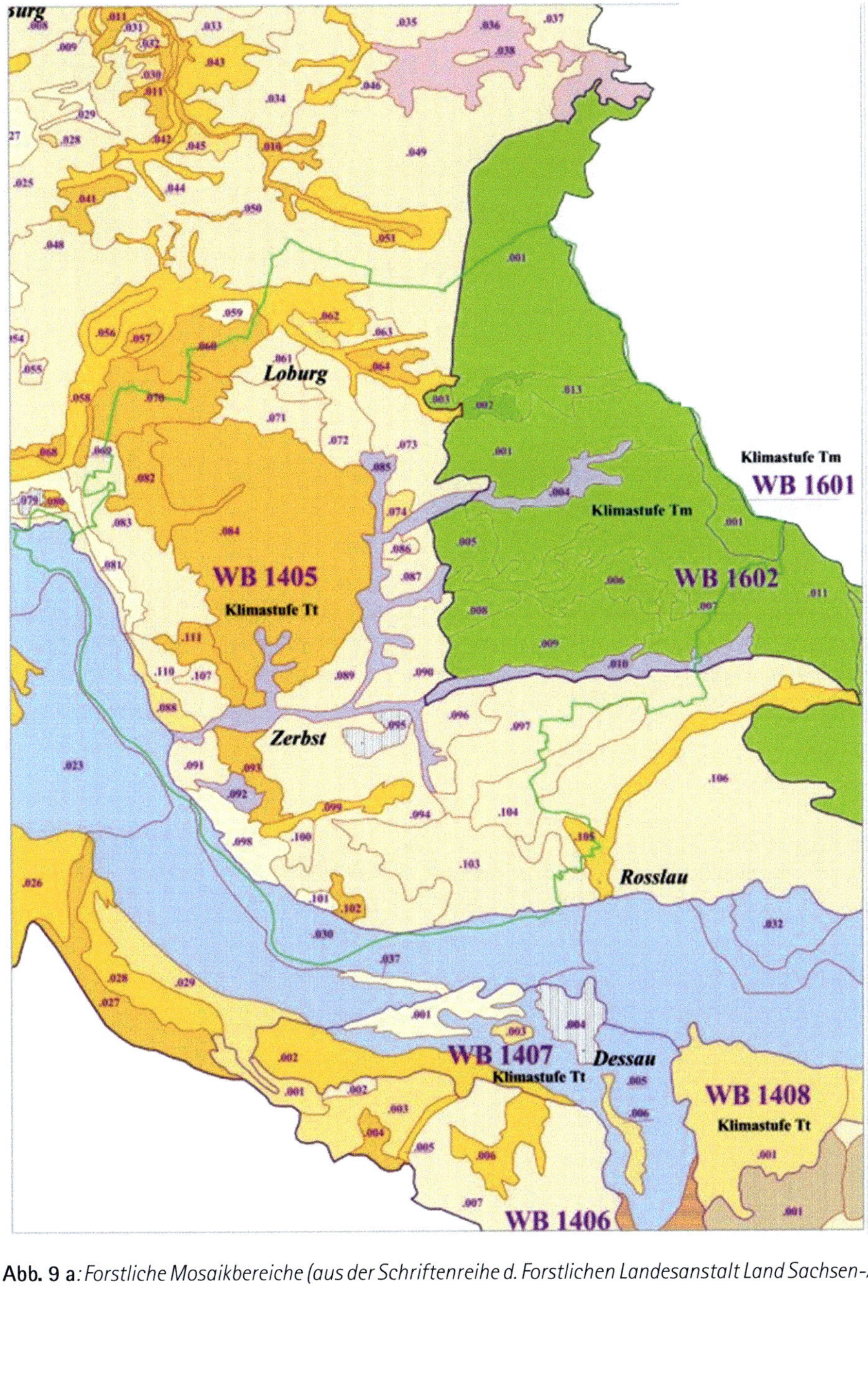

Abb. 9 a: *Forstliche Mosaikbereiche (aus der Schriftenreihe d. Forstlichen Landesanstalt Land Sachsen-Anhalt 1/01)*

Der Hohen Fläming, Wuchsgebiet 16, ist grün herausgehoben mit der Klimastufe Tm (Flämingklima). Dieses Gebiet der glazifluviatilen Bildungen oder Hochflächensande wird zertalt durch die Nutheniederungen. Es wird deutlich, dass der Hohe Fläming mit seinem Buchen-Mischwaldklima als Insel inmitten des trockenen, südbrandenburgischen Klimas der Klimastufe Tt liegt.

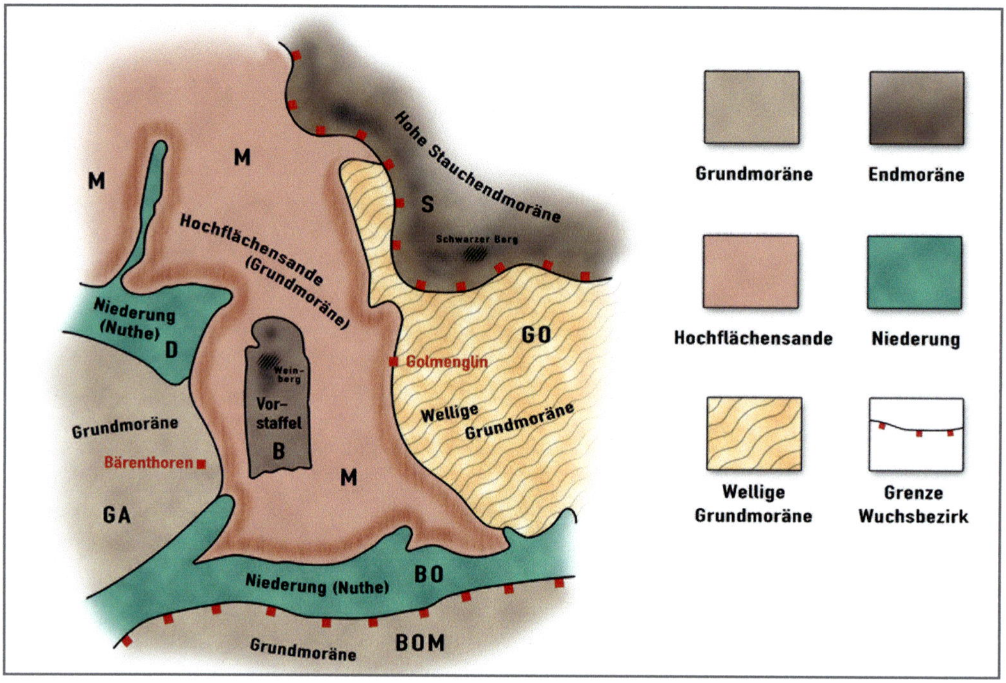

Abb. 9 b: *Mosaikbereiche unter Einbeziehung der glazialen Serie (Abb. 4) im Kartierungsbezirk schematisch dargestellt und damit Abb. 9a, Wuchsgebiet 16 Hoher Fläming (grüner Bereich) aktualisiert, Darstellung und Zeichnung Greger*

Wuchsbezirk Möckern – Ziesarsche Platte (WB 1405)

Mosaikbereiche
- Mittelplatten (Grundmoränen)
- BOM Bornumer Mittelplatte (MB 1405.097)

Wuchsgebiet Hoher Fläming (WG 16)

Wuchsbezirk Wiesenburger Fläminghochfläche (WB 1601)

Mosaikbereiche
- S Setzsteiger Höhenplatte (Hohe Stauchendmoräne) (MB 1601.001)

Wuchsbezirk Nedlitzer Flämingrandplatte (WB 1602)

Mosaikbereiche
- Oberplatten (Hochflächensande, Grundmoränen)
- B Bärenthorener Oberplatte (Vorstaffel Endmoräne) (MB 1602.007)
- M Medewitzer Oberplatte (MB 1602.011)
- GO Golmengliner wellige Oberplatte (MB 1602.014)

Mittelplatten (Grundmoränen)
- GA Garitzer Mittelplatte (1602.009)

Niederungen
- BO Bornumer Nuthe-Niederung (MB 1602.010)
- D Dobritzer Nuthe-Niederung (MB 1602.006)

Ausgangspunkt der naturräumlichen Kartierung waren die Ergebnisse der Forstlichen Standortserkundung. Weiteres Quellenmaterial bildeten die mittelmaßstäbige landwirtschaftliche Standortkartierung und die geologischen Karten des Landes Sachsen-Anhalts u. a. Der Autor hat die Karte aus der Schriftenreihe d. Forstlichen Landesanstalt Land Sachsen-Anhalt 1/01 nach neuester Erkundung überarbeitet und texterläuternd schematisch dargestellt.

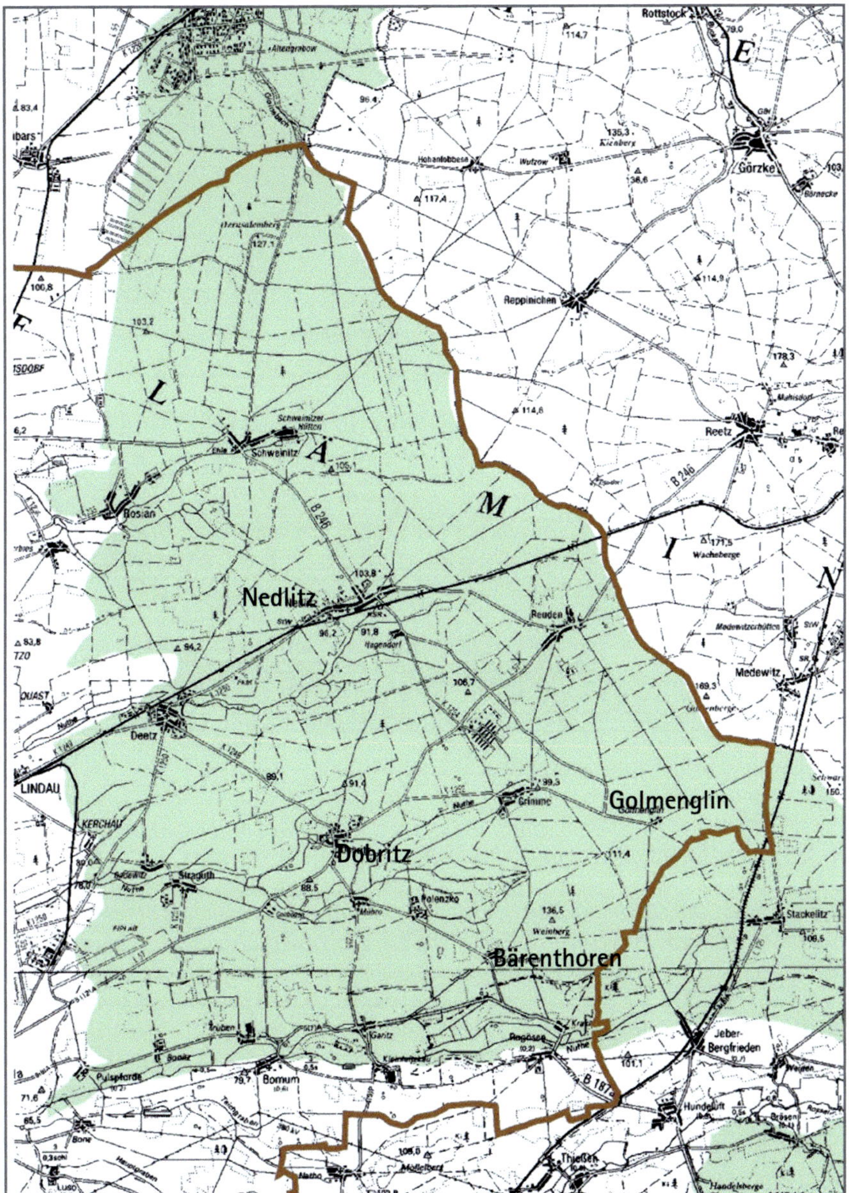

Abb. 10: *Topographische Karte Hoher Fläming*
Diese Darstellung grenzt den Hohen Fläming regional ab. Wobei die Südgrenze zum großen Teil von der Bornumer Nutheniederung gebildet wird. Die westliche und nordwestliche Grenze lehnt sich in dem nach Osten ansteigenden Gelände an die Höhenschichtlinie von 80 m ü. NN. Damit nimmt der Hohe Fläming im Kartierungsbezirk Höhen von 80 bis 173 m ü. NN ein.

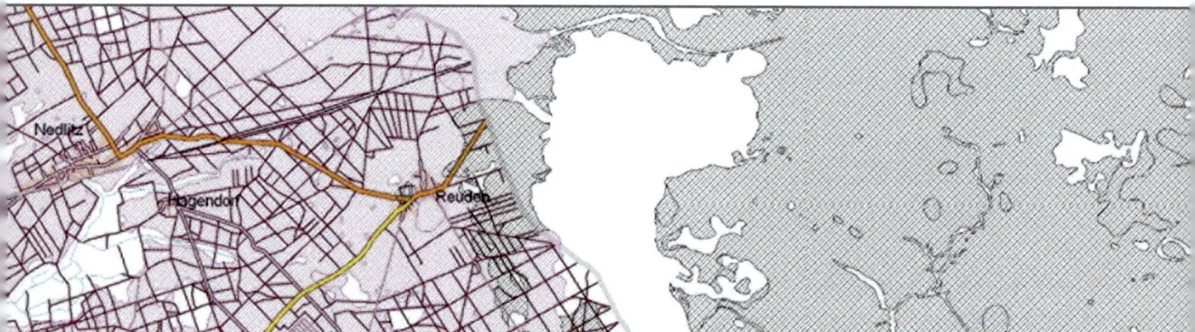

Abb. 11: *Digitale geologische Karte für Sachsen-Anhalt, Bereich Hoher Fläming (Ausgabe 2007)*
Legende: *Grau - Hochflächensande (zerstörte Grundmoräne), glazigene Bildungen (bis glazifluviatil)*
Orange - Sander und Sander mit glazifluviatilem Einfluss

Diese Karte verdeutlicht schematisierend den besonderen Charakter der Hochflächensande, auf denen das Revier Bärenthoren und Nachbarreviere liegen. Die besondere geologische Basis des Reviers Bärenthoren erklärt, weshalb die waldökologischen Verhältnisse, welche der Kiefernbewirtschaftung durch V. Kalitsch zugrunde lagen, deutlich von anderen Kiefernrevieren abweichen. Die Hochflächensande sind relativ grob, reicher an Feldspäten und ähneln sogar, obwohl warthezeitlichen Ursprungs, jungpleistozänen Standorten in der Nachbarschaft von Eberswalde (Ganssen 1932), auch wenn der kohlensaure Kalk unter 4 - 5 m herabgewaschen worden ist. Das erklärt auch das Scheitern der Bemühungen einiger Dauerwaldvertreter (Wiebecke 1924), die Bärenthorener „Kiefern-Dauerwaldwirtschaft" ohne Beachtung der Standortsverhältnisse allgemein einzuführen.
Hochflächen- und Sander-Sande wurden in den ersten geologischen Karten rein morphologisch unterschieden. Ein lithologischer Unterschied konnte nicht nachgewiesen werden (Schmierer Th. 1908). Kopp untersuchte die lithologische Zusammensetzung von Sanden unterschiedlichen Alters und unterschiedlicher morphogenetischer Position im Tiefland und stellte Unterschiede im Silikatgehalt der Sande fest, die die Nährstoffausstattung der auf und aus ihnen entwickelten Böden beeinflussen (Kopp 1968; Fiedler, Hunger 1970).
Ein weiterer Grund, morphologisch unterschiedliche Sande unterschiedlich zu bewerten, liegt in der Geschichte der Relief- und Bodenentwicklung. Das Untersuchungsgebiet wurde maßgeblich während des jüngeren Warthestadiums der Saale-Kaltzeit geformt. Dies betrifft die Sedimente und die mehr oder weniger deutlich erhaltenen

morphologischen Formen der glazigenen Folge Grundmoräne - Endmoräne - Sander - Urstromtal/Talsandterrassen.
Die geologische Karte zeigt im Nordosten an der Grenze zu Brandenburg farblos den Medewitzer Teilbogen (Lobus) der Reetz - Medewitz - Setzsteiger Stauchendmoräne mit den Gorrenbergen (173 m). Sie ist die Hauptrandlage des Warthe-Stadiums.Woldstedt Brunner (1961), Woldstedt (1961) und Gellert (1965) betonen das Oszillieren des Inlandeises. Im vorliegenden Fall liegt eine weitere Eisrandlage kurz vor Bärenthoren. Sie bildet mit dem Dachsbau, Weinberg und Rückenberg (Kliekenberg) eine sanfte Hügelkette (Vorstaffel). Sie läuft bei Grimme aus (siehe nachfolgende Reliefkarte). Knoth (1995) stellt die Endmoränen-Reste des südlich anschließenden Gebietes bis zu den Talsanden des Elbe-Tales ebenfalls in das Warthestadium. Seit der frühen Warthe-Zeit befinden sich diese Gebiete im periglaziären Landschaftsraum, in dem durch Klimaschwankungen bedingt Staub- und Sandeinwehungen, Bodenbildungen und Abspülungen stattfanden.
Entsprechend sind plateauartig höher liegende, gegenüber dem Sander nicht oder anders geschichtete, deutlich herausgehobene, Landschaftsbereiche (Hochflächensande) nach ihrer Reliefentwicklung älter und beinhalten häufiger Reste alter Bodenbildungen, wie die Bändersande oder Reste von lehmigen oder mergeligen Grundmoränen der älteren warthezeitlichen Eisvorstöße. Die periglaziären und glazifluviatilen Sande dieser Plateaus sind die Hochflächensande, die im Gegensatz zum reinen Sander anders geschichtet sind. Die älteren Reliefteile beinhalten im Bereich von Stauchendmoränen eingeschuppte tertiäre Gesteins-Schollen. Meist sind es äußerst nährstoffarme weiße Quarzsande. Sie beeinflussen bei ihrer Aufnahme in die Bodensubstrate die Nährkraft der Böden negativ, kommen aber nur kleinflächig vor.
Die Sander der Hauptrandlage sind nicht das Ende der Sand-Ablagerungen im Untersuchungsraum. Während des gesamten periglazialen Zeitabschnittes wuschen Regen und Schnee-Schmelzwässer die Endmoränen und höher gelegene Landschaftsteile aus, legten ältere Grundmoränen frei, wuschen Schwebstoffe aus und lagerten nährstoffärmere Hangund Schwemmsande ab. Das heißt, dass im Bereich der Sander dieselben durch jüngere, ärmere ausgewaschene Schwemmsande überlagert sind, und in Abtragsbereichen der Hochflächensande ältere Geschiebelehme oder -mergel oberflächennah lagern, die die Nährkraft der Böden verbessern.
Später, wahrscheinlich während der späten Weichselkaltzeit, wurden unter kalt-ariden Bedingungen Lösssande, Staubsande und reine Sande eingeweht. Sie wurden durch Frost und Tauprozesse überprägt und bilden eine Decke von 5 bis 7 dm, die meist durch einen merklichen Schluff- oder Feinsandgehalt erkennbar ist. Die Überlagerung dieser Erscheinungen begründet den waldökologischen und waldbaulichen Unterschied der Naturräume Hochflächensand und Sander und damit die besonderen Standortsverhältnisse des „Dauerwaldgebiets" Bärenthoren.
Die Hochflächensande haben ein abwechselungsreiches Standortsmosaik mit fruchtbaren Lehmeinsprengungen in den anlehmigen Sanden der Nedlitzer Sand-Braunerde und bieten bessere Möglichkeiten für den Waldbau als reine Sander. Nördlich bei Reuden und südlich bei Stackelitz werden die Hochflächensande von Sanderbildungen umfasst. Wie die naturräumlich-kulturhistorische Übersichtskarte zeigt, gab es nördlich der Gorrenberge und des Schwarzen Berges Gletschertore, aus denen das Schmelzwasser ausströmte und diese Sander ablagerte.
Etwa drei Kilometer nördlich von Stackelitz, im Gebiet nordöstlich des „Schönen Buchenhaus" beginnt ein schmaler, schlauchartiger Sander, der zunächst etwa 2 km nach SW läuft, um dann unvermittelt auf der Höhe von Golmenglin nach SE abzubiegen. Breiter werdend vereinigt er sich dann mit dem Sander aus der „Springer Rummel". Diese Sander bedecken im Gebiet des „Schönen Buchenhaus" östlich von Golmenglin streckenweise die kräftigen lößsandbeeinflussten Golmengliner Lehmsand-Staugleyfahlerden und führen zu der welligen Mosaikausbildung (siehe Kapitel E 3.1.1.3 Mosaikbereich Golmengliner wellige Oberplatte). Im Norden des Hochflächensandes erzeugte ein Gletschertor in der Eisrandlage einen Teilsander zwischen den Gorren- und Silberbergen mit armen Feinbodenformen.
Nachdem zuvor die Hypothese für die Entstehung der Hochfläche zwischen der Haupt- und der Vorstaffel, vor allem die **perturbierte Grundmoräne,** beschrieben wurde, sollen nun auch die stärker sanderartigen Standorte behandelt werden. Diese sind ab 1 m Tiefe geschichtet (siehe auch Teichmann 1954). So kann davon ausgegangen werden, die **Hochflächensande setzen sich mosaikartig sowohl aus perturbierten grundmoränenartigen als auch aus sanderartigen Bereichen zusammen** (siehe Abbildung Bodengrube Nr. 30 NeS mit Schichtung im Untergrund).
Im letzteren Fall handelt es sich nicht um einen klassischen, sondern um einen **perturbierten Sander** zwischen Vor- und Hauptstaffel. Die Schmelzwassermengen, die nicht nur durch die Gletschertore drangen, sondern auch

über den (Moränen-)Rand des Großgletschers nach Westen und im geringeren Maße von den Resten des Vorstaffelgletschers nach Osten flossen, führten große Sandmassen mit sich. Brunner (1961) erwähnt das Überschwappen der sandhaltigen Schmelzwässer über die Großmoräne bei Reetz: *„Wie die Bedeckung der Stauchungserscheinungen in der Kiesgrube bei Reetz mit geschichteten Kiesen und groben Geröllen zeigte, wird die Aufschüttung des Sanders nicht nur punktförmig von diesen beiden Gletschertoren ausgegangen sein, sondern zwischen beiden an mehreren Stellen, wenn nicht sogar längs der ganzen Eisfront erfolgt sein."* Deshalb bestimmen auch diese Sande und nicht nur die Grundmoräne das Gebiet zwischen Vor- und Hauptstaffel. Laut geologischer Karte sind die Ablagerungen ca. 20 dm tief.

Dass zwischen Vor- und Hauptstaffel kein klassischer, sondern ein perturbierter Sander entstand, kann wie folgt erklärt werden. Die Schmelzwässer flossen nicht nach Westen ab, da die geologisch ältere Bärenthoren-Reudener Vorstaffel ein Hindernis bildete, von denen die Schmelzwässer zurückprallten. Wegen Platzmangels flossen die Schmelzwasser turbulentstauseeartig entlang der Medewitzer Stauchmoräne, sowohl nach Norden als auch nach

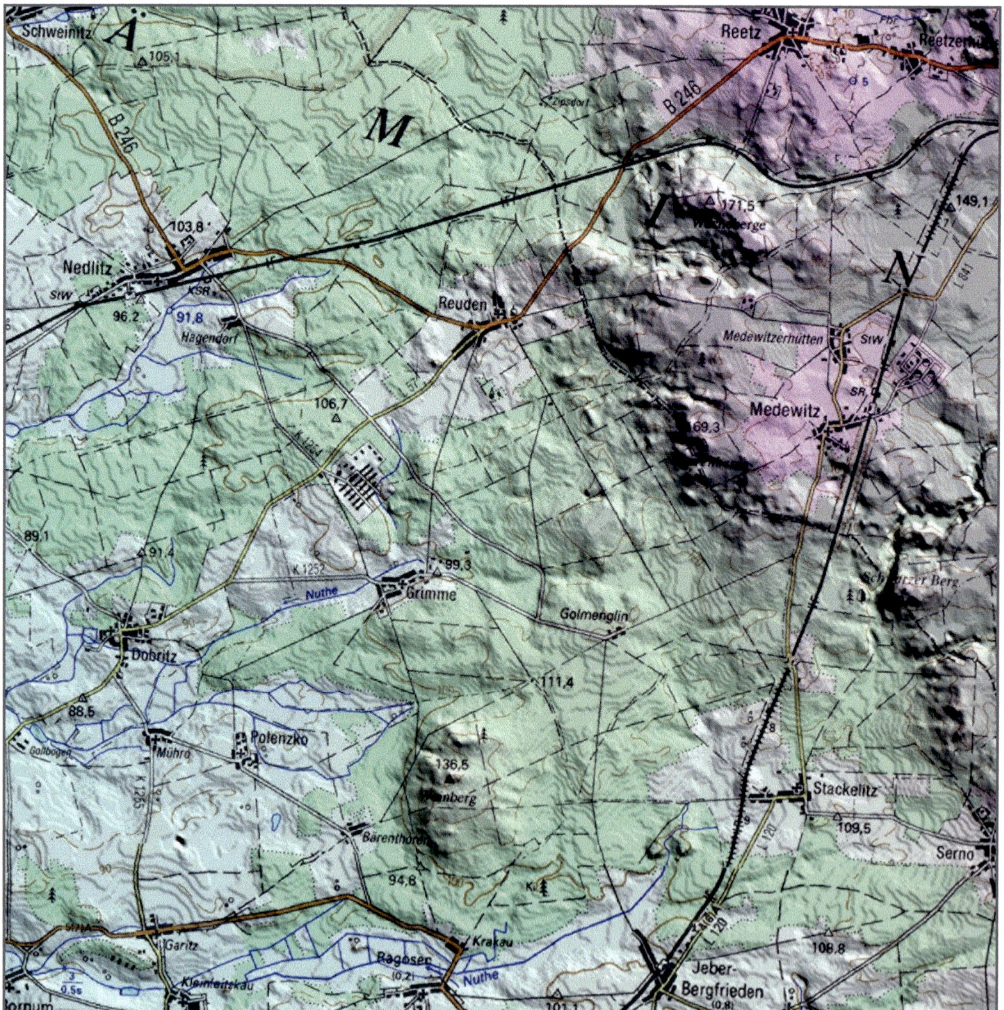

Abb. 12*: Topographische Karte und Relief des Untersuchungsgebietes, Datengrundlage: Digitale Topographische Karte 1:100.000, Digitales Höhenmodell (DHM25) von Deutschland*

Süden. Doch auch im Norden und Süden stieß das Wasser auf Barrieren: Die Nordbarriere bildeten die nach Westen abfließenden weit größeren Wassermassen der Gletschertore nördlich und südlich der Wache Berge.

Die Südbarriere bestand aus den noch gewaltigeren Wassermassen, die sich aus den Gletschertoren der Springer Rummel nach Südwesten wälzten. Die riesigen klassischen Sander, die der nördliche und südliche Barrierestrom hinterlassen haben, belegen die Größe dieser Ströme. Wir dürfen annehmen, dass sie seitlich Wasser in den Stausee zwischen Vor- und Hauptstaffel abgaben, was dort zu weiteren Verwirbelungen führte. Wird bedacht, dass die Wasserwirbel in Wirklichkeit Wasser-Sand-Wirbel waren, so wird verständlich, dass im Bereich zwischen Vor- und Hauptstaffel kein klassischer Sander entstand, sondern ein perturbierter, ungeschichtete**r Strudelsander**. Dieser ist unregelmäßig wegen der Turbulenzen im „Schmelzwassersee".
Wie die schwache Ausbildung der Vorstaffeln belegt, gelangten nur geringe Ausläufer des Gletschers vorübergehend in die Grauzone; die Ausläufer reichten allein nicht aus, die Hochfläche aufzubauen. So könnte das inhomogene Mosaik von Anfang an durch die Schmelzwasserturbulenzen in Interaktion mit der Vorstaffel entstanden sein. Dabei wurde auch die Grundmoräne zwischen Vorstaffel und Großmoräne aufgewühlt (perturbiert). In dieser Weise wurde die durch wilde Schmelzwässer perturbierte Grundmoräne mit Schmelzwassersanden gemischt, und es entstand das spezielle Standortsmosaik des Reviers Bärenthoren. Da keine genauen geologischen Kartierungen vorliegen, ist diese Hypothese aktuell die beste waldökologische Arbeitsgrundlage.

Die **Abbildung 12** zeigt die Geomorphologie (Landschaftskunde) des Hohen Flämings. Im Ost-Nordosten erhebt sich die Stauchendmoräne mit ihren Loben und dem Wacheberg, den Gorrenbergen und dem Schwarzenberg. Es lassen sich die Schmelzwasserrinnen erkennen, wie sie zwischen den Loben die Gletschertore verließen. Westlich davon erhebt sich die Vorstaffel zu dieser Stauchendmoräne deutlich mit dem Weinberg. Diese Staffel geht östlich an Grimme vorbei nach Norden und umfasst dabei Reuden von Westen und Norden, um im Osten von Reuden über die Silberberge nach Süden zu laufen. Zwischen den Silberbergen und den Gorrenbergen fällt eine nach Süden streichende Schmelzwasser-Rinne auf, in deren Bereich laubholztragende Lehmstandorte liegen. Zwischen der Vorstaffel und der hohen Stauchendmoräne befinden sich die Hochflächensande. Sie sind wie eine Grundmoräne schwachwellig
ausgeprägt und von Rinnen der Schmelzwassersande durchzogen. Eine dieser Rinnen mündet, vom Lobus des Schwarzen Berges kommend, nach Süden in ein Nuthetal. Es ist gut erkenntlich, wie sich die Hochflächensande deutlich aus den Sanderflächen herausheben.
Das Höhenmodell schließt eine Ähnlichkeit mit einem Sander sehr deutlich aus. Der unregelmäßige schwachwellige Aufbau der Hochfläche lässt zugleich auch auf den inneren unregelmäßigen Aufbau schließen, wie er tatsächlich durch eine unstetig wechselnde mosaikartige Unterlagerung durch Lehmbänder- und nester gegeben ist (**s. Abbildung 6 und 7**). Die Hochflächensande werden von Trockentälern (Rummeln) durchschnitten, wie sie z. B. den Lauf der Nuthe (Quellgebiet) östlich von Grimme in Richtung Golmenglin und nördlich des Weinberges in Richtung auf die Höhe 111,4 fortsetzen. Östlich von Golmenglin lässt sich eine wellige Mulde deutlich erkennen, wie sie sich südlich vor dem starken Anstieg zu den Gorrenbergen ausbreitet. Dies ist das buchenreiche Gebiet der Lößsande, die sich im eiszeitlichen Leegebiet mit den abfallenden Winden hinter diesen Bergen ablagerten. Das Höhenmodell lässt den Geländeabfall nach Westen erkennen, wo das Wuchsgebiet außerhalb der Darstellung bei ca. 80 m ü. NN ausläuft. Im Süden ist die Grenze des Hohen Flämings mit dem Abfall in das Nuthetal gegeben.

C Wald- und Siedlungsgeschichte

1 Allgemeines

Die allgemeine Forstgeschichte wird hier nicht eingehend behandelt, weil sie von Pietschmann (1999, 2002) sehr umfangreich beschrieben wurde. Stattdessen wird im Kapitel 2 Bodenkundliche Funde auf die Spuren verwiesen, welche die Landeskultur im Boden hinterließ.

Das Südwest-Flämingvorland stellt ein frühes Siedlungsgebiet dar und war zeitig dem menschlichen Einfluss ausgesetzt. Eine besondere Zäsur stellte die Ansiedlung der Flamen unter Albrecht dem Bären im 12. Jahrhundert vor ca. 850 Jahren dar. Bis Mitte des 12. Jahrhunderts blieb der Fläming die Grenzbarriere zwischen Deutschen und Slawen. Die slawische Periode endete mit der Gründung der Mark Brandenburg 1157 nach dem Sieg des Askaniers Albrecht der Bär über den Slawenfürsten Jaxa von Köpenick. Einige südwestliche Landstriche im Fläming wurden bereits vor der Gründung der Mark besiedelt. So stand wahrscheinlich die wendische Siedlung „Mokrianici" (feuchter Ort), das heutige Möckern, schon zum Ende des 9. Jahrhunderts unter deutschem Einfluss. Im Mittelalter trug der Höhenzug in weiten Teilen die Bezeichnung „Sächsischer Grenzwall", während der Begriff „Fläming" um 1500 auf den Jüterboger Raum und westliche Bereiche um Burg und Loburg beschränkt war. In diesem Zusammenhang muss auf die Entstehung des Namens Bärenthoren eingegangen werden. Trittel (1936) berichtet im Zusammenhang mit dem Namen von einer Urkunde vom 29.9.1451 als: *„zu dem verbrannten Turm*, niederdeutsch *„to dem verbernten Turm."*

Dieser Turm sicherte die auch heute noch erkennbare Landwehr, eine alte aus Graben, Wall und vermutlich Hecke bestehende Befestigungsanlage. Schon kurz nachdem Albrecht der Bär 1157 die Mark Brandenburg gegründet hatte, riefen er und der Magdeburger Erzbischof Wichmann von Seeburg in großem Umfang Siedler in die neue Mark. Rund 400.000 Menschen strömten im 12. und 13. Jahrhundert nach Osten. Die Siedler kamen insbesondere aus der Altmark, dem Harz, Flandern und den Rheingebieten in das Land. Der Erzbischof Adalgod von Osterburg hatte um 1107 festgestellt: *„Die Heiden hier sind übel, ihr Land aber höchst ergiebig an Fleisch, an Honig, an Mehl ... an Vögeln. Und wenn es sorgfältig bebaut wird, wird ein solcher Überfluss an allem Wachstum aus der Erde sein, dass kein Land mit ihm verglichen werden kann. Das sagen, die es kennen. Deswegen, ihr Sachsen, Franken, Lothringer, ihr ruhmvollen Flandrer, Bezwinger der Welt, hier könnt ihr Eure Seelen erretten und – wenn ihr wollt – das beste Land zum Siedeln bekommen."*

Eine wichtige Rolle spielten die Flamen, die nach verheerenden Sturmfluten im eigenen Land gerne neue Siedlungsgebiete annahmen und mit ihrer Erfahrung im Deichbau zu den Eindeichungen von Elbe und Havel beitrugen, die in den 1160er Jahren in Angriff genommen wurden (Auszug aus Wikipedia). Daraus schlussfolgernd ist davon auszugehen, dass die Plaggenbewirtschaftung sehr zeitig einsetzte, denn die Plaggenhorizonte sind oft schwach ausgeprägt und gestört, weil sie in diesem langen Zeitraum bis in die Gegenwart verständnislos behandelt wurden. Die Plaggenkultur wurde im mittelalterlichen Klimaoptimum begonnen. Der Höhepunkt dieser Epoche wird in etwa der Zeitraum zwischen 950 und 1250 n. Chr. bezeichnet, in dem auf der Nordhemisphäre überdurchschnittlich hohe Temperaturen herrschten, besonders im Vergleich zur anschließenden Kleinen Eiszeit, die den Zeitraum von etwa 1300 bis 1900 beschreibt. In ihm überwogen auf der Nordhemisphäre, besonders im Vergleich zur mittelalterlichen Warmzeit, niedrige Temperaturen. Den Beginn der Kleinen Eiszeit stellt eine abrupte Abkühlung, verbunden mit erhöhten Niederschlägen, der Sommer im Zeitraum 1275 bis1300 dar, Nach diesem Zeitraum ist das Ende der Eschkultur sehr wahrscheinlich, denn es gab überall Missernten und Bevölkerungsrückgang. So kann die Plaggenkultur etwa 150 Jahre betrieben worden sein. Das stimmt überein mit der tlw. geringen Stärke des Plaggenhorizontes.

Nach der Beendigung des Schmalkaldischen Krieges (1546/47) setzte eine neue Siedlungstätigkeit mit Waldweide ein (Trittel 1936). Durch den Dreißigjährigen Krieg wurde die Wald- Feld-Verteilung wieder empfindlich gestört. In forstgeschichtlicher Hinsicht ist die erste Anordnung zur Eichenpflanzung aus dem Jahr 1707 wichtig. Zur Pflanzung von „Brautbäumen" wurde 1722 aufgerufen. Für 1727 findet sich die erste Pflege-Anordnung für Naturverjüngungen in einem Revisionsprotokoll. Ab 1730 wird ein Abgehen von den Zapfensaaten vermutet.

1748 fand die forstliche Tätigkeit durch eine Forst- und Waldordnung einen Höhepunkt. Sie beinhaltete Forstschutzbestimmungen sowie waldbauliche Anweisungen für die Eichennachzucht. 1753 setzte eine verstärkte Aufforstungswelle ein, die zu den ersten Kulturplänen und zur Samenklengung zwang. Seit 1745/46 entbrannte eine Diskussion über die Vor- und Nachteile des Kahlschlages, der Wirtschaft unter Schirm und die Naturverjüngung (alles Kohlstock 1961).
Die Übersichtskarte (**Abbildung 13**) zeigt die Lage des Kartierungsgebietes, westlich vorgelagert vor die Stauchendmoräne des Hohen Flämings. Hier wird, braun gekennzeichnet, auch die Lage des ehemaligen „Kiefern-Dauerwaldgebietes" auf den Hochflächensanden einer gestörten Grundmoräne im Revier Bärenthoren deutlich. Es ist zugleich auch das Zentrum der flämischen Plaggenwirtschaft, die für die erfolgreiche Keimung der Kiefer einen humusreichen Oberboden hinterließen. Der Geländeschnitt zeigt die Entwicklung der Bodenformen vom Fuße der Vorstaffel bis in die hohe Stauchendmoräne hinein. Sie beginnt vor der Vorstaffel mit Lehmaufstauchungen, bzw. Lehmunterlagerungen und Bändersanden und Nadelholz-Laubholzmischwald, geht dann über den Weinberg mit tlw. Skelettböden und Kiefernbeständen. Auf den östlich folgenden, fast ebenen Hochflächensanden mit Kiefernbeständen sind plaggengedeckte Braunerden ausgebildet, um dann östlich von Golmenglin am Rande einer flachen Mulde zunächst in laubholzbestockte gute Braunerden mit wachstumsfördernden Schichten überzugehen. Denen folgen dann schließlich in der Mulde lößsandbedeckte kräftige Lehmsand-Staugleyfahlerden mit guten Traubeneichen-Buchenwäldern. Am Schluss folgen mit dem Anstieg zur sandigen Stauchendmoräne auf armen Rankern und Podsolen Kiefernbestände. Hier zeigt sich erneut die besondere Lage des Bärenthorener „Kiefern-Dauerwaldgebietes" mit mäßig nährstoffhaltigen Braunerden, die für die Kiefernnaturverjüngung einst günstig waren, inmitten von besseren, laubholzfähigen Naturräumen. Damit ist auch die Einmaligkeit und Unverwechselbarkeit des „Dauerwaldversuches" in Bärenthoren erklärt. In seiner Arbeit über die „Teeröfen als Nachweis eines ursprünglichen Vorkommens der Kiefer" weist Scamoni (1955) für das südwestliche Flämingvorland 7 Teeröfen nach. Somit spielte die Kiefer auch in den ursprünglichen Buchenmischwäldern der Hochflächensande spätestens seit der zweiten Hälfte des 17. Jh. eine größere Rolle. Auf den Meilerplatten des Reviers Bärenthoren finden sich Reste von Kiefernholz (Stübbe) (Frommhold 2007), was in die gleiche Richtung deutet.

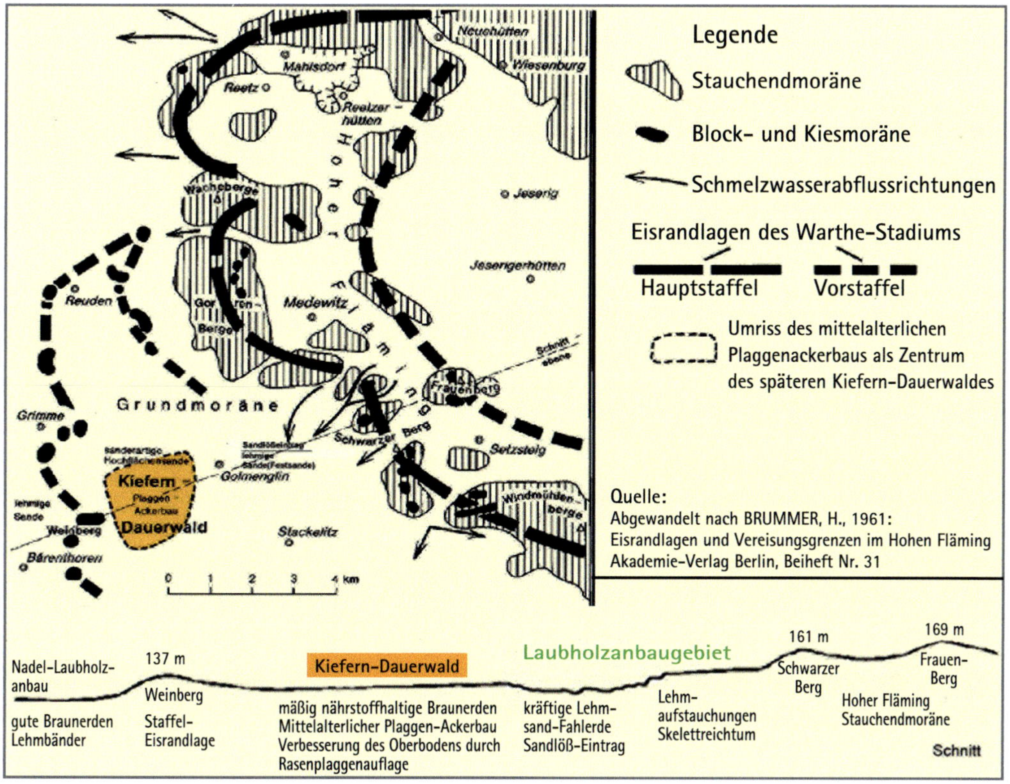

Abb. 13 *Naturräumlich-kulturhistorische Übersichtskarte, Zeichnung Greger*

2 Bodenkundliche Funde

2.1. Einführung

Zu den menschlich bedingten Standortsänderungen durch Beackerung gehören im positiven Sinne die **eschartigen Böden** (s. Kapitel F 13.11 pNeS), die durch die flämische Plaggendeckkultur entstanden. Im negativen Sinne entstanden durch die Beackerung **erodierte Böden**, die **Rumpfrosterden** und **Rumpfrostpodsole** (s. Kapitel 2.1.5.1.2 Sand).

Die unterschiedliche Wuchsleistung der in den Revieren Bärenthoren und Golmenglin als Braunerden kartierten Feinbodenformen könnte teilweise durch den kulturgeschichtlichen Einfluss erklärt werden. Wo die Plaggen abgetragen wurden, verringerte sich mit der Mächtigkeit des Verbraunungshorizontes auch die ökologische Wertigkeit, wie am Ostrand des Plaggendeckgebietes im westlichen Revier Golmenglin vorzufinden (s. Abb.23, 67: Standortskarte der Forstorte der ehemaligen „Kiefern-Dauerwaldwirtschaft" Kap. F 5 grüne Pfeile).

2.2. Der anthropogene Standortsfaktor – ehemals beackerte Waldböden

Alle untersuchten Standorte mit Ausnahme von hydro- und semihydromorphen, sowie bindigen Standorten (z. B. Lehmsand-Staugleyfahlerden) besitzen **Pflughorizonte**. Auf den bindigen Lößsanden dieser Fahlerden sind alte Ackerhorizonte schwer zu erkennen, so dass hier das Vorkommen alter Waldböden ohne Ackerhorizonte unsicher ist. Diese Verbreitung der Ackerhorizonte bestätigt auch die Alterkundung von 1963 (Institut für Forsteinrichtung und Standortserkundung, Ergebnisse der Standortserkundung im StFB Zerbst 1963) mit ihren waldgeschichtlichen Geländekarten. Der Erläuterungsband des Kartenwerkes von 1954 (Teichmann) sowie die Arbeiten von Pietschmann vermitteln den Eindruck der zeitweilig sehr starken Entwaldung des Gebietes.

Sofern es sich allein um das Pflügen der obersten 20 cm handelt, sind die Waldwachstumsbedingungen nicht bedeutend betroffen. Ein diesbezüglicher Einfluss besteht nur, wenn sehr tief gepflügt (> 20 cm = tp) wird, oder das ständige Pflügen Winderosionen einleitete. Dabei entstanden im Altrevier Golmitz im Mosaikbereich Setzsteiger Oberplatte **Dünen** und **Ausblasungsmulden** (Deflationsmulden).

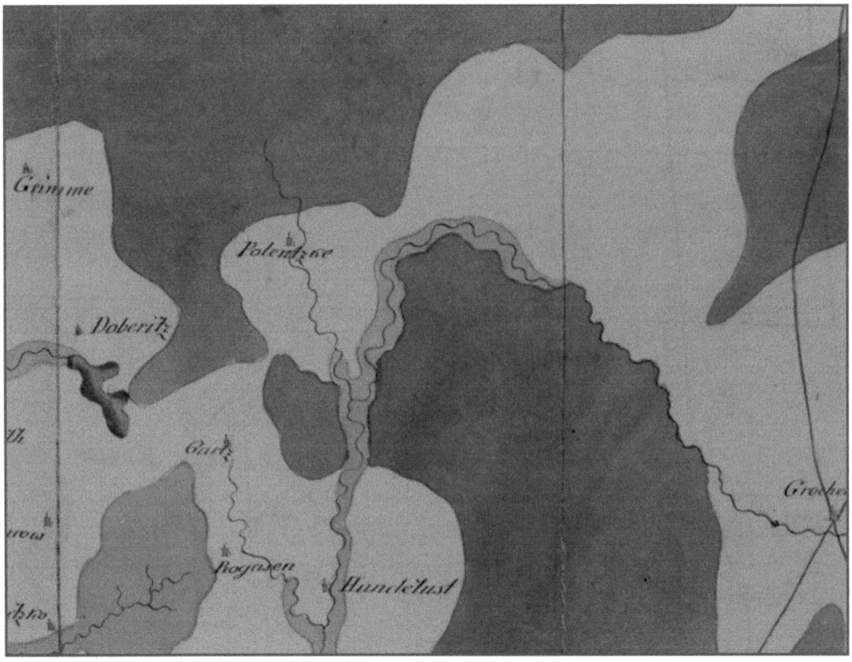

Abb. 14: *Die relativ ungenaue Schmettausche Karte (Nr. 88 Belzig) zeigt ungefähr den hohen Grad der Entwaldung des Gebietes in der Zeit von 1767 - 1787*

Zum Verständnis der Veränderung von Bodenformen durch den Ackerbau muss die technische und gesellschaftliche Entwicklung der Zeitläufe betrachtet werden. Mit ihnen traten Reformen und eine Intensivierung in der Landwirtschaft ein. In Deutschland wurde bis zum Beginn des 19. Jhs. mit der vorhandenen Pflugtechnik nur 10 bis 12 cm tief gepflügt. Denn „die Tiefe der Bodenbearbeitung hängt i. e. L. von den jeweiligen gesellschaftlichen Verhältnissen ab" (Rübensam 1960). Die in Preußen und in den Nachbarländern ab 1807 schrittweise einsetzenden Agrarreformen zur Überwindung der feudalen Produktionsverhältnisse schufen der Bauernschaft Möglichkeiten für eine intensivere Landwirtschaft. Das spiegelte sich ganz besonders in der Entwicklung des Pfluges als wichtigstem Bodenbearbeitungsgerät wider (Rübensam 1960). Albrecht Daniel Thaer erwarb sich besondere Verdienste mit der Einführung englischer Pflüge in Preußen zu Beginn des 19. Jahrhunderts (Papendiek, Stephan 2001). Im Vergleich zum deutschen Bauernpflug waren sie aus widerstandsfähigem Eisen gefertigt und hatten ein nach Berechnungen gewölbtes Streichbrett zur besseren und vollständigen Bodenwendung. Dieser Pflug ließ sich mit weniger Zugkraft bedienen, und er konnte tiefer pflügen. Bei Rübensam (1960) wird das als „Ersatz der Bodenoberfläche durch Bodensubstanz" bewertet. Dieser Übergang vom geraden zum gewölbten Streichbrett dominierte in Brandenburg um 1850 bis 1870 (Papendiek, Stephan 2001).
Deshalb sind die Böden nach 1850 zunehmend tiefer gepflügt worden als zuvor. Damit sind sie der Erosion auch stärker ausgesetzt worden, weil ihre Bindigkeit durch einen Humusverlust litt. Dem preußischen Urmeßtischblatt von 1842 (**Abb. 15, 16**) entsprechend wurden fast sämtliche Äcker, auf denen heute der Bärenthorener Wald stockt, in der ersten Hälfte des 19. Jahrhunderts aufgeforstet. Daher haben sie Ap-Horizonte, die 20 cm Tiefe nicht überschritten.
Damit konnten sich die Braunerden im Revier i. d. R. gut erhalten. Dagegen sind die Braunerden im hängigen Bereich des Altreviers Golmitz an der brandenburgischen Grenze im Mosaikbereich Setzsteiger Oberplatte zu Rumpfrosterden erodiert. Sie wurden bis weit in die zweite Hälfte des 19. Jahrhunderts beackert. Ehe Wald sie bedecken konnte, waren sie bereits mit modernen Pflügen tief beackert worden. Ganz allgemein verlief seit der Mitte des 19. Jahrhunderts die Entwicklung zu immer größerer Pflugtiefe und -breite, die den Garebereich (Hauptwurzelbereich) im Boden von ca 18 bis 20 cm mit Hilfe der neuen Technik voll ausnutzt (Autorenkollektiv 1956). Arbeitstiefen bis 25 cm wurden möglich (Nowak et al. 1956). Auch leichte Böden wurden mit der neuen Technik immer tiefer gepflügt, um gerade hier mit der Vertiefung des Wurzelbereiches höhere Erträge zu erwirtschaften. Dabei geriet der Pflug mit der Zeit oftmals in den hellen unentwickelten Boden unterhalb des Garebereiches (C-Horizont). Dieses „Weißpflügen" verschlechterte den Wert des Ackerbodens und führte zur Aufforstung (Beispiel Bereich Reuden an der brandenburgischen Grenze).
Auf diesen Standorten ist der Laubholzanbau nicht möglich. Deshalb ist für den Waldbau die Kenntnis darüber wichtig, bis in welche Periode heutige Holzböden beackert wurden. Ende des 19. Jahrhunderts wurde dann die Entwicklung der Pflugkörperform im Wesentlichen abgeschlossen (Papendiek, Stephan 2001).
Dort, wo die Braunerden mit einem geringmächtigen Bv nur durch einen Ackerhorizont von deutlich weniger als 20 cm gedeckt werden, liegt bereits eine Erosion vor. Denn die Hauptdurchwurzelung von Getreide liegt bei 17 bis 24 cm. Demzufolge musste das Kulturpflügen ursprünglich einen Ap von etwa 20 cm hergestellt haben (Kiel 1954). Das bedeutet, dass beim Vorliegen von geringer mächtigen Ackerhorizonten eine ökologisch-waldbauliche Degradierung existiert. Diese Erscheinung ist punktuell auf den anlehmigen Braunerden anzutreffen. Dadurch verloren sie verstärkt ihre Fähigkeit, Laubmischwälder zu tragen und sind heute für die Kiefern-Bewirtschaftung vorbestimmt.
Auf altem Waldboden besitzt der Traubeneichen-Buchenwald eine größere Vitalität als auf ehemals landwirtschaftlich genutzten Böden. Der Standort des „Schönen Buchenhaus" im Revier Golmenglin entwickelt sich nach **langanhaltender Bewaldung** über ein natürliches Gleichgewicht hinaus zum Hainrispen-Traubeneichen-Buchenwald mit frischem Moder als Humusform. Es kommt schließlich zu einem **gehobenen Gleichgewichtszustand** (Kopp 2002), der auf den kräftigen Standorten mit einem mullartigen Moder im Riesenschwingel-Traubeneichen-Buchenwald endet und den Waldbau mit Traubeneiche und Buche begünstigt. Hofmann (2007) fand 1990 im „Schönen Buchenhau" sogar Waldgerste (*Hordelymus europaeus*) als Zeiger für mäßig frischen mullartigen Moder.
Pietschmann (2002) bestätigt in seiner forstgeschichtlichen Arbeit vom Forstamt Nedlitz, dass die östlichen Teile des Reviers Golmenglin und mit ihnen der „Schöne Buchenhau" langzeitig bewaldet waren. Der Forstortsname „Hau" oder „Hey" bezeichnet mancherorts einen Holzschlag mit hohem Holzanfall, also ein Waldgebiet (Hartig 1809, 1836).

Ausgedehnte **Ackerhochbeete** sind im Revier Dobritz zu finden, kommen aber noch sichtbar im Kartierungsgebiet eher selten vor. Es ist davon auszugehen, dass der Beetpflug vor der Neuaufforstung sehr häufig angewandt wurde. Sofern die Flächen vor der Wiederbewaldung zusammen- oder quergepflügt worden sind, lassen sich heute die Beete unter Wald an der Oberfläche nicht mehr erkennen. Für diese Hypothese spricht, dass Ackerhochbeete heute auffallend deutlich an den weniger beachteten Gemarkungsgrenzen zu finden sind (z.B. im ehem. Forstrevier Loburg am Südrand der Gemarkung Isterbies). Auch sie sind ein Zeichen intensiver Bodenbewirtschaftung und können die Bodenform in ihrer Horizontfolge und ökologischen Wertigkeit sehr deutlich beeinflussen, wie im Kap. D 2.1.5.1.2 Sand-Braunerde mit Ackerhochbeeten beschrieben wird.

So lautet eine Schlussfolgerung für das Kartierungsgebiet: Es gibt alte Waldböden fast nur noch auf den feuchten und nassen Standorten.

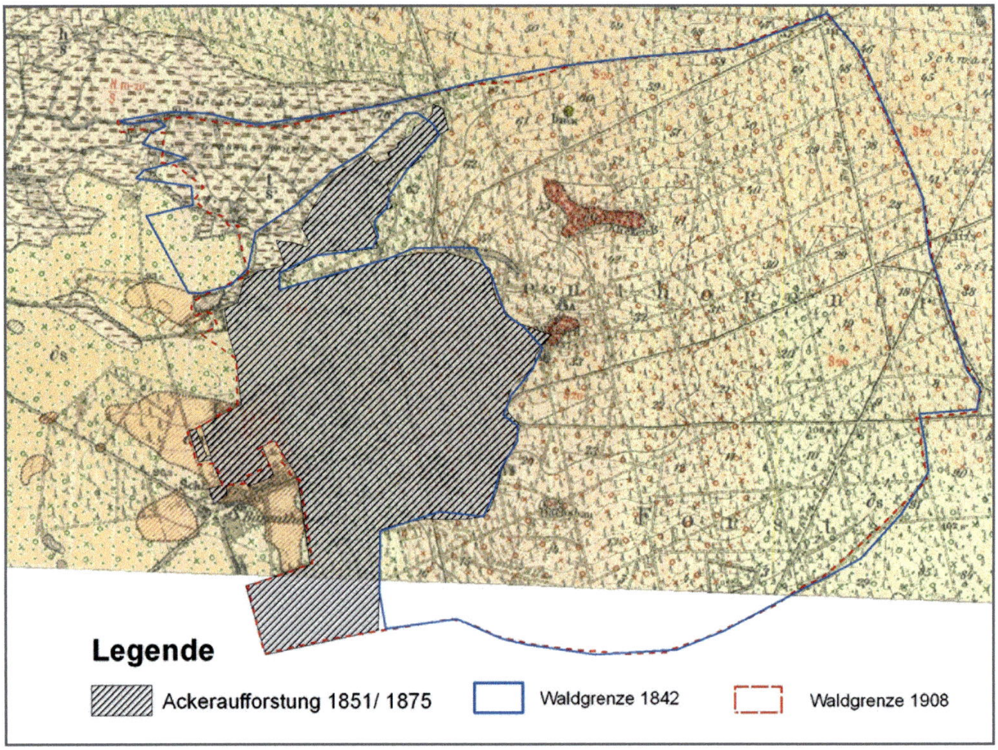

Abb. 15: *Auszug aus dem preußischen geologischen Messtischblatt (Blatt Nedlitz) aus dem Jahre 1908 mit hervorgehobener alter (1842) und aktueller Waldgrenze unter Hervorhebung der Erstaufforstungsflächen der 2. Hälfte des 19. Jahrhunderts (aus Rüffer, Pommer 2010).*

Teichmann (1955) stellte in seinen Untersuchungen zur Waldgeschichte des südwestlichen Flämingvorlandes fest: *„Jahrhundertelang wurden diese Flächen (die Hochflächensande) im* ***Dreifeldersystem*** *bewirtschaftet, jedes Jahr abgeerntet, aber nicht gedüngt. Die Landwirtschaft war zuletzt nicht mehr rentabel...Anfang des 19. Jahrhunderts forstete man die Heideflächen - ehemalige Huteflächen - in derRevierförsterei Bärenthoren auf."* In der Abb.16 sind die Erstaufforstungszeitpunkte der im Jahre 1842 vorhandenen Dickungen im Nordosten und Süden des Kartenausschnitts zu erkennen. Nach Erteld (1961) wurden in Bärenthoren im Zeitraum 1790 bis 1842 ca. 250 ha ehemalige Hutungsflächen erstaufgeforstet (**Abbildung15**).

Im Zusammenhang mit dem Besitzübergang des Waldgutes an die Familie von Kalitsch wurden im Jahre 1845 die letzten hiebsreifen Bestände Bärenthorens eingeschlagen (Pietschmann 1996). In den Jahren 1851 und 1875 wurden weitere 136 ha ehemalige Hutungsflächen aufgeforstet (ERTELD 1961), (nach Rüffer & Pommer 2010), siehe **Abb.15.** Pietschmann.

Demzufolge betrug die nachweisbare, seit Ende des 18. Jahrhunderts erstaufgeforstete Waldfläche etwa 385 Hektar und damit gut die Hälfte des Reviers. In diesen überwiegend humusarmen, devastierten Beständen wurde bis 1853 großflächig Streu genutzt, so dass nach den Berechnungen von Eeteld (1961) alle 6 bis 7 Jahre die gesamte Fläche von Streu entblößt wurde. Im Jahre 1872 führte der preußische Forstassessor Scheidemantel eine Abschätzung des Reviers Bärenthoren durch, die im Jahre 1884 einer Revision unterzogen wurde (Pietschmann 1996). Möller (1913) selbst schätzt nach dem Studium dieser Unterlagen den Waldzustand wie folgt ein: *„Aus allen diesen Nachrichten ergibt sich seit langer Zeit schon ein recht ungünstiger Bodenzustand und das Vorwiegen der jungen Altersklassen. Heide und Rentierflechte waren die fast ausschließlichen Bodenpflanzen, lückige und niedrige Kiefern mit frühzeitigem abschließenden Höhenwuchs, in meist 80-jährigem Umtriebe genutzt, oft aber noch sehr viel früher geerntet, bildeten die Bestände."*

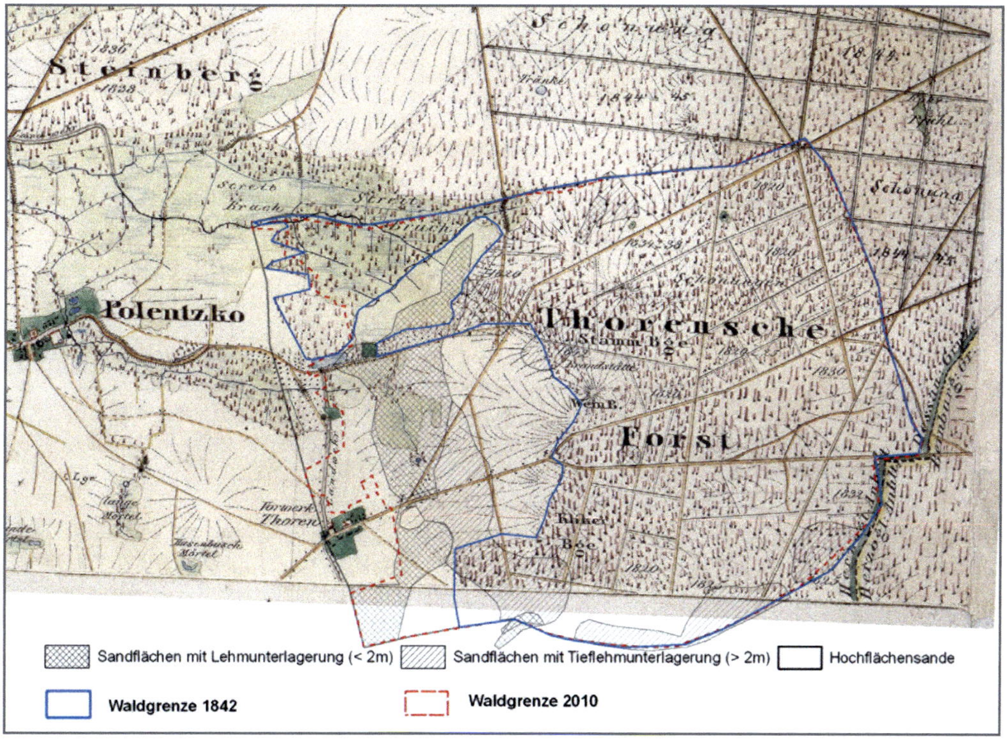

Abb. 16: *Revier Bärenthoren, preußisches Urmesstischblatt von 1842, Aufforstungsgeschichte und Substratdarstellung.*

Die **Abbildung16** zeigt, dass der westliche Revierteil mit den besseren Böden länger als der östliche landwirtschaftlich genutzt worden und erst spät aufgeforstet worden ist (blau eingegrenzt). Der östliche Teil wurde auch früh durch die eingewanderten Flamen ackerbaulich genutzt, wie die Plaggeneschböden beweisen (s. Abbildung 7 a und b humose Deckschicht).

Das verweist darauf, dass im Revier Bärenthoren nirgends alte Waldböden vorkommen, sondern es handelt sich um ursprünglich degradierte oder veränderte Böden, die sich noch mehr oder weniger in der Entwicklung und Regradation befinden.

Zu den menschlich bedingten Standortsänderungen gehören im positiven Sinne die **eschartigen Böden**. Der Begriff „Esch" bezeichnet eine hofnahe Ackerfläche oder dorfnahe Feldflur als Teil der Dreifelderwirtschaft (Schulze

2001). Der Begriff stammt hauptsächlich aus Westfalen und bezeichnet ein bezäuntes Saatfeld, wobei Sommer- und Winteresch unterschieden werden. Es ist davon auszugehen, dass die Plaggenesch-Böden auf die Zeit der Besiedlung durch die Flamen aus den Niederlanden (Flämingkolonisation durch Albrecht den Bären etwa ab 1170) (Ergebnisse der Standortserkundung im StFB Nedlitz 1954) zurückgeht, als die Mark Lausitz deutsch wurde.
Auf den Hochflächensanden hatte die Landwirtschaft des 12. Jh. wenige Möglichkeiten, stabile Erträge zu erzielen. Auch fehlte eine ausreichende Einstreu für die Rinder- und Schafställe. Aus diesen Gründen hob man mit Spaten oder Plagghacke die mit Heide oder Gras bewachsene humose Oberschicht eines Mineralbodens flach ab und brachte sie in Tierställe. Dort wurden sie mit dem Kot und Harn der Tiere zu Mist, der auf die dorfnahen Felder gebracht wurde. Die Dicke der Grassoden war gewöhnlich 1 Zoll (Bork et al. 1998).
Beim Esch handelt es sich also um eine künstliche Aufhöhung und Bedeckung der Sandböden mit Plaggen. Wurde der Plaggenhieb nur kurzzeitig ausgeführt, ist wegen der geringen Mächtigkeit der Plaggen der Nachweis des Plaggenhiebs heute schwer zu führen. Die eingezäunten Plaggenesch-Böden waren das Rückgrat der Landwirtschaft und wurden gemeinschaftlich bewirtschaftet (Grimm, J. et W. 1862). Ihr hoher Humusgehalt sorgte dafür, dass sie nie zu trocken und verfestigt waren. Hier gelang die Kultur von Getreide, Buchweizen, Kartoffeln, Mangold und Gemüse nahezu immer. Als Folge ihrer vorteilhaften Bodeneigenschaften, konnten die Plaggenesche leicht gepflügt und ganzjährig befahren werden.
So ist es nicht verwunderlich, dass das Eschgebiet weitgehend mit den Grenzen des Ackergebietes übereinstimmt, dass die „Topographische Karte des Herzoglich Anhaltischen Antheils vom Amte Lindau" aus dem Jahre 1817/18 für die „Thorner Heide" zeigt. Erteld (1961) hat die Ackerausbreitung weit über das Eschgebiet hinausgehend erkundet (Pietschmann 2002). Das Eschgebiet ist seiner verbesserten Bodeneigenschaften wegen auf den Hochflächensanden lange ackerbaulich genutzt worden.
Die nachfolgende **Abbildung 17** aus einem niederländischen Buch zeigt ein solches Eschgebiet im niederländischen Ursprungsgebiet mit dem Dorf Valthe in der Provinz Drenthe (Boivin, B.; Veen, Chris van der 2003). Es handelt sich um eine den niedersächsischen Heidegebieten verwandte und relativ nahe Landschaft mit Heiden. Hier befindet sich rund um das Dorf ein 90 ha großes Eschgebiet. Diese Esche entstanden in den Niederlanden vom 12. Jh. an und können daher eine Mächtigkeit von 1 m erreichen. Die erst im 18. und 19. Jh. angelegten Esche zeichnen sich durch eine geringere Mächtigkeit aus. Sie wurden angelegt, um das Ertragsrisiko bei Roggen, Gerste, Weizen, Hafer, Flachs, Hopfen und Buchweizen zu verringern. In der Prov. Drenthe sind alle Dörfer von Eschen umgeben, die eine Ausdehnung bis zu 2,5 km erreichen können. Die **Abb. 17** zeigt unterschiedliche Esche: Noorder-, Zuider-, Oosteresche, sowie Nieuwe-, Holt-, Linder-, Achter- und Bowkampen-Esche. Sie befinden sich immer auf grundwasserfernen Standorten und zeigen das Bemühen, die ständig steigende Bevölkerung zu ernähren. Dafür wurden große Flächen mit Esch bewirtschafte, so dass sich die Esche benachbarter Dörfer berührten. Auf diese Weise konnten Esche Ausdehnungen bis zu 5 km erreichen (Wolters-Noordhoff1990).
In der Nachbarschaft der Esche finden sich auf den Heiden immer Dünen auf dem „Veld". Es ist davon auszugehen, dass sie durch das Abplaggen der Vegetationsdecke entstanden sind. Hier handelt es sich um Weideflächen. Im Osten von Valthe liegen Ackerhochbeete.
Die niederländischen Methoden des Ackerbaus wurden auf vergleichbaren, grundwasserfernen Standorten in den Fläming übertragen. Der Erzbischof von Magdeburg schloss ab 1159 mit flämischen Unternehmern Ansiedlungsverträge für den Fläming ab, nachdem Albrecht der Bär die Slawen besiegt hatte. Dabei war die slawische Bevölkerung stark gelichtet worden (Puhle, M.1992, Heinemann, O. 1864).
Im Fläming mussten die Methoden der Plaggendeckung offenbar abgewandelt werden. Die Fläche von ca. 400 ha lässt sich nur durch das Vorhandensein mehrerer Dörfer erklären, deren Standorte heute nicht mehr zu lokalisieren sind. Das Vorhandensein dieser Dörfer setzte aber auch zwingend das Vorhandensein von Wasser voraus, wie das Beispiel Valthe zeigt. Die vergleichsweise geringe Stärke der Plaggendecke verweist auf ein wechselhaftes, nicht sehr langes währendes Schicksal der Eschbewirtschaftung. Wasserstellen existieren nicht mehr, so dass die Kulturgeschichte im Bärenthorener Wald eine deutliche Standortsveränderung bewirkte.
Die Chronik von Nedlitz (Teichmann, Erläuterungsband Nedlitz, 1954) berichtet darüber, dass 1770 eine fürstliche Kammer in Nedlitz feststellt, dass wüste Äcker mit Kienäpfeln besät worden sind, *„da der Boden für die Landwirtschaft zu schlecht ist, es sich aber auch um ausgetragenen Boden handeln konnte"*. Hier wird davon ausgegangen, dass mit den „ausgetragenen" Böden nicht aufgetragene Plaggenesche, sondern ertragslose, ausgebeutete Böden gemeint sind (Grimm, J. u. W. 1854).

Auch die Ersterkundung (Teichmann 1954) beschäftigte sich mit dem Phänomen der humusreichen Decken, aber sie hielt das Vorhandensein von Eschböden für unmöglich und sprach von „Heideböden". Sie sah sogar Gemeinsamkeiten mit den Humusrostpodsolen auf den Gorrenbergen – auch wenn sie im Rev. Bärenthoren die Bleichhorizonte vermissten. Da Trittel (1936) für Bärenthoren ein großes Heidegebiet nachgewiesen hatte, kam es zu diesem Trugschluss. Diese Einschätzung hat offenbar bis zur Erkundung der 1980er Jahre nachgewirkt, als dem Revier großflächig ziemlich arme Bärenthorener Sand-Braunerden (BäS) zugerechnet wurden. Diese Einschätzung verkennt die Leistungsfähigkeit der Standorte völlig; (Kohlstock 1961, Ki I. bis II.- (II.-III.) Bon. auf Sb bis (Sb/c) - Sanden, Riemann 1998, Ki. I.5 Durchschnittsbonität Bärenthoren) und bedenkt nicht, dass im vorhandenen relativ regenarmen Klima bis 40 cm starke Humusanreicherungen der „Heideböden" ohne Plaggenwirtschaft unmöglich sind.

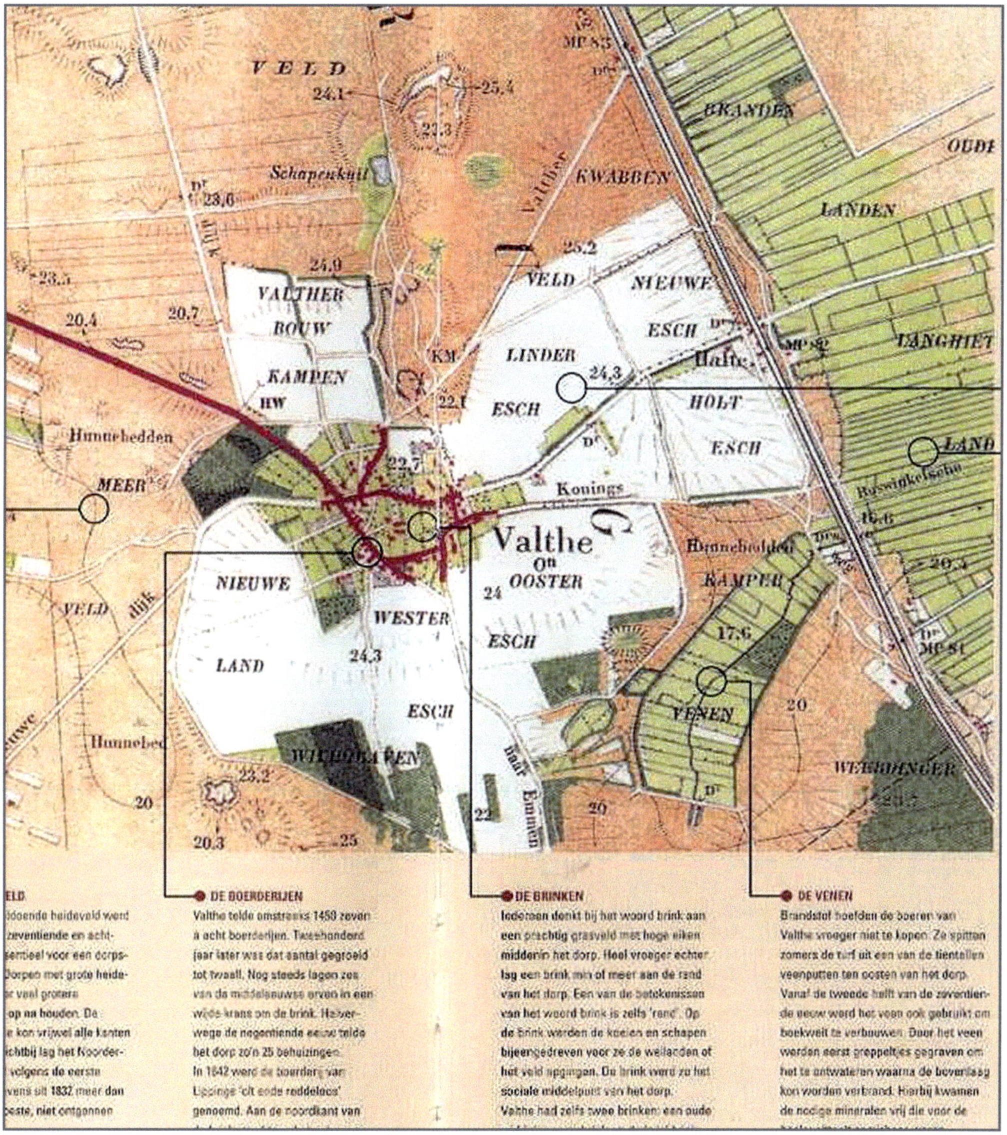

Abb. 17: *Beispiel für die Eschkultur aus den Niederlanden, Valthe, Provinz Drenthe*

D Ergebnisse der Standortserkundung

D1 Durchführung der forstlichen Standortserkundung, beschreibender Teil (Standortsformen)

1 Standortskundliche Bearbeitung des ehemaligen StFB Nedlitz insbesondere der Forstorte der ehemaligen „Kiefern-Dauerwaldwirtschaft"

Die erste standortskundliche Bearbeitung des StFB Nedlitz erfolgte als frühe Pionierleistung in den Jahren 1950/53, die zweite 1961/63, jetzt unter der Bezeichnung StFB Zerbst. Letztere fällt in die Zeit des Übergangs von der ehemaligen Rahmengliederung zu Standortsformen nach der neuen Standorts Klassifkation. Während dieser Übergangsphase wurden die anhydromorphen Böden nach der neuen Standortsgliederung kartiert, die hydromorphen Böden und Moore nach der alten. Im Zeitraum 1987 bis 1990 wurden dann die damaligen Ergebnisse aktualisiert, d. h., sie wurden ohne Geländearbeit als Umstufung auf den neuesten Stand der Klassifikation gebracht, jetzt auf der Grundlage der „Anweisung für die forstliche Standortserkundung in der DDR", der SEA 74. Diese Anweisung enthält u. a. die Kriterien für die Ausscheidung der Standortsformen, deren Umstufung sowie die Kriterien zur Standortsbeurteilung, wie sie Kopp und Schwanecke (1994) umfassend dargelegt haben. Die im umschriebenen Gebiet des Forstamtes Nedlitz erneut durchgeführte Standortskartierung erfolgt auf der Grundlage der „Anleitung für die forstliche Standortserkundung im nordostdeutschen Tiefland (STANDORTSERKUNDUNGS-ANLEITUNG) SEA 95".

2 Standortsform als Gegenstand der Standortserkundung

Die Standortsform – Gegenstand der Standortserkundung – vereinigt topische (örtliche) Einzelareale, die sich vor dem Hintergrund gleicher Entstehung in allen forst- und geoökologischen wesentlichen oder für später als wesentlich denkbaren Eigenschaften gleichen und beim Maßstab 1 : 10000 i. d. R. mit einer Mindestgröße von 1 ha auskartiert werden.

<table>
<tr><td>Komponente</td><td colspan="3">Komponentenformen nach</td></tr>
<tr><td></td><td>Stamm-Eigenschaften
vom Menschen schwer beeinflussbar</td><td colspan="2">Zustands-Eigenschaften
vom Menschen leicht beeinflussbar</td></tr>
<tr><td>Standort</td><td>Stamm-Standortsform</td><td colspan="2">Zustands-Standortsform</td></tr>
<tr><td>Lufthülle</td><td>Stamm-Klimaform
mit
Makroklimaeigenschaften
und
Mesoklimaeigenschaften:
relief- und bodenbedingte Abweichungen vom Makroklima in Abstufungen</td><td>Zustands-Klimaform
mit
bestandes-bedingten Abweichungen</td><td>Immissionsform
oder
Depositionsform
zur Kennzeichnung von Veränderungen durch Fremdstoffe</td></tr>
<tr><td rowspan="2">Bodenform</td><td rowspan="2">Stamm-Bodenform</td><td colspan="2">Humusform</td></tr>
<tr><td></td><td>Sonderformen</td></tr>
<tr><td>Grund- und Stauwasser</td><td colspan="3">Grund- und Stauwasserform</td></tr>
<tr><td>Relief</td><td>Reliefform</td><td colspan="2">–</td></tr>
</table>

Tabelle 1: *Standortsform, gegliedert nach Komponenten sowie Beeinflussbarkeit der Eigenschaften*

Die Standortsform setzt sich aus den Formen ihrer vier Komponenten zusammen, beim Boden und bei der Lufthülle unterteilt nach Teilformen für die vom Menschen schwer beeinflussbaren Stamm-Eigenschaften und die vom Menschen leicht beeinflussbaren Zustands-Eigenschaften. Die Grund- und Stauwasserform steht im Übergangsbereich zwischen Stamm- und Zustandseigenschaften, denn das Vorhandensein von Grund- und Stauwasser ist eine schwer beeinflussbare Eigenschaft, die der Grundwassertiefe bzw. Stauwassermenge ist aber durch Regulierung beeinflussbar.

In den folgenden Abschnitten werden die Komponenten der Standortsform nur soweit abgehandelt, wie es für die Ausübung der Standortserkundung im Forstamt Nedlitz notwendig erscheint.

2.1. Teileinheiten der Standortsform

2.1.1. Klimaformen

2.1.1.1. Großklimabereiche

Die Skizze der Großklimabereiche lässt erkennen, dass große Teile vom Tiefland Sachsen-Anhalts von dem **Großklimabereich Gamma** γ – Frankfurter (südbrandenburgisches) Klima – eingenommen werden. Dieser Großklimabereich umfasst als größter Klimabereich den mittleren Teil des Tieflandes. Hier herrscht das trockenste Klima, das sich von den feuchteren Nachbarbereichen vor allem durch die niedrigen Jahresniederschläge von 480 bis 550 mm unterscheidet. Die Jahresschwankung der Lufttemperatur beträgt 18,0 °C und die Durchschnittstemperatur 8,5 °C. Die Jahresschwankung der Lufttemperatur nimmt wegen seiner relativ weiten Ausdehnung von West nach Ost zu.

Der Großklimabereich Gamma hat außerdem das höchste Defizit in der ökoklimatischen Wasserbilanz von -170 bis -220 mm. In der Baumartenkombination von Linde, Traubeneiche und Kiefer **fehlt die Rotbuche**. Vom Untersuchungsgebiet fällt lediglich der Mosaikbereich Bornumer Mittelplatte in den Großklimabereich Gamma.

Der Hohe Fläming liegt als relativ kleine Insel inmitten des Großklimabereichs Gamma und tritt infolge seiner Höhenlage von bis zu 201 m ü. NN deutlich als Regenstaugebiet aus diesem heraus. Diese Klimainsel gehört dem Großklimabereich Epsilon ε – **Flämingklima** – an. Es handelt sich um ein Übergangsklima zwischen dem ozeanischen und kontinentalen Typ. Das Forstamt Nedlitz befindet sich im westlichen Randbereich von Epsilon. Die Jahresniederschläge betragen 540 – 620 mm, liegen um etwa 60 bis 70 mm höher als bei Gamma.

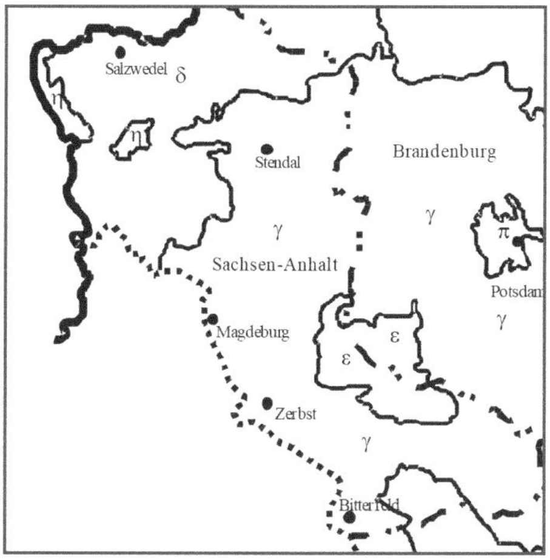

Abb. 18: *Grenzen der Großklimabereiche im nordostdeutschen Tiefland, Ausschnitt aus SEA 95*

Die Jahresdurchschnittstemperatur ist mit 7,5 – 8°C etwas niedriger, die Jahresschwankung mit 18,5°C etwas höher. Die ökoklimatische Wasserbilanz beträgt vermutlich ebenfalls etwa - 220 bis 170 mm (genaue Messungen liegen aus diesem Raum nicht vor). Das bedeutet, dass während der Vegetationszeit (April bis Oktober) die Niederschlagssumme um die genannten Werte geringer ist als die potenzielle Tagesverdunstung. Wegen der günstigeren Niederschlagsverhältnisse kommt in der Baumartenkombination neben Traubeneiche und Kiefer die Rotbuche im Bereich mit nährstoffkräftigen bis mäßig nährstoffhaltigen Standorten mit einem Flächenanteil von 50 bis 75 % vor, im ziemlich armen und armen Bereich mit 25 bis 50 %. Somit ist im Gegensatz zum **Großklimabereich Gamma** die **Rotbuche in der natürlichen Waldgesellschaft** vertreten.

- Der **Wuchsbezirk Wiesenburger Fläminghochfläche** nimmt eine Höhe von 130 bis 200 m ein und besitzt eine durchschnittliche Temperatur von 7,5 bis 8,0 °C sowie durchschnittliche Niederschläge von 560 bis 620 mm.
- Der **Wuchsbezirk Nedlitzer Flämingrandplatte** liegt in der Höhe von 90 bis 150 m ü. NN, besitzt eine Durchschnittstemperatur von 8,0 ° C und durchschnittliche Niederschläge von 540 bis 600 mm.

Die nachfolgende Abbildung. 19 stellt anhand der klimatischen Wasserbilanz dar, warum der Hohe Fläming Buchenmischwald tragen kann. Es handelt sich dabei um langjährige, fehlerkorrigierte Mittelwerte (30 J.) der Differenz aus Niederschlag und potenzieller Verdunstung.

Die Zahlenwerte zeigen den Niederschlagsüberschuss in Millimeter/Jahr an. Mit der Erhebung der Vorstaffel (Weinberg) im Altrevier Bärenthoren beginnt der Buchenmischwald mit dem Wert 40 (in hellgrüner Flächenfarbe). Mit dem weiteren Fläminganstieg nördlich und östlich von Golmenglin setzt der Wert 50 (in grüner Farbe) ein. Hier befindet sich der Laubholzgürtel am Fuße der über 170 m ü. NN ansteigenden Stauchendmoräne auf den bindigen Standorten mit dem vitalen Traubeneichen- Buchenmischwald im „Schönen Buchenhau" östlich von Golmenglin. Mit der weiteren Massenerhebung des Flämings steigt der atmosphärische Wasserüberschuss südöstlich von Wiesenburg bis auf 100 mm/a an und ermöglicht, variiert durch die Bodenverhältnisse, ein entsprechendes Wachstum des Buchenwaldes.

Der grüne Bereich zeigt den Buchenmischwald an und der blaue den Buchenwald. Im Westen tritt auf den Ackerplatten von Lindau und Zerbst ein noch negativerer Wert auf, der auf das Regenschattengebiet vom Harzvorland hindeutet. Das veranschaulicht die inselhafte Lage des Fläming-Buchengebietes.

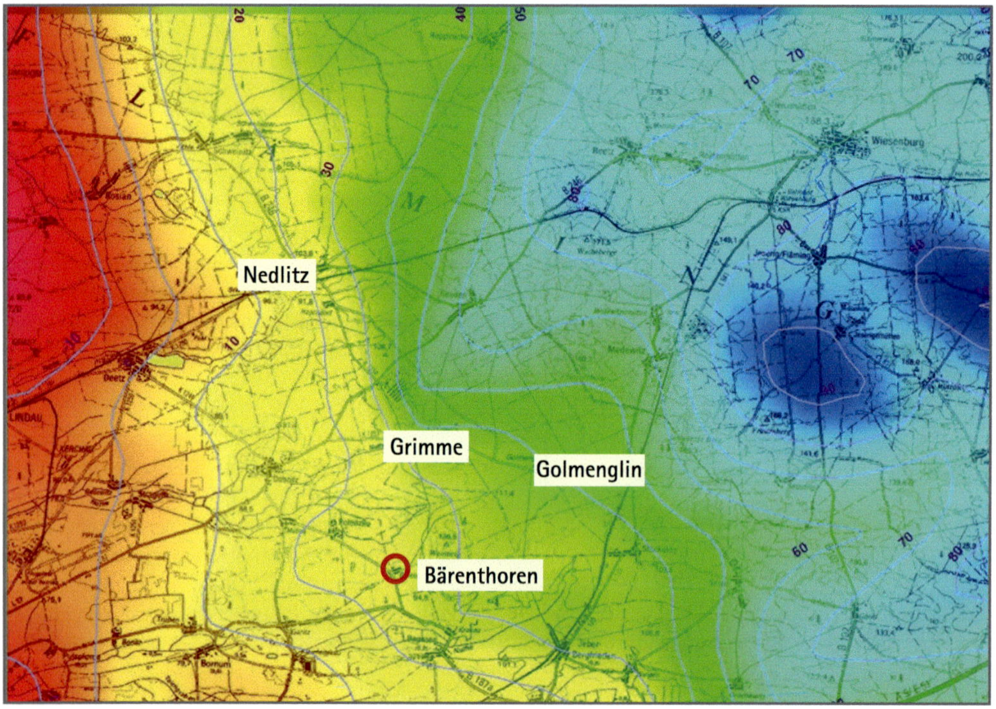

Abb.19: *Verteilung der klimatischen Wasserbilanz KWB (korrigierter Niederschlag – potenzielle Verdunstung) im Untersuchungsraum. Grundlagen: Digitaler Hydrologischer Atlas von Deutschland/DWD; Digitale Topographische Karte*
○ *Standort Bärenthoren*

2.1.1.2. Relief- und bodenbedingte Mesoklimaabwandlungen vom Großklima

Von den in der SEA 95 aufgeführten und definierten relief- und bodenbedingten Mesoklimaabwandlungen vom Großklima sind lediglich die folgenden von Interesse. Diese Merkmale müssen an Ort und Stelle kartiert werden, weil sie im Gelände leichter zu erkennen sind als in topographischen Karten.

Relief- und bodenbedingte Unterschiede in der Luftfeuchte

Kartiert werden in grober Abstufung

- tr - relieftrockener: luftfeuchtebenachteiligte Kuppen und sonnseitige Oberhänge,
- fr - relieffrischer: luftfeuchtebegünstigte Mulden und schattseitige Unterhänge oder Hangmulden der Mittelhänge.

Die dem Großklima entsprechende mittlere Stufe, die über 90 % der Tieflandsfläche einnimmt, wird nicht gekennzeichnet.
Ansprachemerkmal ist das Relief. Die Ansprache nach dem Relief muss nach den Großklimabereichen etwas differenziert werden. Je trockener das Klima, desto schwächere Geländeformen reichen für die Stufen relieftrockener und relieffrischer aus. Für den zum mäßig trockenen Tieflandsklima zählenden Großklimabereich Epsilon gilt als relative Mindesthöhe 15 m, für den Großklimabereich Gamma 5 m. Relieffrische und relieftrockene Lagen sind in größerem Umfang im Gorrenberger Moränenkomplex ausgeschieden worden. Im übrigen Gelände sind sie eher selten. Insgesamt nehmen frische Lagen 67 ha ein, trockene Lagen 22 ha.

2.1.1.3. Klimaänderungen

Das Thema Klimawandel tritt zunehmend in den Vordergrund, wenn es um den Waldbau und den Waldnaturschutz geht. Vom Institut für Waldökologie und Waldinventuren der Bundesforschungsanstalt für Forst- und Holzwirtschaft in Eberswalde (Bolte, Ibisch 2007) sind neun Thesen zu Klimawandel, Waldbau und Naturschutz veröffentlicht worden:

These 1:
„Der beobachtete Klimawandel vollzieht sich mit weitaus höherer Geschwindigkeit als zum Ende der letzten Eiszeit, und das zukünftige Klima könnte Wettererscheinungen und globale Temperaturniveaus bedeuten, welche der Menschheit und den heute lebenden Organismusarten bisher unbekannt sind. Die Vermeidung eines „gefährlichen Klimawandels" ist daher unser aller vordringlichste Aufgabe.

These 2:
Der Klimawandel wirkt nicht nur durch eine Änderung der Temperatur- und Niederschlags-Mittelwerte, sondern verändert gravierend das abiotische und biotische Schadregime in Wäldern. Die Wirkungen betreffen Waldökosysteme, die z.T. durch andere Stressfaktoren einen Teil ihrer Toleranz gegenüber Umweltveränderungen eingebüßt haben.

These 3:
Der Klimawandel verändert die Standortsbedingungen. Das Klima muss in der Standortserkundung zukünftig grundsätzlich als Variable statt als Konstante berücksichtigt werden.

These 4:
Unter den Bedingungen des Klimawandels trägt die waldbauliche Steuerung des Bodenwasserangebotes und des Waldklimas zunehmend zum Erfolg der Waldbewirtschaftung bei. Dies gilt insbesondere für einen Erfolg der Verjüngung.

These 5:
Eine Naturverjüngung von Waldbeständen bietet in gewissen Grenzen eine Option zur Anpassung der Waldbestände an geänderte Klimabedingungen durch Selektion besser angepasster Bäume. Der Ausfall bzw. die Schädigung von Bäumen müssen dabei allerdings in Kauf genommen werden. Allerdings ist es fraglich, ob diese Herangehensweise allein angesichts von Generationszeiten und Klimawandelgeschwindigkeit erfolgreich sein wird.

These 6:
Bei Kunstverjüngungen wie Pflanzung und Saat, z.B. beim Waldumbau, kann die Verwendung von trockenheitsangepassten Fremdherkünften von Waldbaumarten zu einer Risikominderung beitragen. Die Verwendung von Fremdherkünften setzt allerdings eine bestmögliche Kenntnis ihrer Anpassungsfähigkeit an die aktuell und zukünftig herrschenden Klima- und Standortsbedingungen voraus.

These 7:
Eine Verwendung unterschiedlicher Baumarten bzw. verschiedener Herkünfte gleicher Baumarten in Mischung vermindert ebenfalls das Risiko von großflächigen klimatisch bedingten Waldschäden. Mischungsformen können dabei von der Einzelmischung bis zur Flächenmischung reichen.

These 8:
Der Klimawandel selbst sowie auch die denkbaren waldbaulichen Reaktionen stellen Paradigmen des Waldnaturschutzes infrage. Entsprechende Konflikte und Überprüfungen von überkommenen Leitbildern und Maßnahmen erscheinen unvermeidbar.

These 9:
Die Anpassung an den Klimawandel und die Bemühungen um den Klimaschutz stellen Waldnaturschutz und Waldbau in mancherlei Hinsicht vor gemeinsam zu meisternde Herausforderungen, aber es zeichnen sich auch neue Konfliktlinien ab."

Das Potsdam-Institut für Klimafolgenforschung e. V. (PIK) hat 2003 den Report Nr. 83 zur Klimaentwicklung in Brandenburg herausgegeben (PIK 2003). Hier wird deutlich: der Prozess des globalen Klimawandels hat auch für Deutschland bereits signifikante Ausmaße angenommen und lässt sich nicht mehr bestreiten. Anthropogen verursachte Treibhausgasemissionen nehmen im Vergleich zu natürlichen Ursachen an Bedeutung zu. Zusätzlich zu den Emissionen wirkt die fortschreitende Veränderung natürlicher Landschaften klimadestabilisierend.
Seit etwa 8.000 Jahren hat es keine Klimaänderung derartiger Dynamik gegeben. Die Folgen für die Landschaften sind je nach ihrer Verwundbarkeit unterschiedlich.
Brandenburg und Sachsen-Anhalt gehören schon jetzt zu den trockensten Regionen Deutschlands, in deren Mitte der Hohe Fläming im geringen Umfang eine Ausnahme darstellt. Er ist aber auch vom gegenwärtigen Klimatrend betroffen: Die Summen der Sommerniederschläge nehmen deutlich ab und die Winterniederschläge nehmen leicht zu.

Hinsichtlich des Flämingklimas ist zu beachten, dass es infolge seiner räumlich sehr begrenzten Insellage weniger stabil gegenüber der aktuell stattfindenden Klimaänderung ist als die benachbarten großräumigen Klimagebiete. Deshalb hat die Situation im benachbarten mitteldeutschen Trockengebiet einen besonderen Weiserwert hinsichtlich der Zunahme von Trocken- und Dürreperioden.
Müller, J. et al. (2007) vom Deutschen Wetterdienst, Abt. Agrarmeteorologie, Außenstelle Leipzig, stellen für den Saalkreis in Mitteldeutschland fest, *„dass sich die Häufigkeit extremer Witterungserscheinungen im Laufe der letzten 15 Jahre erheblich vergrößert hat".* Der Trend der Erwärmung in den letzten 100 Jahren ist beachtlich, so stieg das Jahresmittel der Lufttemperatur in Deutschland von etwa 8,0 °C auf ca. 8,7 °C an. Dabei wird mehr Wasser in der Lufthülle gebunden, was – wiederum in Verbindung mit dem Temperaturanstieg – zur Entladung des Feuchtevorrates in stärkeren konvektiven Niederschlagsereignissen (Gewitterniederschläge) führt. Der Anteil des Oberflächenabflusses am Gesamtabfluss steigt, es versickert weniger Wasser, und der Bodenwasservorrat wird weniger verlässlich aufgefüllt. Im langjährigen Verlauf bildet sich ein bleibendes Boden- und Grundwasserdefizit aus.
Diese Tatsache hat zur Folge, *„dass sich sowohl bei den Jahressummen der realen (aktuellen) Evapotranspiration als auch bei den Jahressummen der Versickerung ein abnehmender Trend ergibt. Das Gleiche gilt für die Jahressummen der korrigierten Niederschlagshöhe, für die als 50-jähriger Mittelwert für die erste Hälfte des 20. Jahrhunderts 564 mm berechnet worden sind, während das Mittel für die zweite Hälfte mit 523 mm um immerhin 41 mm niedriger lag. Wie nicht anders zu erwarten, besteht zwischen den Jahresraten der Versickerung und den Jahressummen der korrigierten Niederschlagshöhe ein statistischer Zusammenhang"* (Müller et al. 2007).

Die Erhöhung der mittleren Jahrestemperatur trocknet somit die Böden aus und beeinflusst sowohl die Versickerung als auch die reale Evapotranspiration (tatsächliche Verdunstung von Boden und Pflanze) reduzierend. Müller et al. (2007) geben für den Saalkreis an: *„Die mittlere Jahresrate der Versickerung belief sich im Zeitraum von 1901 bis 1950 auf 56 mm und im Zeitraum von 1951 bis 2000 nur auf 39 mm. Auf Grund des abnehmenden Trends sowohl bei der realen (aktuellen) Evapotranspiration als auch bei der Versickerung lag die Vermutung nahe, dass die Böden im Saalkreis im Laufe des vergangenen Jahrhunderts trockener geworden und damit die Zahl der Tage mit Bodendürre pro Jahr gestiegen sein müssten".* Müller et al. (2007) stellten in 38 von 100 untersuchten Jahren Bodendürre fest. Ihre Untersuchung der für den Zeitraum 1901 bis 2000 für Gras simulierten Bodenfeuchtereihe zeigte, dass sich das Auftreten des Bodenwasservorratsminimums in der Ausschöpfungsschicht (Durchwurzelungstiefe) im Verlauf von 100 Jahren um durchschnittlich 17 Tage ungünstig verschoben hat.

Pflanzen sind die integrierenden Zeiger für alle Standortsfaktoren – auch diejenigen, die schwer messbar sind. Deshalb kann man sich der Phänologie bedienen und mit ihr diese Standortsfaktoren erfassen. Die **Phänologie** ist die Lehre von den Wachstumserscheinungen in der Pflanzen- und Tierwelt und erfasst die jahreszeitlichen Entwicklungsphasen und -stadien der Vegetation. In ihrer Diplomarbeit ist Kolodziej (2007) in einer phänologischen Arbeit dem Klimatrend für Sachsen-Anhalt nachgegangen. Die dargestellten Trends erscheinen sehr realistisch und waldbaulich gut verwertbar, weil sie sich auf die tatsächlichen Lebenserscheinungen der Vegetation berufen. Einleitend stellt Kolodziej (2007) dar, dass sich das globale Klima im 20. Jh. um 0,6 K erwärmt hat. Die Erwärmung erfolgte in zwei Perioden, von 1910 bis 1945 und seit 1976.
Dabei treten positive Temperaturanomalien seit den späten 1980er Jahren auf. In seinem aktuell vorgelegten vierten Sachstandsbericht sagt das IPCC (Intergovernmental Panel on Climate Change, 2007) ein Anhalten des jetzigen Anstiegs voraus. Kolodziej geht auf die Klimaänderung in Sachsen-Anhalt zunächst bezüglich der Lufttemperatur ein und stellt fest, dass es in Sachsen-Anhalt zu deutlichen Änderungen in der Jahresmitteltemperatur gekommen ist. Die signifikante Zunahme beträgt in den letzten Jahrzehnten 1,5 K = 0,83 ° C; 1°C = 1,8 °F.
Ein signifikanter Trend weist für diesen Zeitraum eine Verlängerung der thermischen Vegetationsperiode um fast 4 Wochen aus. Die thermische Vegetationsperiode ist bestimmt durch das Über- bzw. Unterschreiten der Tagesmitteltemperatur von 5 °C.

Bedeutende Veränderungen ergaben sich bei den Niederschlagsverhältnissen. Die mittlere Jahresniederschlagssumme Sachsen-Anhalts liegt um 135 mm unter dem Durchschnitt Deutschlands (722,4 mm/a, unkorrigiert). Damit gehört Sachsen-Anhalt zu den niederschlagsärmsten Gebieten Deutschlands. Für die Summe der Jahresniederschläge konnte kein deutlicher Trend ermittelt werden, wohl aber für ihre jahreszeitliche Verteilung. In der Niederschlagsverteilung zeigt sich aber eine Tendenz zu starken Schwankungen. Trendbetrachtungen ergaben auch regionale Unterschiede in den Entwicklungen der Jahresniederschläge. Für die Beobachtungsperiode von 1995 bis 2005 lässt sich südlich der Linie Harz – Fläming eine Zunahme des Niederschlags und nördlich davon eine Abnahme erkennen. Diese Entwicklung ist statistisch jedoch ebenfalls nicht gesichert. Sicher ist aber, dass sich die Sommerniederschläge umverteilt haben. Die ursprünglichen Sommermaxima im Juni und August haben sich ausschließlich auf den Juli verlagert. Im gleichen Zuge haben die Niederschläge im Vorsommer (April bis Juni) auffallend abgenommen. Positive Trends weisen die Herbst- und Wintermonate auf, während der negative Trend des Spätfrühlings für die vorsommerliche Trockenheit verantwortlich ist. Auch diese Werte sind noch nicht statistisch gesichert.

Die Trends der phänologischen Entwicklung des Flämings sind vergleichbar mit der allgemeinen Situation Sachsen-Anhalts. Kolodziej (2007): *„Es stellten sich Verfrühungen im Eintrittstermin der ersten acht Phasen und eine zunehmende Verzögerung der Blattverfärbung der Stieleiche ein."* Diese Verspätung ist etwa doppelt so groß wie in anderen Gebieten Sachsen-Anhalts. Die Sommerlinde zeigt den Beginn des Hochsommers deutlich früher an. Die Salweide kündigt den Vorfrühling sehr deutlich früher an. Die Blattverfärbung verzögert sich allgemein um fast 2 Wochen. Diese Trends sind statistisch sicher.

Kolodziej (2007) stellt für den Fläming nachfolgende phänologische Termine zusammen.

Phänologische Jahreszeit	Phänologische Phase	Mittlerer Eintrittstermin In Tagen nach Jahresbeginn			Trend^Sign. Tage/Jahr
		1962-2005	1962-1972	1995-2005	
Vorfrühling	Sal-Weide (B)	**85**	92	76	**-0,44****
Erstfrühling	Löwenzahn (B)	**111**	116	105	**-0,32*****
Vollfrühling	Stiel-Eiche (BE)	**127**	129	121	**-0,26*****
Frühsommer	Holunder (B)	**155**	158	148	**-0,34*****
Hochsommer	Sommer-Linde (B)	**170**	171	165	**-0,21****
Spätsommer	Heidekraut (B)	**223**	224	220	**-0,09***
Frühherbst	Holunder (F)	**245**	247	240	**-0,24*****
Vollherbst	Rosskastanie (F)	**263**	262	262	**-0,05**n.s.
Spätherbst	Stiel-Eiche (BV)	**290**	282	294	**0,31*****

n.s. = nicht signifikant ($p \geq 0{,}1$); (*) Tendenz $0{,}1 > p > 0{,}05$ ($p \leq 0{,}1$); * signifikant ($p \leq 0{,}05$); ** sehr signifikant ($p \leq 0{,}01$); *** höchst signifikant ($p \leq 0{,}001$)

Tabelle 2: *Mittlere Eintrittstermine von Trends 1962 bis 2005 der phänologischen Phasen im Fläming (in Kolodziej 2007, Tab. 16)*

Aus waldbaulicher und waldökologischer Sicht lässt sich zusammenfassend feststellen, dass das aktuelle Klima in der Vegetationsperiode trockener und für die Vegetation stressreicher geworden ist. Das erklärt den geringeren Wasserstau im schwebenden obersten Stauwasserhorizont der Lehmsand-Staugleyfahlerden (GmSB, Rev. Golmenglin **Abbildung. 42**) und reduziert mit den stärker defizitären Wasserhaushaltsbedingungen die Konkurrenzkraft der Rotbuche. Sollte der Trend anhalten, wird die besondere ökologische Konstellation des Flämings vergehen. Da die Arbeit von Kolodziej (2007) mit der Phänologie sichere Belege für einen Trend der Verlängerung und Erwärmung der Vegetationsperiode (thermische Vegetationsperiode) liefert, muss der Waldbau mit der Rotbuche vorsichtig betrieben werden.

In mehreren Studien hat das PIK, gestützt auf das regionale Klimamodell STAR und Vorgaben zur Temperaturentwicklung, Projektionen zu den möglichen Auswirkungen des Klimawandels für das Land Brandenburg (Gerstengarbe 2003) sowie das Einzugsgebiet der Elbe (Wechslung, Kolodziej 2005 et al.) für den Zeitraum 2046/2055 errechnet. Hier werden die für das Erkundungsgebiet wichtigsten Feststellungen zusammengefasst, um sie waldbaulich auszuwerten. Von besonderer Bedeutung sind für die Forstökologie die Klimaelemente Niederschlag, Lufttemperatur, Sonnenscheindauer und Bewölkung sowie die Wasserhaushaltsgrößen Verdunstung, Sickerwasserspende, Gesamtabfluss und Grundwasserneubildung.
Der **Niederschlag** ist die ökologisch wichtigste Größe bei der Entwicklung des Klimas. Der Niederschlagstrend gibt die deutlichsten Hinweise auf Entwicklung und Auswirkungen des künftigen Klimageschehens. Gemäß Elbestudie des PIK (Wechslung et al. 2005) wird sich das Gebiet mit einer jährlichen durchschnittlichen Niederschlagssumme unter 500 mm (unkorrigiert) deutlich vergrößern. Es wird sogar Gebiete mit weniger als 400 mm/a Niederschlag geben. Auch das Gebiet des Flämings, besonders des östlichen, ist betroffen. Selbst für den Hohen Fläming werden nur 450 bis 500 mm/a Niederschlag vorausgesagt! Das wäre gegenüber heute ein dramatischer Rückgang mit einem Defizit von bis zu 100 mm/a Niederschlag (nachfolgende Abbildungen zum Elbe-Einzugsgebiet).

Für die Temperaturentwicklung gehen die Studien des PIK von einem gemäßigten Szenario aus, das eine Zunahme von 1,4 K für die nächsten 50 Jahre erwarten lässt. Danach wird Brandenburg von einer Zunahme der Sonnenscheindauer und Abnahme der Bewölkung und der trüben Tage betroffen sein. Die „Wärme- und Kältezentren" bleiben im Wesentlichen erhalten. Die Zahl der heißen Tage und der Sommertage nimmt deutlich zu, während sich die Frost- und Eistage dazu invers verhalten. Die höchsten Tagesmaxima weisen nur im Frühjahr und Herbst Steigerungen auf, während die niedrigsten Minima in allen Jahreszeiten angehoben werden.

gelangten in diesem Zustand die Steine vermutlich durch Sedimentation in den unteren Teil oder an die Basis der Beta-Zone. Dort wurden sie durch die dauerhafte Gefrornis aufgehalten. Das nach Verschwinden des Dauerfrostes in der folgenden Warmzeit zurückbleibende Ergebnis ist die periglaziäre Deckzone oder Deltazone. Es ist die **Geschiebedeckzone**, die im Liegenden durch die Geschiebesteinkette begrenzt wird.
Diese Perstruktionsserie eröffnet dem Waldbau auf standortskundlicher Basis neue Erkenntnisse. Es ergeben sich Möglichkeiten, die vorwiegend menschlich verursachten Veränderungen des periglaziär entstandenen Bodenaufbaus zu beurteilen. Die Kombination dieser Veränderung mit dem Bodenformensystem eröffnet die Erkenntnismöglichkeit für bisher unerkannte, waldbaulich-ökologisch bedeutsame Bodenformen, wie z.B. die häufig vorkommenden Rumpferden als Reste des ursprünglich periglaziär entstandenen Bodens.
Sie lassen sich erkennen, wenn von der verbraunten Beta-Zone weniger als 20 cm übriggeblieben sind. Besonders auffällig ist, wenn die Geschiebesteinkette aus der Basis der Deltazone an der Oberfläche liegt. Dann ist die periglaziär entstandene Zonierung völlig zerstört. Das kann auf extreme Erosion deuten, so dass ein Rohboden vorliegt. Es kann sich aber auch um die Folge einer Jahrhunderte währenden Dreifelderwirtschaft handeln, die in den Mulden zwischen den Pflugbeeten tief in die Deltazone bzw. den C-Horizont hineingepflügt hat. Dadurch gelangte die Gesteinszone an die Oberfläche. Dort wo im Vergleich mit dem normalen Perstruktionsprofil Erosionen erkannt werden, lassen sich im entwicklungsgeschichtlichen Vergleich auch leicht Übersandungen erkennen. Die Dynamik der Landschaftsentwicklung wird deutlich.

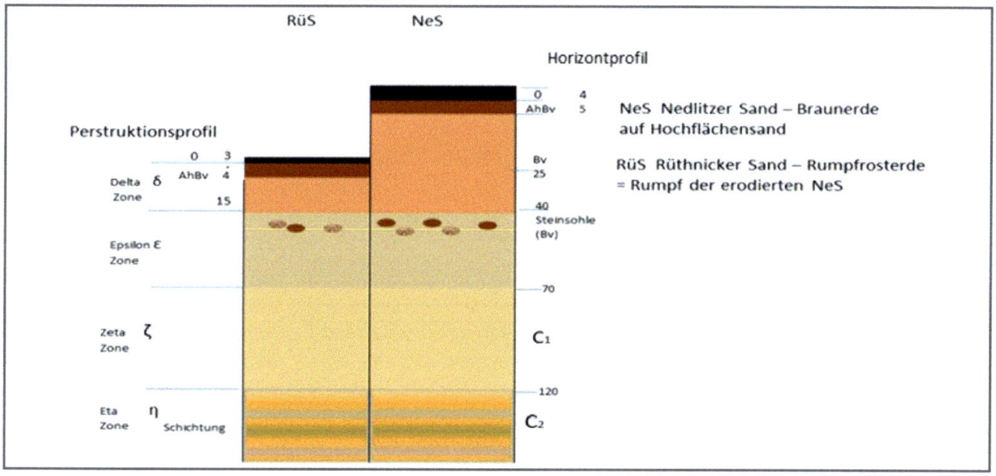

Abb. 23: *Schematische Darstellung am Maßstab des Perstruktionsprofils für die Bildung einer Rumpfrosterde aus einer Braunerde M 1: 10*

Die **Abbildung 23**, rechte Skalenhälfte zeigt die normale Horizontfolge für eine Braunerde, während die linke den reduzierten Rumpf davon verdeutlicht. Die Abbildung dient als Erkundungsmaßstab für die Entstehung eines durch Erosion gekappten Bodens. Der Vergleich der Profile lässt die Verwandtschaft der beiden Böden erkennen. Die Rüthnicker Sand- Rumpfrosterde ist deshalb keine völlig neue Bodenform, sondern nur der erodierte Rumpf der Braunerde. Sie hat nur noch einen Verbraunungshorizont (Bv) von 15 cm und weist mit ihrer geringeren Humusauflage und dem flacheren Humushorizont (AhBv) und Verbraunungshorizont (Bv) auf die durch die Erosion verringerte Nährkraft hin. Diese bodengenetische Betrachtung auf der Basis von Perstruktionszonen eröffnet ein erweitertes Feld für einen standortgerechten, ertragreichen und ökologisch optimalen Waldbau. Diese Erkenntnisse öffnen aber auch den Blick für den Charakter des Standortsmosaiks und seiner ertragskundlichen Wertigkeit sowie für die Landeskultur allgemein. Sie garantieren gleichermaßen die standortgerechte Forstwirtschaft wie den entsprechenden Naturschutz mit einem vergleichsweise überlegenen Status. Auf diese Weise lassen sich alte Umweltschäden erkennen, die dem Umweltschutz und der Standortserkundung mit einfachen Standortstypen bislang weitgehend verborgen bleiben mussten.

2.1.3.2. Hauptbodenformen

Die Kenntnis von Bodeneigenschaften ist für langfristige Waldbauentscheidungen wie z.B. die Baumartenwahl von herausragender Bedeutung. Nachfolgend werden daher alle kartierten Bodenformen katalogartig beschrieben. Zunächst jedoch folgt zum Verständnis mancher Details eine Erläuterung wichtiger Begriffe.

In einer **Hauptbodenform** werden Böden mit ähnlicher Substratfolge und Horizontfolge zusammengefasst. Die Benennung der Form ist die Kombination aus dem Namen des Substratfolgetyps und dem Namen des Horizontfolgetyps. Beide werden durch einen Bindestrich getrennt.

Beispiel:

Sand-Braunerden

Substratfolgetyp ↗ ↖ **Horizontfolgetyp**

2.1.3.3. Körnungsarten und Substratarten

Körnungsarten sind Zusammenfassungen der Korngrößenklassen (Kies, Sand, Schluff, Ton) und Substratarten die schichtenweise gelagerten reinen Körnungsarten. Mit Substratfolge wird die vertikale Abfolge der Substratarten im Bodenprofil gekennzeichnet. Im Forstamt Nedlitz sind folgende Substratarten und Substratfolgetypen von Bedeutung:

Körnungsartengruppe Sand
setzt sich zusammen aus
S - reiner Sand
alS - anlehmiger Sand
lS - lehmiger Sand.

> Bei der Unterteilung der Hauptbodenformen Sand-Braunerde, Staubsand-Braunerde usw. in Feinbodenformen spielt die Trennung von reinem Sand und anlehmigem Sand eine sehr wichtige Rolle. Von reinem Sand wird gewöhnlich dann gesprochen, wenn die Summe von Schluff + Ton + Staubsand unter 10 % liegt.

Im Bereich der Körnungsartengruppe Sand werden nach der Korngrößenzusammensetzung des Sandes **Nebenkörnungsarten** ausgeschieden:

Nebenkörnungsart		Gehalt des Feinbodens in Masse-%			
		Grobsand	Mittelsand	Feinsand I + II	davon Feinsand II
Grobsand = Grand	gS	> 25	Rest	≤ 25	
Mittelsand	mS	< 25	Rest	< 50 (60)	
Feinsand	fS	< 25	Rest	> 50 (60)	≤ 20
Staubsand	stbS	≤ 25	Rest	> 50 (60)	>20

Jede Nebenkörnungsart kann reiner, anlehmiger oder lehmiger Sand sein, also z.B. reiner Grobsand, anlehmiger Sand oder lehmiger Staubsand.

Außerdem kann jede Nebenkörnungsart ohne lehmige Bänder auftreten oder auch mit lehmigen Bändern oder Nestern, also als Grand – Bändergrand
Sand – Bändersand
Staubsand – Bänderstaubsand.

Körnungsartengruppe Lehm
Zu unterteilen in sandigen Lehm (sL), sandig-tonigen Lehm (stL) und Lehm (L).

Körnungsartengruppe Ton
Zu unterteilen in schluffigen Ton (uT), lehmigen Ton (lT), sandigen Ton (sT) und Ton (T).

Körnungsartenverhältnisse im Erkundungsbereich Hoher Fläming des Forstamtes Nedlitz
Körnungsarten und deren Verknüpfung zu Substraten und Substratfolgetypen sind wichtige Merkmale für die Herleitung von Feinbodenformen. In Tabelle 3 sind die Ergebnisse von Körnungsanalysen aufgeführt, und zwar beginnend mit den Rumpfrosterden und endend mit den stark verlehmten Sand-Braunerden. Die Tabelle stellt den Verlauf einer Braunerde-Catena dar, die im Südwesten des Kiefernökosystems im ehemaligen „Kiefern-Dauerwald" Bärenthorens beginnt und im Nordosten Golmenglins im Buchenwaldökosystem endet. Sie erklärt diesen naturräumlichen Wandel mit der Zunahme des Feinbodenanteils von West nach Ost. Das hängt damit zusammen, dass der Einfluss des Lößsandes im Fläming ganz allgemein nach Osten zunimmt und im vorliegenden Fall im buchenreichen Mosaikbereich der Golmengliner welligen Oberplatte kulminiert. Das lässt die Hypothese zu, dass die Hochflächensande besonders vom Lößeintrag betroffen waren, während die umgebenden Sandergebiete eiszeitlich bedingt für den Eintrag blockiert war (Kopp 2007).
Diese Catena diente am Beginn der Arbeit der Erkundung der Mosaikstrukturen, d. h. der geologischen Gesetzmäßigkeiten. Die Umstufung (1989) hatte ein großflächig monotones Kartenwerk vorgegeben, dem sich keine gesetzmäßigen Vernetzungen und wenig Zusammenhänge zwischen Forst- und Waldgesellschaften sowie Standortseinheiten entnehmen ließen. Die untersuchte Standortskette soll den von West nach Ost zunehmenden Trend im Laubholzwachstum durch den in dieser Richtung zunehmenden Staubsand-, Schluff- und Tongehalt (SST-Wert) des Bodens erklären und wird ergänzt durch vergleichende Werte aus dem Forstamt Altenplathow (Genthin).
Ein Beispiel aus dem Forstamt Altenplathow verdeutlicht, dass Rumpfrosterden (RüS) (lfd. Nr.1 in Tab. 3) auf Talsand leicht durch Erosion entstehen können und einen SST-Wert unter 10% besitzen, weil ihnen der anlehmige, verbraunte Bv weitgehend verloren ging. Auch die Braunerden des Talsandes aus dem FoA Altenplathow (Nr. 2) besitzen im Vergleich zu denjenigen auf den Hochflächensanden (Nr. 10 bis 23 in Tab. 3) im Hohen Fläming geringe SST-Werte und einen hohen mS-Anteil. Deshalb sind die Nedlitzer Sand-Braunerden auf Hochflächensanden in der Regel waldbaulich-ökologisch besser als diejenigen auf Talsanden zu bewerten. Die Braunerde Nr. 3 im Rev. Bärenthoren neigt zur Rumpfrosterde, weil sie einen reduzierten, gestörten Bv besitzt (s. F. 5. Generalisierte Revierübersichtskarte Abb. 67). Sie hat einen hohen mS-Anteil, geringe Z- und T-Werte, fällt aber durch den höheren Staubsandgehalt noch in den Braunerdebereich. Der hohe Staubsandanteil erklärt sich aus der östlichen Lage im Revier Bärenthoren und der damit verbundenen Nähe zum Lößeintrag. Nr. 4 der Tab. 3 stellt als Vergleich eine Bändersand- Rumpfrosterde (LuS) vor, die ihres hohen SST-Wertes wegen noch in den unteren M-Bereich gehört. Die Braunerde Nr. 10 der Tab 3 aus dem Zentralteil des Reviers Bärenthoren, repräsentiert unter den Braunerden den geringsten SST-Wert. Sie liegt entfernt vom Lößsand-Gebiet des Reviers Golmenglin in der Nähe der Vorstaffel und besitzt deshalb einen hohen Ki-, gS und mS-Anteil. Es fällt auch die Nähe zu den Rumpfrosterden der Endmoränen-Vorstaffel auf.
Daher nimmt die Catena-Grube Nr. 10 eine gewisse Übergangsstellung zur Gruppe der Rumpfrosterden ein.
Die Catena-Nummern 18 und 20 liegen im östlichen Teil des Altreviers Bärenthoren in der Nähe zum Altrevier Golmenglin und besitzen deshalb einen hohen SST-Wert.
Die Tabelle 3 ist fortlaufend so geordnet, dass die Nummern 1 bis 4 Rumpferden oder rumpferdeähnliche Braunerden, die Nummern 5 bis 8 plaggenbeeinflusste Braunerden, die Nummer 9 eine Grand-Braunerde der Vorstaffel-Endmoräne, die Nummern 10 bis 22 anlehmige Braunerden (Nedlitzer Sand-Braunerde) und die Nummern 23 bis 25 lehmige Fahlerden (GmSB) oder Braunerden (ZaS) repräsentieren. Dabei zeigt sich ein etwas unsteter Trend der Zunahme des SST-Wertes von Gruppe zu Gruppe und von West nach Ost. Die Feinbodenform mit der Nummer 12 könnte wegen des hohen Kiesanteils von 49 % zu einer bisher unbenannten Skelettsand-Braunerde gehören.
Die hier mit ihren Abkürzungen genannten Feinbodenformen (Bofo) werden weiter unten beschrieben. Tabelle 3 der Körnung im Bv-Horizont

Tabelle 3 *der Körnung im Bv-Horizont verschiedener Feinbodenformen*

	FA/Rev.	Abt.	Journal	Ki	gS	mS	fS I	fS II	Z	T	pH-KCl	SST		Bofo
1	Alt/Mei	1050b	120162	1,2	7,4	80,0	6,1	0,9	1,2		3,53	3,6	S	RüS
2	Alt/Mei	1051a3	120160	1,9	3,7	70,3	10,5	1,9	2,6	7,0	3,85	11,5	alS	NeS
3	Ned/Bär	1308a1	99874		16,1	64,0	1,5	9,0	6,6	2,6		18,2	al S	NeS
4	Alt/Mei	1051a3	120161	1,0	3,0	56,0	13,1	3,4	16,4	3,3	3,68	23,1	lS	LuS
5	Ned/Bär	$1320a^{1}$	120156	5,1	13,1	62,8	9,2	0,6	6,5	4,5	4,00	11,6	al S	PNeS
6	Ned/Bär	1320a1	99872		14,0	66,4	1,0	9,9	5,5	1,5	?	16,9	al S	PNeS
7	Ned/Bär	$1331a^{3}$	120157	10,7	9,4	53,9	16,0	2,9	10,1	4,7	3,89	17,7	al S	PNeS
8	Ned/Bär	$1329a^{1}$	120158	12,2	21,5	44,9	5,5	1,1	11,7	6,8	3,89	19,6	al S	PNeS
9	Ned/Bär	$1350a^{1}$	120143	14,7	23,7	58,0	3,3	0,7	9,0	2,1	4,24	11,8	al G	BkS
10	Ned/Bär	$1351a^{1}$	120144	20,7	27,4	54,3	3,1	0,8	8,0	2,1	4,28	10,9	al S	NeS
11	Ned/Bär	$1359a^{1}$	120142	5,2	12,1	62,7	8,9	1,6	8,2	4,1	4,16	13,9	al S	NeS
12	Ned/Gol	$1157a^{2}$	120152	49,4	23,8	47,4	9,7	2,5	8,9	3,4	4,05	14,8	al S	NeS 1)
13	Alt/Ale	1053a	120159	1,5	3,8	65,6	9,2	1,7	10,7	5,2	3,75	17,6	alS	NeS6
14	Ned/Gol	1129a	120149	32,9	13,5	57,0	8,2	2,2	11,2	4,4	3,89	17,8	al S	NeS
15	Ned/Bär	$1350a^{1}$	120145	10,5	14,9	53,4	8,7	1,3	12,9	4,6	4,02	18,8	al S	NeS
16	Ned/Gol	$1164a^{2}$	120153	3,5	8,4	44,7	23,7	5,0	11,3	3,1	4,22	19,4	al S	NeS
17	Ned/Gol	$1126b^{4}$	120147	24,1	22,3	45,5	9,8	2,6	14,0	3,5	4,23	20,1	al S	NeS
18	Ned/Bär	1329a1	99873		27,6	49,8	2,3	6,5	10,8	3,0		20,3	al S	NeS
19	Ned/Gol	$1125a^{2}$	120148	47,0	14,8	52,0	11,1	3,2	13,7	3,6	4,17	20,5	al S	NeS
20	Ned/Bär	$1349a^{2}$	120146	6,5	11,3	52,4	10,9	2,9	14,6	4,1	4,91	21,6	al S	NeS
21	Ned/Gol	$1162a^{1}$	120154	9,7	7,2	49,2	16,6	5,9	14,8	3,2	4,11	23,9	al S	NeS
22	Ned/Gol	1114a1	99875		13,8	53,9	3,6	13,7	10,0	3,5		27,2	al S	NeS
23	Ned/Gol	$1129b^{1}$	120150	15,7	19,3	48,1	6,2	1,9	13,9	7,4	3,83	23,2	l S	NeSw
24	Ned/Gol	$1158a^{7}$	120151	8,0	5,6	33,0	25,8	9,0	21,5	2,3	4,23	32,8	l S	GmSB
25	Ned/Gol	$1161a^{1}$	120155	7,1	5,3	33,1	24,6	8,5	21,7	3,9	3,97	34,1	l S	GmSB

* Journal Lufa

1) mit auffallend hohem Skelettanteil im Mosaikbereich Golmengliner wellige Oberplatte

Legende Abkürzungen

Forstrevier und Forstamt		Substrat		Feinbodenformen	
Ned	FA Nedlitz	Ki	Kies		
Alt	FA Altenplathow	gS	Grobsand	BkS	Bräunigker Grand-Braunerde
				GmSB	Golmengliner Lehmsand-Staugleyfahlerde
Ale	Rev. Alemann	mS	Mittelsand	LuS	Ludwigsauer Bändersand-Rumpfrosterde
Bär	Rev. Bärenthoren	fS I	Feinsand I	NeS	Nedlitzer Sand-Braunerde
				NeS_w	Nedlitzer Sand-Braunerde mit wachstumsfördernden Schichten
Gol	Rev. Golmenglin	fS II	Feinsand II (Staubsand)	pNeS	plaggenbeeinflusste Nedlitzer Sand-Braunerde
Mei	Rev. Meierei	Z	Schluff	RüS	Rüthnicker Sand-Rumpfrosterde
		T	Ton	ZaS	Zahnaer Sand-Braunerde
		SST	Staub+Schluff+Ton-Wert		

Das **Diagramm (Abbildung. 24)** zeigt, dass der Hauptanteil der Körnung mit durchschnittlich 50 bis 60 % auf Mittelsand entfällt, den höchsten Wert mit 80 % weist die reinsandige Rüthnicker Sand-Rumpfrosterde (Nr. 1) auf, mit zunehmendem Verlehmungsgrad (SSTAnteil) nimmt der Mittelsandanteil ab.

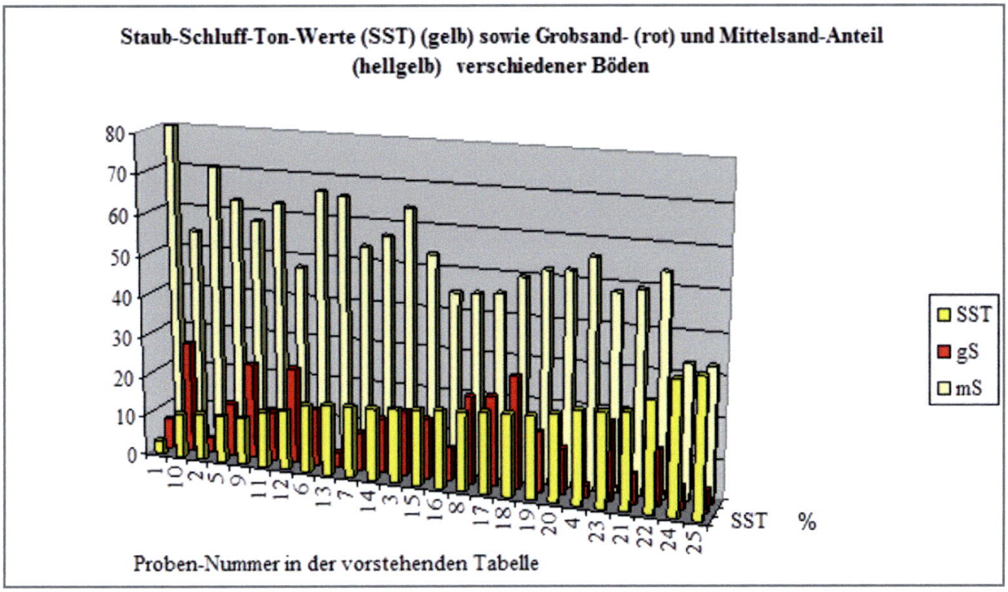

Abb. 24: *Körnungsdiagramm im Bv-Horizont verschiedener Feinbodenformen einer Catena im Hohen Fläming*

Das **Diagramm (Abbildung 25)** vermittelt einen Eindruck vom Gehalt an Staub (Feinsand II), Schluff und Ton, welche den SST-Wert bilden. Je höher diese Werte, desto günstiger gestalten sich die Nährstoffverhältnisse. Vergleicht man die SST-Werte mit der Lage der Punkte im Gelände, so ist ein Zunahmetrend von Südwesten (Mittelteil des Reviers Bärenthoren) nach Nordosten (Revier Golmenglin) erkennbar (Nr. 10 bis 25).

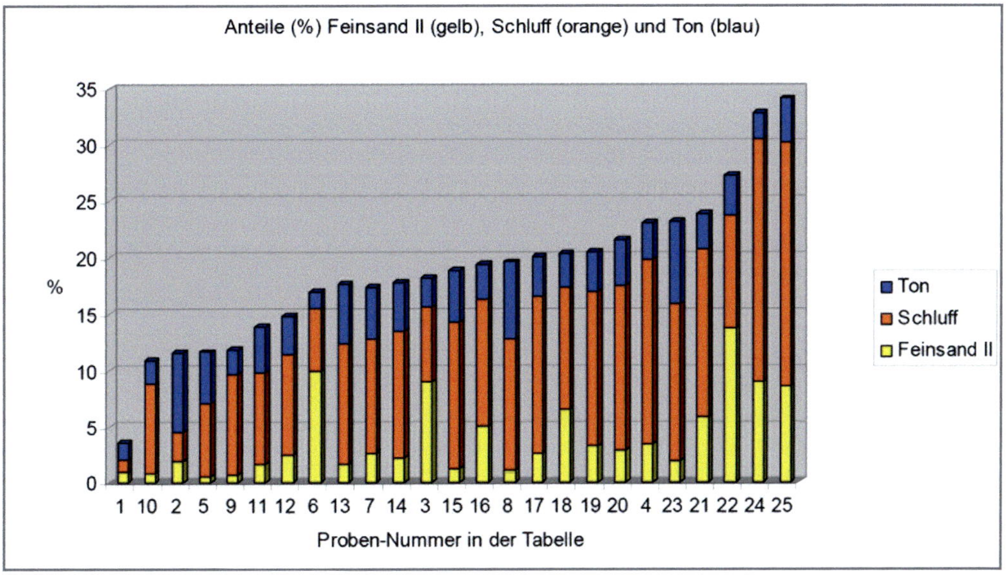

Abb. 25: *SST-Gehalt der Proben der Catena*

Hier offenbart sich der Übergang von den Hochflächensanden i.e.S. in die Grundmoränensande (Mosaikbereich Golmengliner wellige Oberplatte) sowie die Zunahme des Lößsandanteils. Den höchsten SST-Wert mit 34,1 % weist die im Nordosten des Reviers Golmenglin gelegene Analyse Nr. 25 GmSB auf. Das Säulendiagramm stellt von links nach rechts den Übergang vom Kiefernmischwald in das Laubholzökosystem dar. Das Diagramm verdeutlicht auch, dass im gesamten Wuchsbezirk Nedlitzer Flämingrandplatte mit den Hochflächensanden natürlicherweise keine reinen Sande, sondern nur anlehmige Sande vorkommen. Reine Sande kommen nur dort vor, wo Erosionen den anlehmigen Verbraunungshorizont entfernt haben – im Falle der Rumpfbraunerden (RüS Nr. 1 als Beispiel aus dem FoA Altenplathow und Nr. 10 als Übergang von NeS zu RüS). Auch die plaggenbeeinflussten Braunerden aus der Flamenzeit (pNeS) besitzen trotz der Beackerung noch einen anlehmigen B-Horizont (Nr. 5 bis 8).
Das Diagramm veranschaulicht schrittweise den Übergang vom Kiefernmischwald-Mosaikbereich (Medewitzer Oberplatte) zum Buchenmischwald-Mosaikbereich (Golmengliner wellige Oberplatte) mit einem deutlichen Sprung des SST-Wertes 10,9 von der Proben-Nr. 10 zum Wert 34,1 der Nr. 25. Mit dem SST-Wert der Catena-Grube Nr.11 beginnt der Buchenmischwald. Sie liegt am Rande des Alt-Reviers Bärenthoren im Bereich von für die Hochflächensande (Grundmoräne) typischen Lehmunterlagerungen.
Näheres über die Zusammenhänge von Körnung und Feinbodenformen bringen die folgenden Abschnitte des Kapitels.

2.1.3.4. Substratfolgetyp

Mit Substratfolge wird die vertikale Abfolge der Substratarten im Bodenprofil gekennzeichnet. Werden Substratfolgen typisiert, spricht man von Substratfolgetypen oder kurz Substrattypen. Die Abfolgen werden nach folgenden Kriterien einheitlich gekennzeichnet:

Sande

Bis zu einer Tiefe von über 80 cm einheitlich Sand-Substrate. Eine bis 20 cm mächtige Decke aus bindigem Substrat bleibt unberücksichtigt. Bis zu 40 cm mächtige kompakte Schichten aus bindigen Substraten können eingelagert sein. In den Tiefenspannen > 80 bis 160 cm sowie > 160 bis 300 cm einsetzende Unterlagerungen aus > 40 cm mächtigen bindigen Substraten sind besonders zu kennzeichnen.

Lehme, Tone

Bindige Substrate treten in einer kompakten Schicht von über 40 cm Mächtigkeit entweder ab Mineralbodenoberfläche auf oder sie liegen unter einer maximal 40 cm mächtigen Decke aus sandigen Substraten.
In der Tiefenspanne > 80 bis 160 cm einsetzende Sandschichten von mindestens 80 cm Mächtigkeit werden besonders gekennzeichnet.
Sowohl bei den einschichtigen als auch bei den mehrschichtigen Substratfolgetypen wird zusätzlich berücksichtigt, ob zwischen 80 cm und 160 cm bzw. 160 cm und 300 cm Tiefe nochmals das Substrat wechselt. Denn für das Feinwurzelsystem kann eine Lehmschicht z.B. in 140 cm Tiefe gut erreichbar sein und damit das Baumwachstum günstig beeinflussen. Solche **Unterlagerungen** werden bei der Standortskartierung erfasst und auf der Karte durch einen Zusatz zur Feinbodenformenbezeichnung kenntlich gemacht (.../L bzw. .../l), und zwar (jeweils eine mindestens 40 cm mächtige Schicht).

2.1.3.5 Horizontfolgetyp

An einem Bodenprofil erkennt man in der Regel eine vertikale Gliederung des Bodenkörpers in Horizonte. Diese sind durch bodenbildende Prozesse (z. B. Verbraunung, Entkalkung, Tondurchschlämmung, Humusakkumulation, Vergleyung) entstandene und geprägte, mehr oder weniger oberflächenparallel verlaufende Lagen. Die einzelnen Lagen werden mit Großbuchstaben und ergänzenden kleinen Buchstaben bezeichnet (z.B. Ah = humoser Mineralbodenhorizont mit ungestörter Lagerung).

Horizontbezeichnungen

Nachstehend folgen Symbol, Bezeichnung und Merkmale der Horizonte. Die Symbole werden in den Profilleisten der Hauptbodenformen erscheinen.

Tabelle 4: *Übersicht über die Horizontbezeichnungen*

Symbol	Bezeichnung	Merkmale
O	Sammelsymbol für organische Decken	dem Mineralboden aufliegende, in situ gebildete Substanz mit > 30 % organischem Anteil und < 20 cm Mächtigkeit (außer bei Filzformen)
( )	Sammelsymbol	Merkmal nur tlw. vorkommend
A	an der Oberfläche gebildete mit Humus angereicherte Mineralbodenhorizonte	≤ 30 % organische Substanz, Humusgehaltsdifferenz zum darunter liegenden Horizont > 1 %
Ah	mit Humus angereichert	bei ungestörter Lagerung; > 1 bis 15 % organische Substanz
Ap	Krumenhorizonte	durch Pflügen entstandene gestörte Lagerung, organische Substanz wie Ah
M	Mineralbodenhorizonte mit synsedimentärer Humusanreicherung	bei allochthonen Bodensedimenten (Kolluvien)
AhM	Humushorizonte in verlagertem Material	bei autochthoner Humusbildung
E	Sammelsymbol für Auswaschungs -(Eluvial-) horizonte	aufgehellte, an Humus, Ton und/oder Sesquioxyden ärmere Horizonte durch hydromorphe Beeinflussung mit Bleich-/Rostflecken: EtSw
Et	Tonverarmungshorizont	tonärmer als der darunter liegende Bt
Es	Sesquioxyd-Auswaschungshorizont	sesquioxydärmer als der darunter liegende Bs
Eh	Humusauswaschungshorizont	humusärmer als der darunter liegende Bh
B	Sammelsymbol für Eisen- und Humuseinwaschungs- (Illuvial-) Horizonte	
Bv	Braunhorizont	Verbraunung durch Kornhüllen aus durch Verwitterung freigesetztem freien Eisen, ohne Tonhäutchen
Bt	Tonhäutchenhorizont	mit Tonhäutchen auf den Gefügekörpern, dunkler als der darüber liegende Et
Bs	Sesquioxydeinwaschungs-horizont	mit Eisenanreichung und höchstens mäßiger Humusanreicherung
Bh	Humuseinwaschungshorizont	mit Humusanreicherung (1 bis 3 %) und höchstens geringer Eisenanreicherung
Bh	Humuseinwaschungshorizont	wie vor, aber mit > 3 % Humusgehalt
Bsh	Humus- und Sesquioxyd-Einwaschungshorizont	wie vor, aber mit Eisenanreicherung
Bi	Einwaschungshorizont	Zusammenfassung von Bs- und Bh-Horizonten
(Bi)	Einwaschungshorizont	mit schwacher Humus- und/oder schwacher oder fehlender Eisenanreicherung
Bb ... ⇔	Bänderhorizont	Horizont mit Einschlämmungsbändchen (im Sandsubstrat anstatt Bt) zu kombinieren mit... ⇔ C Angabe der Horizontanteile in Zehntelstufen, z.B. 2 Bb ⇔ 8 C
S	Sammelsymbol für Staunässehorizonte	durch starke Staunässespuren gekennzeichneter Horizont; Rostfleckung nach unten nie abnehmend
Sw	Stauwasserleiter	zeitweise stauwasserführend, weniger dicht gelagert als der darunter liegende Sd, vorherrschend graue Farben
Sd	Stauwassersohle	wasserstauender Horizont, dichter gelagert als der darüber liegende Sw, vorherrschend grau und rostfarben marmoriert BvSw als Überprägung des Bv-Horizontes (Bv)Sw als Überprägung des (Bv)-Horizontes EtSw als Überprägung des Et-Horizontes BtSd als Überprägung des Bt-Horizontes

Symbol	Bezeichnung	Merkmale
G	Gleyhorizont	durch Grundwasserspuren geprägter Horizont, Rostfleckigkeit nach unten abnehmend
Go	Rostabsatz-Subhorizont	rostfleckig
Gr	Reduktions-Subhorizont	bleich grünblau
C	Untergrundhorizont	merkmalsarmer Untergrund (ohne Bodenbildung)
Ca	Karbonatanreicherungshorizont	sekundär mit $CaCO_3$ angereichert; liegt im C-Horizont an der Grenze seines karbonatfreien oberen Teils zum karbonatführenden unteren

Horizontfolgetypen

Wie bei den Substratfolgetypen besteht auch hier eine große Vielfalt an möglichen Horizontabfolgen, so dass ebenfalls Typen (Horizontfolgetypen) gebildet wurden. Sie umfassen jeweils alle Böden mit gleicher Horizontfolge und einigen weiteren Eigenschaften wie z.B. Gesamtmenge an Humus oder freiem Eisen. Zu welcher Zeit und in welcher Reihenfolge sich die Horizonte gebildet haben, sind für die Ausscheidung von Horizontfolgetypen kein Kriterium. Diese Gesichtspunkte bleiben dabei unberücksichtigt.

Die bei der forstlichen Standortskartierung im Forstamt Nedlitz vorkommenden Horizontfolgetypen für mineralische Böden zeigt die folgende **Tabelle 5**.

Tabelle 5: *Übersicht über die Horizontfolgetypen*

Horizontfolgetyp	Typische Horizontfolge	Bemerkungen
Anhydromorphe Böden keine Nässemerkmale zumindest oberhalb 60 cm unter Flur		
Ranker	[O] - Ah - C	Humusmenge im Solum > 200 dt/ha
Braunerde	AhBv - Bv - [(Bv)] - C	
Rumpfrosterde	AhBv - (Bv) - C - [Ca] – C	gekappte Braunerden und Rostpodsole mit flachem Bs
Fahlerde	AhBv - Bv - Et - Bt - [Ca] - C	
Saumpods (Jungp.)	[AhEs] - Es - (Bi) - C	
Humusrostpodsol	AhEs – Es – Bsh – Bv –	
Rumpfrostpodsol	Ah (Bsh) – Bsh – Bv – [(Bv)]	gekappter Rostpodsol
Vega	[AhM-] M - [C]	in Erosionsrinnen und Bachtälchen
Halb- und vollhydromorphe Böden mit Nässemerkmale unterhalb 60 cm unter Flur		
Gleybraunerde	AhBv – Bv – G	
Graugley	Ah – G (G auch als AhG)	bis 1 800 dt/ha Humus im Solum
Staugleyfahlerde Graustaugley	AhBv - Bv – EtS - BtS-[Ca]- Ah - S (S auch als AhSw, BvSw, EtSw, BtSd)	
Humusgley Humusampigley	AhG – G AhS – [S-] - G	1 600 bis 3 000 dt/ha Humus im Solum, A-Horizont über 20 cm
Moorböden		
Gleymoor	H – G	Mächtigkeit der organischen Decke 40 bis 80 cm
Moor	H - G	Mächtigkeit der organischen Decke

2.1.3.6 Perstruktionsprofil

Durch das Perstruktionsprofil werden die durch Filtergerüst-Umbau in situ entstandenen Eigenschaften des Bodenprofils gekennzeichnet (lat. perstruere - gestalten, umgestalten, wechseln, ab- und umwenden). Der Filtergerüst-Umbau kann kryogen (unter dem Einfluss des Bodenfrostes), biogen (durch Wurzeln oder wühlende Bodentiere) oder anthropogen (durch Bodenbearbeitung) erfolgt sein.
Die Perstruktionszonen sind Teil der Hauptbodenformen-Kennzeichnung. Sie werden durch griechische Buchstaben mit folgender Bedeutung symbolisiert:

α	**Alpha-Zone**	**anthropogene Durchmischungszone.** Sie ist gekennzeichnet durch Spuren menschlicher Bearbeitung wie Pflügen, Rigolen.
β	**Beta-Zone**	**extraperiglaziäre Entschichtungszone** Die Beta-Zone ist im temperaten Milieu vorwiegend biogen entstanden, d. h. durch die entschichtende Arbeit von Wurzeln und Bodentieren in Substraten, die nicht bereits durch kryogene Perstruktion entschichtet wurden. Die Beta-Zone wird nur in holozänen Sedimenten gekennzeichnet, nicht aber in der bereits periglaziär entschichteten Delta-Zone.
γ	**Gamma-Zone**	Eine noch weitgehend ungeklärte Zone, die z.B. in Rügerden oberhalb der Delta-Zone auftritt (evtl. spät-periglaziär oder früh-extraperiglaziär entstanden).
δ	**Delta-Zone**	**periglaziäre Deckzone.** Oberer Profilteil, der im periglaziären Milieu über dem Dauerfrostboden im Sommer auftaute und infolge Übersättigung mit Wasser einen breiartigen Zustand annahm. Hier erfolgte der kryogene Filtergerüst-Umbau. Je nach der Schwere des Substrates ist die Zone 20 bis 60 cm, meistens 30 bis 50 cm mächtig. Die Sohlfläche verläuft im Allgemeinen oberflächenparallel, zuweilen ist sie nach unten ausgestülpt. Der Feinboden ist ganz gleichmäßig gemischt, die Steine sind ungleichmäßig verteilt. Weitere Merkmale der Delta-Zone sind: • Stein- und Kiesanreicherung an der Basis, je mehr umso größer, • höherer Gehalt an Schluff bei leichtem und Sand bei schwerem Substrat, • Sprünge in der mineralogischen und chemischen Zusammensetzung, • Fehlen von Braunbändern und -nestern und Fehlen kryogener Strukturen innerhalb der Deckzone.
ε	**Epsilon-Zone**	**oberer Teil der periglaziären Übergangszone** Überwiegend durch Perstruktion entschichtet, geringe Reste der ursprünglichen Sedimentstruktur sind noch erkennbar. Der sommerliche Auftauprozess erfasste diese Zone zum größten Teil.
ζ	**Zeta-Zone**	**unterer Teil der periglaziären Übergangszone** Sie ist nur partienweise durch die Perstruktion verändert, der größte Teil der ursprünglichen Sedimentstruktur ist noch vorhanden.
η	**Eta-Zone**	**Untergrund-Zone** Sie wurde nicht von der Perstruktion erfasst, weil sie im Bereich der nicht mehr auftauenden Dauerfrostzone lag. Deshalb ist die ursprüngliche Sedimentstruktur auch nicht gestört. Bei sandigen Lockersedimenten ist das die Feinschichtung, bei Geschiebemergel eine plattigschalige Struktur (Lamellargefüge).

Alpha AP 0 - 10

Delta Bv 10 - 30

Zeta (Bv) 30 - 50

Steinsohle
Delta C 50 -

Abb. 26: *Darstellung des Perstruktionstyps. FoA Grabow, Revier Kreien, Braunerde Alpha-Zone, Ap 0-10; Beta-Zone , Bv 10 - 30; Delta - Zone, (Bv) 30 - 50 durch Steinsohle begrenzt (kenntlich an den Restlöchern der ausgebrochenen Steine) (Aufn. M. Wirner)*

2.1.3.7 Nährkraft

Die Stamm-Nährkraft wird in fünf Stufen angegeben, wobei die letzten beiden Stufen (R,K) selten vorkommen. Die Stufen und ihre Bezeichnungen lauten:

R - reich
K - kräftig
M - mittel oder mäßig nährstoffhaltig
Z - ziemlich arm
A - arm

Besonders hinsichtlich der kleinflächigen Baumartenwahl von ganz wesentlicher Bedeutung ist die weitere Unterteilung dieser Nährkraftstufen in jeweils fünf Teil-Nährkraftstufen („Fünftelstufen“). Sie gilt für:

- alle anhydromorphen Böden (ohne Klock),
- alle semihydromorphen Lehm- und Tonböden (ohne Klock),
- die Graugleye aus der Gruppe der vollhydromorphen Lehm- und Tonböden (ohne Klock).

Die Nährkraft dieser Böden wird also einer von insgesamt 25 Stufen zugeordnet. Die Bezeichnung der Stufen erfolgt durch hochgestellte arabische Ziffern, z.B. M 3. Dabei liegt die Stufe M 1 nahe an der Nährkraftstufe K, die Stufe M 5 nahe an der Nährkraftstufe Z.

Merksatz: je größer die Zahl, desto geringer ist die Nährkraft.

Mit der Stamm-Nährkraft wird das Nährstoffpotenzial eines Waldbodens gekennzeichnet. Als Grundlage dient ein umfangreicher Datenfundus aus laboranalytischen Untersuchungen, vor allem Nährstoffgehalt für die wichtigsten Nährelemente im HF-Aufschluss und die B/N-Stufe.
Außerdem werden zur Beurteilung der Stamm-Nährkraft die Ertragsfähigkeit der Waldböden und die natürliche Vegetation herangezogen. Im Zweifelsfall erfolgt während der laufenden Kartierung eine Entnahme von Bodenproben zur Bestimmung der Nährkraft.

2.1.4.1.2 Stauwasserformen

Die Stauwasserformen kennzeichnen das Verhalten des Grundwassers (hier im weiteren Sinne gebraucht) bei schweren Böden. Das sieht man als eine Sonderform des Grundwassers an und wird als Stauwasser bezeichnet. Zu den schweren Böden gehören die Substrattypengruppen Lehm, Ton, Tieflehm und Tiefton. Im Untersuchungsgebiet treten als Sondersubstratform stauende Fest- oder Zementsande auf. Die wassertragende Schicht, **Staukörper** genannt, liegt demnach **oberhalb von 0,8 m** Tiefe.

Die untenstehende Tabelle gibt einen Überblick über alle Stauwasserformen. Die frühjahrlichen Tiefenstufen enden bei der Stufe 4 (Wasserspiegeltiefe liegt bei etwa 0,6 m [± 20 cm]). Im Unterschied zu den Grundwasserformen können hier die Stufen 5 und 6 nicht auftreten, da die Sohllage (bindiges, wasserstauendes Substrat) spätestens bei 0,8 m unter Flur einsetzt. Im Einzelnen werden die frühjährlichen Tiefenstufen des Wasserspiegels wie folgt beziffert und benannt:

- 1 = überwässert bzw. überflutet
- 2 = stausumpfig
- 3 = stauwasserbeherrscht
- 4 = stauwassernah
- (7) = (stauwasserfrei).

Die Stauwasserformen sind in ähnlicher Anordnung wie die Grundwasserformen dargestellt: senkrecht die Tiefenstufen nach dem langjährigen Mittel des Hochstandes im Frühjahr und waagerecht nach der jahreszeitlichen Andauerstufe der Austrocknung oder der Überwässerung.
Die beiden letzten entsprechen den Absinkstufen bzw. Überwässerungsstufen der Grundwasserformen. Beide Kriterien korrelieren wegen der flacheren Sohlschicht aber enger miteinander als bei den Grundwasserformen. Die Bezeichnung erfolgt wie bei den Grundwasserformen, z. B. 35 - halbzeitig stauwasserbeherrscht.
Außerdem ist ausgeschieden worden: 67 langzeitig stauwasserfern.

Frühjahrliche Tiefenstufe	jahreszeitliche Andauerstufe nach der Andauer der **Austrocknung** des Bodens in Monaten				
	um 2	um 4	um 6	um 8	> 8
um 0,1 (0 ... 0,2)	langzeitig stausumpfig **23**	halbzeitig stausumpfig **24**	kurzzeitig stark stausumpfig **25**	kurzzeitig mäßig stausumpfig **26**	kurzzeitig ziemlich gering **27**
um 0,3 (> 0,2 ... 0,4)	langzeitig stauwasser- beherrscht **34**	halbzeitig stauwassser- beherrscht **35**	kurzzeitig stark stauwasserbeherrscht **36**	kurzzeitig mäßig stauwasserbeherrscht **37**	
um 0,6 (> 0,4 ... 0,8)		halbzeitig stauwassernah **46**	kurzzeitig stauwassernah **47**		

2.1.4.2 Substratbedingtes Wasserangebot

Das Forstamt Nedlitz liegt in einem relativ niederschlagsarmen Gebiet und besitzt grundwasserferne Sandböden. Daher gewinnt das substratbedingte Wasserangebot für die Wasserversorgung der Vegetation sehr an Bedeutung. Eine Methode zur Kennzeichnung der substratbedingten Feuchte von grundwasserfernen Sandstandorten legte KONOPATZKI (1998) vor. Pflanzen können von dem im Boden befindlichen Wasser nur einen Teil aufnehmen.
Dieser Teil ist die nutzbare Wasserspeicherkapazität (nWSK) (NAUMANN-TÜMPEL 1989). Sie ist abhängig vom Substrat

und Humusgehalt sowie der Lagerungsdichte. Die Mittelwerte der nutzbaren Wasserspeicherkapazität [mm/dm] betragen nach einem Schätzrahmen für verschiedene Bodenarten:

Bodenart		Lagerungsdichte		
		gering	mittel	hoch
gS	Grobsand	6	6	6
mS	Mittelsand	8,5	8,5	8,5
mfS	Mittel- und Feinsand	11	10,5	10
fS	Feinsand	14,5	13	12
alS	anlehmiger Sand	14,5	13	12
lS	lehmiger Sand	23	19	16
sL	sandiger Lehm	22	19	15
stbS	Staubsand	24	19	17
L	Lehm	22	17,5	14
H	Humusauflagen, Torfe	60	50	40

Diese Werte erhalten bei höherem Humusgehalt folgende Zuschläge, die im Untersuchungsgebiet besonders für die Eschböden von Bedeutung sind.

	Humusgehalt [m- %]				
	1 bis 2 %	> 2 bis 5 %	> 5 -10 %	> 10-15 %	> 15-30 %
Sande und alS	3	7	13	15	20
lS und stbS	3	6	10	14	25
sL	1	3,5	7,5	13	20

Aus obigen Daten lässt sich für jedes Bodenprofil unter Berücksichtigung von Substratart, Mächtigkeit der Bodenlagen und Lagerungsdichte die nutzbare Wasserspeicherkapazität genau ermitteln. Gewöhnlich erfolgt dies für eine Tiefe bis 160 cm. Die forstliche Standortserkundung sieht jedoch eine solch feine Unterteilung der Sandböden, wie sie nach diesem Verfahren notwendig wäre, nicht vor. Deshalb können für größere Gebiete nur Mittelwerte aus den Einzelbefunden gebildet werden.

Zur allgemeinen Kennzeichnung eines Bodens können schließlich aus seinem Entwässerungsverhalten und aus der nutzbaren Wasserspeicherkapazität Substratfeuchtestufen abgeleitet werden:

x =	speicherdürr (< 85 mm)
a =	sehr speichertrocken
b =	speichertrocken
c =	mäßig speichertrocken

d =	mäßig speicherfrisch
e =	speicherfrisch
g =	mäßig haftfrisch
h =	haftfrisch.

Verwendet man obige Werte für Bodenprofile bis 160 cm Tiefe und variiert dabei die Körnung in den einzelnen Lagen von mittel- bis feinstkörnig, so ergeben sich Mittelwerte der nutzbaren Wasserspeicherkapazität [mm/dm] für die einzelnen Feinbodenformen. Die Ergebnisse werden dort mitgeteilt. An dieser Stelle erfolgt vorab eine Zusammenfassung der Ergebnisse.

Stellt man die Ergebnisse der Berechnung der nutzbaren Wasserkapazität bei der mittleren Körnungsvariante zusammen, so ergibt sich folgende Rangfolge:

Feinbodenform		nWSK
Rüthnicker Sand-Rumpfrosterde	RüS	**193**
Bärenthorener Sand-Braunerde	BäS	**199**
Nedlitzer Sand-Braunerde	NeS	**203**
plaggenbeeinflusste Nedlitzer Sand-Braunerde	pNeS	**210**
Ludwigsauer Bändersand-Rumpfrosterde	LuS	**212**
Dobritzer Bändersand-Braunerde	DoS	**222**
Zahnaer Sand-Braunerde	ZaS	**227**
Golmengliner Lehmsand-Staugleyfahlerde	GmSB	**>227**

Diese Rangfolge manifestiert zugleich die Leistungsfähigkeit der Standorte für die xeromorphe Kiefer bei 193 nWSK bis zur anspruchsvolleren Rotbuche bei 222 nWSK.
Die Zusammenstellung verdeutlicht aber auch, wie unterschiedlich die Feinbodenformen entsprechend ihrer geologischen Herkunft zu bewerten sind. Am Beispiel der Nedlitzer Sand-Braunerde lässt sich eine Spanne in der nWSK von 88 erkennen, denn im Talsand der Urstromtäler entstand die Bodenform auf Mittelsand (176 nWSK), auf dem sanderähnlichen Hochflächensand der Grundmoräne im westlichen Revierteil Bärenthorens auf Mittel- und Feinsand (203 nWSK) und im Revier Golmenglin in der Nähe der Endmoräne auf Fein- und Staubsand als NeSw (264 nWSK) (siehe nachfolgend. Kap 2.1.5.1.2 Feinbodenform NeS Tabelle nutzbare Wasserspeicherkapazität nWSK). Dementsprechend muss der Waldbau die Bodenform NeS naturräumlich differenziert bewerten, d.h. die niedrige Körnungsvariante tendiert zu Kiefer und die hohe Körnungsvariante zu Rotbuche und Eiche.
Nicht allein die Körnungsvariante entscheidet über die nutzbare Wasserspeicherkapazität, sondern diese wird auch durch bodenphysikalische Bedingungen beeinflusst. Hier spielen die Festsande als Staukörper (GmSB) und selbst die Geschiebekette der Decksande mit einem Mikrostau eine Rolle.

2.1.5 Haupt- und Feinbodenformen (Lokalbodenformen)

In der **Hauptbodenform** werden Böden mit ähnlicher Substrat- und Horizontfolge zusammengefasst. Sie sind die für eine allgemeine Landnutzung zweigübergreifenden Kartierungseinheiten.
Die Bildung der Hauptbodenform erfolgt durch Kombination des Substrattyps mit dem Horizontfolgetyp unter Berücksichtigung des Perstruktionsprofils.
Die **Benennung der Hauptbodenformen** ist die Kombination aus dem Namen des Substrattyps und dem Namen des Horizontfolgetyps. Beide werden durch einen Bindestrich getrennt.
Die Abkürzungen bestehen aus ein bis drei Buchstaben, z. B.

Sand-Braunerde	S
Lehmsand-Staugleyfahlerde	SB
Ton-Graustaugley	TU

Werden **Leisten zur Kennzeichnung der Hauptbodenform** eingefügt, so geschieht das in der Reihenfolge von links nach rechts: Substratprofil - Horizontprofil - Perstruktionsprofil. (z. B. für Klocksand-Vega)

bis 160 cm Tiefe mit 1 bis 5 (max. 8) % **allochthoner organischer Substanz** bis über 30 cm Tiefe; bis mindestens 20 cm Tiefe karbonatfrei, $CaCO_3$ bis 30 % gewöhnlich tiefer einsetzend oder fehlend	[AhM] M [C]	β η β

In der **Feinbodenform** werden forstökologisch wichtige Bodenunterschiede erfasst, die in der Hauptbodenform noch nicht zum Ausdruck kommen. Sie wird durch einen Ortsnamen aus der Nähe des Taufprofils zusätzlich zur Hauptbodenform benannt. In der Abkürzung erscheint der Lokalname mit zwei Buchstaben, kombiniert mit der Abkürzung der Hauptbodenform, z. B.

Nedlitzer Sand-Braunerde	NeS
Dobritzer Bändersand-Braunerde	DoS
Golmengliner Lehmsand-Staugleyfahlerde	GmSB
Hottendorfer Ton-Graustaugley	HoTU
Nassenheider Sand-Humusgley	NaSG
Sand-Gleymoor, mäßig nährstoffhaltig	SM.M

Nach Darlegung der Grundlagen der durchgeführten Standortskartierung werden nun die ausgeschiedenen Standortseinheiten beschrieben. Dabei wird diese Gliederung eingehalten:

- Anhydromorphe Sandböden
- Anhydromorphe Tieflehme
- Semihydromorphe Sandböden
- Semihydromorphe Tieflehme
- Böden der Graugleygruppe
- Vollhydromorphe Mineralböden
- Moorböden
- Komplexstandorte
- Sonderstandorte.

Innerhalb dieser Gruppierung werden zunächst die Substratfolgetypen erläutert und innerhalb dieser des Weiteren die Horizontfolgetypen mit den vorkommenden Feinbodenformen.
Tabelle 6 enthält für jede Feinbodenform: in der Kurzbezeichnung, den vollständigen Namen, die Nährkraftstufe, KMgCa-Serie sowie die Fläche in Hektar und Prozent für jede kartierte Feinbodenform.

Tabelle 6: *Übersicht über die Feinbodenformen*

Kurzzeichen	Name der Feinbodenform	Nährkraft	KMgCaP-Serie	ha	%
Ba SG	Barkower Sand-Humusgley	M		4	0,1
BnS	Bodener Klocksand-Vega	M		0	0,0
Br S	Brunkauer Sand-Humusrostpodsol	A 2	II - VI	20	0,5
DdS	Dahmsdorfer Klocksand-Vega	K		0	0,0
Do S	Dobritzer Bändersand-Braunerde	M 2	II - VI	192	4,8
Dü SG	Dürrenhofer Sand-Humusgley	A		8	0,2
Fr S	Freilebener Bänderstaubsand-Braunerde	M 1	III, V	22	0,5
GmSB	Golmengliner Lehmsand-Staugleyfahlerde	K 5	III	239	5,7
Gö dLG	Görnewitzer Decklehm-Humusamphigley	M		8	0,2
Go SU	Goltewitzer Sand-Graugley	Z		3	0,1
Gr tLU	Grabower Tieflehm-Graustaugley	M +3	III	5	0,1
Hd SB	Henningsdorfer Sand-Gleybraunerde	M		24	0,6
Ho TU	Hottendorfer Ton-Graustaugley	K 5	III	2	0,1
Ht SB	Hüttermühler Sand-Gleybraunerde	K		4	0,1
Kd S	Kersdorfer Sand-Ranker	A 1	II - VI	45	1,1
Ko SB	Kollmer Sand-Gleybraunerde	M		4	0,1
Kr SG	Kreuzbrucher Sand-Humusgley	M		8	0,2
Ks SB	Kossiner Sand-Gleybraunerde			10	0,2
Ld tL	Lindauer Tieflehm-Fahlerde	K 4	III	72	1,7
Lh SU	Lindhorster Sand-Graugley	M		11	0,3
Lö tLU	Löhstener Tieflehm-Graustaugley	K 4	III	4	0,1
Lu S	Ludwigsauer Bändersand-Rumpfrosterde	M 5	III	0	0,0
M.A	Moor, arm	A		2	0,1
M.K	Moor, kräftig	K		31	0,8
M.M	Moor, mäßig nährstoffhaltig	M		20	0,5
Md SB	Meinsdorfer Sand-Gleybraunerde	M		13	0,3
Mu SB	Mullberger Sand-Gleybraunerde	Z		20	0,5
Mü S	Mützlitzer Sand-Saumpodsol	A 1	II - VI	46	1,1
Mw S	Medewitzer Sand-Rumpfrostpodsol	A 4	III	26	0,6
Na SG	Nassenheider Sand-Humusgley	K		26	0,6
Ne S	Nedlitzer Sand-Braunerde	M 5	II - VI	2796	67,5
Rü S	Rüthnicker Sand-Rumpfrosterde	Z 5	II - VI	269	6,5
Ru S	Reudener Sand-Rumpfrostpodsol	A 3	III	61	1,5
Sc SG	Stechauer Sand-Humusgley	Z		20	0,5
Sl tLB	Slater Tieflehm-Staugleyfahlerde	K 4	II, III	4	0,1
SM.M	Sand-Gleymoor, mäßig nährstoffhaltig	M		13	0,3
Sn LU	Spornitzer Lehm-Graustaugley	K 2	III	9	0,2
Su SU	Summter Sand-Graugley	M		27	0,6
Wa R	Wadelsdorfer Sandskelett-Rumpfrosterde	Z 5	III, V	1	0,0
Wh SU	Wildenhainer Sand-Graugley	K		5	0,1
Wp SU	Wiepersdorfer Sand-Graugley	Z		13	0,3
Za S	Zahnaer Sand-Braunerde	M 3	II - VI	0	0,0
ZüLU	Züllsdorfer Lehm-Graustaugley	K 2	III	0	0,0
nk	nicht kartierte Flächen			1	0,0
So	Sonderstandorte			49	1,2
			Summen	4145	100

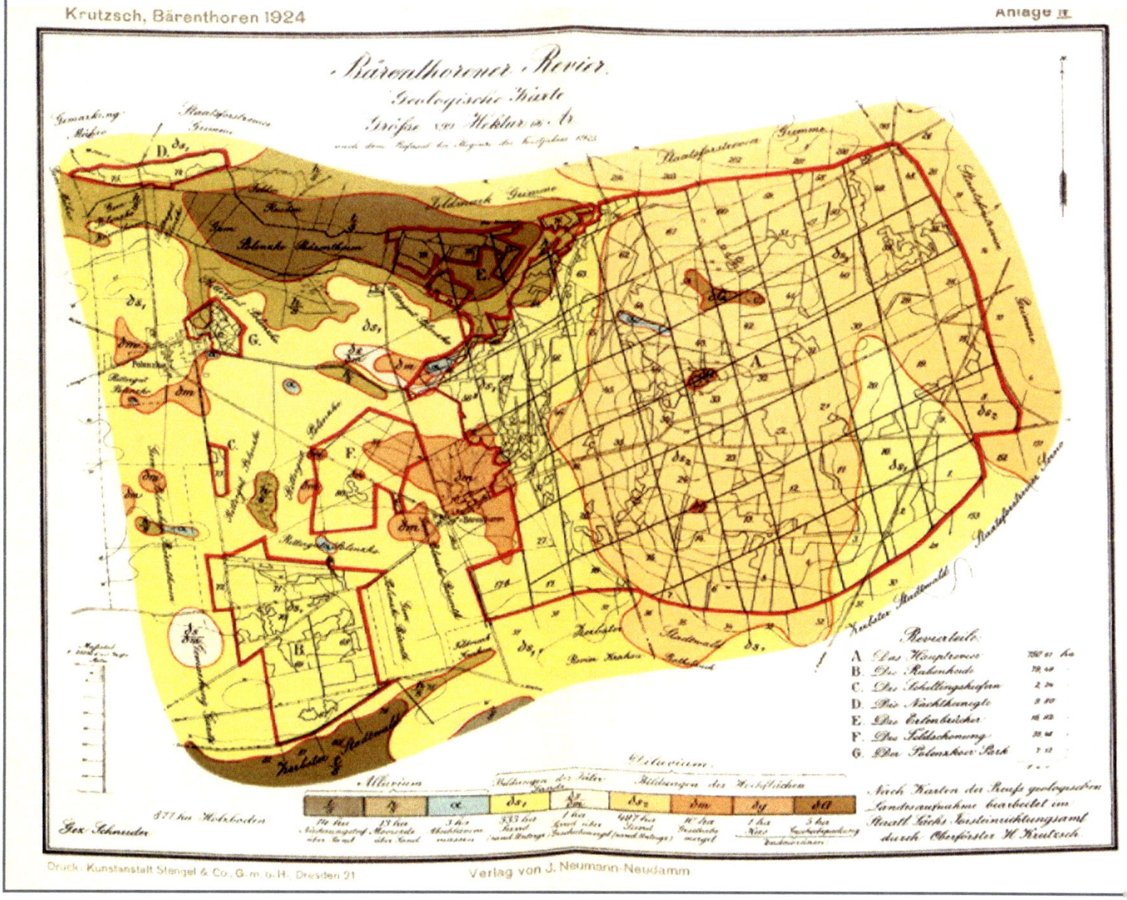

Abb. 28 a: *Geologische Karte Bärenthorens aus* K*RUTZSCH* *Bärenthoren 1924*

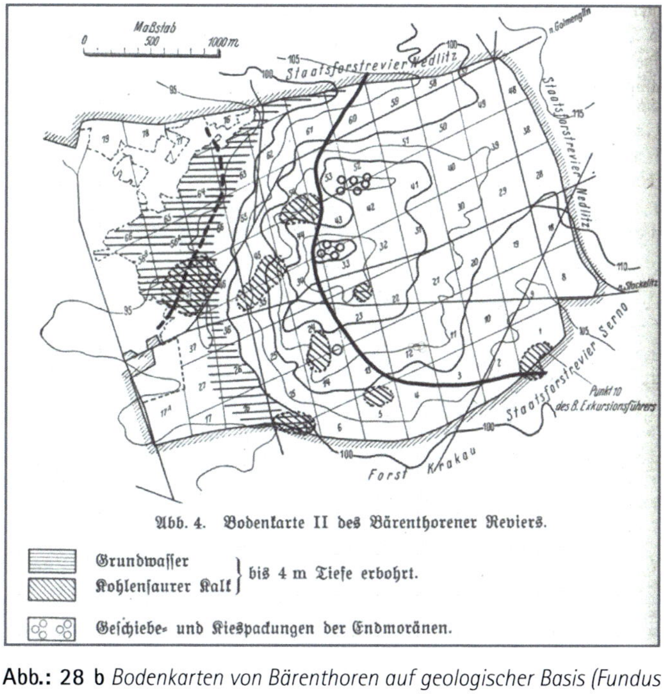

Abb.: 28 b *Bodenkarten von Bärenthoren auf geologischer Basis (Fundus WIEDEMANN, Bibliothek FH Eberswalde)*

Die **Abb.: 28a** und **b** weisen die frühzeitigen Bemühungen um die Erkundung der geologischen Grundlagen für die Dauerwaldwirtschaft aus.

Die Karte **Abb.: 28 b** zeigt den Verlauf der Vorstaffel, die das Revier Bärenthoren durchzieht, als starke Linie. Sie wird durch die Geschiebe- und Kiespackungen des Wein- und Klickenberges gekennzeichnet. Am Fuße des Vorstaffellobuses wird der für den Laubholz-Waldbau wichtige Kalkgehalt der Lehmaufpressungen in einer Tiefe bis zu 4 m deutlich. Die Karte verdeutlicht, dass bereits nach dem Ersten Weltkrieg gründliche Untersuchungen (tiefgründige Bohrungen) zu den Zusammenhängen zwischen ordnungsgemäßer Waldwirtschaft und Standort gemacht wurden, die in ihrer Tiefgründigkeit für die aktuelle, stark reduzierte Standortserkundung vorbildlich ist.

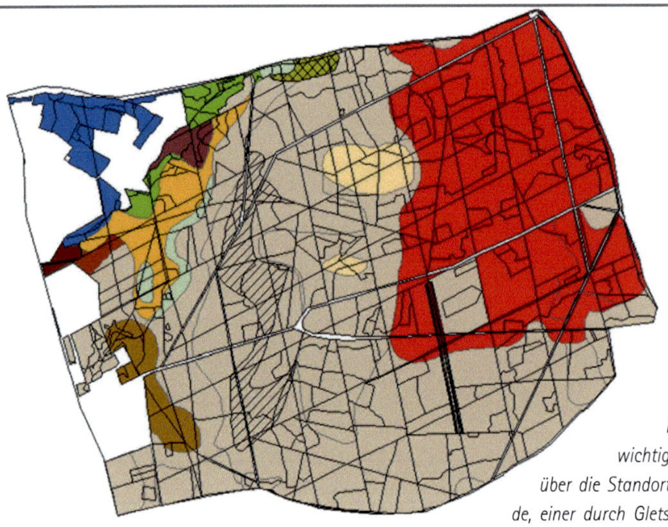

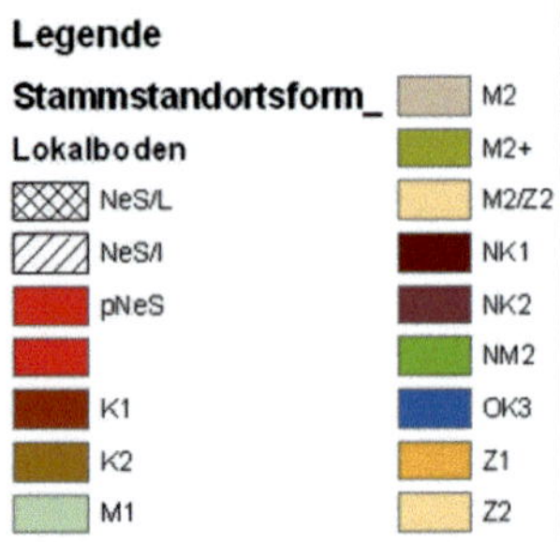

Abb. 29: *Hauptbodenformen des Reviers Bärenthoren (aus Rüffer, Pommer 2010 nach Greger, Schulze 2007/8)*
Legende:
NeS/L lehmunterlagerte Nedlitzer Sand-Braunerde
NeS/l tieflehmunterlagerte Nedlitzer Sand-Braunerde
pNeS plaggengedeckte Nedlitzer Sand-Braunerde (Esch)

Die Abb.29 gibt einen Überblick über die wichtigsten Lokalbodenformen und besonders über die Standortsformengruppen der Hochflächensande, einer durch Gletscherschmelzwässer durchflossene und gestörte Grundmoräne. Dabei wird deutlich, dass sich auf den Hochflächensanden Nedlitzer Sand-Braunerden (NeS) gebildet haben, die im Westteil vor der Endmoränenstaffel entweder lehm- (NeS/L) oder tieflehmunterlagert (NeS/l) sind. Auf den Hochflächensanden (Weinberg und Rückenberg) bildeten sich durch Erosion ziemlich arme Böden. Großflächig ist die Braunerde plaggenbeeinflusst. Sie bilden Auflagen, die schon Wiedemann als Besonderheit Bärenthorens erkannte. Die Hochflächensande besitzen grundmoränentypisch, hier nicht dargestellt, einzelne Lehmlinsen.

2.1.5.1 Anhydromorphe Mineralböden

2.1.5.1.1 Klocksand

Substratprofil wie bei Sand, jedoch mit 1 bis 5 % (maximal 8 %) **allochthoner** organischer Substanz bis über 30 cm Tiefe. Der Grenzwert von 8 % bezieht sich auf Böden mit bräunlichem Klock.

„Klock" bedeutet fremdbürtiger, also an anderer Stelle gebildeter und später verlagerter Humus. Die Entstehung von Klockböden ist im Allgemeinen auf die Ablagerung von humosen Sedimenten durch fließende Gewässer in den Strom-, Fluss- und Bachtälern zurückzuführen (Alluvien). Die Entstehung von Klockböden ist aber auch im Zusammenhang mit Entwaldungen zu sehen. Bei bewegtem Relief (z.B. kuppiger Grundmoräne) konnte es durch die längere Freilage (Weinberg) zu hangabwärts gerichteten Materialbewegungen der oberen Bodenbestandteile kommen. In den Senken lagerten sich diese als mehr oder weniger mächtige Kolluvien ab.

Kennzeichnung der Hauptbodenform:

Bodener Klocksand-Vega (BnS)

Die Klocksand-Vega kommt im Alt-Revier Bärenthoren in den Verebnungen der Erosionsrinnen der Vorstaffel, bzw. des Mosaikbereiches Bärenthorener Oberplatte vor. Es ist ein Standort gut mittelkräftiger Trophie (M), der durch humusreiche Sedimentation des Material entstand, das vom Weinberggebiet abgeschwemmt wurde. Die aufgetragene schwarzbräunliche Schicht ist mindestens 30 cm stark und hat 1 bis 5 % allochthone organische Substanz. Das Substrat wird nach einer volkstümlichen Bezeichnung aus dem Spreewald Klock genannt. Das Solum ist frei von Grundwasserspuren und das Substrat ist anlehmig wie die umgebenden anlehmigen Braunerden. Das Vorkommen der BnS verweist darauf, dass der Weinberg längere Zeit nicht baumbestanden war und wahrscheinlich seinem Namen entsprechend genutzt worden ist. Flächen wurden in der Planimetrierung nicht erfasst.

Dahmsdorfer Klocksand-Vega (DdS)

Im Bereich der lößsandbeeinflussten Mulden hat sich im Bereich des Alten Dorfes Golmenglin bei einem Gefälle von 120 bis 110 m. ü. NN ein Bachtälchen gebildet. Bis vor wenige Jahrzehnte floss hier ein durch die Festsande des Untergrundes gestauter Bach bis an den Rand der welligen Oberplatte, um im Nachbarmosaikbereich, der sandigen Medewitzer Oberplatte, in einem Trockental (Rummel) zu enden. In diesem Bachtal entstanden örtlich Aufschwemmungen von Vegen, d. h. Aueböden, die als Klocke mit Mittelsand im MHorizont (Mineralboden mit synsedimentärer Humusanreicherung) einen höheren Humusanteil von bis zu 8 % besitzen. Im Bachverlauf wechselt sich die Vega mit Tieflehm-Staugleyfahlerden (SltLB) ab. Nährkraftstufe kräftig (K). Flächen wurden in der Planimetrierung nicht erfasst.

2.1.5.1.2 Sand

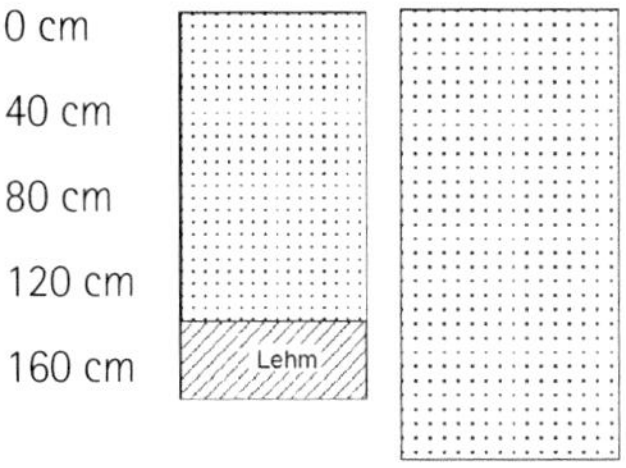

Mittelkörniger Sand von 0 bis 160 cm oder gar bis 300 cm Tiefe; mindestens bis 20 cm Tiefe karbonatfrei, $CaCO_3$ bis höchstens 30 % durchweg erst unterhalb 60 cm oder noch tiefer einsetzend oder ganz fehlend.

Unterhalb von 80 cm Tiefe können Lehme oder andere bindige Substrate einsetzen, z.B. lehmunterlagert (im rechten Profil) oder tief lehmunterlagert.

Sand-Ranker

	[O]				
mS	A	β		ζ	
bis 160 cm Tiefe; bis mindestens 20 cm karbonatfrei, $CaCO_3$ erst in 80 cm Tiefe oder darunter einsetzend oder fehlend	C	↓	η	↓	η
Humusmenge im Solum = über 200 dt/ha					
bis mindestens 60 cm frei oder fast frei von Grundwasserspuren					
primär natürliche Grundwasserform (in ebener Lage)		= 56, 57, 67 oder 7			

Kersdorfer Sand-Ranker (KdS)

Der Kersdorfer Sand-Ranker ist auf der Setzsteiger Höhenplatte besonders in den Abteilungen 1208, 1209, 1210, 1294 bis 1297 in einer Deflationsmulde am Fuße der Gorrenberge zu finden. Dort wurde der gesamte Oberboden nach landwirtschaftlicher Nutzung verblasen, so dass eine leichte Mulde entstand. In der Nachbarschaft ist der verblasene Boden als kleine Düne (Abt. 1215) oder als Überlagerung der Humusrostpodsole wieder zu finden. Dieser wechselvolle Vorgang von Auf- und Abtrag hat ein sehr komplexes Standortsmosaik geschaffen, das als Gorrenberger Moränenkomplex (MoK) bezeichnet wird (Näheres siehe dort).
Durch den Abtrag des Oberbodens verlor das Bodenprofil den gesamten verwitterten und verbraunten Oberboden und damit auch seine Fruchtbarkeit. Der Abtrag des Oberbodens bis auf den C-Horizont erfolgte nur im Braunerdebereich des Vorfeldes der Gorrenberge. Auf den benachbarten Podsolen wurde die Erosion durch den verfestig-

ten Anreicherungshorizont Bi der Podsole gebremst. Wo die Erosion in der Nachbarschaft nicht so stark war und im Verbraunungshorizont Halt machte, entstand am Fuße der Gorrenberge ein Kranz von Rumpfrosterden (RüS). In der Deflationsmulde entstand ein armer Boden der Nährkraftstufe Arm (A) aus Mittelsand. Mit der Übersandung der Nachbarschaft durch den Abtrag aus der Ausblasungsmulde reduzierte sich deren Fruchtbarkeit **(FBZ 22)** gleichfalls, wie die Magerrohhumusform und die geringe Wuchsleistung der Kiefern offenbaren.
Nach dem Verblasen des Oberbodens, gefördert durch das Jahrhunderte währende Pflügen, entstand zunächst ein Rohboden, der durch das an die Oberflächetreten des unverwitterten C-Horizontes „Grundgestein" gekennzeichnet ist. In diesem Substrat entwickelt sich unter Wald ein humusangereicherter Oberboden - Ah. Kartierte Fläche: 45 ha.

Sand-Braunerde

mS bis 160 cm Tiefe; bis mindestens 20 cm Tiefe karbonatfrei, $CaCO_3$ bis 30 % durchweg erst ab Eta-Zone oder tiefer einsetzend oder fehlend	AhBv Bv [(Bv) C Ca C]	δ ε ζ η	AhBv Bv [(Bv)] C	δ ε ζ η
bis mindestens 60 cm frei oder fast frei von Grundwasserspuren primär natürliche Grundwasserform (in ebener Lage) = 56, 57, 67 oder 7				

Die Sand-Braunerden unterscheiden sich im Wesentlichen in ihrem SST-Gehalt. Den geringsten Gehalt an Staubsand, Schluff und Ton besitzt die saure Bärenthorener reine Sand-Braunerde (Sand-Braunpodsol) (<10 %), während die anlehmige Nedlitzer Sand-Braunerde einen SST-Gehalt > 10 % besitzt und die Zahnaer Sand- Braunerde sogar lehmigen Sand besitzt. Dieser Unterschied auf den glazifluviatilen Sanden wird durch die Stärke des Lößeintrages bewirkt (Kopp 2007). Er ist im Lee-Gebiet der periglaziären Winde hinter der Reetz-Medewitz-Setzsteiger Stauchendmoräne im Raum östlich von Golmenglin am stärksten. Dort findet sich die ZaS kleinflächig zusammen mit anderen lößsandbeeinflussten Feinbodenformen, wie die NeSw, GmSB, LdtL, FrS.

Zahnaer Sand-Braunerde (ZaS)

Die im Untersuchungsgebiet selten vorkommende Zahnaer Sand-Braunerde unterscheidet sich von der anlehmigen Nedlitzer Sand-Braunerde vor allem durch lehmigen Sand im Bv.
Die stärkere Verlehmung färbt den Verbraunungshorizont stärker braun als bei der NeS. Aus diesem Grunde besitzt die ZaS einen höheren Nährstoffgehalt als die NeS und gehört mit ihrer Stammfruchtbarkeit in den Mittelbereich der Nährkraftstufe M (M3). Sie wird damit etwas geringer als eine Bändersand-Braunerde (DoS) und Bänderstaubsand-Braunerde (FrS) bewertet. Im Vergleich zu der überwiegend vorkommenden NeS fällt eine deutlichere Steinsohle und dadurch bedingt ein höherer Skelettanteil auf. Die erkundeten Profile der ZaS befinden sich gänzlich im Revier Golmenglin. Wegen ihrer Kleinstflächigkeit wurden sie der NeSw zugeschlagen.
Die ZaS unterscheidet sich von der anlehmigen NeS durch einen lehmigen Verbraunungshorizont, der durch Skelettanteile deutlicher strukturiert wird und gehört in den M3-Bereich (**FBZ 41** dt/ Hektar und Jahr). Damit verbessern sich der Wasser- und Nährstoffhaushalt soweit, dass der Laubholzanbau betriebswirtschaftlich sinnvoll wird. Flächen wurde in der Planimetrierung nicht erfasst.
Die nutzbare Wasserspeicherkapazität beträgt in der ZaS:

ZaS	Lage	Mächtigkeit [dm]	Körnungsvariante innerhalb der Feinbodenform mit einer nutzbaren Wasserspeicherkapazität					
			niedrig		mittel		hoch	
	1	0,5	H	30	H	30	H	30
	2	4,0	lmS	76	lmS	76	lmS	76
	3	7,5	mS	64	mS	79	mS	98
	4	4,0	mS	34	mS	42	mS	76
				204		**227**		**280**
Entwässerung			schnell		schnell		schnell	
Substratfeuchte			speichertrocken		mäßig speichertrocken		speicherfrisch	

Nedlitzer Sand-Braunerde (NeS)

Die Nedlitzer Sand-Braunerde kommt in Gebieten der KMgCaP-Serien III und V vor, örtlich auch der Serien II, IV und VI. In dieser weiten Verbreitung muss sie natürlicherweise stark abändern. Der normale Profilaufbau ist folgender (vgl. auch folgende Profileiste der Braunerden):

cm	Horizontprofil		
0	O	Humusschicht 5 cm	
-5	Ah	Humoser Oberboden ca. 5 cm	
-40	Bv	Verbraunungshorizont ca. 35 cm	ungeschichtet, ohne Schichtgefüge
		ooooooooo Steinsohle ooooooooo	
-80	(Bv)	Verbraunter Übergangs-Horizont 40 cm mächtig	tlw. entschichtet und kryogen beeinflusst, mit Grobschichtung
	C_1	Substratfarbener Untergrundhorizont, oberer Teil, ohne pedogene Merkmale	sehr wenig kryogen beeinflusst, deutlich geschichtet
-120	C_2	Substratfarbener Untergrundhorizont, unterer Teil	kryogen unbeeinflusst, deutlich geschichtet

Abb. 30: *Bodengrube Nr. 339 Nedlitzer Sand-Braunerde (NeS) mit deutlicher sanderartiger Schichtung im Untergrund im Altrevier Golmenglin, Abt. 1145a*
Foto: O. Greger

Der wichtigste Horizont für die Ausscheidung dieser Feinbodenform ist der Verbraunungshorizont (Bv). In diesem Horizont muss der Anteil von Schluff und Ton über 10 % liegen, ist er geringer, erfolgt eine Zuordnung zur Bärenthorener Sand-Braunerde (BäS).

Im Revier Bärenthoren bestehen die Hochflächensande zu 50 bis 70 % aus Mittelsand. Der Anteil von Feinsand I liegt bei etwa 3 bis 16 %, während Feinsand II, Schluff und Ton zusammen 10,9 bis 27,2 % betragen. Stellenweise erreicht Grobsand mit 27 % höhere Werte.

Die Ausbildung der Braunerde-Normalhorizontfolge ist für den Waldbau aufschlussreich. Für die NeS im Revier Bärenthoren ist ein flacher Ah-Horizont (< 5 cm) typisch – ein Hinweis auf ihre mäßige Belebung und Fruchtbarkeit. Typisch für die mäßige Trophie der NeS ist auch die relativ geringe Verbraunungstiefe von 35 bis 45 cm. Im Vergleich zu kräftigen schokoladenbraunen Braunerden liegt nur eine mittelbraune Färbung vor. Das verweist auf einen geringen Grad von Eisenverwitterung und eine geringe Verlehmung (anlehmig, Schluff- und Tongehalt liegt leicht über 10 %). In größerer Nähe zu den Aufstauchungen der Endmoräne verändert sich das Horizontprofil der NeS mit dem Übergang vom sanderartigen Hochflächensand zur Grundmoräne (Grundmoränensand) zunehmend. Hier ist die NeS skelettreicher, stärker verbraunt und stärker verlehmt. In Richtung zur Reetz-Medewitzer-Setzsteiger Hauptendmoräne geht die NeS mit dem zunehmenden Vorkommen von erhöhtem Schluff- und Staubsandanteil, kleinen Lehmnestern, Lehmlinsen und Lehmbändern schließlich in eine Nedlitzer Sand-Braunerde mit wachstumsfördernden Schichten (NeSw) und in Senken in ein lößbeeinflusste Festsand-Staugleyfahlerde (GmSB) über. Das Horizontprofil offenbart, wie viel von dem normal gewachsenen, wertvollen, verbraunten Boden (Bv) zur Verfügung steht und wie viel schon durch vorangegangene Bodennutzungen verloren ging. Im Revier Bärenthoren blieb der Standardbodenform Nedlitzer Sand-Braunerde die normale Horizontfolge mit Ausnahme des Abtrags durch die Plaggennutzung günstigerweise weitgehend erhalten. Auch eine stärkere Erosion, die in Richtung Rumpfrosterde verläuft, ist hier nur auf den Kuppen der Vorstaffel vorhanden. Allerdings ist die NeS in allen Revieren mit stark wechselnder Verbraunungshorizontstärke ausgestattet. Das könnte noch ein Zeugnis des Plaggenhauens aus der Flamenzeit sein. Da die NeS im untersten mesotrophen Bereich am Rande zum ziemlich armen Bereich angesiedelt ist, wird deutlich, dass sie in jeder Hinsicht vorsichtig zu bewerten ist. Entsprechend der gegebenen Systematik werden in ihrem Namen sowohl Vorkommen erfasst, die sich dem ökologischen Wert von Staubsand-Braunerden im oberen mesotrophen Bereich als auch solche, die sich einem solchen des nahezu ziemlich armen Bereiches (Braunpodsole und Rumpfrosterden) annähern.

Die NeS wird von der Standortserkundung auf mehreren geologischen Fazies ausgeschieden:
Talsand, Sander, Grund- und Endmoräne. Sie kommt dabei auf sehr unterschiedlichen Sanden vor, welche ihren Charakter und waldbaulichen Wert bestimmen. In der Regel bilden die grundwasserfernen Sande auf den Hochflächen der Moräne bessere Braunerden als auf Sandersanden aus. Auf den durch einen langen Transportweg sortierten Talsanden kommen die ärmsten Braunerden vor.

Vorstehend wurde die Fähigkeit der NeS zur sehr breiten Variation beschrieben. Dennoch wird die Nedlitzer Sand-Braunerde ohne Beachtung der vielen Abänderungen der Stamm- Standortsformengruppe M2 zugeordnet (Nährkraftstufe M5), **FBZ 38**. Dadurch wurde sie von der letzten Standortserkundung als die am häufigsten vorkommende Feinbodenform auf 25,5 % der Fläche des StFB Zerbst, Bereich Tiefland, kartiert (VEB Forstprojektierung Potsdam 1990). Die aus ihr durch Erosion entstehende und leicht mit ihr zu verwechselnde Rüthnicker Rumpfrosterde (RüS) dagegen wurde nur auf 50 ha gefunden! Das sind etwa 0,5 % und entspricht nicht der häufig vorkommenden Erosion. Letztere ist der flächendeckenden Beackerung der jetzigen Waldböden in der Vergangenheit geschuldet.

Die nutzbare Wasserkapazität beträgt:

Lage	Mächtigkeit [dm]	Körnungsvariante innerhalb der Feinbodenform mit einer nutzbaren Wasserspeicherkapazität					
		niedrig		mittel		hoch	
1	0,5	H	30	H	30	H	30
2	4,0	almS	48	almfS	52	alfS	60
3	7,5	mS	64	mfS	79	fS	98
4	4,0	mS	34	mfS	42	stbS	76
Summe	16		**176**		**203**		**264**
Entwässerung		schnell		schnell		schnell	
Substratfeuchte		speichertrocken		speichertrocken		mäßig speicherfrisch	

Die kartierte Fläche beträgt einschließlich sämtlichen Grundwasserformen und mesoklimatische Abwandlungen vom Großklima 2.013 ha.

Lehmunterlagerte und tief lehmunterlagerte Nedlitzer Sand-Braunerde (NeS/L) (NeS/l)

Die NeS/L ist i. d. R. nur unter bestimmten naturräumlichen Bedingungen zu finden. Das betrifft im Hohen Fläming vor allem den Bereich vor den Endmoränen, die Schmelzwasserrinne vor der Stauchendmoräne, die Grundmoräne und tlw. die grundmoränenverwandten Hochflächensande. Dort kommt sie in zusammenhängenden, lang gestreckten aber schmalen Zonen oder auch inselartig (Hochflächensande) vor. Auf den Sandern sind Lehmunterlagerungen nicht zu finden.

Von Lehmunterlagerung wird dann gesprochen, wenn in der Tiefenspanne von 80 bis 160 cm eine kompakte Lehm-Schluff- oder Tonschicht von mindestens 40 cm Mächtigkeit auftritt. Tritt diese Unterlagerung erst unterhalb von 160 cm auf, wird von einer tief lehmunterlagerten Feinbodenform gesprochen, in unserem Falle NeS/l. Beide Formen können mosaikartig im Wechsel auftreten.

Die Lehmunterlagerung wertet die Nährkraft der Nedlitzer Sand-Braunerde so deutlich auf, dass die Nährkraftstufe M mit einem Plus versehen wird (M+). Die **FBZ beträgt 42/(ha.a**). Auch die Tieflehmunterlagerung verbessert das Leistungsvermögen der Braunerde und kann n mit der **FBZ 40** bewertet werden.

Da die NeS/L oder NeS/l im Moränenbereich gefunden werden, besitzen sie einen gut ausgebildeten Verbraunungshorizont mit einem SST-Wert deutlich über 10 % und zeichnen sich auch durch eine gut ausgebildete Geschiebekette aus, wie es bei Braunerden auf Sander und Talsand nicht zu finden ist.

Die Flächenanteile betragen:	NeS/L	= 67 ha
	NeS/l	= 10 ha

Sand-Braunerde mit wachstumsfördernden Schichten (NeSw)

In dem breiten Trophiebereich, in dem die NeS vorkommt, nimmt die NeSw das nährstoffreichste Spektrum ein. Die NeSw wurde aus dem üblicherweise sehr breiten Kartierspektrum für die NeS herausgenommen, weil sie mit ihren wachstumsfördernden Schichten eine laubholzgerechte Nährkraft besitzt und sich morphologisch auch von dem durchschnittlichen Aufbau einer Nedlitzer Sand-Braunerde unterscheidet:

Abb 31: *Nedlitzer Sandbraunerde mit wachstumsfördernden Schichten (NeSw) Bodengrube Nr. 342 im Altrevier Golmenglin in Abt. 1158 a^3*
Foto: O. Greger

Abb. 32: *Nedlitzer Sand-Braunerde mit wachstumsfördernden Schichten (NeSw) im Kontaktbereich zur Golmengliner Lehmsand-Staugleyfahlerde (GmSB). Die Bodengrube Nr. 318, Altrevier Golmenglin, Abt. 1155a[1] befindet sich auf einer Schulter eines seichten Hanges über einer Mulde mit GmSB. De Lößsandeinfluss ist noch vorhanden, aber der Staugleyeinfluss ist bereits im Vergleich zur GmSB in der Mulde rückgängig. Foto: O. Greger*

Der Bv hat höhere Staubsand- und Schluffgehalte und sieht dadurch fahlbraun aus. Sie ist offenbar im geringen Umfang lößsandbeeinflusst. Der Bv ist mächtiger und hat eine stärker ausgeprägte Geschiebekette. Der Übergang vom Bv- in den C-Horizont geht im (Bv) langsam und in einer größeren Tiefe vonstatten. Auch hier sind die Anteile von Staubsand und Schluff am Solum höher als bei der NeS auf normalen Hochflächen- oder Talsanden. Das Gleiche gilt für den C-Horizont. Die Horizontfolge entspricht aber derjenigen der NeS, so dass sich die Nomenklatur nicht ändert.
Entsprechend der Wuchsleistung der Buche auf der NeSw sollte sie vergleichbar mit der Dobritzer Bändersand-Braunerde mit der **FBZ 40** eingestuft werden. Diese Einstufung ist durch den Eintrag von flottsandartigen Sedimenten berechtigt (flämingregionale Bezeichnung für Sandlöß).
Die NeSw kommt nur im Kontakt mit den schluffreichen Lehmsand-Staugleyfahlerden der Grundmoränensande in den Mulden vor, wo sich lößsandartige Sedimente ablagerten. Auf den Hangschultern zu den Hochflächensanden i. e. S. verliert sich ihr Vorkommen langsam.

Die Feinbodenform NeS besitzt eine überaus große Kartierungsamplitude. Dass ihr großes Verbreitungsspektrum in ärmere, mittlere und reichere Bereiche aufgeteilt werden muss, ist nahe liegend. Bereits Teichmann schied für das Revier Dobritz 1954 innerhalb des Braunerdespektrums kräftige Sandstandorte mit wachstumsfördernden Schichten aus (Sbf). Sie besitzen mittel- bis feinkörnige Sande mit wachstumsfödernden, kaliglimmerreichen, staubsandig-staubig-schluffigen Lagen von wechselnder Mächtigkeit in wurzelerreichbarer Tiefe.
Da sie einen Körnungsanteil mit unter 0,2 mm (Feinsand und geringer) von etwa 40 % aufweisen, besitzen sie eine gute nutzbare Wasserspeicherkapazität. Für die Braunerden im Verwandtschaftsbereich der Nedlitzer Sand-Braunerde ergibt sich im Kontaktbereich zum Grundmoränensand ebenso die Notwendigkeit zur Bildung einer Form mit wachstumsfördernden Schichten. Diese Braunerde besitzt auf dem Grundmoränensand einen Körnungsanteil in der Fraktion unter 0,2 mm von bis zu 45 %. (IHU Stendal 2006, Lufa Halle 2006).
Flächenumfang: 167 ha.

Plaggenbeeinflusste Nedlitzer Sand-Braunerde (pNeS)

(eschartige Sand-Braunerde)

Östlich des Wein- und Rückenberges erstreckt sich weitflächig eine plaggenbeeinflusste Nedlitzer Sand-Braunerde (pNeS) in einer Kernzone, die von inselartigen Esch-Vorkommen (Zuschlägen von Humus) umgeben wird. Es handelt sich dabei um eine **menschlich bedingte deutliche, braunschwarze Humusanreicherung** im Oberbodenhorizont, die in ihrer Mächtigkeit von 10 cm bis zu 40 cm schwankt. Bislang hatte die Standortserkundung Zweifel am Vorkommen von Eschböden und ordnete derartige Böden in die Elderden ein (Schulze mdl.). Der Autor fand Eschböden aber auch im Revier Nedlitz und fügt eine Bodenbeschreibung durch Ganssen (1932) dem Ende dieses Kapitels an.

Nach der bodenkundlichen Klassifizierung müssen Plaggenesche einen Ah- + E-Horizont besitzen, der mächtiger als 40 cm sein soll. Da dies hier selten der Fall ist, handelt es sich um eschartige Sand-Braunerden. Es ist davon auszugehen, dass die hochmittelalterliche Esche im Verlaufe der Jahrhunderte ebenso wie die benachbarten Standorte oft bepflügt worden sind. Dabei wurden die Ah- Horizonte abgeflacht, jedoch blieb der darunter liegende Bv-Horizont geschützt. Geringmächtige Vorkommen im Nordwesten und Nordosten des Plaggeneschgebietes wurden auf der Standortskarte mit der Signatur [pNeS] gekennzeichnet.

Beschreibung

Die plaggenbeeinflusste Nedlitzer Sand-Braunerde besitzt einen homogenen humosen Oberboden, der meistens mächtiger als die gewöhnliche Pflugtiefe ist (ursprünglich 10 bis 12 cm). Im Unterboden besitzt sie noch Reste der normalen Horizontfolge, d. h. einen (Bv), der durch Humuseintrag deutlich braun eingefärbt ist. Die Geschiebesteinkette wird vom Esch nicht berührt, während der Bv- Horizont durch das „Einkuhlen" der Plaggen verändert wurde. Das „Einkuhlen" diente dem Schaffen einer Verbindung von Untergrund mit der Plaggenauflage. Das „Einkuhlen" brachte es mit sich, dass die Übergänge von Bv zu (Bv) undeutlich wurden. Die Reste der Horizontfolge und die NeS-Nachbarschaft lassen jedoch noch eine sichere Zuordnung zur Feinbodenform NeS zu. Der Bv besitzt **S**taubsand, **S**chluff, **T**on-Werte (**SST**) von ca. 12 bis 20 % (LUFA Halle 2001). Dabei beträgt der Schluff- und Tongehalt ca. 11 bis 18 %.

Der Ap-Horizont ist nachträglich in den Plaggenesch eingepflügt, der ursprünglich ebenso durch das Pflügen der Plaggen entstand. Dementsprechend wurde der unter dem Ap liegende Horizont mit Ap/Bv bezeichnet.

Probe Nr.	Journal Nr. *	Abt.	Kies	gS	mS	fS I	fS II	Z	T	SST		pH KCl
15	120156	1320a[1]	5,1	13,1	62,8	9,2	0,6	6,5	4,4	11,6	alS	4,0
16	120157	1331a[3]	10,7	9,4	53,9	16,0	2,9	10,1	4,7	17,7	alS	3,9
17	120158	1329a[1]	12,2	21,5	44,9	5,5	1,1	11,7	6,8	19,6	alS	3,9
20	146233	1350a[1]										

Probe Nr.	Journal Nr. *	Abt.	S-Wert	H-Wert	T-Wert	V-Wert	C_t	Humus %	N_t	N_t % von C_t	C/N	Nährkraft	P Ascorbin
15	120156	1320a[1]	1,0	19,6	20,6	4,85	2,08	3,6	0,093	4,47	22,4	m	3,27
16	120157	1331a[3]	0,8	16,6	17,4	4,60	1,75	3,0	0,081	4,63	21,6	m	1,37
17	120158	1329a[1]	1,4	19,4	20,8	6,73	2,54	4,3	0,131	5,16	19,4	m	1,57
20	146233	1350a[1]	5,4	59					0,46			m	4

* Journal LUFA

Bodenprofil

Tiefe cm	Horizont	Körnung	organische Substanz		Farbe
0 - 27	Ap	almS	mäßig humos	2,5 – 5 %	grau
- 35	Ap/Bv	almS	mäßig humos	2,5 – 5 %	dunkelbraun
- 47	(Bv)	mS	schwach humos	1 – 5 %	braun
- 110	C	mS	sehr schwach humos	< 1 %	gelb

Tabelle 7: *Bodenanalyse des Verbraunungshorizontes (Bv) für pNeS im Rev. Bärenthoren (LUFA 2003)*

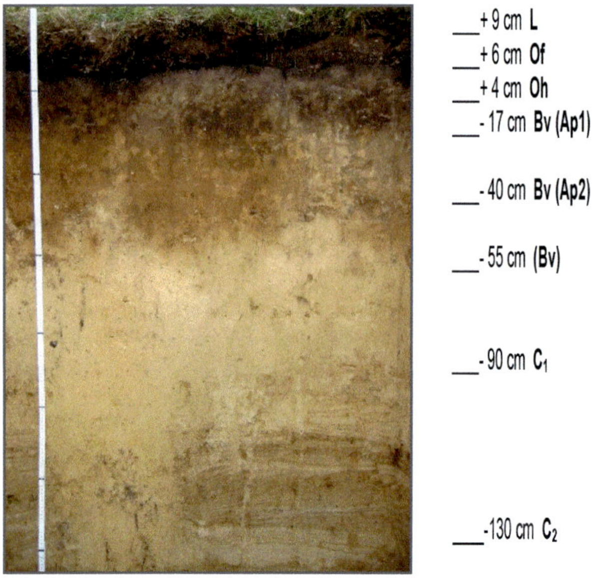

Abb. 33: *plaggenbeeinflusste Nedlitzer Sand-Braunerde (pNeS), Rev. Bärenthoren, Abt. $1331a^{3}$. Der dunkle, humose Horizont ist 38 cm mächtig, stark durchwurzelt und hebt sich mit seiner relativ lockeren physikalischen Bodengare von den darunter liegenden Horizonten ab.*
Foto: O. Greger

Chemische und physikalische Eigenschaften

Die Plaggenesch-Böden sind verhältnismäßig sauer; das gilt besonders für die Braunen Plaggen-Esche (pH KCl 4b bis 5), weil die Plaggen dem Umland mit sauren Braunerden entstammen. Die Basensättigung ist sehr gering. Je dunkler der Esch, desto humusreicher ist er. Die Braunen Plaggenesche sind humusärmer als die grauen, weil das Ausgangsmaterial humusarme, saure Braunerden waren. Ebenso ist der Stickstoffgehalt mit der Beschaffenheit des Ursprungsmaterials gekoppelt. Das C/N-Verhältnis ist bei den Braunen Plaggeneschen enger als bei der NeS, d. h., desto mehr Stickstoff ist im Verhältnis zum Kohlenstoff vorhanden. Besonders kennzeichnend für einen Esch ist der hohe Gehalt an Gesamtphosphor, der vom Schafkot und -harn herrührt. Die physikalischen Eigenschaften der Esche sind günstig – sie haben viel pflanzenverfügbares Wasser und besitzen ein gutes Porenvolumen. Dadurch besitzt der Boden einen geringen Eindringwiderstand, ist gut durchwurzelt, ist lockerer als normale Braunerden und lässt sich gut bearbeiten.

In den Revieren Bärenthoren (Grimme und Golmenglin inselartig) und Nedlitz liegen die Plaggenesche in wechselnder und relativ geringer Mächtigkeit (10 bis 40 cm) vor, währenddessen sie in Nordwesteuropa Mächtigkeiten bis zu 100 cm erreichen. Deshalb wird die plaggenbeeinflusste Bodenform noch an die Nedlitzer Sand-Braunerde mit der Nährkraftstufe „Mittel" angeschlossen (ca. **FBZ 40**) und erhält das Symbol **pNeS**..

Klassifizierung

Nach der Entnahmestelle werden Braune und Graue Plaggen-Esche unterschieden. Die Braunen entstammen grasreichen Braunerde-Standorten, wie sie in Bärenthoren gegeben sind, während die Grauen von Podsol-Standorten der Heide kommen (Nordwestdeutschland).

Die Braunen Plaggenesche des Reviers Bärenthoren werden **als plaggenbeeinflusste Nedlitzer Sand-Braunerde (p NeS)** bezeichnet (Schulze, Sea 95), sind hinsichtlich der Nährkraft besser zu beurteilen als die unbeeinflusste NeS und deshalb **in den mittleren Bereich der Nährkraftstufe M (M3)** einzugliedern. Zum Beispiel erreicht auf diesem Standort in der Abteilung 1341a2 die 128 jährige Kiefer mit einer Mittelhöhe von 24 m die 2,5. Ertragsklasse (Specht 2006).

Durch den höheren Humusgehalt im deutlich mächtigeren A-Horizont verbessert sich des Weiteren die nutzbare Wasserspeicherkapazität und Bodengare. Bei einem Humusgehalt von > 2,5 .bis 5 % erhält die Lage 2 einen Zuschlag von 7 mm/dm, bei > 5 bis 10 % Humus von 13 mm. Daraus ergibt sich gegenüber NeS eine Erhöhung um 28 mm bzw. um 52 mm nutzbare Wasserspeicherkapazität.

Kartierte Fläche: 398ha

pNeS	Lage	Mächtigkeit [dm]	Körnungsvariante innerhalb der Feinbodenform mit einer nutzbaren Wasserspeicherkapazität (5-10 % Humus) niedrig		mittel		hoch	
	1	0,5	H	30	H	30	H	30
	2	4,0	almS	100	almfS	104	alfS	112
	3	7,5	mS	64	mfS	79	fS	98
	4	4,0	mS	34	mfS	42	stbS	76
Summe		16		**228**		**255**		**316**
Entwässerung			schnell		schnell		schnell	
Substratfeuchte			speichertrocken		speichertrocken		mäßig speicherfrisch	

Historische Kartierung

GANSSEN (1932) (unter Beratung durch WIEDEMANN) fand im Revier Nedlitz, das durch den Autor aus Mangel an technischer Unterstützung nur wenig bearbeitet werden konnte, Eschböden, wie sie nachfolgend zitiert werden: „Folgende Eigentümlichkeit des Bodens scheint noch sehr bemerkenswert. Die Oberkrume ist in manchen Teilen des untersuchten Gebietes von einem ungewöhnlichen Humusreichtum, so daß sie einen schwarzen oder schwarzbräunlichen Ton angenommen hat. Die Mächtigkeit der humifizierten Schicht ist weit größer als sonst in Sandböden von ähnlichem Aufbau und erreicht in einigen Fällen 50 cm.

Die schwarze sehr humose Färbung der Oberkrume tritt vielfach gerade an solchen Stellen auf, wo eine reichliche Naturverjüngung der Kiefer unter ihrem eigenen Schirm stattfindet, z.B. in dem berühmten Privatwaldrevier Bärenthoren des Kammerherren v. KALITSCH und tlw. in den angrenzenden Staatsoberförstereien Nedlitz und Serno. Profil 23 stellt einen Boden mit starker Humusanhäufung und schwarzerdeähnlichem Aussehen dar; Fundort mit großer Neigung zur Naturverjüngung ist der Jagen 195 der Oberförsterei Nedlitz. Viele Profile ganz ähnlichen Baues wurden hier und auch im Jagen 14 der gleichen Oberförsterei erbohrt.

Profil 23:

Oberförsterei Nedlitz. Jagen 195, Sanderfläche, Ki-Baumholz, Bonität etwa 2,0, Hypnum-Typ, wahrscheinlich brauner Waldboden:

A_0 starker Auflagehumus, meist vergrast,

A 10 cm schwarzer, sehr stark humoser Sand mit vielen Graswürzelchen und Abfallresten, 10 cm schwarzbrauner, stark humoser Sand ohne Bleichung, gut durchwurzelt.

B 40cm rostbrauner, z.T. humusfleckiger, grober Sand mit Kies und Steinen, dessen obere Partien dunkler und dessen untere heller, mit Übergang zum unverwitterten Sand, gefärbt sind,

C heller grober Sand und Kies mit zahlreichen Geschieben, bis 4 m Tiefe verfolgt. (Abschluss GANZEN 1932)"

Tiefgepflügte Sand-Braunerde (tpNeS)

Sofern es sich allein um das Pflügen der obersten 20 cm handelt, sind die Waldwachstumsbedingungen nicht bedeutend betroffen. Ein diesbezüglicher Einfluss besteht nur, wenn das ständige Pflügen Winderosionen einleitete. Von tiefgepflügten Standorten wird nach der Systematik gesprochen, wenn der Pflughorizont über 40 cm stark ist. Im ehemaligen Gutsbezirk Rottenau kommen großflächig offenbar mit dem Dampfpflug bearbeitete Nedlitzer Sand-Braunerden vor. Hier geht der Pflughorizont 35 bis 45 cm tief. Dennoch wurden sie als tiefgepflügte Braunerden kartiert **(tpNeS)**.

In den fünfziger Jahren des 20. Jh. wurden die Abteilungen 1310 bis 1312 und 1319 bis 1322 des Reviers Bärenthoren teilweise oder ganz vollumgebrochen (Abt. 1321). Dabei wurde die normale Horizontfolge vollständig zerstört und der Oberboden mit dem Humusstoffhorizont und dem Verbraunungshorizont in unterschiedliche Tiefen gestülpt. Obwohl mit der Zerstörung der Horizontfolge eine Verschlechterung in den oberen Bodenschichten einherging, werden diese Böden weiterhin der sauren Braunerde zugeordnet und als **tiefgepflügte Nedlitzer Sand-Braunerde (tpNeS)** bezeichnet. Die Verschlechterung im Oberboden betrifft die Humusform und den Verlust des anlehmigen Verbraunungshorizontes und bewirkt eine Einordnung in den **alleruntersten Bereich der mittleren Trophiegruppe (M^5)**. Die Zuordnung zur Feinbodenform NeS ist insofern gerechtfertigt, weil die Bodenbestandteile noch dem Wurzelbereich zugänglich geblieben sind. Kartiert wurden 30 ha.

Nedlitzer Sand-Braunerde mit Ackerhochbeeten (bNeS)

Umgeformtes Horizontprofil

Im Fläminggebiet wurden große Teile der Waldflächen in der Zeit, in der sie als Ackerflächen genutzt wurden, mit dem Beetpflug der Dreifelderwirtschaft beackert. Er hinterließ bei seiner Arbeitsweise gewölbte Pflugbeete, so genannte Ackerhochbeete, Wölbäcker oder Bifänge.

Sie entstanden durch das Pflügen der Scholle jeweils zur Mitte beim Hoch- und Herunterpflügen des Ackerschlages. Schauér (1957) ermittelte archivalisch für das Land Brandenburg, dass ab 1780 durch einen Wechsel von Rodung und Aufforstung nur noch 53 % der heutigen Wälder auf unberührtem altem Waldboden stocken. Richter (1957) stellte fest, dass bereits 1780 nur rund 2/3 der jetzigen Waldfläche mit Wald bestockt waren. Die Standorts- und Bodenkunde kann über diese Archivkenntnis hinaus weitere ehemalige Ackernutzung nachweisen. Diesbezüglich wurde in der DDR eine Standortserkundung entwickelt, die mit der „Geschichtlichen Methode in der Forstwirtschaft" von Martin (1932) die Erforschung des Standortsfaktors Mensch an den Beginn ihrer Untersuchungen stellt (z. B. Pries 1982, Schulze 2001)..

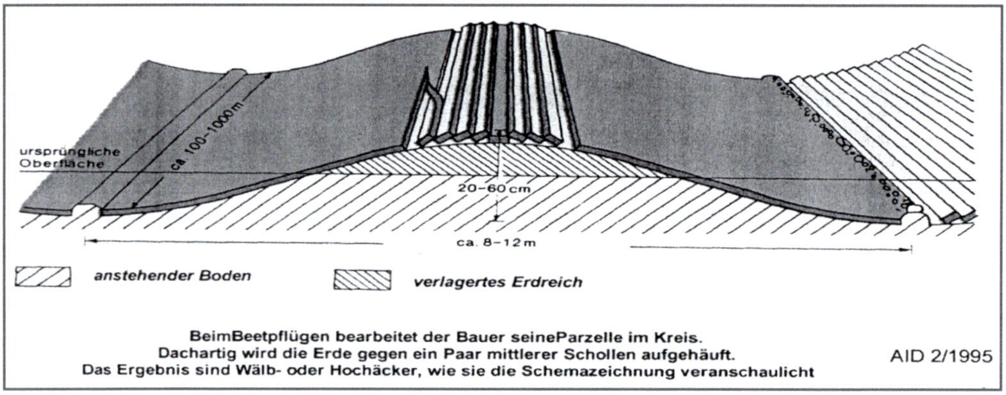

Abb. 34: *Schema eines Ackerhochbeetes*

Die Darstellung zeigt, wie tief der Beetpflug im Verlaufe der Zeit in der Beetmulde deutlich in den anstehenden Boden eingreift. Dadurch wird die Bodenhorizontierung so stark gestört (destrukturiert), so dass sogar die Steinsohle des Bodenuntergrundes aus 40 – 60 cm hochgepflügt wird (in der rechten Beetmulde der Abbildung 34 dargestellt).

Die Ackerhochbeete lassen sich erkennen, sofern sie nicht vor der Wiederaufforstung eingeebnet wurden. Letzteres geschah sehr häufig und verdeckt damit die Tatsache, dass die überwiegende Mehrheit der Ackerflächen mit dieser tiefgreifenden, den Standort stark verändernden Pflugtechnik bearbeitet wurde. Die eben gepflügten Ackerhochbeete lassen sich an einem oftmals 30 bis 40 cm dunkelgrauen Ackerhorizont ohne Horizontdifferenzierung erkennen.

Abb. 35: *Beweidete Ackerhochbeete bei Cold Newton in Leicestreshire (England) (WIKIPEDIA 2014)*

des Versuchsgebietes von SPECHT (2006): *„AhAe- Bs-C bzw. AhAe-C. Durch den Abtrag bildete sich der Medewitzer Sand-Rumpfrostpodsol (MwS). Die Lokalbodenformen BrS und MwS gehören der Trophiestufe A2,4 an. Die Nährkraft des MwS ist mit vier Abstrichen der Nährkraftfünftelstufen um zwei Stufen geringer eingeteilt als der BrS. Durch die menschlich verursachte Erosion haben sich die Horizontfolge und zugleich auch die Trophie verändert. Die Trophie verringerte sich in Richtung Dystrophie, je stärker der Humus abgeschwemmt wurde. Der stark erodierte Standort der Versuchsfläche ist somit ideal für die Pionierbaumart Kiefer geworden".*

Sand-Humusrostpodsol

	O		O	
mS	AhEs	δ	AhEs	δ
bis 160 cm Tiefe;	Es	↓	Es ↓	↓
	Bsh		Bh	
bis mindestens 20 cm Tiefe karbonatfrei, $CaCO_3$ bis 30 % i. d. R. erst in 80 cm Tiefe oder darunter einsetzend oder fehlend	Bv		↓	
	[(Bv)]	[ε]	Bs ↓	[ε]
		ζ		ζ
	C	η	C	η

Humus	O-Horizont	≤ 1 200 dt/ha
	Bi-Horizont	bis 10 cm unterhalb Bi-Obergrenze > 300 dt/ha (> 3 %)
	Solum	1600 … 3000 dt/ha
Eisen	Bi stark angereichert, > 100 dt/ha bis 80 cm Tiefe	
bis mindestens 60 cm frei oder fast frei von Grundwasserspuren primär natürliche Grundwasserform (in ebener Lage)	56, 57, 67 oder 7	

\+ 3 cm **L**
\+ 1 cm **Ofh**
\- 12 cm **AhAe**
\- 18 cm **Bs**
\> 18 cm **C**

Abb. 40:
Medewitzer Sand-Rumpfrostpodsol (MwS), Abteilung 1296 a2, Revier Golmenglin, (SPECHT 2006)

Sand-Rumpfrostpodsol

	O		O		O	
mS bis 160 cm Tiefe; bis mindestens 20 cm Tiefe karbonatfrei, $CaCO_3$ bis 30 % i. d. R. erst in 80 cm Tiefe oder darunter einsetzend oder fehlend	Ah (Bsh) Bsh Bv [(Bv)] C	δ ↓ [ε] ζ η	[AhEs] ↓ Bh ↓ Bs ↓ C	δ ↓ [ε] ζ η	Ah (Bs) ↓ Bs ↓ [Bv] ↓ [(Bv)] ↓ C	δ ↓ [ε] ζ η
Humus	O-Horizont	< 1 200 dt/ha				
	Bi-Horizont	bis 10 cm unterhalb Bi-Obergrenze 100 ... 300 dt/ha (< 1 %)				
	Solum	800 bis 1800 dt/ha				
Eisen	Bi stark angereichert, > 100 dt/ha bis 80 cm Tiefe					
bis mindestens 60 cm frei oder fast frei von Grundwasserspuren	keine					
primär natürliche Grundwasserform (in ebener Lage)	56, 57, 67 oder 7					
primär natürliche Grundwasserform (nur bei .../S)	7					

Reudener Sand-Rumpfrostpodsol (RuS)

Diese Feinbodenform geht als Erosionsprodukt aus dem Brunkauer Sand-Humusrostpodsol hervor. Sie kommt immer dort vor, wo die Erosion auf Hangterrassen oder Mulden und Ebenen nur geringmächtig war. Deshalb beträgt die Tiefe der Bsh-Obergrenze mehr als 20 cm. Der humusreiche Horizont ist ein guter Wasserspeicher, so dass die Feinbodenform der Mitte der armen Trophie (A_3) zugeordnet werden kann.
Auf Hangterrassen, auf denen gut geackert werden konnte, bildet der RuS einen dunklen, mächtigen Ackerhorizont im Bsh, denn vom erodierten Auswaschungshorizont ist wenig zu sehen. Er ist entweder abgespült oder in den Ah (Bsh) eingepflügt worden. In der Profilleiste oben sind drei verschieden starke Ausprägungen der Horizonte eingezeichnet. Die Feinbodenform kommt im Gorrenberger Komplexstandort mit 21 ha vor, darüber hinaus auf einer Fläche von 40 ha.

Medewitzer Sand-Rumpfrostpodsol (MwS)

Die Feinbodenform ist das Erosionsprodukt des Brunkauer Sand-Humusrostpodsols an Hängen. Die Tiefe der Bi-Obergrenze liegt oberhalb von 20 cm. Sie kann daher nur dem unteren Bereich der Nährkraftstufe Arm (A4) zugeordnet werden. Die Horizontfolge zeichnet sich in Folge der starken Erosion oft durch das Fehlen des Es-Horizontes aus. Die Feinbodenform ist mit 26 ha vertreten.
Sand-Rumpfrostpodsol

2.1.5.1.3 Bändersand

0 cm
40 cm
80 cm
120 cm
160 cm

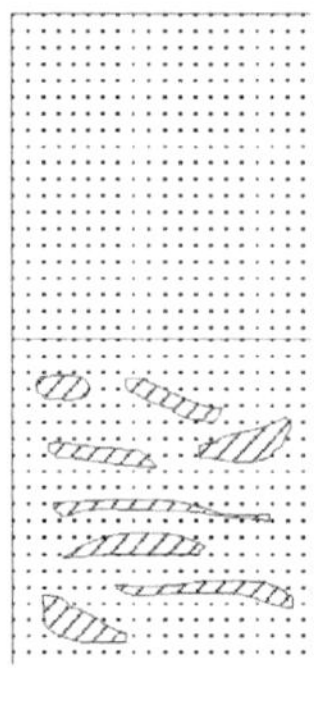

Mittelkörniger Sand von 0 bis 160 cm Tiefe, jedoch außerdem im Bereich von Unterkante Bv-Horizont bis 160 cm Tiefe mit mindestens 10 % -igem Anteil von Bändern und/oder Linsen aus lehmigem Sand, sandigem Lehm oder Lehm; mindestens bis 20 cm Tiefe karbonatfrei, $CaCO_3$ bis höchstens 30 % durchweg erst unterhalb 60 cm oder noch tiefer einsetzend oder ganz fehlend.
Unterhalb von 80 cm Tiefe können Lehme oder andere bindige Substrate einsetzen (z. B. lehmunterlagert bzw. tief lehmunterlagert).

Bändersand-Braunerde

mS bis 160 cm Tiefe mit mindestens 10 %igem Anteil von Bändern und/oder Linsen aus lehmigem Sand oder schwerer; bis mindestens 20 cm Tiefe karbonatfrei, $CaCO_3$ bis 30 % durchweg erst ab Eta-Zone oder tiefer einsetzend oder fehlend	AhBv Bv [(Bv)] Bb ⇔ C C Ca C]	δ [ε] ζ η	AhBv Bv [(Bv)] Bb ⇔ C C	δ ε ζ η
Die durch Bb ⇔ C symbolisierten Bänder setzen erst unterhalb der Delta-Zone ein und beschränken sich in der Eta-Zone wahrscheinlich auf den oberen noch kryogen beeinflussten Teil				
bis mindestens 60 cm frei oder fast frei von Grundwasserspuren primär natürliche Grundwasserform (in ebener Lage) = 56, 57, 67 oder 7				

Dobritzer Bändersand-Braunerde (DoS)

Die Dobritzer Bändersand-Braunerde findet sich vor allem auf den Hochflächensanden und dort besonders im Revier Dobritz. Sie ist im Altrevier Golmenglin nicht, wie dort in den 1980er Jahren kartiert, flächendeckend vorhanden, sondern kommt dort unter Lößsandeinfluss als Bänderstaubsand-Braunerde (FrS) im Wechsel mit anderen Braunerden vor (NeS, NeS/L, NeS/l, ZaS). Sie findet sich aber auch vor dem Hangfuß der Moränen und im Kontakt mit ihnen. Dabei variiert sie ihre Ausbildung je nach Mosaikbereich.

Im nördlichen Arm des Mosaikbereichs, der eine Abflussrinne des Schmelzwassers unterhalb des Westhanges der Gorrenberge darstellt, kommt die DoS im Wechsel mit mesotrophen Bänder- und Staubsanden, Lehmunterlagerungen und kräftigen Tieflehmfahlerden vor. Die Kartierung der 1980er Jahre hat sie fälschlicherweise großflächig auch auf der welligen Schüssel der Golmengliner welligen Oberplatte ausgeschieden. Hier handelt es sich aber nicht um Braunerden mit Lehmbändern oder -nestern, sondern um stauende Festsande, deren grau- und rostfarben marmorierte Stauwassersohle Lehmbändern ähnelt.

Eine echte Bändersand-Braunerde muss bis in die Tiefe von 160 cm mindestens einen Anteil von 10 % an Lehmbändern und/oder Linsen aus lehmigem Sand oder Lehm besitzen. Die Bänder setzen erst unter der Verbraunungszone ein und sind kalkfrei. Die Horizontfolge gleicht der Nedlitzer Sand-Braunerde, jedoch unter der Steinsohle setzt, anders als bei der reinen Sand-Braunerde, eine Lehm-Bänderzone ein, die sich auf den kryogen beeinflussten Teil des Bodenprofils beschränkt.

Die Nährkraftstufe der DoS rangiert im oberen mesotrophen Bereich – M2 und besitzt die **FBZ 40.** Kartiert wurden 192 ha.

Die nutzbare Wasserkapazität beträgt:

	Lage	Körnungsvariante innerhalb der Feinbodenform mit einer nutzbaren Wasserspeicherkapazität								
		niedrig			mittel			hoch		
		dm			dm			dm		
	1	0,5	H	30	0,5	H	30	0,5	H	30
	2	4	almS	48	4	almfS	52	4	alfS	60
	3	9	mS	77	7,5	mfS	79	6	fS	78
	4	0,9	mS	7	1,5	mfS	16	2,5	fS	33
	5	1,6	L	28	2,5	sL	45	3	lS	57
Summe		16		**190**	**16**		**222**	**16**		**258**
Entwässerung		mittel			mittel			mittel		
Substratfeuchte		mäßig speichertrocken			mäßig speicherfrisch			speicherfrisch		

Lehmunterlagerte Dobritzer Bändersand-Braunerde (DoS/L)

Sie kommt im Kontaktbereich zur Tieflehmfahlerde in der Schmelzwasserrinne vor der Stauchendmoräne vor. Dort (z. B. Golmitz Abt. 1223 und Golmenglin Abt. 1152a^{2}) findet sich ein Wechsel zwischen Lehmunterlagerung, Bändersanden und Tieflehmfahlerde. In der Nachbarschaft lassen sich auch Staubsande und Tieflehmunterlagerungen finden. Die lehmunterlagerte Bändersand-Braunerde (DoS/L) besitzt noch einen Verbraunungshorizont ohne Verfahlungserscheinungen, aber ihre Lehmbänder werden zunehmend kompakt, so dass sie oberhalb von 80 cm der über 40 cm mächtigen Lehmbank der Tieflehm-Fahlerde ähneln.

Diese Annäherung an die Lindauer Tieflehm-Fahlerde (LdtL mit der Fruchtbarkeitsziffer 48) führt zu einer gehobenen FRZ von **46**.

Die lehmunterlagerte Dobritzer Bändersand-Braunerde kommt auf 4 ha vor.

Abb. 41:
Übergangsbereich zwischen DoS/L, LdtL und NeS/L im Kontaktbereich zur hohen Stauchendmoräne, Bodengrube Nr. 337, Altrevier Golmenglin, Abt. 1152a^{2}.
Diese Übergänge kommen im Vergleich zur reinen Bodenform häufig vor. Foto: O. Greger

Bändersand-Rumpfrosterde

mS			bei stärkerer Kappung	
bis 160 cm Tiefe mit mindestens 10 %- igem Anteil von Bändern und/oder Linsen aus lehmigem Sand oder schwerer; bis mindestens 20 cm Tiefe karbonatfrei, $CaCO_3$ bis 30 % durchweg erst ab Eta-Zone oder tiefer einsetzend oder fehlend	Ah (Bv) [(Bv)] Bb ⇔ C C [Ca] C	ε ζ η	Ah (Bv) Bb ⇔ C C [Ca] C	ε ζ η
In der Epsilon-Zone ist der mittelkörnige Sand vermischt mit Substrat aus dem gekappten ehemals den Braunerden gleichendem oberen Profilteil. Die durch Bb ⇔ C symbolisierten Bänder setzen erst unterhalb der Epsilon-Zone ein und beschränken sich in der Eta-Zone wahrscheinlich auf den oberen noch kryogen beeinflussten Teil.				
bis mindestens 60 cm frei oder fast frei von Grundwasserspuren primär natürliche Grundwasserform (in ebener Lage) = 56, 57, 67 oder 7				

Ludwigsauer Bändersand-Rumpfrosterde (LuS)

Bei der Erosion der Dobritzer Bändersand-Braunerde (DoS) im oberen mesotrophen Bereich entstand die Ludwigsauer Bändersand-Rumpfrosterde im untersten mesotrophen Bereich (**M5**). Sie findet sich im Südosten des Alt-Reviers Bärenthoren zum Alt-Revier Krakau. Dort läuft die Vorstaffel aus, die im Alt-Revier Bärenthoren den Mosaikbereich der Bärenthorener Oberplatte bildet. Im Gesamtbereich der Vorstaffel befinden sich besonders im westlich vorgelagerten Teil Bändersande und Lehmunterlagerungen.

Die Horizontfolge der LuS unterscheidet sich von der Dobritzer Bändersand-Braunerde nur insofern, dass der Verbraunungshorizont sehr weitgehend erodiert ist und der Übergangshorizont (Bv) zum unverwitterten, unverbraunten Material (C) mit seiner Geschiebekette dadurch weit an die Bodenoberfläche rückte. Bis 160 cm Tiefe besitzt die LuS ebenso wie die Dobritzer Bändersand-Braunerde einen 10 %-igen Anteil von Bändern und/oder Linsen aus lehmigem Sand oder noch feinkörnigerem Material. Die nutzbare Wasserkapazität beträgt:

Lage	Körnungsvariante innerhalb der Feinbodenform Mit einer nutzbaren Wasserspeicherkapazität								
	Niedrig			mittel			hoch		
	Dm			dm			dm		
1	0,5	H	30	0,5	H	30	0,5	H	30
2	4	mS	34	4	mfS	42	4	fS	52
3	9,9	mS	84	9	mfS	95	8,5	fS	111
4	1,6	L	28	2,5	sL	45	3	lS	57
Summe	16		**176**	**16**		**212**	**16**		**250**
Entwässerung	Mittel			Mittel			mittel		
Substratfeuchte	Mäßig speichertrocken			Mäßig speicherfrisch			speicherfrisch		

Die Planimetrierung hat im Untersuchungsgebiet keine Fläche erfasst.

2.1.5.1.4 Bänderstaubsand

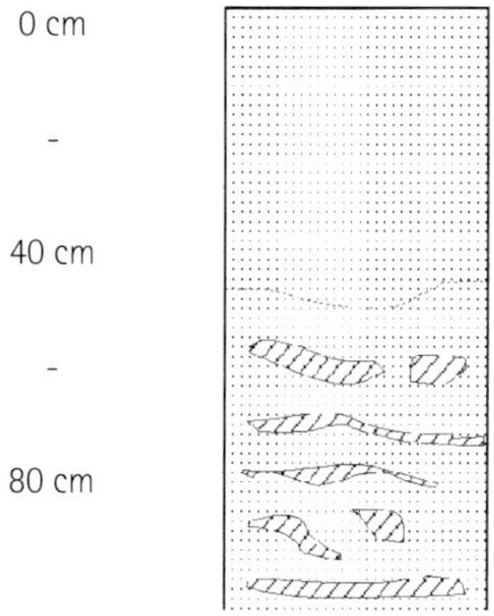

Staubsand mit einem Anteil von mindestens 50 % von 0 bis 160 cm Tiefe, der Rest ist feinkörnig; Staubsand fühlt sich weich und mehlig an und bildet im erdtrockenen Zustand in den Wind geworfen eine deutliche Fahne; teils ohne, teils mit mindestens 10 % Bändern und/oder Linsen aus lS und schwerer; mindestens bis 20 cm Tiefe karbonatfrei, $CaCO_3$ bis höchstens 30 % durchweg erst unterhalb 60 cm oder noch tiefer einsetzend oder ganz fehlend.
Unterhalb von 80 cm Tiefe können Lehme oder andere bindige Substrate einsetzen (z. B. lehmunterlagert bzw. tief lehmunterlagert).

Bänderstaubsand-Braunerde

StbS mit einem Anteil von mindestens 50 % bis 160 cm Tiefe, der Rest ist feinkörnig; stets mit mindestens 10 %- igem Anteil von Bändern und/oder Linsen aus lehmigem Sand und schwerer; bis mindestens 20 cm Tiefe karbonatfrei, $CaCO_3$ bis 30 % durchweg erst ab Eta-Zone oder tiefer einsetzend oder fehlend	AhBv Bv [(Bv)] Bb ⇔ C C Ca C	δ [ε] ζ η	AhBv Bv [(Bv)] Bb ⇔ C C	δ ε ζ η
Die durch Bb ⇔ C symbolisierten Bänder setzen erst unterhalb der Delta-Zone ein und beschränken sich in der Eta-Zone wahrscheinlich auf den oberen noch kryogen beeinflussten Teil				
bis mindestens 60 cm frei oder fast frei von Grundwasserspuren primär natürliche Grundwasserform (in ebener Lage) = 56, 57, 67 oder 7				

Staubsand-Braunerde (Sammelform)
Diese Feinbodenform ist ausgeschieden worden, als es noch nicht die Trennung zwischen Staubsand-Braunerde und Bänderstaubsand-Braunerde gegeben hat. Sie kann sowohl als Feinbodenform mit lehmigen Bändern als auch eine solche ohne lehmige Bänder vorkommen. Sie wurde deshalb als Sammelform geführt.
Die **Hagendorfer Staubsand-Braunerde (HgS)** der Altkartierung und Umstufung gehört in diese Hauptbodenform. Sie gehört zu den frühen Bodenformen, die sämtliche im Raum Nedlitz getauft worden sind und sieht nicht das Vorkommen des Staubsandes vor. Die Wiederholungskartierung verwendet die HgS nicht mehr, sondern ordnet die jeweils vorkommenden Bändersande in die Feinbodenformen DoS und FrS ein.

Freilebener Bänderstaubsand-Braunerde (FrS)
Die Freilebener Bänderstaubsand-Braunerde kommt unter Lößsandeinfluss und im Kontaktbereich zu den Bändersanden und Lehmunterlagerungen im Bereich der Schmelzwasserrinne des Alt-Revier Golmitz vor. Zwischen den dort vorkommenden Feinbodenformen finden sich alle Übergänge.
In diesem Milieu besitzt die FrS eine Nährkraftstufe im obersten Mittelbereich M1, **FBZ 43**. Das Horizontprofil ist wie dasjenige der Dobritzer Bändersand-Braunerde aufgebaut, jedoch das Substrat ist wesentlich feinkörniger. Bis in 160 cm Tiefe beträgt der Staubsandanteil des Profils mindestens 50 % und ist stets mit mindestens 10 % Bändern oder Linsen aus lehmigem Sand oder Lehm durchsetzt. Die Bänder setzen erst unter der Geschiebesohle ein.
Der Verbraunungshorizont ist kräftiger und farbintensiver als derjenige der Nedlitzer Sand- Braunerde ausgebildet, denn er setzt sich aus anlehmigen bis lehmigen Sand zusammen.
Kartierte Fläche: 22 ha.

2.1.5.1.5 Grand

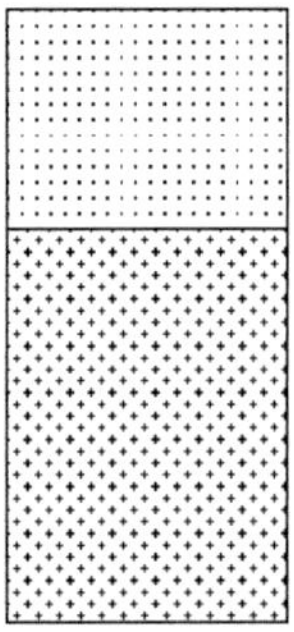

Grobsand mit mindestens 50 %-igem Anteil bezogen auf den Bereich Bv-Unterkante bis 160 cm Tiefe, der Rest ist mittelkörnig; mindestens bis 20 cm Tiefe karbonatfrei, $CaCO_3$ bis höchstens 30 % durchweg erst unterhalb 60 cm oder noch tiefer einsetzend oder ganz fehlend.

,Unterhalb von 80 cm Tiefe können Lehme oder andere bindige Substrate einsetzen (z.B. lehmunterlagert bzw. tief lehmunterlagert).

Grand-Braunerde

mit mindestens 50 %- igem Anteil, bezogen auf Delta-Unterkante bis 160 cm Tiefe, der Rest ist mittelkörnig; bis mindestens 20 cm Tiefe karbonatfrei, $CaCO_3$ bis 30 % durchweg erst ab Eta-Zone oder tiefer einsetzend oder fehlend	AhBv Bv [(Bv)] C Ca C	δ [ε] ζ η	AhBv Bv [(Bv)] C	δ [ε] ζ η
bis mindestens 60 cm frei oder fast frei von Grundwasserspuren primär natürliche Grundwasserform (in ebener Lage) = 56, 57, 67 oder 7				

Bräunigker Grand-Braunerde tief lehmunterlagert (BkS/l)
Gröberer Sand heißt niederdeutsch Grand. Diese Grobsand-Braunerde kommt im südlichen Auslaufbereich der Vorstaffel unterhalb einer isolierten Kuppe (Dachsbau) vor. Infolge der einseitigen Korngrößenzusammensetzung von mindestens 50 % Grobsand und Mittelsand als Rest, hat sie einen sehr durchlässiges Solum mit einem ungünstigen Wasserhaushalt. Mit einem anlehmigen Verbraunungshorizont gehört die BkS noch in den untersten Bereich der Nährkraftstufe M (**M5**).
Die Tieflehmunterlagerung gehört zu den auslaufenden Lehmunterlagerungen aus dem Vorraum der Vorstaffel. Offenbar verbessern die Tieflehmunterlagerungen den Standort soweit, dass ein isoliertes Rotbuchenvorkommen existieren kann. In der Planimetrierung erscheint keine Fläche.

2.1.5.1.6 Sandskelett

0 cm
-
Sand

40 cm
-
Skelett

80 cm
-

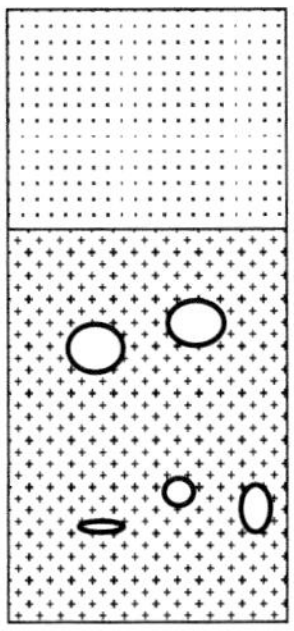

Das Profil besteht im oberen Teil aus einem sandigen Substrat, im unteren Teil beträgt der Skelettanteil über 50 bis höchstens 75 %, der Rest ist ein sandiges „Zwischenmittel"; der skeletthaltige Profilteil muss zwischen 0 und 160 cm Tiefe mindestens die Hälfte betragen.
Zumindest die oberen 20 cm sind karbonatfrei, i. d. R. setzt $CaCO_3$ mit über 1 bis 30 % erst tiefer ein oder fehlt ganz.

Unterhalb von 80 cm Tiefe können Lehme oder andere bindige Substrate einsetzen (z. B. lehmunterlagert bzw. tief lehmunterlagert). Das gilt auch für alle folgenden Substratfolgetypen

Sandskelett-Rumpfrosterde

R	AhBv	ε	AhBv	ε
mit sandigem Zwischenmittel und einem Skelettanteil von > 50 bis 75 %; der Anteil der Skelettgruppe beträgt von 0 bis 160 cm Tiefe mindestens die Hälfte; bis mindestens 20 cm Tiefe karbonatfrei, $CaCO_3$ i.d.R. erst ab Eta-Zone oder darunter einsetzend oder fehlend	(Bv) C Ca C	ζ η	(Bv) C	ζ η
in der Epsilon-Zone ist Sandskelett vermischt mit Substrat aus dem gekappten ehemals den Braunerden gleichendem oberen Profilteil; Perstruktionszonen sind wegen des groben Substrates oft schwer erkennbar				
bis mindestens 60 cm frei oder fast frei von Grundwasserspuren primär natürliche Grundwasserform (in ebener Lage) = 56, 57, 67 oder 7				

Wadelsdorfer Sandskelett-Rumpfrosterde (WaR)
Diese skelettreiche Rumpfrosterde befindet sich auf der Kuppe des Weinberges und ist mit ihren Blockpackungen der Beweis dafür, dass es sich bei diesem Hügelzug nicht nur um Vorschüttsande (Teichmann 1954), sondern um eine echte Endmoränen-Vorstaffel handelt.
Die WaR besitzt einen Skelettanteil. Als Bodenskelett wird der Grobboden bezeichnet. Das sind Steine und Kiese, die über 2 mm Durchmesser besitzen, während die Feinerde einen Durchmesser von unter 2 mm besitzt.
Bei der Sandskelett-Rumpfrosterde ist ein Skelettanteil von 50 bis 75 % mit einem sandigen Zwischenmittel durchsetzt. Die WaR gehört in den untersten ziemlich armen Bereich Z5 und besitzt infolge des sehr durchlässigen

Solums einen ungünstigen Wasserhaushalt. Ihre ökologische Wertigkeit liegt damit noch unter derjenigen der Rüthnicker Sand-Rumpfrosterde.

Örtlich kommen in einer Tiefe zwischen 160 und 300 cm Lehmbänke von mindestens 40 cm Mächtigkeit vor. Bei der Kartierung wird diese Eigenschaft als **Wadelsdorfer Sandskelett-Rumpfrosterde, tief lehmunterlagert (WaR/l)** berücksichtigt.
Während die WaR im Flächennachweis mit 1 ha erscheint, ist die WaR/l ohne Fläche.

2.1.5.2 Anhydromorphe Tieflehme

2.1.5.2.1 Tieflehm

Sand

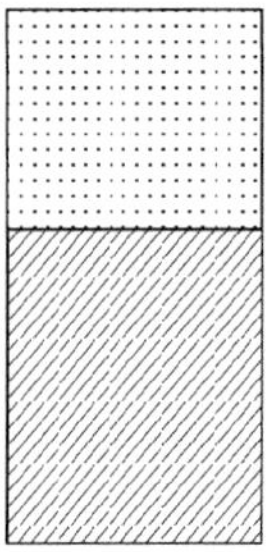

Lehm

Unter einer über 40 cm, aber höchstens 80 cm mächtigen **Sanddecke** folgen bindige Substrate in einer kompakten Schicht von mehr als 40 cm Mächtigkeit. Der Name des sandigen Substrates bleibt unerwähnt, z.B. Sand über Lehm = Tieflehm, Sand über Letten (das sind bindige Substrate, vielfach Schluff, mit > 1 bis 5 % kohlige Substanzen) = Tieflett. (Beispiel Tieflehm: linkes Profil).
In der Tiefenspanne > 80 ... 160 cm einsetzende Sandschichten von mindestens 80 cm Mächtigkeit werden besonders gekennzeichnet (rechtes Profil: sandunterlagert =.../S).

Sand

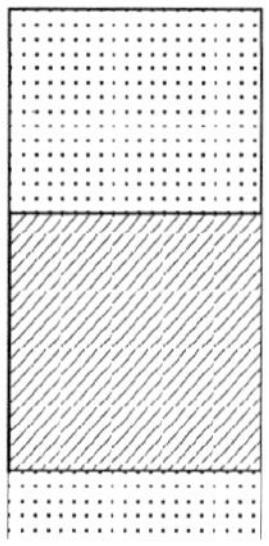

Lehm

Sand

Tieflehm-Fahlerde

S mindestens bis über 40 cm, höchstens aber bis 80 cm Tiefe reichend	AhBv Bv	δ
L oder **U** in einer über 40 cm mächtigen kompakten Schicht; bis mindestens 20 cm Tiefe karbonatfrei, gewöhnlich Kalziumkarbonat bis 30 % erst ab Eta-Zone oder tiefer einsetzend oder fehlend	Et Bt [ça] C	ε ζ η
saumartiger AhEs bei ungünstiger Vegetation		
bis zu mindestens 80 cm frei oder fast frei von Stauwasserspuren primär natürliche Stauwasserform (in ebener Lage) primär natürliche Grundwasserform (nur bei .../S)	= keine = 56, 57, 67 oder 7	

Lindauer Tieflehmfahlerde (LdtL)
Die Lindauer Tieflehmfahlerde besitzt einen anlehmigen bis lehmigen fahlgelben Verbraunungshorizont Bv, der mindestens 40 cm stark ist aber höchstens bis 80 cm reicht, denn spätestens ab 80 cm setzt die kompakte Lehm- oder Schluffschicht ein. Sie gilt als Tonanreicherungshorizont Bt aus dem über ihr liegenden aufgehellten, fahlgrauen Auswaschungshorizont Et. Die Verfahlung entsteht durch den Tonverlust. Im Grenzbereich sind beide Horizonte häufig ineinander verzahnt. Wie alle anderen Feinbodenformen des Wuchsbezirkes ist auch die LdtL kalkfrei. Innerhalb des Wuchsbezirkes ist die Lindauer Tieflehmfahlerde die Feinbodenform mit der höchsten Nährkraft (K2), **FBZ 48**.
Von der Tieflehm-Fahlerde gibt es verwandtschaftliche Übergänge zu den Staugleyen bei Zunahme der Verfestigung des Bt, zu den Bändersand-Braunerden bei geringer Tonverlagerung und diffusen Lehmunterlagerungen und sogar zur Podsolierung, wenn eine beträchtliche Versauerung eingesetzt hat.
Die kartierte Fläche beträgt 72 ha.

2.1.5.3 Semihydromorphe Mineralböden

Semihydromorphe Böden, auch als halbhydromorphe Böden bezeichnet, gleichen in ihrem oberen Profilteil den anhydromorphen Böden, haben aber oberhalb von 60 cm bzw. 80 cm bei Tieflehm und Tiefton, Grund- oder Stauwasserspuren. Zwischen dem Oberboden und dem Gleyhorizont liegt ein anhydromorpher Zwischenhorizont. Semihydromorphe Böden sind demnach Übergänge von den anhydromorphen Böden zu den vollhydromorphen.

2.1.5.3.1 Semihydromorphe Sandböden

Die vorkommenden Substratfolgetypen entsprechen den im Abschnitt 2.1.5.1 besprochenen anhydromorphen Sandböden. Aufgrund des Wassereinflusses tritt allerdings die Bedeutung des Substrates als wachstumsbeeinflussende Größe bereits zurück. Es werden daher in der Hauptformenebene die Substrattypen Sand, Bändersand, Staubsand, Bänderstaubsand, Grand und Bändergrand nicht getrennt. Die Trennung erfolgt erst in der Ebene der Feinbodenformen. Hier finden diese Unterschiede bei der Herleitung der Nährkraft jedoch Berücksichtigung. Berücksichtigt werden auch die **Nährstoffserien** (Gesamtgehalte an Kalium, Magnesium, Phosphor und Kalzium). **Kalziumkarbonat** ist wegen des hohen Grundwasserstandes im Allgemeinen kein eigenes Gliederungsmerkmal, es wirkt sich jedoch auf die Basensättigung und den pH-Wert aus und wird auf diesem Wege bei der Herleitung der Nährkraft berücksichtigt.
Alle semihydromorphen Sandböden können unterhalb 80 cm Tiefe von **bindigen Substraten unterlagert** sein. Sofern die Schichten nicht zu tief liegen und bei der Erkundung erreicht worden sind, werden sie in der üblichen Weise angegeben, z.B. .../lehmunterlagert = .../L.
Es folgt nun die Beschreibung der im Erkundungsgebiet vorkommenden Substratfolgetypen.

Sand-Gleybraunerde

S	AhBv	δ	AhBv	δ
bis 160 cm Tiefe;	Bv		Bv	
			BvG	
bis mindestens 20 cm Tiefe karbonatfrei,	Go	ε + ζ	Go	ε + ζ
$CaCO_3$ bis 30 % durchweg erst ab Eta-Zone oder tiefer einsetzend oder fehlend	Gr	η	Gr	η
zwischen A- und G-Horizont anhydromorpher Zwischenhorizont, Oxydationsflecke setzen ab 30 bis 60 cm Tiefe ein primär natürliche Grundwasserform (in ebener Lage) = 45 oder 46				

Die Nährkraft der Sand-Gleybraunerden wird in erster Linie durch deren Basensättigung, den pH-Wert sowie den Gehalt an organisch gebundenem Stickstoff (N % von C) bestimmt. Zur Bestimmung dieser Kenngrößen dient im Gelände der Zeigerwert der Bodenvegetation.

Kossiner Sand-Gleybraunerde (KsSB)

Mit lehmigem Sand in der Deckzone und Bändersand im darunter liegenden Profilteil hat diese Feinbodenform die Nährkraftstufe kräftig (**K5**). Sie nimmt eine Fläche von 10 ha ein.

Kollmer Sand-Gleybraunerde (KoSB)

Ganz ähnlich ausgestattet wie die vorige Feinbodenform, aber insgesamt etwas schwächer, wird die Kollmer Sand-Gleybraunerde in die Nährkraftstufe mäßig nährstoffhaltig (**M5**) eingereiht.
Die kartierte Fläche beträgt 4 ha.

Meinsdorfer Sand-Gleybraunerde (MdSB)

Auch die Meinsdorfer Sand-Gleybraunerde weist im Liegenden Bändersand auf, in der Deckzone jedoch anlehmigen Sand. Die Nährkraftstufe ist **M2**, mäßig nährstoffhaltig.
13 ha wurden kartiert.

Hüttermühler Sand-Gleybraunerde (HtSB)

Die Hüttermühler Sand-Gleybraunerde ist in der Deckzone anlehmig, darunter folgt reiner Sand. Sie erhält die Nährkraftstufe kräftig. Kartiert wurde die Feinbodenform auf 4 ha.

Henningsdorfer Sand-Gleybraunerde (HdSB)

Die Henningsdorfer Sand-Gleybraunerde ist ähnlich ausgestattet wie die vorherige Feinbodenform, jedoch in der Nährkraft etwas schwächer: Nährkraftstufe mäßig nährstoffhaltig (M2). Sie ist mit 24 ha vertreten.

Mullberger Sand-Gleybraunerde (MuSB)

Es ist die schwächste Sand-Gleybraunerde mit reinem Sand in der Deckzone. Nährkraftstufe ziemlich arm. Kartiert wurden 20 ha.

2.1.5.3.2 Semihydromorphe Lehmsande

Der Substrattyp Lehmsand (auch als Kittsand oder Festsand bezeichnet) ist in der Vergangenheit immer wieder einmal festgestellt, wegen seines geringflächigen Vorkommens aber ignoriert worden. Unter einer > 40 bis 80 cm Decke aus Sand bis anlehmigen Sand, seltener bis lehmigen Sand, folgt in einer > 40 cm mächtigen Schicht lehmiger Sand, der so stark verfestigt ist, dass Erdbohrer oder andere Geräte nur mit Mühe eindringen können. Solche Substratfolgen stellen gleichsam sandige Ausbildungsformen der Tieflehme dar.
Häufig wirken die verfestigten Substrate als Staukörper. In diesen Fällen sind die Lehmsande mit den Horizontfolgetypen Staugleyfahlerde oder Staugley...podsol verknüpft, bei fehlendem Stauwassereinfluss sind sie es mit dem Horizontfolgetyp Braunerde. Aber auch ärmere Sanddecken mit Podsolbildungen sind bekannt.
Die bisher bekannten Lehmsande sind an altpleistozäne Substrate gebunden. Lehmsande bilden somit ein Bindeglied zwischen den Substratfolgetypen mit Sand und denjenigen mit Tieflehm.

Lehmsand-Staugleyfahlerde

S mindestens bis über 40 cm, höchstens aber bis 80 cm Tiefe reichend	AhBv Bv	δ
lS In einer über 40 cm mächtigen kompakten, i. a. stark verfestigten Schicht; bis mindestens 20 cm Tiefe karbonatfrei, gewöhnlich $CaCO_3$ bis 30 % erst ab Eta-Zone oder tiefer einsetzend oder fehlend	[EtS] BtS [Ca] S [S]	ε ζ η
zwischen A- und S-Horizont anhydromorpher Zwischenhorizont, Stauwasserspuren setzen ab 30 bis 80 cm Tiefe ein, entweder ab Lehmsandschicht oder schon im unteren Teil der Sanddecke primär natürliche Stauwasserform (in ebener Lage) = 45, 46, oder 47 primär natürliche Grundwasserform (nur bei .../S) = 56		

Golmengliner Lehmsand (Festsand)-Staugleyfahlerde (GmSB)

Im Vorfeld der Stauchendmoräne des Hohen Flämings befinden sich auf der Grundmoräne des Mosaikbereiches 1602.14 Golmengliner wellige Oberplatte Standorte höherer Produktivkraft (M und K), die mit Traubeneichen-Buchen-Mischwäldern bedeckt sind. Sie besitzen im Hangenden eine Geschiebesanddeckschicht aus lehmigem Sand mit einer Fahlerde und im Liegenden eine stark verfestigte, wasserstauende Lehmsand-Schicht (Festsand, Zementsand) mit einem Staugley. Die Bezeichnung Fahlerde rührt von dem deutlich aufgehellten, in der Regel tonverarmten Oberboden her. Es handelt sich dabei um eine Schluffumlagerung und Tonauswaschung. Diese Verlagerung kann durch Erosion, Klimawechsel oder Kultivierung beeinflusst werden. Besonders Löß-Fahlerden neigen wegen der Verschluffung zur Durchschlämmung. Eine Staunässebildung kann mit einer starken Tonverlagerung zu tun

haben. Diese Faktoren können im Gebiet der Flurwüstung des ehemaligen Dorfes Schleesen eine maßgebliche Rolle gespielt haben, denn die Golmengliner wellige Oberplatte gehörte tlw. zum Ackerland des wüsten Dorfes und ist lößsandbeeinflusst.
In einer ärmeren Variante auf Sanden mit geringerem Lößeinfluss und Versauerung sind im Hangenden und im Übergangsbereich zu den eigentlichen Hochflächensanden an der Nordgrenze der Golmengliner welligen Oberplatte Podsolierungserscheinungen [EtS] zu erkennen (Abt. 1177). Denn die Zusammensetzung dieser Sande erleichtert die Durchschlämmung und die Bodenform tendiert zum Staugleypodsol, so dass Staunässe und Podsolierung nebeneinander vorkommen (Fiedler, Reissig 1964; Scheffer, Schachtschnabel 1992). Hier besitzen die Laubhölzer bereits eine geringere Leistungsfähigkeit.
Entsprechend der V-Wertespanne (30 bis 50) und der C/N-Wertespanne (14 bis 18) sowie der Bodengenetik handelt es sich um **Lehmsand (Festsand)-Staugleyfahlerden** im unteren Bereich kräftiger Nährkraft K5, **FBZ 44** und obiger Horizontfolge.

Die Schwappachschen Versuchsfläche von 1910 in der Abt. 1143 liegt auf GmSB und repräsentiert die natürliche Waldgesellschaft des Traubeneichen-Buchenwaldes. Unter der 300-jährigen Traubeneiche befindet sich unter- und zwischenständige Rotbuche mit noch starkem Zuwachs. Dieser Bestand repräsentierte 2002 (Forsteinrichtung) reiche Standortsverhältnisse, obwohl die Bodenform nur K-Standort-Merkmale besitzt - offenbar eine Folge des gehobenen Gleichgewichtes. Die Eiche besaß eine I. Bonität, einen Vorrat von 537 fm/ha, einen Bestockungsgrad von 0,96 und eine Durchschnittshöhe von 38,7 m. Die höchste Eiche maß 42,5 m. Die 200-jährige Rotbuche hatte eine schwache I. Bonität, einen Vorrat von 476 fm/ha, einen Bestockungsgrad von 0,82 und eine Mittelhöhe von 37 m. Die höchste Rotbuche erreichte 41,4 m.

Unter dem humusreichen Ah-Horizont folgen i.d.R. ein fahlgelber Verbraunungshorizont und dann ein gebleichter, relativ tonarmer Eluvialhorizont mit plattigem, stauendem Gefüge [EtSw]. Es handelt sich hier um den Stauwasserleiter [Sw], der nur schwach rostfleckig ist. Der darauffolgende Untergrundhorizont Bt/Sd ist fahlgrau/rostbraun marmoriert und besitzt ein ausgeprägtes Polyeder- bis Prismengefüge. Es ist dies der oft mächtige Staukörper oder die Stauwassersohle Sd.
Sekundäre Staugleye entwickeln sich oft aus Fahlerden gefördert durch eine unpflegliche, die Bodenverdichtung verursachende, Landeskultur. Im vorliegenden Fall kann es sich um eine solche Entwicklung zur Verdichtung der Festsande handeln, nachdem der Boden entwaldet und nicht mehr tief mit Baumwurzeln durchdrungen war. Primäre Pseudogleye entstehen dagegen unmittelbar aus tonreichen Gesteinen mit einer geringen Wasserleitfähigkeit (Scheffer, Schachtschnabel 1992).
Die Variante der Staugleyfahlerde im vorliegenden Mosaikbereich weist mit ihrer Bilanz der Tongehalte kaum erkennbar auf einen Durchschlämmungsprozess vom Bv in den Bt hin. Denn hier liegt die Schichtung eines jüngeren, schluffreichen, lößbeeinflussten Decksediments über der älteren Grundmoräne vor. Diese Schichtung könnte nachträglich durch Tondurchschlämmung überprägt worden sein, jedoch die Entscheidung darüber können nur langwierige Laboranalysen herbeiführen. Deshalb lässt sich die vorliegende Fahlerde auch als „Phänofahlerde" oder „Phänoparabraunerde" (Rehfuess 1981) bezeichnen.
Die GmSB kommt auf der welligen Oberplatte im Höhenbereich um 120 m ü. NN nur in den Mulden vor. In ihnen finden sich lößsandartige Ablagerungen, die den westlichsten Bereich der Flottsande im Fläming darstellen. Weil diese Ablagerungen unzureichend Schluff enthalten, liegt hier keine Lößbodenform, sondern Sandlöß vor (Altermann, Fiedler 1978; Strohbach 2006) bzw. Lößsand nach (Kainz 2008).
Der 40 bis 80 cm mächtige, auffällig fahlbraune Bv aus lehmigem Sand schließt mit einer deutlichen Geschiebekette ab, der ein grauer Auswaschungshorizont EtSw folgt. Dieser liegt bereits im lehmigen Festsand (Lehmsand, Kittsand) und besitzt etwas weniger Ton als der darunter folgende gelbbraune, rotfleckig marmorierte stauende Tonanreicherungshorizont BtSd. Der BtS kann tiefgründig bis 2 m in die Tiefe reichen. Ihm folgt i. d. R. ein brauner nicht marmorierter, staunässefreier C-Horizont. Es kann aber auch eine Tieflehmschicht folgen (GmSB/L). Der stauende BtS/Sw kann eine waldbaulich bedeutsame Wassermenge stauen. Scheffer und Schachtschnabel (1992) weisen Lehm- und Schluff-Parabraunerden im ersten Meter des Solums eine hohe nutzbare Wasserkapazität von 150 bis 200 mm zu.
Obwohl es sich um eine Sand-Bodenform handelt, die normalerweise bei mittlerer Lagerungsdichte im effekti-

ven Wurzelraum nur eine pflanzenverfügbare Bodenwassermenge von 30 bis 140 mm besitzt, kann infolge der Stauwirkung der optimale Bereich des lehmigen Schluffs eine Wasserkapazität von 220 mm erreichen (SCHEFFER, SCHACHTSCHNABEL 1992).
Da die Mulden von den sie umgebenden Braunerden noch zusätzlich Wasserzufuhr erhalten, entscheidet dieser Faktor in der Kombination mit dem schluffhaltigen Bv wesentlich über die Einordnung des Halbgleys in die Nährkraftstufe K5 (KOPP 2006), **FBZ 44**.
Die Bohrungen und Grubenanlagen im Verlaufe der gesamten Vegetationsperiode des Jahres 2006 zeigten keinen merkbaren Wasserstau. Das und die Austrocknung eines die wellige Oberplatte durchziehenden Baches sind ein Hinweis darauf, dass sich der Wasserhaushalt klimabedingt in den letzten Jahrzehnten verschlechtert hat. Die GmSB besitzt einen autonomen, empfindlichen Wasserhaushalt, der zum Untergrund abgeschlossen ist.

Abb. 42: *Golmengliner Lehmsand-Staugleyfahlerde mit deutlich ausgebildeten Auswaschungshorizont (Etsw) und darunter liegendem gelbbraunen, rotfleckig marmorierten stauenden Tonanreicherungshorizont (BtSd). Grubennr. 317, Altrevier Golmenglin, Abt. 1143a1. Foto: O. Greger*

Die auf der welligen Oberplatte großflächig vorkommenden Bodenformen wurden von der Erkundung der 1980er Jahre als mehrschichtige Substrattypen, d. h. Bändersande (Dobritzer und Ottmannsdorfer Bändersand-Braunerde in der Nährkraftstufe M), ausgeschieden, obwohl keine Lehmbänder vorliegen und bereits TEICHMANN (1954) die gleyartigen Formen im Untergrund entdeckt und beschrieben hatte. Es ist unzulässig, die Lehmsande mit Sandbodenformen gleichzusetzen, die in der Delta-Zone lehmigen Sand besitzen, denn diesen fehlt die verfestigte Lehmsandschicht im Untergrund. Lehmsande gehören zu den einschichtigen Sand-Substrattypen, trotz des anderen Eindrucks, den sie mit dem Festsand erwecken (SCHULZE 1995). Vor allem wird damit die ökologische Wertigkeit der Bodenform verkannt.
Die Forderung nach der Beachtung der ökologischen Bodenwertigkeit ist auch deshalb berechtigt, weil bereits die Erkundung unter TEICHMANN (Verwaltung StFB 1954) das Wesentliche der lokalen Standortsform richtig erkannt und als verfestigter Geschiebesand LSv bezeichnet hat. Die Feinbodenform wurde „Golmenglin- und Besewitz-Standort" genannt. Die Berechtigung zu dieser Systematisierung wurde von der Tatsache abgeleitet, dass gleiche und ähnliche Ausbildungsformen im Wuchsbezirk Südwest-Flämingvorland, in der Dübener Heide und bei Dessau vorkommen. Die von TEICHMANN beschriebenen lehmnahen „Dobritzer Lehme" besitzen auch eine Verwandtschaft zu

den Lehmsand-Staugleyfahlerden im Rev. Dobritz. Deren Deckschicht ist lehmig bis sandig und hat im Untergrund eine bankartige Verfestigung, die einen Wasserstau hervorruft.
Diese besondere Ausbildungsform der lehmigen Grundmoräne (LSv), die eine Mittelstellung zwischen Lehm und Sand einnimmt, stellt ein Bodenartengemisch dar, das bis zu 60 % Korngrößen unter 0,2 mm (Feinsand, Staubsand, Staub, Schluff und Ton) besitzt. Teichmann (1954) stellte heraus, dass durch diese Korngrößenverteilung der Wasserhaushalt verbessert ist. Diese Tatsache und auch der Silikatreichtum, verbunden mit einer verbesserten Sorptionskapazität, schaffen ein hohes Ertragsvermögen, das zwischen dem der kräftigen Sande (Sb) und jenem der reichen Sande (Sa) liegt.
Teichmann (1954) erkannte auch die wesentlichen Merkmale, die heute in der wissenschaftlichen Bodensystematik zur Ausscheidung einer Festsand-(Lehmsand)-Staugleyfahlerde führen. Es sind dies die Verfestigung im Untergrund, die mit ihrer hellgrauweißen Farbe und physikalischen Beschaffenheit an Zement erinnern, die gleyartigen Veränderungen, die zum Wasserstau führen und schließlich auch die Podsolierungserscheinungen. Es handelt sich dabei um ältere geologische Schichten. So ist es für die Weiterentwicklung einer anwendungsorientierten und wissenschaftlichen Standortskunde wichtig, zukünftig auf den saaleeiszeitlichen Standorten dort von der Kartierung der Bändersande abzugehen, wo Festsande vorliegen.
Die geringmächtigen Lößsande der GmSB lassen taschenförmige Ausbuchtungen ins Liegende erkennen, was auf Froststrukturen hindeutet. Durch kryogene Prozesse wurde hier aus dem Liegenden auch Kiese und Steine eingemengt. Die Sedimentation des Lößsandes nördlich des Lößgürtels im Altmoränengebiet wird auf das Hoch- bis Spätglazial datiert. Damit liegen jüngere weichseleiszeitliche Schichten auf älteren saaleeiszeitlichen, den betonartig verfestigten Schichten, die zur Staunässe und der Bodenform Festsand-Staugleyfahlerden führen.
Der Verbraunungshorizont Bv ist fahlbraun gefärbt. Der Tonverarmungshorizont Et ist hellgrau bis hellbraun gefärbt. Die Decken mit gröberen Korngrößen sind meistens stärker braun gefärbt als die sandärmeren und schluffreicheren, die fahlbraun sind.
Die Grenzen zwischen den Et- und Bt-Horizonten lehnen sich häufig an die Sedimentunterschiedeinnerhalb der Deckschichten an. Deshalb können die Tondifferenzen zwischen dem Et- und Bt-Horizont auch sedimentär bedingt sein. Der Geschiebelehmsand im Liegenden der Lößsanddecke wirkt als Staukörper und bewirkt die Pseudovergleyung. Der Lößsand ist karbonatfrei. Lößsande sind erosions- und deflationsgefährdet. Bei bodenkundlichen Untersuchungen muss dringend beachtet werden, dass die eigentlichen bodenbildenden Prozesse nur eine mehr oder weniger große Überprägung der Lößsande bewirkt haben. Die Horizontausprägung und –mächtigkeit innerhalb der Lößsanddecken werden in erster Linie durch die Substratunterschiede der Depositionen bestimmt. Deshalb kann auch im Fall der Lehmsand-Staugleyfahlerden im Mosaikbereich zur Bestimmung der Stärke der Tondurchschlämmung vom Et-Horizont in den Bt-Horizont nicht der Quotient aus dem Tongehalt des Bt- und des Et-Horizontes herangezogen werden. Die primären Unterschiede der Sedimente innerhalb des Fahlerdeprofils sind in erster Linie ausschlaggebend für die Ton-Bilanz. Das heißt, die Fahlerden des Mosaikbereiches sind auf Lößsand sedimentär tondifferenzierte und auch durch Tondurchschlämmung überprägte Böden.
Die Golmengliner Lehmsand-Staugleyfahlerde kommt im Untersuchungsgebiet mit 232 ha vor.

Lehmunterlagerte Golmengliner Lehmsand-Staugleyfahlerde (GmSB/L)

In einigen besonders tiefen Mulden kann die Golmengliner Lehmsand-Staugleyfahlerde beginnend ab 80 (70) cm Tiefe durch eine kompakte Lehmschicht von mindestens 40 cm Stärke unterlagert sein. Hierdurch wird der Staunässe-Charakter des Halbgleys, d. h. seine Marmorierung, deutlich verstärkt und der Wasserhaushalt in Trockenperioden merklich verbessert. Auch der Nährstoffhaushalt wird aufgebessert, so dass die GmSB/L der Lindauer Tieflehm-Fahlerde vergleichbar wird (**FBZ 46**), obwohl keine Verwandtschaft zwischen dem Festsand und dem Lehm Fahlerde besteht.
Häufiger als die Lehmunterlagerung kommt eine schwer zu erfassende Tieflehmunterlagerung vor.
Die Feinbodenform mit Lehmunterlagerung kommt auf 7 ha vor.

2.1.5.3.3 Semihydromorphe Tieflehme

Der Substratfolgetyp gleicht dem der anhydromorphen Tieflehme. Er ist dort beschrieben und nachzulesen.

Tieflehm-Staugleyfahlerde

S mindestens bis über 40 cm, höchstens aber bis 80 cm Tiefe reichend	ABv Bv	δ
L oder **U** In einer über 40 cm mächtigen kompakten Schicht; bis mindestens 20 cm Tiefe karbonatfrei, gewöhnlich $CaCO_3$ bis 30 % erst ab Eta-Zone oder tiefer einsetzend oder fehlend	EtS BtS [Ca] C[S]	ε ζ η
bei ungünstiger Vegetation saumartiger AhEs		
zwischen A- und S-Horizont anhydromorpher Zwischenhorizont, Stauwasserspuren setzen ab 30 bis 80 cm Tiefe ein, entweder ab Lehmschicht oder schon im unteren Teil der Sanddecke primär natürliche Stauwasserform (in ebener Lage) = 45, 46, oder 47 primär natürliche Grundwasserform (nur bei .../S) = 56		

Slater Tieflehm-Staugleyfahlerde (SltLB)

Sie kommt in der Schmelzwasserrinne vor, welche die wellige Oberplatte in den Abteilungen 1176 bis 1186 durchzieht und heute als ausgetrocknetes Bachtälchen zu erkennen ist. In diesem Bachtälchen ist sie umgeben von der Lehmsand-Staugleyfahlerde. Es ist davon auszugehen, dass das Schmelzwasser zunächst Ton und dann darüber lehmigen bis anlehmigen Moränensand aufschwemmte. Es lässt sich eine Verwandtschaft mit der Golmengliner Lehmsand-Staugleyfahlerde erkennen, besonders mit ihrer lehmunterlagerten Unterform.

Der Unterschied zur letzteren liegt besonders in der stärkeren Stauwirkung des Lehms. Die besagte Schmelzwasserrinne endet an der Grenze der Golmengliner welligen Oberplatte zur Medewitzer Oberplatte in einem Trockental. Damit wird die Grenze der Mosaikbereiche i.e.S. (Medewitzer Oberplatte) und Grundmoränensande (Golmengliner wellige Oberplatte) gut gekennzeichnet.

Die Slater Tieflehm-Staugleyfahlerde hat eine mindestens 40 cm starke anlehmige bis lehmige Sanddecke, der oberhalb von 80 cm Lehm oder Schluff folgen. Die Stauwirkung der letzteren bewirkte, dass bis vor gut 30 Jahren noch reichlich Wasser im Bachbett stand (Freitag 2006). Hier zeigt sich besonders deutlich, dass sich der Wasserhaushalt in den benachbarten Lehmsand-Staugleyfahlerden in Richtung Trockenheit verändert hat. Die Slater Tieflehm-Staugleyfahlerde besitzt die Nährkraftstufe Kräftig im unteren Bereich (**K4**). Die Staugleyfahlerde besitzt ebenso wie die in ihrem Umfeld höher gelegene GmSB einen stauwasserfreien Verbraunungshorizont.

Die Slater Tieflehm-Staugleyfahlerde kommt besonders im Oberlauf der kleinen Schmelzwasserrinne im Wechsel mit dem Dahmsdorfer Klocksand (DdS) mit der Nährkraftstufe Kräftig vor (K4) oder geht in ihn über. Der DdS tritt dann auf, wenn das Bachbett muldenartig verbreitert ist. Das verdeutlicht, dass die Wasserführung im Vergleich zu heute ursprünglich sehr viel stärker war und eine Entwaldung die Erosion des humusreichen Oberbodens ermöglichte, der sich dann in der Verebnung absetzte. Im Oberlauf des Baches steht der Lehm oberflächennäher an. Der Bach tangiert den Züllsdorfer Lehm-Graustaugley (ZüLU 37) und geht tlw. in den Grabower Tieflehm-Graustaugley über. Hier ist die Stauwirkung stärker als im übrigen Bachverlauf, so dass sich kein anhydromorpher Verbraunungshorizont (Bv) ausbilden konnte. Stattdessen entstand durch den Wasserstau ein humusreicher Oberboden (Ah). Die Humusanreicherung ist höher als im normalen Ah-Horizont grundwasserfreier Böden aber deutlich geringer als im Falle der dunkleren Humusgleye. Deshalb wird vom „Grau"-Gley gesprochen.

Die Sanddecke ist ebenso wie die benachbarte GmSB anlehmig bis lehmig und auch die Horizontfolge ist vergleichbar. Der Unterschied liegt darin, dass der BtS aus Ton oder Schluff anstelle eines Festsandes gebildet wird. Die Staugleyfahlerde besitzt ebenso wie die in ihrem Umfeld höher gelegene GmSB einen stauwasserfreien Verbraunungshorizont:

Kartiert wurden 4 ha.

S	
sandige Substrate bis in den Grundwasserbereich reichend; in die Hauptbodenform einbezogen sind Substrate mit 1 ... 5 (max. 8) % allochthoner organischer Substanz ; bis mindestens 20 cm Tiefe karbonatfrei, $CaCO_3$ bis 30 % gewöhnlich tiefer einsetzend oder fehlend	AhG Go Gr
Mächtigkeit des A-Horizontes = über 20 cm organische Substanz im Solum = 1 600 ... 3 000 dt/ha	
A-G-Profil mit hoher feuchtebedingter Humusanreicherung = 24, 25, 34 oder 35 primär natürliche Grundwasserform (in ebener Lage)	

Nassenheider Sand-Humusgley (NaSG)

Die günstigen Verhältnisse hinsichtlich Basensättigung, Stickstoffgehalt und pH-Wert im AHorizont (B6 N6) reihen den Nassenheider Sand-Humusgley in die Nährkraftstufe kräftig (K) ein. Er kommt auf 26 ha vor.

Barkower Sand-Humusgley (BaSG)

Bei dieser Feinbodenform sind die Sättigungsverhältnisse usw. etwas ungünstiger. Die BNStufe beträgt N5 B5. Demzufolge ist die Nährkraftstufe **M** (mäßig nährstoffhaltig). 4 ha wurden kartiert.

Kreuzbrucher Sand-Humusgley (KrSG)

Noch eine Stufe schlechter ist der Kreuzbrucher Sand-Humusgley mit der BN-Stufe B5 N5, aber einem V-Wert im Saugsaum des G-Horizontes von > 40. Bei den beiden vorhergehenden Feinbodenformen liegt er höher, wird aber nicht als Definitionsmerkmal herangezogen.
Hier beträgt die Nährkraftstufe auch noch **M**, der Standort ist jedoch schwächer als der BaSG.
Seine kartierte Fläche beträgt 4 ha.

Stechauer Sand-Humusgley (ScSG)

Die Feinbodenform gehört zu den sauren Sand-Humusgleyen. Sie zeichnen sich durch niedrige pH-Werte (4,2 bis < 3,4), geringe Sättigungswerte und ein sehr weites C/N-Verhältnis aus. Solche Böden gehören den Nährkraftstufen „ziemlich arm" bis „arm" an. Eine organische Auflage ist stets vorhanden, beträgt aber meistens nur 5 bis 12 cm. Sonst unterscheidet sich der saure Humusgley nicht vom nährstoffreicheren Humusgley. Beim Stechauer Sand-Humusgley ist die BN-Stufe B4 N4, also ziemlich gering, der V-Wert im Saugsaum liegt zwischen 15 und 40. Die Feinbodenform gehört der Nährkraftstufe ziemlich arm (**Z**) an. Sie nimmt eine Fläche von 20 ha ein.

Dürrenhofer Sand-Humusgley (DüSG)

An letzter Stelle der Sand-Humusgleye steht der Dürrenhofer Sand-Humusgley. Er ist ähnlich ausgestattet wie der ScSG, jedoch in allem mit geringeren Werten (B3 N4, V-Wert im Saugsaum < 15). Nährkraftstufe ist arm (**A**). Die kartierte Fläche beträgt 8 ha.

2.1.5.5.2 Vollhydromorphe Decklehme

Bei den Decklehmen liegt eine Lehmschicht über sandigem Untergrund. Der Profilaufbau geht aus nachstehender Profilleiste hervor.

Lehm oder **Schluff**	
in einer mindestens 20 cm mächtigen Schicht ab Mineralbodenoberfläche bis maximal 80 cm Tiefe; in die Hauptbodenform einbezogen sind Substrate mit 1 ... 5 (max. 8) % allochthoner organischer Substanz; bis mindestens 20 cm Tiefe karbonatfreiem $CaCO_3$ bis 30 % gewöhnlich tiefer einsetzend oder fehlend	AhS [S]
Sand	G
Mächtigkeit des A-Horizontes = > 20 cm organische Substanz im Solum = 1 600 ... 3 000 dt/ha	
A – S-Profil mit hoher feuchtebedingter Humusanreicherung primär natürliche Stauwasserform (in ebener Lage) = 24, 25, oder 34 primär natürliche Grundwasserform im liegenden Sand = 24, 25 oder 34	

Aus der Horizontfolge geht hervor, dass in der oberen schwer durchlässigen Schicht Stauwasser auftritt, im sandigen Untergrund dagegen Grundwasser. Dieses gleichzeitige Vorkommen von zwei Substratwasserarten wird mit dem Begriff **„Amphi"** gekennzeichnet.

Görnewitzer Decklehm-Humusamphigley (GödLG)
Die NB-Stufe beträgt im A-Horizont (ab 5 cm Tiefe) N5 B5, das entspricht der Nährkraftstufe **M**, mäßig nährstoffhaltig. Das Vorkommen nimmt 8 ha ein.

2.1.5.6 Moorböden

Von Moorböden sprechen wir beim Vorhandensein von **organischen Decken** in einer Mächtigkeit von **mehr als 40 cm** und einem Gehalt an organischer Substanz von mehr als 30%. Die hydromorphen organischen Böden oder Moorböden werden in der Hauptbodenformenebene nach folgenden Kriterien gegliedert:

- **Hydromorphiegrad**, der sich in der Mächtigkeit der organischen Decke ausdrückt:
  Gleymoor mit 40 bis 80 cm mächtiger Torfdecke
  Moor mit über 80 cm mächtiger Torfdecke
- **Substrat** unterhalb einer 40 bis 80 cm mächtigen Torfdecke:
  Sand-Gleymoor.

Die **Nährkraft der Moorböden** wird in erster Linie durch die Basensättigung, den pH-Wert sowie den Gehalt an organisch gebundenem Stickstoff (N % von C) bestimmt. Zur Bestimmung dieser Kenngrößen dient im Gelände der Zeigerwert der Bodenvegetation. Die Nährkraftstufen der Moorböden werden nicht nach Fünftelstufen unterschieden.
Die Hauptbodenformen werden lediglich nach der Nährkraft untergliedert und die Untereinheiten mit den nachstehenden Namen für die Nährkraftstufen bezeichnet (aufgeführt werden nur die im Gebiet vorkommenden):

K = kräftig M.	K = kräftiges Moor
M = mittel oder mäßig nährstoffhaltig	M.M = mäßig nährstoffhaltiges Moor
A = arm	M.A = armes Moor

2.1.5.6.1 Sand-Gleymoore

Von der Oberfläche bis in eine Tiefe von höchstens 80 cm lagert eine mindestens 40 cm mächtige Torfschicht. Unter dem Torf können sich sowohl mittelkörniger Sand, Staubsand, Kalksand oder Kalkstaubsand sowie auch skelettreiche Substrate befinden. In der Bezeichnung des Substratfolgetyps wird jedoch einheitlich von Sand gesprochen.
Der Torf kann entweder karbonatfrei sein (höchstens bis 1 % $CaCO_3$) oder er besitzt einen karbonatischen Anteil von über 1 % = karbonatische Formen.

Die Horizontfolge ist H - G,
wobei die Symbole bedeuten:
H - Torfhorizont (40 bis 80 cm Mächtigkeit),
G - Grundgleyhorizont mit Wasserspuren (Rostflecke/Bleichung infolge Reduktion).

Torf von der Oberfläche bis über 40 cm, aber maximal bis 80 cm Tiefe reichend; karbonatfrei oder Kalziumkarbonat mit einem Anteil von ≤ 1 %	H (> 40 bis 80 cm)
Sand	G
Mächtigkeit des H-Horizontes = > 40 bis 80 cm	
primär natürliche Grundwasserstufe = 22	

Als Feinbodenform kommt vor:

Sand-Gleymoor, mäßig nährstoffhaltig (SM.M)

Basensättigung, Stickstoffgehalt, pH-Wert in den oberen 40 cm sind günstig, Nährkraftstufe M (mäßig nährstoffhaltig). Vorkommen auf 13 ha.

2.1.5.6.2 Moore

Es handelt sich um eine mehr als 80 cm starke Torfauflage. Durch diese große Mächtigkeit der Auflage ist der Standort weitestgehend bestimmt. Deshalb wird das Substrat unterhalb der Torfauflage auch nicht mehr unterschieden. Möglich sind im Untergrund alle Arten von Sand, Lehm, Schluff und Ton sowie Mudden.
Der Torf kann entweder karbonatfrei sein (höchstens bis 1 % CaCO3) oder er besitzt einen karbonatischen Anteil von über 1 % karbonatische Formen. Moore weisen ein einfaches H-G Profil auf, wobei der Torfhorizont (**H**) stets mächtiger als 80 cm ist. Im Untergrund wird je nach dem liegenden Substrat zwischen Staunässehorizonten (**S**) und Gleyhorizont (**G**) unterschieden. Eine praktische Bedeutung hat diese Unterscheidung jedoch nicht.
Entscheidend für das Baumwachstum sind bei den Mooren in erster Linie die Nährstoffverhältnisse des Wassers. Die Nährkraft der Moore wird in erster Linie durch die Basensättigung, den pH-Wert sowie den Gehalt an organisch gebundenem Stickstoff (N % von C) bestimmt. Zur Bestimmung dieser Kenngrößen dient im Gelände der Zeigerwert der Bodenvegetation.

Torf von der Oberfläche bis über 80 cm Tiefe reichend; karbonatfrei oder Kalziumkarbonat mit einem Anteil von ≤ 1 %		H (> 80 cm)
Sand oder **Lehm** oder **Schluff** oder **Ton**		G
Mächtigkeit des H-Horizontes	= > 80 cm	
primär natürliche Grundwasserform (in ebener Lage)	bei Nährkraftstufen K bis M = 22 bei Nährkraftstufe A = 22 oder 33	

An Feinbodenformen wurden ausgeschieden:

Moor, kräftig (M.K)
Die NB-Stufe beträgt in 0 bis 40 cm Tiefe N6 B6. Die Nährkraftstufe ist K (kräftig).
Vorkommen: 31 ha.

Moor, mäßig nährstoffhaltig (M.M)
Die NB-Stufe beträgt in 0 bis 40 cm Tiefe N5 B5. Die Nährkraftstufe ist M (mäßig nährstoffhaltig).
Vorkommen: 20 ha.

Moor, arm (M.A)
Die NB-Stufe beträgt in 0 bis 40 cm Tiefe N3 B4. Die Nährkraftstufe ist A (arm).
Vorkommen: 2 ha.

2.1.5.7 Komplexstandorte

Kompliziert zusammengesetzte Kleinmosaike, an denen vier und mehr Boden- oder Standortsformen beteiligt sind, bilden eine eigene Kartierungseinheit unter der Bezeichnung „Komplex"; ihr wird ein Lokalname vorangestellt. Sie erhalten die Bezeichnung „Bodenformenkomplex", wenn nur Bodenformen miteinander wechseln, und „Standortsformenkomplex", wenn gleichzeitig auch die reliefbedingten Mesoklimaeigenschaften, das Relief und die Humusformen wechseln.

Gorrenberger Moränenkomplex (MoK)
Das kuppige Relief kann nur über die Bildung eines Moränenkomplexes erfasst werden. Der Komplex wurde nach dem hier befindlichen Gorrenberg (173 m) benannt. Ursprünglich war die Endmoräne großflächig durch den Brunkauer Sand-Humusrostpodsol bedeckt. Da auch dieser Moränenbereich in der Vergangenheit entwaldet und von der Landwirtschaft genutzt wurde, kam es der hohen Reliefenergie zufolge zu Erosionen. Im Podsolbereich der Gorrenberge erfolgte der Abtrag des Oberbodens nicht so weit bis zur Rankerbildung. Der Eisen und Humusanreicherungshorizont Bi des Podsols bremste eine weitergehende Erosion, so dass hier Rumpfrostpodsole entstanden, bei denen der Bi durch den Abtrag freigelegt wurde.

Der Moränenkomplex setzt sich wie folgt zusammen:

40 %	RuS	Reudener Sand-Rumpfrostpodsol	A 3
20 %	BrS	Brunkauer Sand-Humusrostpodsol	A 2
20 %	MüS	Mützlitzer S.-Saumpodsol über	A 1
	BrS	Brunkauer Sand- Humusrostpodsol	
10 %	MwS	Medewitzer Sand-Rumpfrostpodsol	A 4
10 %	KdS	Kersdorfer Sand-Ranker	A 1

Das Relief wechselt sehr stark zwischen Kuppen, Plateaulagen, Hangloben und Tälern.
Diese Situation verändert das Mesoklima und wird im Komplex wie folgt dargestellt. Das Relief besitzt 20 % frische, 20 % trockene und 20 % hängige Lagen, der Rest ist eben (= fr2 tr2 h2). Bei der Flächenberechnung werden die mesoklimatischen Abwandlungen vom Großklima sowie die Hänge den beteiligten Feinbodenformen ihrem prozentualen Anteil entsprechend zugeordnet.

2.1.5.8 Sonderstandorte

Durch menschliche Arbeit stark veränderte Standorte werden als Sonderstandorte bezeichnet, sofern sie nicht durch Zusatzbezeichnungen an die normalen Standortsformen angeschlossen werden können.
Beschränkt sich die Veränderung auf den Boden, dann werden Sonderbodenformen gebildet; ist auch das Relief verändert, werden Sonderstandortsformen ausgeschieden.
Bei den Sonderbodenformen werden die reliefbedingten Mesoklimaeigenschaften in üblicher Weise kartiert.
Der Boden ist bei Sonderstandorten durch menschlichen Einfluss in seinem Humusgehalt, in der Horizontfolge und in der Struktur so stark verändert worden, dass die Merkmale der „normalen" Bodenformen nicht mehr zutreffen und auch die Zusatzbezeichnungen nicht ausreichen, um diese Veränderungen zu charakterisieren.
Statt der sonst üblichen geographischen Namen wird die Abkürzung **So** verwendet.

So 52: Sand- und Kiesgrubenstandort auf NeS 77
Ehemaliger Sonderstandort So.a. Nährkraftstufe M.

So 62: Müll- und Schuttablagerungen
Ehemaliger Sonderstandort So.g. Nährkraftstufe Z.

So 70: Erdwall im Bereich anlehmiger Braunerde NeS 77
Ehemaliger Sonderstandort So.l. Nährkraftstufe M.

So 72: Ziemlich arme semihydromorphe Sandgruben
Ehemaliger Sonderstandort So.2. Nährkraftstufe Z. Revier Gollmitz, Abt. 1210.

So 170: Ehemaliges Panzerschießgelände der Roten Armee auf NeS 77.
Durch Panzergranaten wurde die normale Horizontfolge völlig unkenntlich gemacht.
Nährkraftstufe M.

So 185: Abtrag Ziegelei auf Spornitzer Lehm-Graustaugley (SnLU)
Im Revier Golmenglin im Bereich des wüst gewordenen „Alten Dorfes" finden sich Lehmabgrabungen für eine ehemalige Ziegelei auf einem ehemaligen Spornitzer Lehm-Graustaugley (SnLU/L37). Der Standort, eine wellige Grube, ist menschlich stark verändert und wechselfrisch. Teilweise steht das Wasser im Frühjahr oberflächennah. Die Lehm- und Tonablagerungen stellen ein Absetzbecken der Schmelzwasserrinne dar, die entlang der Reetz- Medewitz-Setzsteiger Stauchmoräne von Norden nach Süden verläuft. Stamm-Standortsformengruppe WK2.

2.1.6 Humusformen mineralischer Böden

Die Humusform ist die wichtigste Komponente zur Kennzeichnung des Standortszustandes mineralischer Böden, der auch unter natürlichen Bedingungen – ohne Einwirken des Menschen – ständigen Veränderungen unterlegen ist, vor allem durch den Vegetationswandel.
Im Folgenden sind jedoch nicht diese natürlichen Veränderungen Gegenstand der Betrachtung, sondern die durch menschliche Eingriffe hervorgerufenen: die Einflüsse der Streunutzung und Waldweide aus der Vergangenheit und der waldbaulichen Behandlung auf den Standort. Unter diesem Aspekt muss die Humusform überall dort als gesonderte Komponente kartiert werden, wo wesentliche Zustandsabweichungen mit wesentlichen Folgen für die Fruchtbarkeit großflächig vorkommen. Das ist im Tiefland durchweg der Fall.
In der Humusform werden verwandte Zustandsformen der humusreicheren Oberbodenhorizonte, besonders der Humusdecke erfasst. Die Humusform wird nach einer in der Standortserkundung entwickelten, auf die forstökologische Aussage zugeschnittene weite Fassung gegliedert in:

- Nährkraftstufe und
- Feuchtestufe.

2.1.6.1 Definitionsmerkmale

2.1.6.1.1 Nährkraftstufen

Die Nährkraftstufen werden nach den in der deutschsprachigen Forstbodenkunde üblichen Namen benannt. Hinzugekommen ist am armen Flügel der Magerrohhumus.

Mu - Mull
MM - mullartiger Moder
Mo - Moder
RM - rohhumusartiger Moder
Ro - (Normal-) Rohhumus
Ma - Magerrohhumus

In die Nährkraftstufe gehen mittelbar auch kleinere behandlungsbedingte Unterschiede im Humusvorrat ein. So ist der Magerrohhumus bei jeder Oberbodenfeuchtestufe vorratsärmer als der entsprechende (Normal-) Rohhumus. Größere durch Klimafeuchte und Grund- oder Stauwassereinfluss verursachte primäre Unterschiede im Humusvorrat werden bereits in der Stamm-Bodenform erfasst.
Die Nährkraftstufen werden zunächst grob **nach der Horizontfolge** im Oberboden, besonders den Gestaltmerkmalen der Humusdecke im Baumholzalter angesprochen, dann in ihren Feinheiten aber **nach laboranalytischen Kennwerten** definiert, und zwar

- Nt von Ct in % (kurz NC %),
- C/N-Verhältnis,
- Basensättigung und
- pH-Wert in der Humusdecke bzw. in den oberen humusreichsten Zentimetern des Mineralbodens.

Kartiert werden die Nährkraftstufen mit Hilfe von Zustands-Vegetationsformen, die hierfür nach Weisergruppen der Bodenvegetation gebildet wurden.
In der nachstehenden Darstellung harmonieren Stickstoffstatus und Säure-Basenstatus miteinander, d.h. sie befinden sich im Gleichgewicht.

Humusform	Mull		mullartiger Moder	Moder	rohhumusartiger Moder	(Normal-) Rohhumus	Magerrohhumus
Horizontfolge	Ol - A		Ol - Of - A	Ol - Of - Oh - A			1)
Stickstoffstufe	n_8	n_7	n_6	n_5	n_4	n_3	n_2
N_t von C_t%	≤10,4	8,6 ... 6,8	7,0 ... 5,4	5,6 ... 4,2	4,4 ... 3,2	3,4 ... 2,4	≤ 2,6 2)
C/N	≥9,6	11,6...14,7	14,2...18,5	17,8...23,8	22,7...31,2	29,4...41,6	≥ 38,6 2)
Säure-Basenstufe	b_8	b_7	b_6	b_5	b_4		b_3 2)
Basen-Sättigung %	≥ 66	66 ...> 46 (68)	46 ... > 30 (48)	30 ... > 18 (32)	18 ... > 10 (20)	10 ... > 6	(12) 2)
p_H KCl	≥6,0	6,2 ...4,8	5,0 ... 4,0	4,2 ... 3,2	≤ 3,4	≤ 3,2	≤ 3,2 2)

Tabelle 9: *Analytische Merkmale der Humusformen mit Harmonie zwischen Stickstoff- und Säure-Basenstufe*

1) Der O-Horizont ist beim Magerrohhumus jeweils dünner als beim (Normal-)Rohhumus der entsprechenden Oberbodenfeuchtestufe.

2) Bei gegenwärtig angewendeten Labormethoden nur über die Bodenvegetation vom Magerrohhumus trennbar. Die in Klammern gesetzten Zahlen sind eine zulässige Überlappung nach oben.

2.1.6.1.2 Oberbodenfeuchtestufen

Um durch die Humusform auch die in der Bodenvegetation sich widerspiegelnde mittlere Oberbodenfeuchte zu kennzeichnen, werden die zuvor genannten Namen durch folgende Bezeichnungen und Abkürzungen für die Stufe der Oberbodenfeuchte ergänzt:

t - trocken; m - mäßig frisch; i - frisch; f - feucht; n - nass

Ansprechbar und kartierbar sind die Oberbodenfeuchtestufen in erster Linie über Weisergruppen der Bodenvegetation. In einigen Fällen müssen jedoch die relief- und bodenbedingten Unterschiede in der Luftfeuchte hinzugezogen werden. Bodenhydrologische Kennwerte für die Oberbodenfeuchtestufen fehlen bisher.

2.1.6.2 Humusformen des Untersuchungsgebietes

Im Folgenden werden Humusformen behandelt, die zwar nicht unter natürlichen Verhältnissen, aber spontan fremdstoffarm entstanden sind. Es handelt sich also um Humusformen, die keiner Veränderung durch künstlichen Eintrag von Chemikalien (Düngung oder Fremdstoffdeposition) unterliegen. Die Nährkraftstufen harmonieren bei ihnen in der Stickstoffstufe (NC % oder C/N-Verhältnis) und Säure-Basenstufe (Basensättigung in % und pH-Wert). Der Name der Humusform setzt sich aus Oberbodenfeuchtestufe und Nährkraftstufe zusammen, z.B. frischer mullartiger Moder. Diese Bezeichnung wird in die Standortskarte eingetragen, hier allerdings als Kurzzeichen z.B. iMM.

Oberboden-Feuchtestufe	Nährkraftstufe				
	mullartiger Moder	Moder	rohhumusartiger Moder	(Normal)-Rohhumus	Magerrohhumus
trocken					
mäßig frisch	mMM	mMo	mRm	mRo	mMa
frisch	iMM	iMo	iRM	iRo	
feucht	fMM	fMo	fRM	fRo	
nass	nMM				

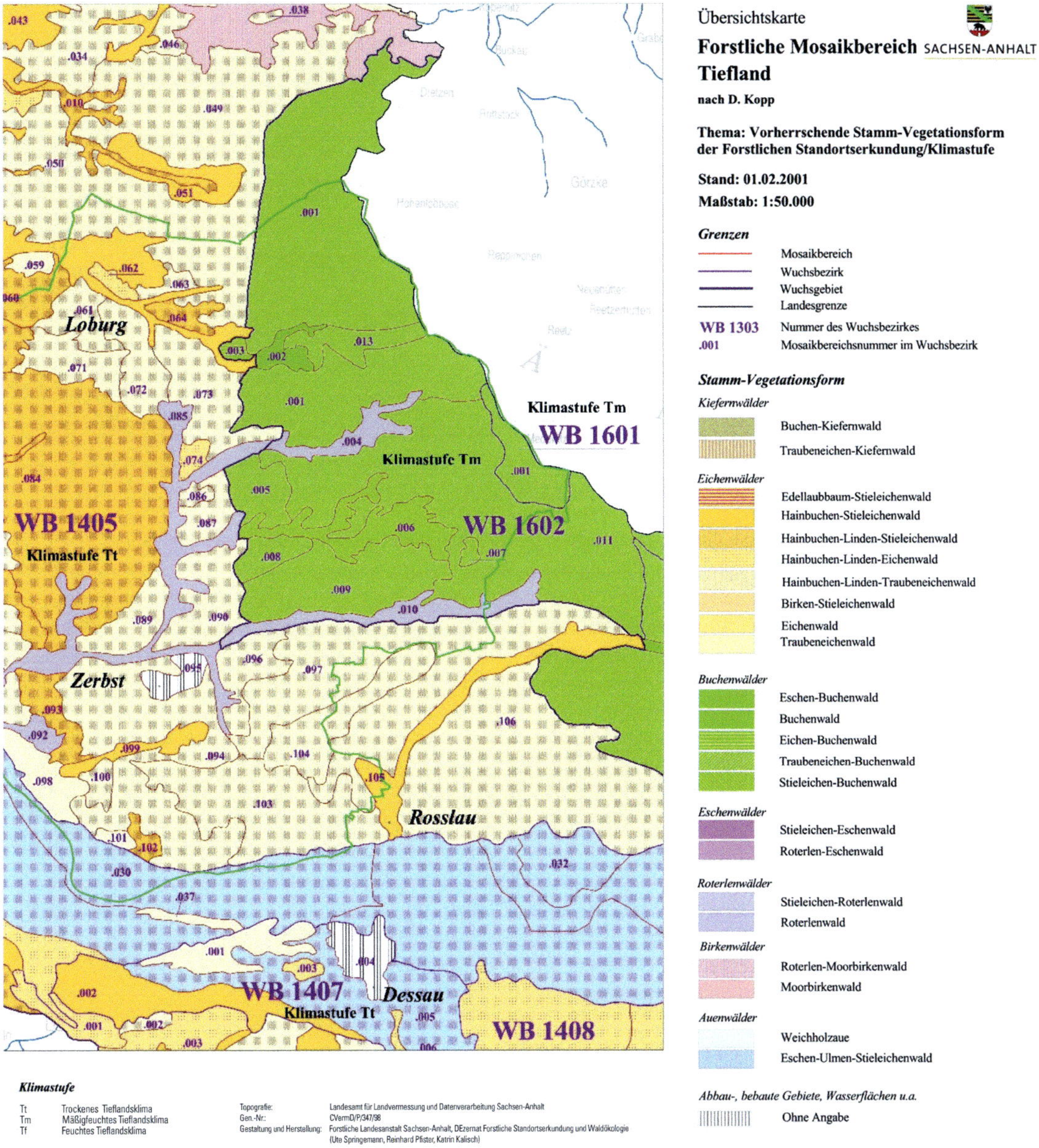

Abb. 44: *Karte der Natürlichen Waldgesellschaften im Hohen Fläming „Naturraumerkundung LSA auf der Grundlage der Forstl. Mosaikbereiche, Standortsregion Tiefland", Übersichtskarte im Anhang: Vorherrschende Stammvegetationsform mit der Darstellung des Traubeneichen-Buchenwaldes. Fläming samt Nachbarschaft aus Schriftenreihe der Forstllichen Landesanstalt Sachsen-Anhalt 1/2001*

1.3 Natürliche Waldgesellschaften (rezent natürlicher Status) – Vorwaldphase – in allen Großklimabereichen

Stamm-Feuchtestufe	Stamm-Nährkraftstufe				
	R	K	M	Z	A
trocken T 3	Birkenvorwald				**Birken-Kiefern-Vorwald**
mäßig frisch T2	Birkenvorwald				**Birken-Kiefern-Vorwald**
frisch T1	Birkenvorwald				**Pfeifengras-Kiefern-Birken-Vorwald**
feucht N 2	Birkenvorwald				
nass N 1 / 0 3	**Birken-Vorwald**			**Moorbirken-Vorwald**	
sehr nass 0 2	**Birken-Vorwald**			**Moorbirken-Vorwald**	
0 1	wie Hauptwaldphase				

1.4 Bewertung der potenziellen Vegetation

Die Vegetation ist normalerweise der integrierende Zeiger für den Standortszustand des Oberbodens. Die Standortserkundung im nordostdeutschen Tiefland bewertet den Weiserwert der Vegetation nach dem Vorkommen von ökologischen Standortsweisergruppen. Im Gegensatz zu den nach pflanzensoziologischen Artengruppen gebildeten Wald- und Forstgesellschaften werden Vegetationsformen gebildet, die mit der Kombination ihrer Zeigerpflanzen nicht pflanzensoziologische Einheiten repräsentieren, sondern die wichtigsten Standortseigenschaften anzeigen. Diese Bewertung wird über Formengruppen vorgenommen, die nach ökologischen Weiserartengruppen gebildet werden. Die auf der Basis von ökologischen Weiserartengruppen von der Standortserkundung kartierten Humusformen repräsentierten die labilen Standortseigenschaften, wie Wasserhaushalt, Humusgehalt und -qualität, Nährstoffkreislauf, bodennahes Klima und Immission (Kopp, Schwanecke 1994).
Die Stamm-Vegetationsform ist die Widerspiegelung der Standortsformen in der Vegetation unter Verhältnissen, bei denen die Standorte nicht durch menschlichen Einfluss verändert worden sind, bei denen sich die Bodenvegetation im Einklang mit den potenziellen Eigenschaften, vor allem mit denen des Oberbodens befindet. Verändert der Mensch die Standortseigenschaften, besonders die des Oberbodens, bilden sich Zustands-Vegetationsformen aus. In den Hohen Fläming erfolgten bereits seit Jahrzehnten störende Einträge in die Standortseinheiten, besonders in Form von Stickstoffimmissionen. Die Einträge manifestieren sich vorrangig in einer Belastung des Bodens, besonders des Wasserhaushaltes. Denn einige Gräser, insbesondere Sandrohr Calamagrostis epigejos (L.) Roth., aber auch Drahtschmiele Deschampsia flexuosa (L.) P.B. (Rothmaler 1987) bildeten nach Stickstoffeintrag flächendeckend dichte Rasenteppiche aus. Sie sind unter diesen verschärften Konkurrenzbedingungen morphologisch und pflanzensoziologisch anderen Arten weit überlegen. Da auch die Gräser zum großen Teil Zeigerpflanzen sind, kann die Standortserkundung trotz Verarmung der Bodenvegetation den Oberbodenzustand beurteilen und feststellen, inwieweit unter diesen Bedingungen die Zustands-Fruchtbarkeit von der Stamm-Fruchtbarkeit abweicht. (Vgl. hierzu Abschnitt D1 2.1.6.3.)

Scamoni /1952, 1960) hat für das SW-Flämingvorland die natürliche Waldgesellschaft des Kiefern-Traubeneichen-Buchenwaldes und für Bärenthoren den **Waldreitgras – Kiefern – Eichenwald (Calamagrostido-Quercetum)** ausgeschieden. Letztere ist die ärmste Ausbildung des Eichenwaldes, in der die Kiefer zeitweilig die Vorherrschaft besitzt und mit Hängebirke, Trauben- oder Stieleiche, Eberesche, Faulbaum und Wacholder vergesellschaftet ist. Die Standorte eignen sich gut für den Kiefern- aber auch den Traubeneichenanbau (Scamoni 1960). Diesbezüglich muss darauf verwiesen werden, dass unter den aktuellen, labilen Standortsverhältnissen die Ausweisung von natürlichen Waldgesellschaften sehr hypothetisch und als alleiniger Maßstab für die Bestimmung von Waldentwicklungstypen wenig sinnvoll ist.

Die Naturraumerkundung (Forstliche Standortserkundung LSA 2001) weist für die Medewitzer Oberplatte für die grundwasserfreien Sand-Braunerden und Bändersand-Braunerden mittlerer Trophie den **Hainsimsen-Trauben-eichen-Buchenwald** aus (*Petraeo-Fagetum luzuletosum)*, auf dem mit Traubeneiche-Rotbuche, Kiefer-Rotbuche, Europäische Lärche-Rotbuche gearbeitet werden sollte. Die Erkundung Greger 2007 bestätigt diesen Rotbuchen-Mischwald bodenkundlich und geologisch. Hofmann (2007) sieht das Vorkommen des reinen Rotbuchenwaldes besonders in den höheren Lagen des Hohen Flämings außerhalb des Planarklimas mit den höchsten Niederschlägen (z. B. Wuchsbezirk Wiesenburger Fläminghochfläche, Mosaikbereich Setzsteiger Höhenplatte Mosaikbereich 1601.001). Das Gebiet wird durch die vitalen Beerkrautdecken gekennzeichnet.

Die Traubeneiche hält sich an das Rotbuchengebiet und kommt auch mit ihr zusammen auf den lößsandbeeinflussten Moränensanden des Mosaikbereichs Golmengliner wellige Oberplatte vor. Die Stieleiche dagegen hat in den niederschlagsärmeren Gebieten des Niederen Flämings die höchste Konkurrenzkraft. Dort befindet sie sich außerhalb des reinen Rotbuchenwaldgebietes.

Der Wuchsbezirk der Nedlitzer Flämingrandplatte stellt ein Übergangsgebiet vom Rotbuchenwald in den Hainbuchen-Lindenwald der Geschiebelehm-Platten des Zerbster Gebietes dar. Hier durchdringen sich je nach Trophie vom armen in den reichen Bereich Kiefer, Stieleiche, Traubeneiche, Rotbuche, Hainbuche und Winterlinde. Dabei spielt nur die Trophie der Standorte und nicht die Höhenlage eine Rolle.

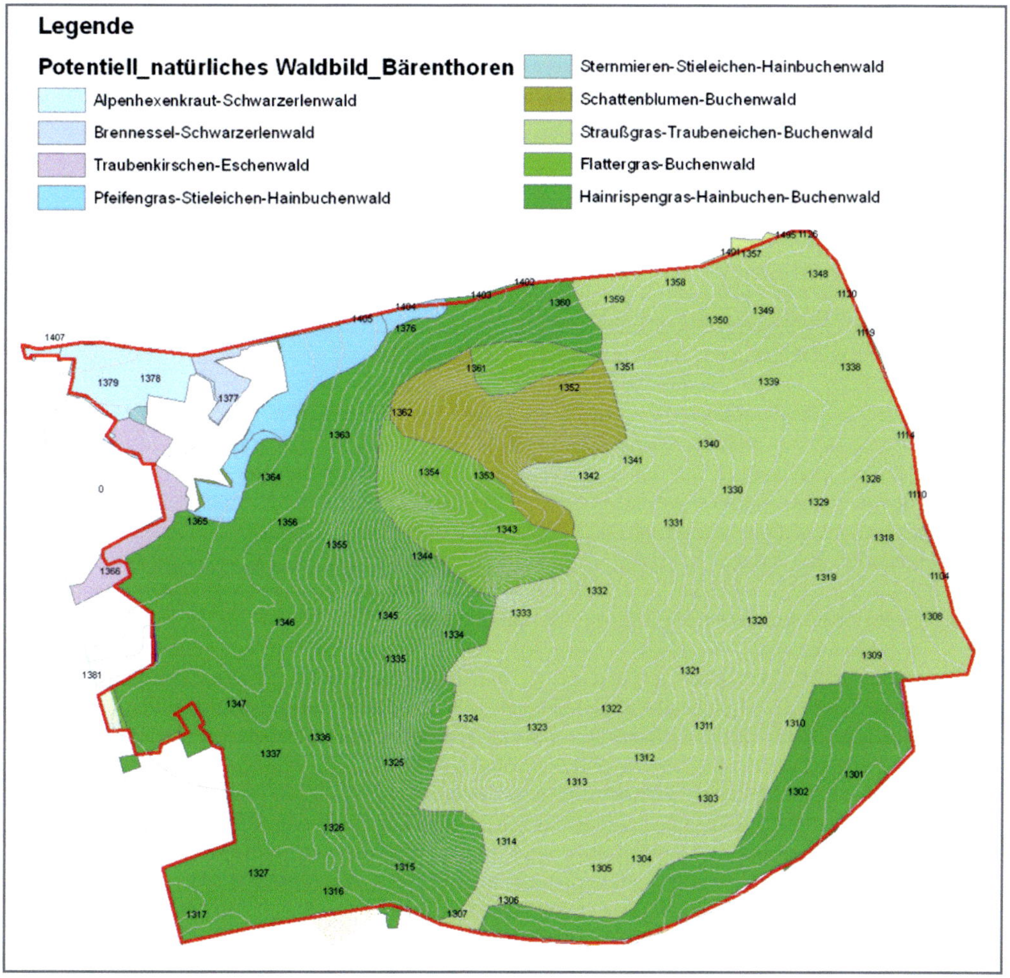

Abb. 45: *Potenzielle natürliche Waldgesellschaft (Rüffer, Pommer 2010)*

Scamoni (1960) sprach mit damaligem Kenntnisstand noch vom Waldreitgras-Kiefern-Eichenwald (*Calamagrostido-Quercetum*). Jedoch mit Hilfe von standortskundlichen Unterlagen konnten Hofmann, Pommer (2004, 2005) die PNV erarbeiten und den Rotbuchenmischwald nachweisen. Auf dieser Basis entwickelten Rüffer, Pommer (2010) die Abb. 45. Hier sind die Hochflächensande des Revieres, entsprechend den potentiellen Standortsverhältnissen, mit unter 600 mm Niederschlag natürlicherweise überwiegend mit Rotbuchenmischwaldgesellschaften bestockt. Eine Ausnahme bildet der etwas frischere Nord- und Nordwesthang des Rückenberges mit dem Schattenblumen-Rotbuchenwald auf kleiner Fläche. Nach Hofmann, Pommer (2013) wird diese Waldgesellschaft heute als Haarsimsen-Rotbuchenwald bezeichnet, weil die Schattenblume *(Majanthemum bifolium)* an Präsenz und Stetigkeit verloren hat. Sie kommt auf mittelfrischen mäßig nährstoffversorgten Standorten mit Moder vor. Der anspruchsvollere Flattergras-Rotbuchenwald stockt auf anspruchsvolleren nährkräftigen Sanden mit Tieflehmen am steilen Westhang des Weinberges. In diesem Bereich finden sich auch humusreiche, gut mesotrophe Klocke (Bodener Klocksand-Vega/BnS) mit mäßig frischem Wasserhaushalt. Die anderen Standorte tragen Rotbuchenmischwälder. Auf den Hangstandorten des Hochflächensandes nach Norden, Westen, Süden, die am Fuß der Vorstaffel oft lehm- und manchmal kalkunterlagert (**Abbildung 28**) sind Hainrispengras-Hainbuchen-Rotbuchenwälder ausgeschieden worden, die Hofmann, Pommer (2013) zu den Lehmbuchenwäldern rechnet. Der Straußgras-Traubeneichen-Rotbuchenwald, der sich auf der Ebene des ehemaligen Kiefern-Dauerwaldes befindet, ist eine ärmere Waldgesellschaft an der Grenze des Rotbuchenwald-Potenzials zu dem der Eichenwälder. Er stockt auf den mittelmäßig nährstoffversorgten Nedlitzer Sand-Braunerden mit einem mäßig trockenen Wasserhaushalt.

1.5 Bewertung der Autochthonie der Kiefer

Die Kiefer besitzt auf den schwachen Braunerden der Hochflächensande i. e. S. waldbaulich natürlicherweise eine herausragende Bedeutung. Sie bildete im Fläming einen auffallenden Phänotyp mit einer sehr dunklen, längsrissigen Borke aus. Diese Flämingkiefer ist, verglichen mit anderen Kiefernvorkommen im brandenburgischen Klima, von hoher feinastiger, langschäftiger Qualität und deshalb bevorzugt zu verwenden. Der im Fläming vorkommende Forstortsname *„Schwarzer Berg"* oder *„schwarze Gehren"* (mhd. ger = Keil, Grosse 1929) könnte auf die autochthone Herkunft dieser Kiefer hindeuten. Als Pionier und Vorwaldbaumart hat sie im Fläming mit Eiche und Buche immer Bestand gehabt. Die von Scamoni (1955) nachgewiesenen Teeröfen sind dafür der Beweis.
Kohlstock (1961) erwähnt in seinen Ausführungen zur Dobritzer Wirtschaft die ausgezeichnete Kiefernrasse, die z. B. in den alten Bezeichnungen *„Gottlobskiefer"* und *„Hagendorfer Dickten"* (Revier Hagendorf, Alter 275 bis 300 Jahre) zu finden sei. *„Die Gottlobskiefern im Revier Dobritz waren ein Kiefernwald der ersten Waldgeneration (eine Ackeraufforstung. Das wellige Bodenrelief der ehemaligen Ackerhochbeete verweisen auf die Dreifelderwirtschaft bis zur Separation. Das Revier Dobritz wurde erst vor etwas über 200 Jahren aufgeforstet. Die von Dobritz nach Nedlitz mitten durch das heutige Forstrevier Dobritz führende sog. Buchenallee wurde zu einem Zeitpunkt angelegt, als der Wald noch gar nicht bestanden hat. Die Dobritzer Kiefer ist eine gute, wüchsige Provenienz, deren Herkunft aber unbekannt ist. Ihre rotbraune, fuchsfarbene Spiegelrinde beginnt regelmäßig schon im unteren Stammabschnitt der Altkiefern, nicht selten noch vor der Mitte der Gesamtlänge des Baumes. Sie ähneln im Phänotyp den hervorragenden Kiefernherkünften aus Ostpreußen."* (Radtke 2019)

Die *„Hagendorfer Dickten"* sind aber ein anderer Geno- und Phänotyp. Sie gehen nach Fm. Trittel (1936, ehemaliger Forstamtsleiter) auf eine Kiefernnaturverjüngung (um 1720) im gleichnamigen Forstort zurück (heute Revier Nedlitz, Abteilungen 1619, 1620, 1621), die 1755 erstmals erwähnt wird. Die Kiefern hatten eine Höhe von ca. 40 m und einen Durchmesser zwischen 0,8 bis 1,0 m (Pietschmann 2002). Die *„Hagendorfer Dickten"* sollten ihrer frühen Anflugszeit um 1720 nach autochthon sein. Diese Fläming-Kiefer ist auch als Sonderherkunft der Deutsche Kontrollvereinigung (DKV) anerkannt (Schneck 2019). Trittel (1936) berichtet, dass 1755 angewiesen worden ist, den Kiefernanflug in den *„Hagendorfer Dickten"* von der Hutung auszunehmen. Stattdessen wurde eine Hutung an einem Buchenberg im Behege Bösenitz freigegeben. Ferner berichtet Trittel (1936) darüber, *„die Reste der über 200 Jahre alten Kiefern und Eichen stehen noch heute in den „Hagendorfer Dickten" mit Stammstärke bis zu 80 und 90 cm, vereinzelt sogar 1, 05 m in Brusthöhe und mit Höhen bis zu 40 m und darüber. Leider ist mindestens die Hälfte aller Stämme, wenn nicht mehr, von Schwamm und Stockfäule befallen. Trotzdem werden die Abschnitte, die z. T. feinringig sind, noch immer gesucht und gut bezahlt."* Trittel schilderte den plenterartigen Wald als *„Rest* *alter Waldherrlichkeit".* RADTKE (mdl. 2020) berichtet über das Absterben einer Zweiergruppe, von der ein gesunder Stamm ein Alter von 267 Jahren hatte. All das bestätigt, dass es sich bei diesen Kiefern um eine wertvolle, bodenständige Provenienz handelt, mit der im Fläming Waldbau betrieben werden muss.

Abb. 46: *Hagendorfer Dickten" auf kräftiger Lindauer Tieflehm-Fahlerde (LdtL) im Altrev. Nedlitz, Abt. 1620 (Aufn. Radtke 2020)*

Auffällig ist bei den *„Hagendorfer Dickten"* die an vielen Stämmen sehr hochreichende dunkle Starkborkigkeit. Bei einigen Bäumen reicht sie direkt bis zum Kronenansatz (sämtliche Informationen durch den Forstamtsleiter DETLEF RADTKE/Nedlitz 2019).

Nach RADTKE 2019: *„Sind beide Herkünfte (Dobritz u. Hagendorf) lang- und geradschaftig. Feinbeastung und Feinringigkeit sind allerdings vom Dichtschluß in der Aufwuchsphase (so war es vor nahezu 300 Jahren im „Hagendorfer Dickicht" bzw. gezieltem Schirmdruck (der pflegende Halbschatten), wie er ganz gezielt im Rahmen der* ***Dobritzer Wirtschaft****, einer lokal entstandenen Form des Kiefernüberhaltbetriebes, ausgeübt wurde, abhängig. Sowohl die Hagendorfer Dickten als auch die Dobritzer Kiefern stocken auf Laubmischwald - Standorten von kräftiger Trophie. Die erreichten, eindrucksvollen Wuchsleistungen dieser Kiefern wären anders auch gar nicht erklärbar. Eine Vielzahl hervorragender Kiefernbestände aus den Altrevieren der seinerzeitigen Oberförsterei Nedlitz sind in der 1956 angelegten Kiefernsaatgutplantage in Abteilung 1489 (heute Revier Hoher Fläming) für die Nachwelt erhalten. So sind jederzeit auch genetische Untersuchungen noch möglich".*

KOHLSTOCK (1961) bewertet diese Kiefer als Vorbedingung zur Dobritzer Kiefernwirtschaft.

Die Kiefer bliebe bis ins sehr hohe Alter gesund und zeige dabei eine hohe Leistung. Die Dobritzer Kiefer zeichne sich durch Frohwüchsigkeit, Lang- u. Geradschaftigkeit, Feinbeastung bis in die Krone und Feinringigkeit sowie durch ein (relatives) Schattenerträgnis aus. Nach der Forsteinrichtung von 1954 liegt die durchschnittliche Kiefernbonität bei 1,6, das entspricht HG 100 28 (nach LOCKOW mdl.).

Auch wenn die Autochthonie der Flämingkiefer nicht wissenschaftlich nachgewiesen ist, kann sie mit Sicherheit als dem Standort genetisch angepasst gelten. *„Bei den Hagendorfer Dickten haben die örtlichen Wirtschafter stets Autochthonie vermutet“* (Radtke 2019).

Trittel (1936) verweist darauf, dass erst ab 1753 in Nedlitz eine intensive Aufforstung einsetzt, wobei bis 1798 nur Zapfensaaten ausgeführt worden sind. Dafür wurden nur bodenständige Zapfen verwendet.
Im Altrevier Grimme, heute Revier Hoher Fläming, existiert in der Abt. 1489 eine Saatgutplantage. Hier sind die Klone 501, 502, 504, 507 bis 514 Abkömmlinge der wertvollen „Hagendorfer Dickten“. Abkömmlinge der Gottlobskiefern aus dem Revier Dobritz Abt. 1521 sind die Klone 516 bis 519, 521 bis 531. Aus der Abt. 1522 kommen die Klone 522 – 527 (Dchneck 2019). Die Gottlobskiefer hält Radtke für eine ostpreußische Herkunft.

Schlussendlich ist die Kiefer der „Hagendorfer Dickten“ die Herkunft, die auf den Sandern und sanderartigen Hochflächensanden die Hauptbaumart im Fläming sein muss.

Abb. 47: *Schmalkronige, feinastige Halbschattenkiefer in Bärenthoren, Abt. 1341 a[1], Foto Specht 2006*

Specht (2006) untersuchte die Kiefernnaturverjüngung in Bärenthoren und stellt dabei auch die von Düseberg als „edle Halbschattenkiefer" benannte, feinastige, schmalkronige Kiefer heraus. Ihr Wuchs konzentriert sich stark auf den Leitbetrieb. Sie stellt den genetischen a-Typ dar, wie er von der Eberswalder Auslesedurchforstung angestrebt wird. Da die Kiefernnaturverjüngung in Bärenthoren mit der Halbschattenkiefer eine lange Tradition hat, ist hier von einem hohen genetischen Grad der Standortsangepasstheit dieser Flämingkiefer auszugehen.
Unter dem Altholzschirm waren die schmalkronigen „Halbschattenkiefern" im Vergleich zu den Breitkronigen am besten angepasst und setzten sich im Zeitverlauf durch, so dass sie heute als typische Flämingkiefer die Bestände dominieren. Die Bestimmung ihres Autochthoniegrades wäre sehr sinnvoll.

2 Zustandsvegetationsformen (aktuelle Vegetation)

2.1 Herleitung

Die Humusformenkartierung über die aktuelle Vegetation zeigt dem Waldbau, ob der Zustand des Oberbodens im Gleichgewicht mit den Stammeigenschaften der vorliegenden Bodenform ist. Im Falle der NeS (M) müsste ein frischer Moder und im Falle der RüS (Z) sowie des BäS (Z) ein mäßig frischer rohhumusartiger Moder im Gleichgewicht vorliegen. Ist die Humusform besser als die Stammform, so liegt eine Eutrophierung vor; im umgekehrten Fall handelt es sich um eine Degradierung. Hiernach kann der Waldbau eine Bilanz für die ökogerechte Waldwirtschaft ziehen, seine Ziele festlegen, Erfolge bemessen und Degradierungen aufheben.
Eine Tabelle der Stufen der Zustandsabweichung mit Flächenangaben in Hektar und Prozent für das Untersuchungsgebiet befindet sich nachfolgend im Abschnitt D.2.2. Unter D.2.1.6.2 finden sich Tabellen mit Zusammenstellungen der Humusformen nach Standortsformengruppen und Feinbodenformen. Hier lässt sich jeweils der Flächenumfang der Abweichung von der Stammform erkennen.

2.2 Beschreibung der Zustands-Vegetationsform

Je nachdem, ob der Standorts-Zustand nicht, wenig oder stark vor allem durch menschliche Einflüsse verändert worden ist, befindet sich die natürliche Stamm-Vegetationsform im Einklang mit den Stamm-Eigenschaften des Standortes oder die aktuelle Zustands-Vegetationsform weicht mehr oder weniger von dieser ab. Im Kiefern-Reinbestand kann die Humusform im südbrandenburgischen Klima normalerweise nicht besser als rohhumusartiger Moder sein. Extreme Eutrophierung mit flächendeckendem Sandrohr führt aber sogar zur Moderbildung.
Dieses Stadium wird in Bärenthoren kleinflächig erreicht.
Auf der Nedlitzer Sand-Braunerde ergeben sich bei Vergrasung folgende Zustandsunterschiede:

Sandrohr	einzige Art, flächendeckend	inselartig vorkommend	fehlend
Drahtschmiele	sporadisch	überwiegende Art	flächendeckend
Humusform	Moder	Rohhumusartiger Moder	Rohhumus
Zustands-Nährkraftstufe	mittel	ziemlich arm	arm
Negative Abweichung zur Stamm-Nährkraft M (NeS)	keine	1 Stufe schlechter	2 Stufen schlechter

Für das Revier Bärenthoren liegt eine Vegetationskartierung vom Waldkundeinstitut Eberswalde (Jenssen, Hofmann 2003) vor, die dessen starken Vergrasungs- und Verbuschungsgrad dokumentiert. Der westliche Teil der Hochflächensande des Reviers ist entweder von der Spätblühenden Traubenkirsche bedeckt oder befindet sich in der Sukzession zur Traubenkirsche. Den mittleren und östlichen Teil bedecken Drahtschmielen-Vegetationstypen, die sich zu einem geringen Teil in Sukzession zum Land-Reitgrastyp befinden.
Um zu einer fundierten Aussage zu kommen, ist es in solch schwierigen Fällen unumgänglich, die Aussagen durch laboranalytische Untersuchungen zu stützen. Dabei gilt es vor allem, den für die Ausbildung der Humusform entscheidenden Säure/Basen-Status zu ermitteln. Damit erhält der Waldbau die Antwort auf die äußerst wichtige Frage, in welchem Verhältnis Stamm- und Zustands-Fruchtbarkeit zueinanderstehen.
Flächen mit Traubenkirschen-Unterstand wurden besonders kartiert. Hinsichtlich der Humusform entsprechen alte Traubenkirschenbestände hypothetisch der Humusform mäßig frischer Moder, junge dagegen der Humusform mäßig frischer rohhumusartiger Moder. Bei beiden Humusformen sind in der Tabelle die Werte jeweils entsprechend zu erhöhen.

Stamm-gruppen	Stufen der Zustandsabweichung								ha Summe	%
	+3	+2	+1	0	-1	-2	-3	-4		
A1 m				7					7	0,2
A2 m			1	26	106	13			146	3,6
A3 m					19				19	0,5
K1 m				7	1	1			9	0,2
K2 m				23	23	34	6		86	2,1
M1 m			7	36	108	14			165	4,1
M2 m			96	399	1.434	1102			3.031	74,8
M2 t				22	16	37			75	1,9
M2+ m			6	22	41	7			76	1,9
NA1 m				8					8	0,2
Nk1 m				17					17	0,4
NK2 m				4		11			15	0,4
NM2 m				29	3				32	0,8
NM2 t						1			1	0,0
NM2w m				2					2	0,0
NZ1 m				18					18	0,4
NZ2 m				20					20	0,5
WK2 m					5	4			9	0,2
Z1 m			4	39					43	1,1
Z2 m			1	169	69				239	5,9
Z2 t			1	14	14				29	0,7
Z3				2	1				3	0,1
ha			116	864	1.840	1.224	6	0	4.050	100,0
%			2,87	21,33	45,43	30,22	0,15	0	100,0	

Tabelle 12: *Stufen der Zustandsabweichung im Untersuchungsgebiet*
Ohne Moorstandorte und ohne „Ohne Humusform"

Die **Tabelle 12** verweist darauf, dass noch etwa 75 % der Standorte degradiert sind, weil ihre Humusform negativ von der Stammstandortsform abweicht. Das offenbart ein großes waldbauliches Potenzial für eine Melioration des Oberbodens durch den Laubholzanbau und die Bestandespflege.

2.3 Humusformenuntersuchungen unter Traubenkirsche in Kiefernbeständen

Die Humusformenkartierung nach dem Vorkommen von ökologischen Standortsweisergruppen wird unter Traubenkirsche (*Prunus serotina EHRH.*) i.d.R. sehr schwierig, weil die Zeigerpflanzen ausgedunkelt sind. Das ist ein zu untersuchendes Problem, denn die Traubenkirsche breitet sich, gefördert durch den Stickstoffeintrag und selbsttätige Standortsveränderung als Pionier, ständig weiter aus. Die zunehmende Ausbreitung der Traubenkirsche begann i.d.R. mit der verstärkten N-Emission nach dem Zweiter Weltkrieg, während sie bis dahin nur auf besseren Standorten ein gutes Fortkommen hatte (Heinsdorf 2007). Das belegen die zwei folgenden Tabellen, die für das Altrevier Bärenthoren und die Nachbarschaft des Altreviers Grimme auf Hochflächensanden zeigen, dass die Traubenkirsche zu etwa 96 % auf mittleren bis kräftigen Standorten vorkommt. Sie stockt hier bevorzugt auf den grundwasserbeeinflussten und lehmunterlagerten Standorten. Dass sich die Traubenkirsche ständig weiter ausbreitet, wird an dem hohen Prozentsatz junger Traubenkirsche von 46 % deutlich.
Die historische Betrachtung und die Kartierung der Traubenkirschenausbreitung (Hofmann in Anders et. al. 2002, Waldkundeinstitut Eberswalde (Jenssen, Hofmann 2003) zeigen, dass sich die Traubenkirsche, ausgehend von ersten Pflanzorten besserer Trophie beim Dorf Bärenthoren, zunächst immer auf den besseren und frischeren Standorten ausbreitete. Erst von dort besiedelte sie schlechtere Standorte, indem sie sich selbst die Humusverhältnisse schrittweise verbesserte. Seit der Kartierung von Hofmann im Jahre 1990 hat sich die Traubenkirsche deutlich weiter ausgebreitet (siehe Humusformenkartierung Greger 2007).
Um die Humusform unter Traubenkirsche bewerten zu können, wurden erste Analysen angefertigt, die ergänzt werden müssen, um zu weiteren Aussagen zu kommen. Die Probenahme für die Analysen erfolgte nicht volu-

mengerecht, da Terminschwierigkeiten allein die Bestimmung der Humusform in den Vordergrund stellte. Die Bestimmung des Einflusses der Traubenkirsche auf die Nährstoffanreicherung stand im Hintergrund. Der Trend dieses Einflusses kann aber auch den vorhandenen Analysenergebnissen entnommen werden.

Fein-bodenform	Traubenkirschenbestand		Summe		Stamm-gruppe
	alt	jung	ha	%	
bNeS 77		3	3	0,9	M2
DoS 77	3	6	9	2,8	M2
DoS 67		16	16	5,1	M2
GoSU 46		1	1	0,3	Z1
HdSB 45		2	2	0,6	NM2
LdtL 77	6	10	16	5,1	K2
LhSU 45		1	1	0,3	NM2
MdSB 56		13	13	4,1	M1
MuSB 46		6	6	1,9	Z1
NaSG 35		9	9	2,8	NK2
NeS 77	111	36	147	46,5	M2
NeS 55	2		2	0,6	M1
NeS 56		5	5	1,6	M1
NeS 67	27	26	53	16,8	M2
NeS 77 fr	1		1	0,3	M1
NeS/L 77	7	1	8	2,5	M2+
NeS/l 77	6	1	7	2,2	M2
NeS/L 57		2	2	0,6	M2+
pNeS 77	1	7	8	2,5	M2
RuS 77	1		1	0,3	A2
RüS 77		2	2	0,6	Z2
tpNeS 77	3		3	0,9	M2
WaR 77	1		1	0,3	Z2
	169	147	316	100,0	

Tabelle 13: *Anteil des Traubenkirschenunterstandes an den Feinbodenformen*

Stamm-gruppe	Traubenkirschenbestand		ha	%
	alt	jung		
A2 m	1		1	0,3
K2 m	6	10	16	5,1
M1 m	3	18	21	6,6
M2 m	151	94	245	77,5
M2 t		1	1	0,3
M2+ m	7	3	10	3,2
NK2 m		9	9	2,8
NM2 m		3	3	0,9
Z1 m		7	7	2,2
Z2 m	1		1	0,3
Z2 t		2	2	0,6
	169	147	316	100,0

Tabelle 14: *Anteil des Traubenkirschenunterstandes an den Stamm-Standortsformengruppen*

Untersuchung des Einflusses unterschiedlich alter Traubenkirschenbestände auf den Oberboden

Zur Untersuchung der Humusformen unter Traubenkirsche in Kiefernbeständen wurde ein 20-jähriger Traubenkirschenbestand mit einem 50-jährigen unter Kiefer gleichen Kronenschlussgrades und gleicher Standortsform (NeS 67) des Altreviers Bärenthoren ausgewählt.
Die Zielstellung bestand darin, die unterschiedliche Entwicklung der Humusform unter alter und junger Traubenkirsche für die Horizonte Oh und Ah zu ermitteln. Unter der 20-jährigen Traubenkirsche wurden drei Mischproben entnommen und unter der 50-jährigen zwei. Die Mischproben setzen sich aus fünf über eine größere Fläche verteilten Einzelproben zusammen. Das gleiche Verfahren wurde auf einer Nullfläche mit 90-jähriger Kiefer auf NeS 67 ohne Traubenkirschenunterstand mit zwei Mischproben durchgeführt.

Bestandesdaten der Traubenkirschen-Versuchsbestände Abt. 1337 a[1]
FORSTLICHE LANDESANSTALT LSA, 1998

Baumart	Alter	Ertragsklasse	Mittelhöhe	Brusthöhendurchm.	Bestockungsgrad B°	Vorrat Efm/ha
Kiefer (Saat)	140	2,0	27	48	0,8	286
Stieleiche	53	1,5	14	14	0,3	28
junge spätblühende Traubenkirsche (horstweise)	20	3,0	2		0,3	
Horizontfolge:	L 5 - 3 cm F 3 - 1 cm H 1 - 0 cm Ah 0 - 1 cm					
Bodenvegetation:	ausgedunkelt bis + *Scleropodium purum*					

Tabelle 15: *Proben-Nr. 1 bis 6, Abt. 1363 a[1]*

Baumart	Alter	Ertragsklasse	Mittelhöhe	Brusthöhendurchm.	Bestockungsgrad B°	Vorrat Efm/ha
Kiefer (Naturverjüngung)	103	1,5	25	36	0,7	260
Kiefer (stammweise)	147	2,0	26	51	0,7	260
Stieleiche (truppweise)	49	2,0	10	10	0,5	33
alte Spätblühende Traubenkirsche	50		6	10	0,5	
Horizontfolge:	L 7 - 4 cm F 4 - 2 cm H 2 - 0 cm Ah 0 - 1 cm					
Bodenvegetation:	+ *Scleropodium purum* r Polytrichum *juniperum*					

Tabelle 16: *Proben-Nr. 7 bis 10, Abt. 1337 a[1]*

Baumart	Alter	Ertrags-klasse	Mittel-höhe	Brusthöhen-durchm.	Bestockungs-grad B°	Vorrat Efm/ha
Kiefer	85	2,5	2 1	25	0,6	150
Kiefer (Naturverjüngung)	25	2,0	8	7	0,3	15
Sandbirke	10		4		0,1	
Horizontfolge:	L 5 - 3 cm F 3 - 1 cm H 1 - 0 cm Ah 0 - 1 cm					
Bodenvegetation:	4 *Deschampsia flexuosa* 1 *Vaccinium myrtillus* 1 *Oxalis acetosella* r *Rhamnus frangula* r *Sorbus aucuparia* 2 *Scleropodium purum* 1 *Polytrichum juniperum*					

Tabelle 17: *Proben 11 bis 14, Abt. 1353 a^2, Bestandesdaten der Nullfläche ohne Traubenkirsche*

Die Humusuntersuchung wurde wie folgt vorgenommen (Thomas 2007). Dabei wurden Bestände junger Traubenkirschen-Verbuschung (Proben 1 bis 6) mit solchen alter über 5 m hohen Traubenkirschenunterstände (Proben 7 bis 10) auf Nedlitzer Sand-Braunerde mit gleichem Horizontprofil miteinander verglichen und zu einer Nullfläche mit einem Kiefernbestand auf gleichem Standort, aber ohne Traubenkirsche (Proben 11 bis 14) in Beziehung gesetzt. Es wurden sowohl Proben vom Humusstoffhorizont der Streuauflage (Oh) als auch vom humusreichen Oberboden (Ah) genommen.
Die Trennung von Oh und Ah war schwierig, weil beide gleitend ineinander übergehen.

Die Proben wurden mit folgenden Methoden analysiert:

- pH-Wert in KCl und H2O nach BZE
- Kalkbedarf mittels Scheibler-Apparatur
- Bestimmung von C, S und N am CNS-2000 Elementaranalysator
- Pflanzenverfügbare Nährstoffe P und K mittels Calciumlactat nach TGL 25418/07 und TGL 25418/08
- Sorption nach Kappen-Adrian (V-Wert)
- Gesamtgehalte an Nähr- und Spurenelementen mittels Königswasseraufschluss nach DIN 38414-S7
- Gesamtgehalte an Nähr- und Spurenelementen mittels HF-Aufschluss nach TGL25418/18

Die Aufbereitung und Analyse der Proben fanden im Labor des Fachbereiches Landschaftsnutzung und Naturschutz der FH Eberswalde statt. Die Bestimmung der Gesamtgehalte an Nähr- und Spurenelementen wurden am ICP, dem Zentralen ökologischen Labor der Fachhochschule Eberswalde vorgenommen (Thomas 2007).

Anhang J.1: Tabellen 18 bis 27
Zur Untersuchung des Einflusses unterschiedlich alter Traubenkirschenbestände auf den Oberboden
Tab. 18: Analysenergebnisse der chemischen Bodenuntersuchungen
Tab. 19: Pflanzenverfügbare Nährstoffe
Tab. 20: Verbale Einstufung der Proben von Bodenreaktion, Carbonat- u. Humusgehalt
Tab. 21: Pflanzenverfügbare Nährstoffgehalte der Bodenproben des Forstamtes Nedlitz (P und K)
Tab. 22: Gesamtgehalte Nähr- u. Spurenelemente (Königswasseraufschluss)
Tab. 23: Analysenergebnis V-Wert
Tab. 24: Gesamtgehalte an Nähr- u. Spurenelementen (HF-Aufschluss)
Tab. 25: Gesamtgehalte im HF-Aufschluss – SEA 95
Tab. 26: Wertespannen für N-Stufen
Tab. 27: Wertespannen für B-Stufen

Es zeigte sich, dass die Humusauflage unter alter Traubenkirsche besonders mächtig ist (bis 7 cm), während unter junger Traubenkirsche und unter reiner Kiefer die Auflage bis 5 cm reicht. Deshalb hat die alte Traubenkirsche in der stärkeren Auflage auch etwa 30 % mehr Nährstoffe angereichert, die dem fein verzweigten Wurzelsystem der Kiefer eine bessere Versorgung gewährleisten.
Alle Traubenkirschenstandorte besitzen torfartige Auflagen, obwohl der Streu der Traubenkirsche Kiefernnadeln und Blätter von Stieleiche beigemischt sind und überall im Oh- und Ah-Horizont kleine graugrüne epigäische Regenwurmarten gefunden wurden, deren Lebensraum die Humusauflage ist. Im mineralischen Oberboden lebende endogäische Arten fehlen infolge der zu geringen pH-Werte. Das Vorkommen der Regenwürmer ist ein Bioindikator, der auf Nedlitzer Sand-Braunerde ohne Traubenkirschenbestockung im vorliegenden Mosaikbereich im Erkundungsverlauf nicht gefunden werden konnte. Diese Regenwürmer sind aber nicht in der Lage, die organische Substanz in den Mineralboden einzumischen.
Hieraus erklären sich die tlw. torfartigen Auflagen. Die Regenwürmer durchmischen aber den Of- und Oh-Horizont, so dass diese schwer zu trennen sind und damit die volumengerechte Entnahme erschweren.
Die Ah-Horizonte sind im Bereich der Probennahmespanne sehr stark humos bis anmoorig.
Die Reaktion des Substrates ist sehr sauer bis extrem sauer (3,0 bis 3,7). Dabei treten unter der alten Traubenkirsche sogar extreme Säuregrade auf. Dieser Befund verwundert, denn die Blätter der Traubenkirsche sind bereits im November in einem fortgeschrittenen Zersetzungsgrad.

Die Versorgung mit **Hauptnährstoffen** nach HF-Aufschluss verhält sich wie folgt:

- Kalium ziemlich gering bis mäßig, in der Auflage bis sehr hoch, unter reiner Kiefer niedrig bis mittel
- Phosphor mäßig bis hoch (besonders in der Auflage), unter reiner Kiefer sehr niedrig bis mittel
- Magnesium ziemlich gering, unter alter Traubenkirsche in der Auflage etwas besser,
- Calcium ziemlich gering bis mäßig, unter alter Traubenkirsche in der Auflage etwas besser.

Unter der alten Traubenkirsche ist die Ca-Versorgung ziemlich gering.
Der **Stickstoffgehalt** im Oh-Horizont ist mäßig bis ziemlich hoch. Offenbar haben die sehr wüchsigen Kiefern-Bestände zusammen mit dem Traubenkirschen-Hähereichenunterstand den Stickstoff gut mineralisiert und eingebaut. Die Stickstoffstufe N4 bis N6 zeigt rohhumusartigen Moder bis Moder bis mullartigen Moder an (SEA 95).

Dementsprechend werden die Werte in die Säure-Basenstufe B4 bis B5 mit einem **V-Wert** von 9,6 bis 21,0 (V-Stufe V3 bis V4) eingeordnet. Das entspricht einer Humusform (SEA 95) rohhumusartiger Moder (Rohhumus) bis Moder bzw. der Nährkraftstufe ziemlich arm (Z) bis mäßig nährstoffhaltig (M). Dabei zeigen die alten Traubenkirschenbestände durchschnittlich keine besseren V-Werte. Auf der Nullfläche findet sich eine den Traubenkirschenbeständen
vergleichbare bis bessere Säure-Basenstufe von B4 bis B5. Das bedeutet, dass die Traubenkirsche die Basizität des Oberbodens nicht messbar verbesserte. Werden die Mittelwerte der V-Werte miteinander verglichen, so wird dieser Tatbestand deutlich:

Traubenkirsche jung : Traubenkirsche alt : Nullfläche = 14,22: 14,03: 20,53.

Diese Werte bestätigen, dass im Fläming vor allem eine deutliche Stickstoff-Eutrophierung vom Außenbereich erfolgt ist, weil der V-Wert nicht, wie zu erwarten wäre, mit dem C/N-Wert korreliert, d. h. die gleiche Humusform anzeigt. Stattdessen liegt die N-Stufe unter Kiefer auf der sauren Nedlitzer Sand-Braunerde höher im Bereich rohhumusartiger Moder bis Moder bis mullartiger Moder (Z bis K) als die B-Stufe (Säure-Basenstufe), die im Bereich rohhumusartiger Moder oder sogar Rohhumus bis Moder liegt (A bis M). Für den hohen Stickstoffeintrag kommt als wichtiger Emittent Piesteritz in Frage.
Der Säure-Basen Status (V-Wert) ist im Gebiet durch die ehemalige Streunutzung historisch tief und aktuell zusätzlich durch die N-Versauerung betroffen.
Im Ah-Horizont sind die V-Werte niedriger als im Oh-Horizont. Das kann daran liegen, dass im Oh-Horizont noch der Laubfall der Traubenkirsche anreichernd wirkt. In der gleichen Weise tritt bei P, Mg und wenig signifikant bei Ca eine Anreicherung in der Humusauflage ein.

1.1.6 Substratuntergruppen der Mineralböden

Um den hohen Informationsgehalt der Feinbodenformen auch in der Gruppenebene zum großen Teil zu erhalten, können die Stamm-Standortsformengruppen der **Mineralböden** um Substratuntergruppen erweitert werden. In welchem Umfang die Erweiterung vorgenommen wird, hängt vor allem von der Gestaltung der Standortskarte ab. Das Hinzufügen der Substratuntergruppe wird umso dringlicher, je weniger von den Teileinheiten der Standortsform in der Standortskarte dargestellt werden soll. Ohne Angabe der Substratuntergruppe würden die Möglichkeiten der forstökologischen Auswertungen stark eingeschränkt werden. Insbesondere würden für die Baumartenwahl und für die Festlegung von Bestockungszieltypen wichtige Informationen fehlen.
Die folgenden Substratuntergruppen werden aus den Substrattypengruppen und Körnungsartengruppen abgeleitet:

S - Sandstandorte
bS - Bändersandstandorte
lS - Lehmsandstandorte
G - Grandstandorte
bF - Bänderstaubsandstandorte
L - Lehmstandorte
dL - Decklehme
tL - Tieflehme
T - Tonstandorte

Bei dem Substrattyp Sand ist außerdem die Unterlagerungen anzugeben:
.../L - lehmunterlagert .../l - tief lehmunterlagert

Die Substratuntergruppen werden in der Bezeichnung der Stamm-Standortsformengruppen zwischen Feuchtestufe und Klimastufe eingefügt, die Kurzzeichen dabei in Klammern gesetzt z.B.

K2 (bS/L) m - Kräftige mittelfrische lehmunterlagerte Bändersandstandorte in mäßig trockenem Klima
NM2(S) m - Mittlere (dauer-)feuchte Sandstandorte in mäßig trockenem Klima.

Für Moorböden ist die Angabe von Substratuntergruppen nicht vorgesehen.

1.2 Zustands-Standortsformengruppen

Die Zustands-Standortsformengruppe wird aus der Zustands-Standortsform abgeleitet, und zwar aus der Humusform. Weil in der Standortskarte nur die Humusformen dargestellt und nur diese zu Auswertungen herangezogen werden, erübrigt sich eine eingehende Erläuterung der Zustands-Standortsformengruppen.

1.2.1 Stufen der Zustandsabweichung

Bei kombinierter Anwendung von Stamm- und Zustands-Standortsformengruppen, in unserem Falle also die Humusformen, ergeben sich aus der Gegenüberstellung Stufen der Zustandsabweichung. Eine Auswertung wurde für die Nährkraftstufen vorgenommen, nicht für die Feuchtestufe, die auch möglich wäre.
Es bedeuten:

0 - Zustands-Nährkraft befindet sich im **Gleichgewicht** mit der Stamm-Nährkraft.
– .. - **Degradationsstufen**. Bei den Nährkraftstufen kommen bis zu 5 Stufen vor.
+ .. - **Aggradationsstufen**. Bei den Nährkraftstufen reicht die Aggradation nur bis zu einer Stufe.

Tabelle 28: *Stufen der Humusformen-Zustandsabweichung im Untersuchungsgebiet*

Stamm-gruppe	Stufen der Zustandsabweichung (Nährkraft)								ha Summe	%
	Aggradation				Degradation					
	+3	+2	+1	0	-1	-2	-3	-4		
A1 m				7					7	0,2
A2 m			1	26	106	13			146	3,6
A3 m					19				19	0,5
K1 m				7	1	1			9	0,2
K2 m				23	23	34	6		86	2,1
M1 m			7	36	108	14			165	4,1
M2 m			96	399	1.434	1102			3.031	74,8
M2 t				22	16	37			75	1,9
M2+ m			6	22	41	7			76	1,9
NA1 m				8					8	0,2
Nk1 m				17					17	0,4
NK2 m				4		11			15	0,4
NM2 m				29	3				32	0,8
NM2 t						1			1	0,0
NM2w m				2					2	0,0
NZ1 m				18					18	0,4
NZ2 m				20					20	0,5
WK2 m					5	4			9	0,2
Z1 m			4	39					43	1,1
Z2 m			1	169	69				239	5,9
Z2 t			1	14	14				29	0,7
Z3				2	1				3	0,1
ha			116	864	1.840	1.224	6	0	4.050	100,0
%			2,9	21,33	45,4	30,2	0,15	0	100,0	

Nicht einbezogen sind die Moorstandorte und Flächen „Ohne Humusform".
Nach dieser Aufstellung befinden sich 21 % der Zustandsnährkraft im Gleichgewicht mit der Stammnährkraft, was dem Idealzustand entspricht. 3 % sind im Zustand um eine Stufe besser als die Stammnährkraft, wobei das Gros bei den mäßig nährstoffhaltigen Standorten liegt. Bedenklich sind die negativen Zustandseigenschaften um zwei und drei Stufen, die fast ein Drittel der kartierten Fläche einnehmen. Hier bieten sich Angriffspunkte für waldbauliche Maßnahmen zur Verbesserung des Standortszustandes und damit Anhebungen des Ertragsvermögens. Denn der Oberbodenzustand ist vor der potentiellen, bodengeologisch bedingten Nährstoffstufe für die waldbauliche Leistungsfähigkeit des Standorts entscheidend.

2 Die Baumarten und ihre standörtlichen Möglichkeiten

2.1 Bestockungszieltypen von 1985

Unter dem Titel „Standörtliche Anbauwürdigkeit von Bestockungszieltypen für die Wälder der DDR" brachten D. Kopp und W. Schwanecke 1985 eine überarbeitete Fassung der Bestockungszieltypen heraus. Nach KOPP (2007) und Kohlstock (2007) sind diese BZT auch heute noch gültig. Sie bieten allen Nutzungsansprüchen an den Wald zutreffende BZT.
So kann z. B. die Wichtung der BZT verändert werden, wenn im Raum des Trinkwassereinzugsgebietes der Altreviere Bärenthoren und Grimme der Schwerpunkt in Richtung Grundwasserneubildung gelegt wird. Sekundär stehen dann Kiefern-Buchen-BZT zur Verfügung.

2.1.1 Aufgabe und Entwicklung

Die Lösung der Hauptaufgaben der Forstwirtschaft, bei gleich bleibender Flächenausstattung die Rohholzproduktion zu steigern und nachhaltig zu sichern sowie gleichzeitig die landeskulturellen Wirkungen des Waldes zu erhöhen, erfordert eine intensive Bewirtschaftung unserer Wälder. Ein wichtiger Schritt zu diesem Ziel ist es, die Beziehungen zwischen Standort und Bestockung optimal zu gestalten und dadurch die Gratiskräfte der Natur voll wirksam zu machen. Auf standörtlicher Seite sind die Standortsformengruppen (auch kurz: Standortsgruppen) die Basis dafür, auf der Bestockungsseite sind es die Bestockungszieltypen. In diesem Beitrag wird der gegenwärtige Wissensstand zur standortgerechten Baumartenwahl dargestellt. Dabei wird die Forderung nach Anpassung an die natürlichen Standortskräfte stärker betont als in dem Entwicklungsabschnitt zuvor.

2.1.2 Bestockungszieltypen und Standortsformengruppen als Planungsgrundlagen zur standortgerechten Baumartenwahl

Planungsgrundlage zur standortgerechten Baumartenwahl sind Anbauwürdigkeitstabellen, die nach Bestockungszieltypen und Standortsformengruppen aufgebaut sind.

2.1.2.1 Bestockungszieltypen

Tabelle 29: *Bestockungszieltypen geordnet nach Hauptbaumarten mit ihren Merkmalen (nur Tiefland und etwas vereinfacht)*

Bestockungszieltyp und Untertyp	Bestockungsstruktur bei Erreichen des Produktionszieles: Baumartenanteile in Zehntel (nach BRA V/ 1978): Hauptbaumarten	Mischbaumarten	Bestandes-Aufbau vertik.: einschichtig	zweischichtig	Bestandes-Aufbau horiz.: stammweise	gruppenweise	durchschnittlicher Produktionszeitraum	Art der Walderneuerung: auf der Kahlfläche: künstlich	Naturverjüng…	späterer Unterb…	auf Kahlfläche im Seitenschutz: künstlich	Naturverjüng…	unter Schirm: künstlich (VA)	aus Naturverjüng…
Kieferntyp I	KI 10		■				100-110	■	■					□
Kieferntyp II	KI 10		■				unter 90	■	■					
Kiefern-Fichten-Typ	KI 6	FI 4	■			■	100-120	■	■		□			
Kiefern-Linden-(Weißbuchen)-Typ	KI 8	LI... 2		■	■		130	■		□	□			
Kiefern-Buchen-Typ I	KI 6	BU 4		■	■		120-160			■				
Kiefern-Buchen-Typ II	KI 6	KI 4		■	■		120			■				
Kiefern-Douglasien-Typ	KI 4	DG 6		■	■		140			◆				
Kiefern-Riesenlebensbaum-Typ	KI 6	LB 4		■	■		140			◆				
Japanlärchentyp	JLÄ 10		■				80	■	■					
Lärchen-Buchen-Typ	ELÄ 6	BU 4		■	■		130-160	□		■				
Lärchen-Linden-(Weißbuchen)-Typ	ELÄ 8	LI, WB 2		■	■		110-120	■	■	□				
Fichtentyp	FI 10		■				90-110	■	■					■
Weymouthskieferntyp	WKI 10		■				80	■	■					
Sitkafichtentyp	SFI 10		■				80	■	■					
Douglasientyp	DG 10		■				80		■		■		■	■
Küstentannentyp	KTA 10		■				80	■	■		■		□	
Stieleichen-Buchen-Typ	SEI 6	BU 4		■	■		120	□		■				
Stieleichen-Edellaubbaum-Typ	SEI 6	ELB 4	■		■		130		□		□	■		
Stieleichen-Linden-(Weißbu.)-T.	SEI 7	Li, WB 3					120-130	■	□	□	□			
Traubeneichen-Buchen-Typ	TEI 6	BU 4		■	■		160			■				
Traubeneichen- Linden-(Wbu.)-T.	TEI 7	LI ... 3		■	■		160	■	■	□	□			
Buchen-(Nadelbaum)-Typ	BU 8	NDH 2	■			■	120-130					■	■	■
Buchen-Edellaubbaum-Typ	BU 7	ELB 3	■			■	130-140					■		■
Edellaubbaumtyp	ELB 10		■			■	110		■		□	■	□	■
Erlen-Hochwald-Typ	RER 10		■				80	■	■					
Erlen-Niederwald-Typ	RER 10		■				40	■						
Erlen-Edellaubbaum-Typ	RER 6	ELB 4	■		■		100		■			■		
Balsampappeltyp I	PA 10						40-50	■	■					
Balsampappeltyp II	PA 10						40	■	■					
Aspentyp	AS 10						40-50	■	■					
Birkentyp	BI 10						80	■	■					

Zeichenerklärung

■ überwiegend vorkommend und gut geeignet
□ zum Teil vorkommend oder möglich
◆ mit Zwischenstellung zwischen Unter- und Voranbau

Tabelle 30: *Die Bestockungszieltypen in einer nach Bestandesaufbau im Hiebsreifealter und Erneuerungsart geordneten Übersicht*

Art der Walderneuerung		Bestandesaufbau im Hiebsreifealter		
		einschichtige Reinbestandstypen	einschichtige Mischbestandstypen	zweischichtige Mischbestandstypen
auf der Kahlfläche (auch ohne Seitenschutz)	künstlich	Kieferntyp Japanlärchentyp Fichtentyp Weymouthskieferntyp Sitkafichtentyp Küstentannentyp Roterlen-Hochwaldtyp Balsampappeltyp Schwarzpappeltyp Aspentyp	Kiefern-Fichten-Typ I Stieleichen-Edellaubbaum-Typ Edellaubbaumtyp Roterlen-Edellaubbaum-Typ	Kiefern-Fichten-Typ II Kiefern-Linden-Weißbuchen-Typ Lärchen-Linden-Weißbuchen-Typ Stieleichen-Linden-Weißbuchen-Typ Traubeneichen-Linden-Weißbuchen-Typ
	teilw. oder ganz aus Naturverjüngung	Aspentyp Birkentyp Roterlen-Niederwaldtyp		
	mit späterem Unterbau (= künstlich bzw. Naturverjüngung als Unterwuchs)			Kiefern-Buchen-Typ I und II Kiefern-Linden-Weißbuchen-Typ Kiefern-Douglasien-Typ Kiefern-Riesenlebensbaum-Typ Lärchen-Buchen-Typ Stieleichen-Buchen-Typ Traubeneichen-Buchen-Typ
auf der Kahlfläche im Seitenschutz	künstlich	Douglasientyp Küstentannentyp		
	teilweise oder ganz aus Naturverjüngung		Stieleichen-Edellaubbaum-Typ Buchen-Nadelbaum-Typ Buchen- Edellaubbaum-Typ Edellaubbaumtyp Roterlen-Edellaubbaum-Typ	
unter Schirm	Voranbau (künstlich)	Douglasientyp Küstentannentyp	Buchen-Nadelbaum-Typ Edellaubbaumtyp	
	aus Naturverjüngung (auch mit künstlicher Ergänzung)	Kieferntyp	Buchen-Nadelbaum-Typ Buchen- Edellaubbaum-Typ Edellaubbaumtyp	

Unter Bestockungszieltyp wird eine während des gesamten Bestandeslebens planmäßig zu entwickelnde Bestockung verstanden, die sich bei Erreichen des Produktionszieles der Hauptbaumarten durch eine bestimmte Zusammensetzung nach Haupt- und Mischbaumarten und durch einen bestimmten vertikalen und horizontalen Bestandesaufbau auszeichnet.

Ein Bestockungszieltyp kann je nach Vorbestockung durch verschiedene Erneuerungsarten begründet werden. Allgemeingültige Bestockungszieltypen haben besonders für eine zielgerichtete Bewirtschaftung des normalen Wirtschaftswaldes große Bedeutung. Darüber hinaus können diese Typen auch für Waldteile mit besonderem landschaftspfleglichem Charakter benutzt werden. Für stärker immissionsgefährdete Waldgebiete im Einflussbereich von SO_2-haltigen Industrieabgasen sind einige zusätzliche spezielle Bestockungszieltypen erforderlich.

In der ersten Tabelle werden die Bestockungszieltypen geordnet nach den Hauptbaumarten mit ihren Merkmalen vorgestellt. Zu den Hauptmerkmalen zählen vor allem die Baumartenzusammensetzung bei Erreichen des Produktionszieles und die Aufbauform. Außerdem wurden der durchschnittliche Produktionszeitraum und die Erneuerungsart angegeben.

Die zweite Tabelle gibt – als Auszug aus der ersten Tabelle – eine Übersicht über die Verknüpfung zwischen der Art der Walderneuerung und dem Bestandesaufbau im Hiebsreifealter.

Die Bestockungszieltypen mit Kiefer und Lärche als Hauptbaumart sind teils einschichtig und teils zweischichtig aufgebaut. Die einschichtigen werden vorwiegend künstlich von der Kahlfläche erneuert, die zweischichtigen durch späteren Unter- oder Voranbau der Mischbaumart. Ökologisch besonders günstig sind die zweischichtigen Typen mit Rotbuche bzw. Linde und Weißbuche in der zweiten Schicht.

Bei der Fichte kommen einschichtige Rein- und Mischbestandstypen vor. Die meisten werden auf der Kahlfläche verjüngt, einige – wie der Fichten-Rotbuchen-Typ und der Fichtentyp – jedoch auch künstlich oder aus Naturverjüngung unter Schirm.

Für die sonstigen Nadelbaumarten sind durchweg einschichtige Reinbestände auf nicht zu großer Fläche vorgesehen. Bis auf den Douglasien- und Küstentannentyp ist an Erneuerung auf der Kahlfläche gedacht; Douglasie und teilweise Küstentanne müssen unter Schirm oder im Seitenschutz benachbarter Baumhölzer wegen der Frostgefährdung erneuert werden.

Bei der Eiche als Hauptbaumart sind die zweischichtigen Bestockungszieltypen die wichtigsten, wobei beim Stieleichen-Rotbuchen- und Traubeneichen-Rotbuchen-Typ die Eiche rein auf der Kahlfläche begründet und die Rotbuche später unterbaut wird.

Beim Stieleichen-Linden-Weißbuchen- und Traubeneichen-Linden-Weißbuchen-Typ werden die Mischbaumarten auf der Kahlfläche gleich mitbegründet. Der Stieleichen-Edellaubbaum-Typ ist für Standorte mit Naturverjüngung vorgesehen; der Stieleichen-Birken- und Traubeneichen-Birken-Typ sind Zwangsmischungen auf Extremstandorten.

Für die Rotbuche als Hauptbaumart sind einschichtige Rein- und Mischbestandstypen vorgesehen.

Wichtigste Erneuerungsart ist Naturverjüngung unter Schirm, teilweise mit künstlicher Ergänzung, besonders bei den Nadelbäumen im Rotbuchen-Nadelbaum-Typ.

Unter den Bestockungszieltypen mit sonstigen Laubbaumarten als Hauptbaumart sind die beiden Pappeltypen, der Aspentyp und der Robinientyp einschichtige Reinbestandstypen mit Erneuerung auf der Kahlfläche als Zwischengeneration. Der Birkentyp und die beiden Erlentypen sind einschichtige Reinbestandstypen für Extremstandorte. Der Edellaubbaumtyp wird am besten aus Naturverjüngung unter Schirm oder im Seitenschutz erneuert und hat dann im jüngeren und mittleren Alter plenterartigen Aufbau. Für die Typen mit Roteiche gilt ähnliches wie für die entsprechenden mit den heimischen Eichen.

2.1.2.2 Standortsformengruppen

Standörtliche Grundlage für die Planung der Baumartenwahl sind die Stamm-Standortsformengruppen.

Sie sind vorwiegend für diesen Zweck gebildet.

Bei Standorten der ökologischen Mitte im Tiefland wird zusätzlich der Nachbarschaftseinfluss durch eine hierfür gebildete Zweckgruppierung der Standortsmosaike berücksichtigt. Auf stärker degradierten Standorten gelten die langfristigen Bestockungszieltypen erst nach Überwindung der Degradation durch Melioration; auf aggradierten Standorten gelten die Bestockungsziele der entsprechenden besseren Stamm-Standortsformengruppen. Näheres dazu ist aus den Anbauwürdigkeitstabellen ersichtlich.

2.1.3 Bodenformen

2.1.3.1. Das genetische* Bodenformensystem

Dieses Kapitel entstand aus der Sicht des Waldbaues, der mit Hilfe des Bodenformensystems die Zusammenhänge der Bodenentstehung und die Beziehungen der Böden untereinander der forstlichen Landeskultur zur Verfügung stellen möchte. Der Autor basiert mit seiner Arbeit auf der Standortserkundungsanweisung 1995 (Sea 95) und den deutsch-polnischen Forschungsergebnissen zur Perstruktion von Kopp, Jäger 1972; Kowalkowski 1973; Kowalkowski, Borzyskowski 1977. Er hält sich dabei an das von Kopp und Mitarbeitern entwickelte Bodenformensystem, das auch das Perstruktionsprofil (Umwandlungsprofil) als besonderen Befund und Maßstab für die periglaziale Bodengenese enthält. Periglazialböden sind klimageographisch im subpolaren Umfeld eines Vereisungsgebietes durch Permafrost, Solifluktion, Kryoturbation, Deflation bzw. Lößakkumulation entstanden. Aus diesem Grunde kennzeichnet der Autor das Bodenformensystem nach Vorschlag von Konopatzky (2019) als genetisch, denn es basiert auf der Auslegung der periglazialen Bodengenese. Der periglaziäre Gefügeumbau (griechisch „um das Eis herum") ist oft mit einer Materialumlagerung und in seiner Folge mit Sedimentationsvorgängen verbunden.

Dabei ist der Tiefenbereich der „Oberfläche" betroffen, der über dem Dauerfrostboden dem alljährlichen Auftauen und Wiedergefrieren ausgesetzt ist. Dadurch werden dem betroffenen Boden dauerhaft Gefügemerkmale aufgeprägt, die bis heute erhalten geblieben sind. Sie haben reliktischen Charakter und sind durch Solifluktion (Solumfließen), Kryoturbation (eisbedingte Veränderungen) und Kryoperstruktion (Umbau durch Eis) gekennzeichnet. Sie bewirken Bödenfließen in Hanglage, Verwürgen und Verformen der Schichten sowie Veränderungen des Filtergerüstes und Anreicherung klastischer Gesteine (eiszeitliches Trümmergestein) im Untergrund. Das verbreitete Auftreten dieser Gefügemerkmale verdient Beachtung. Es hat heute Bedeutung, weil die Gefügemerkmale weitgehend als Relikte des Periglaziär konstant dem Auf und Ab des Bodenoberflächenverlaufes folgen. Das betrifft auch den Verlauf der Verbraunung. Die Gefügemerkmale weisen zurück in die Zeit ihrer Entstehung und offenbaren, wo später Veränderungen der Kongruenz mit der Oberfläche eingetreten sind. Die späteren Veränderungen sind extraperiglaziär und erklären erosive Abtragungen und sedimentäre Überdeckungen und erleichtern der Standortserkundung die Erklärung der gegenwärtigen Naturraumausstattung.

Die Bodenform stellt Eigenschaften des Bodens als Stamm-Eigenschaften des Standortes dar, die durch den Menschen nur schwer beeinflussbar sind. Der humose Oberboden kann dagegen durch anthropogene Einwirkungen wie Beackerung, Streunutzung, Waldweide, Düngung, Immissionen, unpflegliche Waldnutzung (u. U. durch Kahlschlag), falsche Baumartenwahl etc. in relativ kurzen Zeiträumen als Zustandsstandortsform mitunter sehr stark verändert werden. Entgegengesetzt dazu bleiben Merkmale der Bodenform wie z.B. Körnung, Nährelement-Gesamtgehalte, Karbonatgehalt, Gefüge usw. mehr oder weniger schwer beeinflussbar. In der DDR wurde ein Bodenformen-System entwickelt, das für Gesamtdeutschland anwendbar ist. Die Wurzeln für diese Entwicklung lassen sich am Beispiel Bärenthorens bis in die Zeit vor dem Ersten Weltkrieg zurückverfolgen. Insbesondere wird das System nicht nach Bundesländern, wie in der BRD, in unterschiedlichen Arbeitsweisen als Standorttyp ausgewiesen. Stattdessen ist die hier behandelte Bodenform auf großer Fläche seit 1951 einheitlich schwerpunktmäßig für das Flach- und Hügelland der DDR entwickelt worden, so dass wesentliche standortskundliche Gesetzmäßigkeiten auf großer Fläche vergleichbar erkannt werden konnten. Dazu schreibt SCHULZKE (2009) im Gedenken an KOPP: *„Die vorliegenden Bodenkarten von Ostdeutschland unterscheiden sich hier deutlich in der soliden Datenbasis mit umfassender Merkmalerhebung und entsprechend hoher Qualität von den meisten westdeutschen Kartiersystemen. Dort waren Abstimmungen zwischen den verschiedenen Konzepten der Bundesländer über viele Jahrzehnte eine schwer zu überwindende Schwierigkeit."*
Durch Mehrfachkartierung in mehreren Entwicklungsetappen wurde das Verfahren der DDR zu einer hohen Leistungsfähigkeit gebracht (KOPP, JÄGER, SUCCOW 1982). Die Bodenformen wurden nicht nach gutachterlicher Ansprache ihrer Produktivkraft ausgeschieden (KURTH KURTH 1970), sondern sie verkörpern nur die stabilen analytisch ermittelten Bodeneigenschaften. Es fließen nicht, wie bei der Herleitung der Standortstypen in der BRD, instabile Standortseigenschaften, wie Waldgesellschaft, Humusform, Vegetationsangaben, ökologische Artengruppen oder Baumwachstum mit ein. Diese labilen Eigenschaften werden in einem gesonderten Verfahren kartiert und erst danach mit den stabilen kombiniert. Deshalb handelt es sich um ein sogenanntes kombiniertes Verfahren. Hierin liegt seine besondere internationale Bedeutung, weil im Vergleich von stabilen mit den instabilen, gesondert kartierten Befunden, z. B. Degradationen bestimmt werden und auch auf diese Weise Umweltprobleme erkannt und behandelt werden können. Die labilen, biologisch beeinflussbaren Bodeneigenschaften sind diejenigen, die für einen ökologischen Waldbau herausragend von Bedeutung sind. Wenn der Oberboden anthropogen verändert wurde, sind sie oftmals waldbaulich wichtiger als die Nährkraftstufen Arm bis Reich. KOPP (1972) bewertet das Erkundungssystem nach einem internationalen Methodenvergleich in den 1960-er Jahren durch die IUFRO in Polen, der Schweiz und in Ungarn folgendermaßen: *„In allen drei Beispielsgebieten hat sich unser Verfahren voll bewährt und zwar umso mehr, je höher die Ansprüche an die Anwendungsmöglichkeiten gestellt werden. Wir sind daher zu der These berechtigt, daß unser Verfahren für die Ansprüche einer intensiven Forstwirtschaft und einer auf nachhaltige Funktionstüchtigkeit des Naturraumes bedachten Landnutzung in den Klimazonen des immergrünen Laubwaldes und montanen Nadelwaldes"*

2.2 Anbauwürdigkeit der Bestockungszieltypen im normalen Wirtschaftswald

Nachfolgend wird die Anbauwürdigkeit der Bestockungszieltypen im Tiefland für die Stamm-Standortsformengruppen anhand von Anbauwürdigkeitstabellen besprochen. Der optimale Anteil der Bestockungszieltypen an der Bestockung der Standortsformengruppe auf lange Sicht wird in den Tabellen in Anteilstufen wiedergegeben. Die Abstufung spiegelt die Rangfolge entsprechend den Ergebnissen der Baumartenoptimierung wider.

2.2.1 Anbauwürdigkeit der Bestockungszieltypen im Tiefland

Die standörtliche Grundlage der Anbauwürdigkeitstabelle sind gewöhnlich die Stamm-Standortsformengruppen. Wo aber die Zustands-Standortsformengruppe wesentlich davon abweicht, muss sie berücksichtigt werden. Bei Degradation um zwei bzw. drei Stufen gelten die Bestockungszieltypen und zugehörigen Walderneuerungsziele der nächstschlechteren Stamm-Standortsformengruppe, sofern nicht mit der Erneuerung eine wirksame Melioration gekoppelt ist. Bei Aggradation gelten schon von einer Stufe an die Bestockungszieltypen der nächstbesseren Stamm-Standortsformengruppe.

Die Tabellen für die Anbauwürdigkeit der BZT zeigen immer mehrere waldbauliche Betriebsformen für eine Standortsformengruppe auf. Diese sind je nach wissenschaftlich erarbeiteter Standortsnährkraft und – zustandsform, sowie den waldökologischen und betriebswirtschaftlichen Bedingungen ideologisch wertfrei. Naturgemäße Vorgaben sind dagegen oft nicht wertfrei, denn sie werden häufig von einem wissenschaftlich ungeprüften Zeitgeist bestimmt. Demgemäß streben sie oft ganz bestimmte, opportune Betriebsformen an. Denn Naturnähe lässt sich nur mit exakter Standortskenntnis erkennen. Standortgerechtes Arbeiten geschieht immer mit der Kenntnis der natürlichen Waldgesellschaft und schließt eine dendrologische Feindschaft gegenüber ihren einzelnen Mitgliedern (z.B. Nadelhölzern) aus. Deshalb verfügt das standortgerechte Arbeiten im Rahmen dieser Waldgesellschaften immer über die größtmöglichen wertfreien Variationsmöglichkeiten. Es hat sich geschichtlich aus den Bemühungen um naturgemäßen Waldbau entwickelt und ist eine Höherentwicklung der naturgemäßen Landeskultur.

Zusammenstellung nach Mosaikgruppen für die Standortsformengruppen
Tabelle 31

Gruppe	Mosaik II	Mosaik III	Summe
ohne	1		1
A1 m	0	7	7
A2 m	3	143	146
A3 m	0	19	19
K1 m	23		23
K2 m	310	1	311
M1 m	151		151
M2 m	2823		2823
M2 t	75		75
M2+ m	75	1	76
NA1 m	8		8
Nk1 m	17		17
NK2 m	15		15
NM2 m	32		32
NM2 t	1		1
NM2w m	2		2
NZ1 m	18		18
NZ2 m	20		20
OA2	2		2
OK3	28		28
OK4	3		3
OM2	3		3
OM4	30		30
WK2 m	9		9
Z1 m	43		43
Z2 m	57	182	239
Z2 t	29		29
Z3	0	3	3
ohne	11		11
	3789	356	4145

Tabelle 32 – Siehe Anbauwürdigkeitstabelle 49 S. 240
: *Anbauwürdigkeit der Bestockungszieltypen nach Stamm-Standortsformengruppen im Wirtschaftswald. Verkürzte Tabelle für das Untersuchungsgebiet Nedlitz*
(Auszug aus Kopp, D. & W. Schwanecke 1985)

Anmerkungen

- Der Japanlärchentyp ist zur besseren Ausnutzung der Standortsfruchtbarkeit gewöhnlich zum Voranbau für Rotbuche und ähnliche Baumarten vorzusehen.
- Der Kiefern-Douglasientyp und der Douglasientyp sind vorwiegend auf sandigem Substrat anzubauen.
- Bei den Pappeltypen müssen innerhalb des hier angegebenen Standortsspektrum noch Sortenunterschiede in den Standortsansprüchen berücksichtigt werden (s. TGL 166-22-10, Blatt 2).
- Stieleichen-Rotbuchen-Typ , Traubeneichen-Rotbuchentyp und Traubeneichen-Linden (Weiß buchen)-Typ sind nur bei Grundfrische anzubauen, nicht bei Relieffrische.
- Bei den Bestockungszieltypen mit Weißbuche soll die Weißbuche nur über Naturverjüngung ankommen.
- Die römischen Ziffern bei K2 bis M2 bezeichnen den Reichtum des Standortsmosaiks (Mosaikgruppe).
- Bei Degradation von 3 (bzw. 2) Stufen an gelten die Bestockungszieltypen (und die daraus abgeleiteten Walderneuerungsziele) erst nach Verbesserung der Zustands-Standortsformengruppe. Notfalls gelten die Bestockungszieltypen der nächstschlechteren Stamm-Standortsformengruppe. Bei Aggradation gelten – schon von 1 Stufe an – die Bestockungszieltypen der nächstbesseren Stamm-Standortsformengruppe.
- Bei Zustands-Standortsformengruppe mi gelten die Bestockungszieltypen von M2+.
- Bei Zustands-Standortsformengruppe zm gelten die Bestockungszieltypen von M2.

Literaturangabe: Kopp, D. und W. Schwanecke (1985): Standörtliche Anbauwürdigkeit von Bestockungszieltypen für die Wälder der DDR. VEB Forstprojektierung Potsdam. Beiträge Forstwirtschaft 19, 1, S. 1 – 7.

Anbauwürdigkeit der Bestockungszieltypen (BZT) im Gesamtforstamt Nedlitz Die Darstellung der Gesamttabelle für sämtliche BZT des Tieflandes dient der Fortsetzung der Erkundungsarbeit, nachdem in diesem E-Band nur das Kartierungsgebiet des Hohen Flämings bearbeitet worden ist. Die Erkundung Greger geht aber über dieses Gebiet hinaus und hat die Alt-Reviere Loburg, Lindau und die Gemeinde Lübars erfasst. Die hierbei auftretenden BZT sind vollständig in den folgenden Tabellen erfasst.

Tabellen 33–36

Anbauwürdigkeit der BZT nach Stamm-Standortsformengruppen im gesamten Wirtschaftswald, Blatt 1 - 4
Tabelle für das Tiefland (unter der Berücksichtigung der Optimierung von 1969, (Bl. 1)

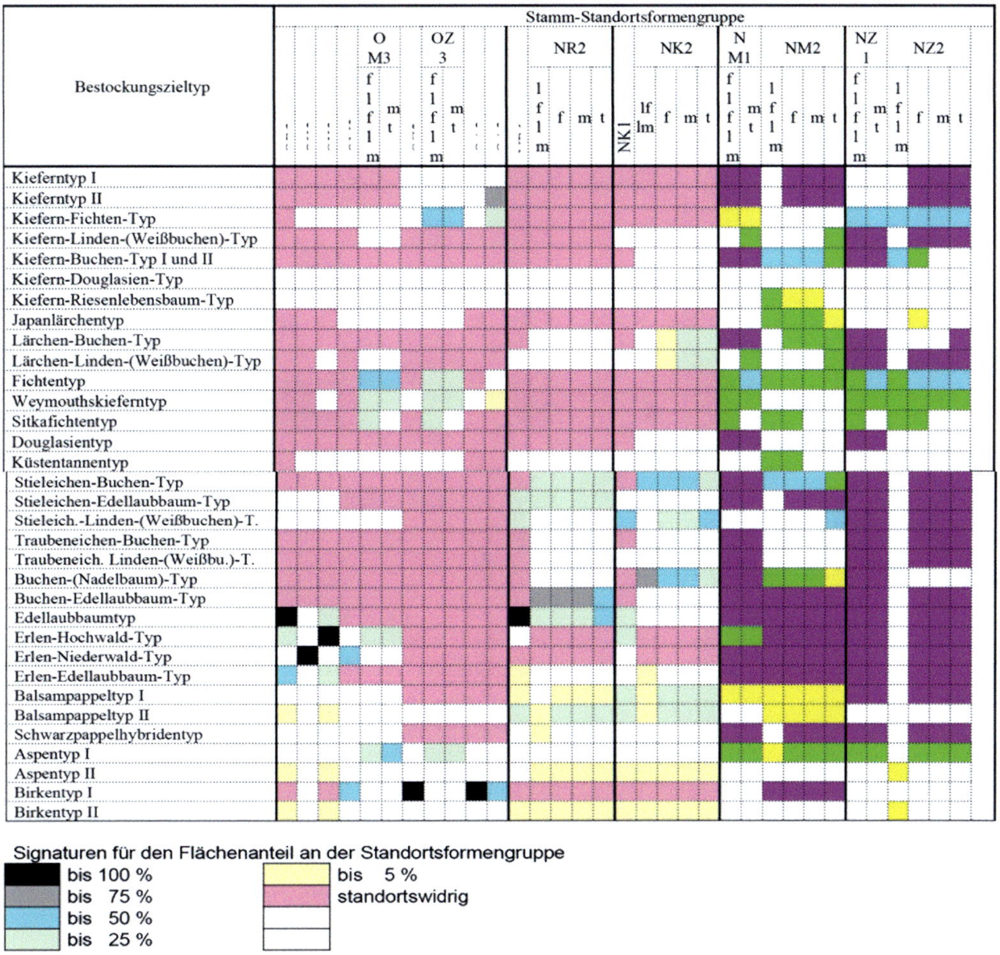

Anbauwürdigkeit der Bestockungszieltypen nach Stamm-Standortsformengruppen im Wirtschaftswald. Gesamttabelle für das Tiefland (unter der Berücksichtigung der Optimierung von 1969) (Blatt 2)

Bestockungszieltyp	NA1	NA2	ÜR11	ÜR12	ÜR21			ÜR22			ÜK11	ÜK12	ÜK21			ÜK22			WR2				WK2				WM2				R1			
						f	m t		f	m t				f	m t		f	m t	lf lm	f	m	t	lf lm	f	m	t	lf lm	f	m	t	lf lm	f	m	t
Kieferntyp I																							⇓	⇓	⇓	⇓								
Kieferntyp II																							⇓	⇓	⇓	⇓								
Kiefern-Fichten-Typ																																		
Kiefern-Linden-(Weißbuchen)-Typ																																		
Kiefern-Buchen-Typ I und II																																		
Kiefern-Douglasien-Typ																																		
Kiefern-Riesenlebensbaum-Typ																																		
Japanlärchentyp																																		
Lärchen-Buchen-Typ																																		
Lärchen-Linden-(Weißbuchen)-Typ																																		
Fichtentyp																																		
Weymouthskieferntyp																																		
Sitkafichtentyp																																		
Douglasientyp																																		
Küstentannentyp																																		
Stieleichen-Buchen-Typ																																		
Stieleichen-Edellaubbaum-Typ																																		
Stieleich.-Linden-(Weißbuchen)-T.																																		
Traubeneichen-Buchen-Typ																																		
Traubeneich.- Linden-(Weißbu.)-T.																																		
Buchen-(Nadelbaum)-Typ																																		
Buchen-Edellaubbaum-Typ																																		
Edellaubbaumtyp																																		
Erlen-Hochwald-Typ																																		
Erlen-Niederwald-Typ																																		
Erlen-Edellaubbaum-Typ																																		
Balsampappeltyp I																																		
Balsampappeltyp II																																		
Schwarzpappelhybridentyp																																		
Aspentyp I																																		
Aspentyp II																																		
Birkentyp I																																		
Birkentyp II																																		

Stamm-Standortsformengruppe

Signaturen für den Flächenanteil an der Standortsformengruppe

bis 100 %	bis 5 %
bis 75 %	standortswidrig
bis 50 %	⇑ gilt nicht bei stärkerer Aggradation
bis 25 %	⇓ gilt nicht bei stärkerer Degradation

Anmerkungen

Siehe Seite 152

Die schmalkronigen a-Typ-Kiefern entsprechen phänotypisch dem borealen (nördlichen) Kieferntyp.
Das belegt der internationale Kiefern-Provenienzversuch „Chorin 85“ (Lockow 2015) mit den schmalkronigen Herkünften aus Lettland (Clivenhof) und Ostpreußen (Allenstein/Olsztyn).
Die schnellwüchsigen, abholzigen b-Typen (Abb. 48 b) besitzen dagegen breite Kronen mit starken, langen waagerechten Ästen. Mit Jahrringschwankungen reagieren sie deutlich sensibler auf sich verändernde Umweltverhältnisse als die a-Typen.

Abb.48 a : *Kiefer a-Typ 35 Jahre Versuchsfläche Chorin 61, (Foto in Lockow 2015)*

Abb. 48 b: *Kiefer b-Typ 94 Jahre Versuchsfläche Revier Schönholz (Foto in Lockow 2015)*

2.3.1.1.5 Der boreale Nadelwald als Vorbild für den Kiefernwirtschaftswald

Das Areal der Kiefer erstreckt sich über den größten nördlichen Teil von Europa und Nordasien. Das verweist auf eine große genetische Diversität und Klimaanpassungsfähigkeit. Der Schwerpunkt ihrer Verbreitung liegt im kontinentalen Osten und Norden, weil sie eine Winterruhe benötigt. Aus dem Übergangsklima zum ozeanischen Westen wurde sie klimabedingt und als Lichtbaumart durch die schattentolerante Rotbuche verdrängt (Rubner 1960).

Für die aktuelle Kiefernwirtschaft ist entscheidend, dass sich in trophisch mäßigen bis ärmeren Standortsbereichen schmalkronige a-Typ-Kiefern herausbilden, die phänotypisch mit den borealen Kieferntypen vergleichbar sind. Dabei sind auch großflächige und gleichaltrige Reinbestände, wie sie im borealen Kiefernwald z. B. nach Waldbränden auftreten, ökologisch stabil. Auch und gerade unter den Bedingungen zunehmender Klimaschwankungen ermöglicht die Herstellung dem borealen Nadelwald phänotypisch vergleichbarer geschlossener Bestände eine stabile, nachhaltig wertschöpfende Forstwirtschaft.

Dengler (1944) berichtet von den Urwäldern der Lichthölzer, besonders der Kiefernarten aus Nordamerika, Finnland und Russland von völlig gleichstufigen Beständen ohne innere Schichtung und Mischung, wenn die Bestände aus Brand hervorgegangen sind. Deshalb sei ein Wirtschaften im Reinbestand nicht naturfremd. Das gelte auch für die sogenannte „Fruchtfolge". Denn Pollenanalysen haben ergeben, dass die Entwicklung nach Störungen immer wieder dem standortgemäßen Typ zustrebt, ohne dass es einen regelmäßigen Holzartenwechsel hin und her gibt. Auch und gerade unter den Bedingungen zunehmender Klimaschwankungen ermöglicht die Herstellung dem borealen Nadelwald phänotypisch vergleichbarer geschlossener Bestände eine stabile Bestandeswirtschaft.

Hofmann und Pommer (2013) behandeln das Problem der weit verbreiteten Vergrasung in aufgelichteten Beständen, die in der aktuellen Ausbildung nicht zum borealen Kiefernwald passt. Es spricht für die geschlossene Bestandesbehandlung, wenn sie schreiben: *„Im Vergleich mit den Drahtschmielen-Kiefernforsten unterscheiden sich die Blaubeer-Kiefernforsten durch etwas höhere N-Gehalte in der Humusauflage des Oberbodens (durch den Blattfall der Beerkräuter bedingt) und durch einen besseren Wasserhaushalt. Offensichtlich wird der Unterkronenniederschlag im Kiefernbestand durch Sprosse der Beerkräuter besser durch die Moosdecke geleitet, während die vorherrschenden Grasdecken der Drahtschmielen-Forsten eine besonders hohe Interzeptionsverdunstung haben und durch den Graswurzelfilz weniger Sickerwasser in den Untergrund gelangen lassen. Beides bedingt, dass Blaubeer-Kiefernforsten auf Sand-Braunerden i.d.R. eine bessere Wuchsleistung der Kiefer zeigen als Drahtschmielen-Forsten. Auch in der Reaktion auf Stoffeinträge bestehen zwischen beiden Gesellschaftsgruppen deutliche Unterschiede. In den Drahtschmielen-Kiefernforsten sind stärkere Bewegungen im Artenbestand und deutliche Reaktionen des Zuwachsverhaltens der Kiefer auf Fremdstoffeinträge feststellbar, während unter vergleichbaren Bedingungen in den Blaubeer-Kiefernforsten relativ wenig Dynamik in diesen Merkmalen gegeben ist."*
(Anders et al. 2002)

2.3.1.1.6 Standörtliche Voraussetzungen

Die großflächige Kiefernwirtschaft, von Laien „Kiefernwüsten" genannt, ist nicht generell die Folge einer verfehlten Forstpolitik, wie in der aktuellen nadelholzfeindlichen Propaganda oftmals behauptet wird. Unter Beachtung der Standorts- und Naturraumkunde, der Waldgesellschaften und der Landeskulturgeschichte ist bekannt, dass die selbsttätige Ausbreitung und der Anbau der Kiefer in Norddeutschland weitgehend die Folge einer den Boden devastierenden und die Erosion fördernden Agrargeschichte ist (Greger 2015). Mit der Schaffung von ausgedehnten Ackeraufforstungen mit Kiefer beendete das Forstwesen die Devastation vieler Landschaften. Denn in Nordostdeutschland ist ein sehr großer Teil des gegenwärtigen Holzbodens ehemaliges Ackerland (Greger 2015). Nachdem die Äcker keinen ausreichenden Ertrag mehr brachten, konnten sie in einer Wechselwirtschaft der Viehhutung überlassen werden. Abel (1962) behandelt diese Wechselwirtschaft als Bodennutzungsform und erwähnt Mager (1936), der treffend von „ambulanten Waldackerbau" mit einem Wechsel von Getreide mit Busch, Wald, ärmlicher Hude berichtet. Mager (1955) spricht davon, dass die *„Erträge allgemein das dritte Korn in manchen Gegenden nicht einmal die Einsaat wiedergewonnen"* haben. Das führte zum Wechsel der Wirtschaft vom Ackerbau zu anderen Nutzungen.

Im Spätmittelalter kam der Begriff „wüste Felder" auf. Abel (1962) zitiert für das Jahr 1820 den westpreußischen Oberforstmeisterv. Pannewitz dahingehend, dass die Bauern in den Sandgebieten nur die dorfnahen, besseren Äcker intensiv und sorgfältig nach Bedarf düngten und bebauten. Die entfernteren, oft schlechteren ließen sie hingegen extensiv mit Holz bewachsen – ein Musterbeispiel für den selbsttätigen Kiefernanflug und die große Kiefernverbreitung.

Nach 12, 15, 20 Jahren wurde das Holz gehauen, um dann den Boden drei Jahre lang mit Roggen und Buchweizen einzusäen. Der zuvor genannte natürliche und zweckbestimmte (teleologische) Prozess der Kiefernnaturverjüngung muss heute ein Leitbild standortgerechten Waldbaus sein – historische Umweltschäden lassen sich nicht ignorieren, sondern müssen waldökologisch verstanden werden! Hier hat das Laubholz trotz Laubholzklima seine ursprüngliche Wuchsüberlegenheit gegenüber dem Nadelholz verloren, sodass dessen Anbau trotz modisch-aktueller Kritik gerechtfertigt ist. Die Kernaussage aus waldökologischer Sicht erkennt aktuell die Kiefer als Hauptelement der forstlichen Landeskultur in Nordostdeutschland. Da sie infrastrukturelle Bedeutung besitzt, ist der Umgang mit dieser Landeskultur ein Maßstab für die Weitsicht und das Bewusstsein in der Gesellschaft.

Der standortgerechte Waldbau setzt die Anwendung der Standorts-, Zustands- und Naturraumkarten, Legenden und Erläuterungsbände (mit Waldbauteil), sowie die Immissions- und Technologiesonderkarten voraus. Zukünftig muss eine Baumartenoptimierung wieder beachtet werden. Das verlangt besonders in den trockenen Makroklimagebieten (z.B. südbrandenburger, fläminger und altmärker Klima) nach einem Waldbau mit Kiefer auf allen Standorten armer bis schwach mittlerer Nährkraftstufe (hochnummerische C/N-Verhältnisse von 24 [Rohhumusartiger Moder] bis über 30 [Rohhumus]; Rohböden, destrukturierte starke Ackerhorizonte, Ranker, Rumpfrosterden, Rostpodsole, Braunpodsole, saure Braunerden [ohne Lehm- und Staubsandeinfluss]). Nur Grundwassernähe oder Tieflehm- und Staubsandunterlagerung, wie sie besonders auf Grundmoränen vorkommen, ermöglichen auch auf mittleren Standorten (normalen Sand-Braunerden) den produktiven Laubholzanbau innerhalb günstiger Mosaikbereiche (z. B. Heinsdorf, Uebel, Chrzon 2011).

2.3.1.1.7 Das Versuchswesen erkundet Wachstumsgesetzmäßigkeiten des Kiefernwirtschaftswaldes

Im Folgenden soll im Sinne der standortgerechten Forstwirtschaft beispielhaft für Wachstumsgesetzmäßigkeiten auf den zentralen Zusammenhang zwischen Standort und Bestandeshöhenwachstum eingegangen werden. Diesbezüglich sind die Erkenntnisse des langfristigen Versuchswesens die unverzichtbare Voraussetzung für einen auf Wuchsgesetzmäßigkeiten aufbauenden praktischen Waldbau. Erst das langfristige Kiefernversuchswesen offenbart die für den praktischen Waldbau wichtigen Wachstumsgesetzmäßigkeiten.

Lockow (2015) stellt im Kapitel „Das Höhenwachstum in Abhängigkeit von edaphischen Faktoren" (**Abbildung 49**) dar, wie deutlich das Höhenwachstum von der potenziellen Trophie und dem jeweiligen Oberbodenzustand, der Humusform, abhängt. Der Höhenzuwachs der „Sonnenburger Bändersand-Braunerde" (SoS) mit der besten Nährkraftstufe K4 hat den steilsten Anstieg und kulminierte mit einem schmalen Scheitel, um dann stark abzufallen. Die nährstoffkräftige SoS besitzt einen relativ guten Oberbodenzustand mit der Humusform Moder.

Die kaum nährkraftschwächere Kahlenberger Grand-Braunerde K5 dagegen hat eine degradierte Humusform „rohhumusartiger Moder" (zwei Degradationsstufen) und allein dadurch bereits eine deutlich geringere Leistung. Die Zuwachskurve ist niedriger und flacher. Noch deutlicher flach ist die Zuwachskurve auf der „Heegermühler Sand-Braunerde" mit der schwach mittleren Trophie M4 und der vergleichsweise schlechtesten Humusform „Rohhumus".

Hier wird deutlich, wie der Waldbau bestandesstabilisierend über den ökologischen Faktor der standortsbezogenen Durchforstung wirkt. Dieser kann die Ertragsleistung bodenpflegend über die Verbesserung des Oberbodenzustandes, die Humusform als wichtige waldbauliche Kennziffer, erreichen. Bestandes- und Bodenpflege sind eine Einheit.

Abbildung 49 verdeutlicht, dass unterschiedliche Standorte auch eine unterschiedliche Bestandeserziehung erfordern. Lockow (2015) betont die enorme Bedeutung des standortsabhängigen Höhenwachstums der in der Jugend raschwüchsigen Kiefer für den praktischen Waldbau. Das gilt für die Wahl der optimalen Erziehungs- und Pflegezeitpunkte, und die Hiebsplanung und die Festlegung der Durchforstungsintervalle. So ist der Kulminationspunkt der Höhenzuwachskurve der Zeitpunkt der schärfsten intraspezifischen Konkurrenz zwischen den Bäumen. Hier muss die Auslesedurchforstung eingreifen, wenn der Bestand zugunsten der a-Entwicklungstypen erzogen werden soll. Später ist dieser Zeitpunkt verpasst, weil sich die protzigen b-Typen durchgesetzt haben. Es ergibt sich ein betriebswirtschaftlich relevanter Handlungsspielraum des optimalen Pflegezeitpunktes von ca. 15 Jahren.

Diese Spanne dient einer optimalen Pflegeplanung und zeigt, dass der Arbeitseinsatz in großen, gleichaltrigen Pflegeblöcken unterschiedlich nach Standortsverhältnissen aufgeteilt werden kann. Die Kenntnis der Gesetzmäßigkeit des Wachstumsablaufes auf standortskundlicher Basis verschafft dem Praktiker ein Handlungsspielraum. Abbildung 49 demonstriert, dass die Kenntnis der waldkundlichen (standortskundlichen) Wachstumsgesetzmäßigkeiten die Basis einer soliden Forstwirtschaft ist. Die Notwendigkeit einer ständigen Weiterführung der Standorterkundung als periodische Zustandskartierung des Oberbodens im Sinne der „Eberswalder Schule" im Verbund mit einer standortgerechten Forsteinrichtung wird deutlich.

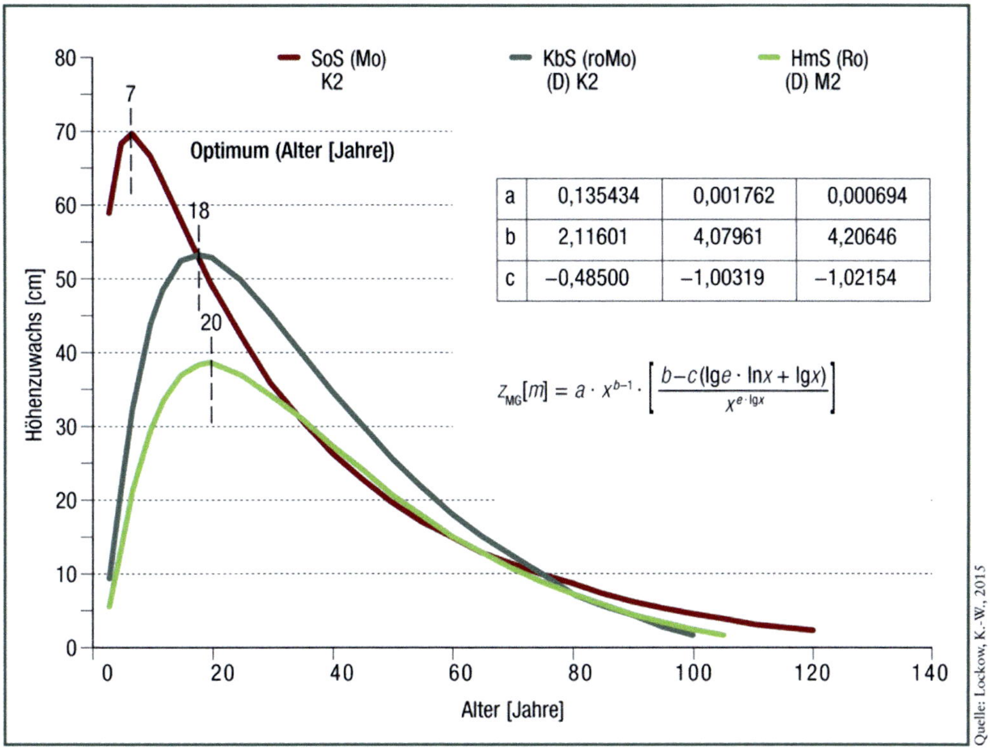

Abb. 49:
Laufender jährlicher Höhenzuwachs der Kiefer in Abhängigkeit von der Feinboden und Humusform (Daten mathematisch hergeleitet aus Lembcke, Dannroth 1969) folgender Lokalboden- und Humusformen: Sonnenburger Bändersand- Braunerde SoS, K2[4], Moder; Kahlenberger Grand-Braunerde KbS, (D) K2[5], rohhumusartiger Moder; Heegermühler Sand-Braunerde HmS, degradiert M2, Rohhumus. (D) gering degradiert (entnommen aus Lockow 2015)

2.3.1.1.8 Die Gesetzmäßigkeit der Kiefernbestandeswirtschaft und die Dauerwaldfrage

Wenn die waldbauliche Entscheidung für die Kiefernwirtschaft gefallen ist, dann stellt sich die Frage nach der dafür benötigten Betriebsform. Bei der Betrachtung aktueller Leitlinien Wald (z.B. LSA 1997; 2014) fällt auf, dass diese seit der „Wende" zu Beginn der 1990er Jahre die Fortsetzung der Kiefernflächenausstattung so deutlich reduziert haben, dass heute der Vorrat von deutlich mehr als einer ganzen Betriebsklasse fehlt. Die Ursache liegt darin, dass die betroffenen Waldbaurichtlinien deutlich (1997) bis etwas abgemildert DAUERWALDRICHTLINIEN (2014) sind. Sie schließen den Kahlschlag aus oder gestatten ihn nur ausnahmsweise. Vorrangiges Walderneuerungsziel dieser Richtlinien ist die Naturverjüngung. Standortgerechter Waldbau wird weder erwähnt (1997) noch gefordert (LEITLINIE 2014). Wird eine Kiefernwirtschaft gefordert, muss das auf waldkundlicher Basis erfolgen.

Ohne standortskundliche Kenntnisse wird der Umgang mit dem Dauerwaldgedanken zum Dogma und Problem der forstlichen Betriebswirtschaft. Sollte ein standortgerechter Dauerwaldbetrieb unmöglich sein, so muss im Sinne der Nachhaltigkeit zur bewährten und waldkundlich begründeten Bestandeswirtschaft übergegangen werden. Die wichtigste Erkenntnis der langfristigen Eberswalder Versuchsflächen belegt zwingend, dass die im Dauerwald praktizierte Einzelstammwirtschaft auf den meisten Standorten falsch ist. Stattdessen ist in Anlehnung an die Natur eine Bestandeswirtschaft erforderlich. Am Dauerwald orientiertes Vorgehen ist nur dann vertretbar, wenn Zielstärkennutzung vorgesehen ist und der flächenbezogene Ertrag als nachrangig betrachtet wird. In diesem Zusammenhang muss die Vorgabe der LEITLINIE WALD LSA 2014 gesehen werden: *„Bei der ökogerechten Waldbewirtschaftung erfolgt die Holzernte vorzugsweise einzelbaum-, trupp-, gruppenoder horstweise, wenn die Zielstärke der jeweiligen Einzelbäume erreicht ist. Auf Kahlschläge wird vom Grundsatz her verzichtet".* Diese Leitlinie mag im Bergmischwald ihre Berechtigung haben, im Tiefland ist auf den meisten Standorten eine stabilitätsfördernde Bestandeswirtschaft angezeigt.

Weil in Mitteleuropa auf den meisten Standorten der Laubwald die vorherrschende potentielle natürliche Waldvegetation darstellt, ist die Kiefer großflächig kein natürlicher Waldbildner und nur auf den wenigen trocken-armen Standorten eine Dauerwaldbaumart, auf denen sie sich natürlich verjüngen kann. Sie kann auf laubholzfähigen Standorten im Vorwaldstadium nach Zusammenbruch des Laubholzes Bestände schaffen, die den Standort für den Übergang zum laubholzreichen Schlusswald vorbereiten, um danach zu vergehen. Dementsprechend stellt sich der Kiefernbestand hier zweckbestimmt im höheren Alter von selbst licht.
Das bedeutet, dass sich Kiefer unter Kiefer nur bei bestimmten Oberbodenzuständen (z.B. Hagermoosstadium) und Waldentwicklungsstadien (z.B. Blößen) von selbst verjüngt.
Nur hier handelt es sich stadial um einen Kieferndauerwald, wie er naturverjüngt bestandesbildend auf degradierten Standorten vor einem Jahrhundert Möller in Bärenthoren zum Dauerwaldgedanken motivierte. In Bärenthoren ist dieses Stadium durch Waldpflege, natürliche Regeneration der Standorte und Nährstoffeintrag längst überwunden und ein Kieferndauerwald illusorisch geworden (Greger, Schulze 2007/8; Rüffer, Pommer 2010)
Natürlich verjüngt sich die Kiefer auf der nach Waldbrand entstandenen Freifläche in einem günstigen Samenjahr, sodass ein **gleichaltriger Reinbestand** entsteht.
Diesem Vorbild folgt die Kiefernbestandeswirtschaft in Mitteleuropa im Engverband, indem sie über Kleinkahlschläge gleichsam die Folgen eines Waldbrandes nachahmt. Gerade diese Reinbestandswirtschaft ist nicht naturfremd, sondern im Gegenteil der naturgemäße Weg.
Der russische Professor und Naturwaldkenner Morosow (1928) stellt absolut treffend fest: *„Die Xerophyllie der Kiefer und ihre geringen Ansprüche an die Zusammensetzung des Bodens machen es verständlich, dass sie in großen Reinbeständen auf armen und trockenen, ausgewaschenen und ausgewehten Sandböden vorkommt, ...". „Ihre Xerophyllie und Anspruchslosigkeit muss zu Reinbeständen führen".* Da die Kiefer auf besseren Standorten auch andere Baumarten unter sich aufkommen lässt, hat sie nach Morosow *„ein doppeltes biologisches Gesicht – als Haupt- und als Pionierholzart".* im gewissen Sinn Wie Morosow so äußert sich u. a. auch Fröhlich (1954) aus seiner Urwaldpraxis dahin gehend, *„dass neben dem Mischwald auch der Reinbestand naturgemäß ist und daher seine Daseinsberechtigung hat".* Fröhlich beklagt das Fehlen einer objektiven Diskussion über die Naturwidrigkeit der Reinbestände, weil ein großer Teil der Forstleute Mitteleuropas den naturgemäßen Wald aus eigener Anschauung gar nicht kennt. Die bis heute dauernde „forstliche Keimruhe" aufndiesem Erkenntnisgebiet ist unverständlich und unverantwortlich.
Leibundgut (1993) führt in seinem Buch „Europäische Urwälder" zu den Lehren des Urwaldes aus: *„Urwaldbestände weisen höchst selten eine dauernde Plenterwaldstruktur auf. Auch bei anfänglicher Stufigkeit besteht doch eine ausgeprägte Neigung zur Bildung gleichförmiger, einschichtiger Bestände mit einer sehr spärlichen und vorwiegend von Schatten ertragenden Nebenbaumarten gebildeten Mittel- und Unterschicht. Dauernd ungleichförmige Bestände finden wir im Urwald nur auf extremen Standorten, welche keinen dichten Kronenschluss erlauben".*
Im Gegensatz zu dem über alle standörtlich-naturräumliche Vielfalt hinweg geltenden Grundsatz kahlschlagloser Dauerwaldwirtschaft finden in der vorgestellten standortgerechten Kiefernwirtschaft unterschiedliche Waldbauverfahren nebeneinander einen Platz. Die naturphilosophische These von Dauerwald-Verfechtern (Wiebecke 1924): „Die Wirtschaft macht die Standorte", gilt allgemein nur für regenerationsfähige degradierte Standorte. Denn die Erfolge in den Revieren Bärenthoren, Sauen und Schwenow-Tschinka beruhen nicht zuletzt auf der Überwindung

von Degradationen. In Nordostdeutschland gibt es viele ehemalige Laubholzstandorte, die durch eine langandauernde Landwirtschaft verändert, verschlechtert oder sogar destrukturiert worden sind. Dadurch sind ganze Landschaften ausgeblasen und erodiert, überdünt oder schwach übersandet worden (Greger 2015). Wenn es sich dabei noch um Trockengebiete handelt, sind das heute die Standorte, auf denen sich die Kiefer als Pionier bei geeigneten Oberbodenzuständen (Magerrohhumus, keine Vergrasung) im Kieferndauerwald natürlich verjüngen könnte. Der bis zu einem gewissen Grade eingetretene Verlust der Laubholzfähigkeit ermöglichte hier einen standortgerechten Kieferndauerwaldbetrieb mit Kiefernnaturverjüngung auch im Laubholzklima (Hofmann 2007; Greger 2006, 2015; Rüffer, Pommer 2010).
ERNST (2011) verweist zu Recht auf einen besonderen Aspekt des Wasserhaushalts der Kahlschlagswirtschaft. Bei seinen landeskulturellen Untersuchungen zu FFH-Gebieten stieß er darauf, dass mit der Wiederbewaldung von Wölbackerfluren deutliche Veränderungen im Bodenwasserhaushalt einhergingen. Die aufgeforsteten Bestände verbrauchten Wasser, das sonst Hangmoore speiste. Diese Moore degenerierten darauf hin, weil sich der Wasserzulauf verringert hatte. Daraus sei zu folgern, dass der Kahlschlagbetrieb, vergleichbar mit natürlichen Waldbrandflächen, immer Teilflächen für die Verbesserung der Grundwasserneubildung sind.
Die Dauerwaldwirtschaft vermag Degradationen aufzuheben, aber nicht die potenziellen Standortseigenschaften zu verändern. Langfristige waldbauliche Entwicklungsziele müssen sich deshalb immer von letzteren ableiten.
Auf den **reicheren Standorten** ohne oder mit nur geringer Zustandsabweichung der Oberbodenfruchtbarkeit (Humusform) kann dauerwaldartig gewirtschaftet werden. Geeignet sind Laubholzbestockungen im natürlichen Haupt- und Zwischenwaldstadium. So können Rotbuchenbestände auf kräftigen Tieflehmfahlerden mit mullartiger Humusform und Bingelkraut-Bodenvegetationstyp im Dauerwaldbetrieb natürlich verjüngt werden. Ist aber der Oberboden degradiert und von Land-Reitgras bedeckt (Humusform Moder und schlechter), ist eine Naturverjüngung trotz kräftiger Stammfruchtbarkeit ausgeschlossen.
Auf den potentiell **armen Standorten**, die gewöhnlich mit reiner Kiefer bestockt sind, sollte sie, mehr oder weniger rein, das Bestockungsziel bleiben. Hier ist sie die von Natur aus herrschende Vorwald-, Zwischenwald- und auch Hauptwaldbaumart und läuft sozusagen in sich selbst um. Bleibt die Naturverjüngung aus, muss sie nach wie vor über die Kleinkahlfläche verjüngt werden. Aktuell gelingt Naturverjüngung wegen des durch den Fremdstoffeintrag (Stickstoff) disharmonisch veränderten, eutrophierten Zustandes von Oberboden und Bodenvegetation nur selten (Kopp 1999). Selbstverständlich spielt bei der Entwicklung der Bodenvegetation und der Naturverjüngung auch das Wild eine entscheidende Rolle..
Auf den sandigen potenziell **mittleren Standorten** ohne oder mit nur geringer Zustandsabweichung im Oberboden, wie z. B. der anlehmigen sauren „Nedlitzer Sandbraunerde", kann die Kiefer Hauptbaumart bleiben. Bei besseren Oberbodenzuständen (rohhumusartiger Moder bis Moder) ist eine auf natürliche Kiefernverjüngung setzende Dauerwaldwirtschaft nicht möglich. Auf mittleren Standorten kommen häufig inselartig bessere Braunerden (M2+) vor (Staubsand-Braunerde, Bänderstaubsand-Braunerde, Grand-Braunerde, Bändergrand-Braunerde, Bändergrand-Braunpodsol und lehmige Braunerden und Lehmunterlagerungen).
Lockow (2015) verweist darauf, dass hier der Rotbuchenunterbau auf (M2+) Mehrerlöse erbringt. Zugleich wird die Reinkultur der Kiefer standortgerecht aufgelöst. Heinsdorf, Uebel, Chrzon (2011) weisen in der Auswertung langfristiger Düngungsversuche in der Uckermark darauf hin, dass lehmunterlagerte Schmelzwassersande (Beckensande) inselartig ein deutlich besseres Wachstum hervorrufen und einen Laubholzunterbau rechtfertigen. Auf ihnen können als Bestockungsziele natürliche Laubbaumarten des Haupt- und Zwischenwaldes geplant werden. Sie müssen mit den bekannten ertragsstarken Nadelhölzern horst- und gruppenweise gemischt werden, um die hier nur mäßige Holzertragsleistung der natürlichen Laubbaumarten auszugleichen.

2.3.1.2 Kiefernwaldentwicklung

2.3.1.2.1 Die Eberswalder Auslesedurchforstung als zentrales Element der Kiefernwaldentwicklung

Mit den „Grundlagen der Kiefernwirtschaft" ist eine neue Etappe in der Weiterentwicklung der traditionellen nordostdeutschen Kiefernwirtschaft dargestellt worden. Die Eberswalder Auslesedurchforstung als zentrales Element der Bestandesbehandlung hebt sich deutlich ab vom aktuellen oftmals ziel- wie hilflosen des sich zu schaffen Machens an den Kiefernbeständen.

Die Eberswalder Kiefern-Auslesedurchforstung kann in allen Naturräumen angewendet werden, weil sie nicht mechanisch, sondern mit einer naturgesetzlich bestimmten Entwicklungsdynamik arbeitet. Von **Waldentwicklung** wird gesprochen, denn die Auslesedurchforstung entwickelt Bestände **nicht nach administrativen Generalregeln**, sondern dynamisch auf der Basis der Waldkunde.

Das Eberswalder Kiefernversuchswesen löste eine zentrale Aufgabenstellung. Sie bestand darin, zu erforschen, wie die Kiefernwirtschaft im Laubholzklima und auf Laubholzstandorten ökologisch und betriebswirtschaftlich stabil durchführbar ist. Im Wesentlichen betroffen sind die sehr verbreiteten ziemlich armen und die schwach mesotrophen Standorte, auf denen mit Laubholz nur geringe Erträge und schlechte Sortimente zu erzielen sind. Denn die Kiefer ist nur auf den armen und stark degradierten Standorten bodenständig, konkurrenzfähig und selbstregulierend, d. h. naturverjüngend. Jedoch sie erzielt auf den Z- und schwachen M-Standorten gute Leistungen und Qualitäten. Sie ist gegenüber dem Laubholz aber nicht konkurrenzfähig, weil sie nur auf armen oder stark degradierten Standorten nach natürlicher Verjüngung die Fähigkeit zur stabilitätsfördernden Standraumregulierung und Stammzahlreduzierung hat. Das über Jahrzehnte aufgebaute, betreute und ausgewertete Versuchswesen weist nun den Weg, wie auf Laubholzstandorten dennoch mit stabilen und produktiven Kiefernbeständen gearbeitet werden kann. Der Schlüssel liegt in der Ausscheidung von Kiefernentwicklungstypen und Förderung der a-Typen im Zuge der Auslesedurchforstung. Im Ergebnis bilden sich dem stabilen borealen Kiefernwald vergleichbare Bestandesstrukturen. So entstehen schmalkronige, stammzahlreiche und geschlossene Bestände, wodurch grasreiche Bodenvegetationstypen, die den borealen Wäldern fremd sind, verhindert werden.

Die Entwicklung der Kieferntypen kopiert nachhaltig die Strukturentwicklung des stabilen borealen Kiefernwaldes. Diesem vergleichbar setzt sich der angestrebte Bestandestyp stammzahlreich geschlossen aus Bäumen mit schmaler Krone zusammen und vermeidet damit grasreiche, boreal untypische Bodenvegetationstypen. Durch die Angleichung entsteht eine stabile Einheit aus Bestand und Boden. Diese Bestände erzielen auf den sehr verbreiteten, ehemals durch landwirtschaftliche Nutzung geschädigten heutigen Waldböden, optimale Leistungen. Sie können auf diesen Standorten zugleich bodenregenerierend und humusanreichernd sein. Diese Kiefernbewirtschaftung steht durch eine wissenschaftliche Pionierleistung auf einem neuen Niveau und deutlich im Gegensatz zur aktuell oft empfohlenen Bestandeserziehung mit freigestellten großen Baumkronen.
Mit der Anwendung dieser aus der „Eberswalder Schule" hervorgegangenen genetischen Entwicklungsgesetze eröffnet sich allgemein ein neues Kapitel in der Forstwirtschaft. Die erstrebte Bestandesentwicklung stabilisiert das Bestandesgefüge in einer Zeit zunehmender Trocken- und Hitzeperioden. Die Einheit von Bodenpflege und Bestandesbehandlung bewahrt die Bestände vor der durch den hohen Stickstoffeintrag bedingten wasserverbrauchenden sehr ausgedehnten Vergrasung der Wälder und verbessert damit den Wasserhaushalt.
Die Eberswalder Auslesedurchforstung erzieht vor allem das von der Industrie benötigte mittelstarke und schwächere Holz in guter Qualität.

Der Kiefernbestandeswirtschaft wird fälschlicherweise als Grundübel Monotonie und Monokultur der Waldgefüge vorgeworfen. Der Internationale Kiefern-Provenienzversuch „Chorin 85" von 1908 zeigt, Kronenstruktur, Bestandesschlussgrad und Provenienz bestimmen die Höhe des Sturm- und Nassschneeschadens entscheidend. Die schmalkronigen a-Typen gewährleisten im Einklang mit ihrem höheren Heterozygotiegrad und der größeren Anzahl seltener Allele eine bessere Anpassungsfähigkeit über einen höheren Dichtstand. Das führt zu einer geringeren Mortalität (Hertel, Kohlstock, Lockow 1998). Dagegen sind insbesondere in den Jungbeständen die raum stehenden breitkronigen b-Typen mit ihrem amöboid wechselgestaltigen Kronenaufbau Ansatzpunkte für den Schnee- und Sturmaufbruch des Gesamtbestandes. Im Fläming haben der Orkan Kyrill (2007) und weitere Stürme deutlich gezeigt, dass Schäden immer zuerst an den vorwüchsigen, breitkronigen b-Typen verursacht werden. Die Bestandeswirtschaft nach der Eberswalder Auslesedurchforstung gewährleistet durch die sich gegenseitig stützenden Kronen eine höhere Betriebssicherheit des geschlossenen Kronendachs. Die autochthone Provenienz Brandenburg zeigte im Versuch statistisch gesichert die geringsten Schäden.

2.3.1.2.2 Kurzübersicht zur Eberswalder Auslesedurchforstung

Jungwuchspflege.

1,5 bis 3,0 m, ausschließlich negative Phänotypenauslese. Entnahme deutlich erkennbarer Protzen.

Läuterung.

7,0 bis 12,0 m. Negative Phänotypenauslese. Erhaltung einer möglichst hohen Anzahl von a- und a/b-Typen.

Jungbestandspflege.

12,0 bis16,0 m. Hochdurchforstungsartige positive Auslese. Technologischer Bestandesaufschluss, keine breiten Gassen. Erste Holzwerbung. Auswahl von Z-Baumanwärtern (a- und a/b-Typen), nicht in Massenholzbeständen. Kritischen Bestockungsgrad (B0 0,85) nicht unterschreiten, um Zuwachsverluste zu vermeiden.

Bestandespflege.

Alter ≥ 40 Jahre. Übergang zur niederdurchforstungsartigen Entnahme. Ohne starke Nutzungshiebe.

- Wertschöpfung durch optimalen Zuwachs
- Optimale Grundflächenhaltung anstreben
- Auflichtung, Vergrasung, Wasserstress vermeiden
- Auf geeigneten Standorten Mischbestandsbegründung (Buchenunterbau, Eichenvoranbau)

Der Fortschritt in der waldwachstumskundlichen Erkenntnis, den Lockow (2015) verdeutlicht, gelang allein durch die motivierte praxisnahe Arbeit vieler Eberswalder Forscher im Versuchswesen. Hier besteht heute eine Verpflichtung für die Forstpolitik, das Versuchswesen vom Sparzwang zu befreien und intensiv fortzuführen.

2.3.1.2.3 Durchforstung und Ertrag

Die Auswertung der langfristigen Versuchsflächenergebnisse (Lockow 2015) belegt zweifelsfrei, dass eine nachhaltig produktive Kiefernbestandeswirtschaft möglich ist, wenn die ökologisch- physiologische Konstitution (biologische Eigenheit) der Kiefer beachtet wird.

Deshalb gehört zur Bestandeswirtschaft Klarheit darüber, dass von Vor- bzw. Pionierwäldern auszugehen ist. Diese bilden bei Anerkennung der Prinzipien der Eberswalder Auslesedurchforstung aufgrund der bewussten Förderung genetisch determinierter Entwicklungstypen stammzahlreiche, geschlossene und stabile Bestände. Diese führt zur Betriebsform des standortsangepassten Kleinkahlschlages (Kopp 1999, Bergmann 2003; Heinsdorf, D. 2003; König 2003). Aus standortskundlicher und besonders klimatischer Sicht benötigt die Wirtschaft eine qualitativ neue Kiefernwirtschaft, umgesetzt durch die Eberswalder Auslesedurchforstung. Sie arbeitet mit den a- und a/b-Typen, mit denen das von der Industrie gesuchte qualitativ hochwertige mittelstarke Holz erzeugt werden kann. Hier ist eine Zusammenarbeit mit der Sägeindustrie dringend notwendig. Unterbleibt die frühzeitige, weitgehende Entnahme der b-Typen, wachsen diese in Starkholzdimensionen von >50 cm BHD ein, die von der Sägeindustrie nur in bester Qualität gesucht werden (Möhring, Bodelschwing 2016). b-Typen haben eine geringere Standraumökonomie (Lockow 2015). Das nach dem Medinger Verfahren zu Beginn der 1990er Jahre in die Neuen Bundesländer eingeführte „Auskesseln" der wüchsigen, starkastigen und großkronigen, zu Z-Bäumen erklärten Stämme, haben vergleichsweise flächenbezogen weniger Zuwachs (Bullerjahn; Hauskeller 1994, Lockow 2015).

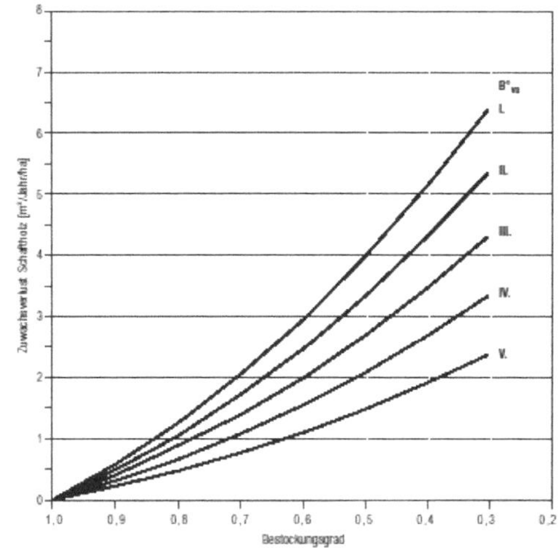

Abb. 50:

Zusammenhang zwischen Bestockungsgrad und Zuwachsverlust der Kiefer im mittleren Ertragsniveau (MEN) getrennt nach Ertragsklassen.

Ertragstafel Kiefer: Lembcke, Knapp, Dittmar 1975 (aus Lockow 2015)

Abb. 50 belegt den exponentiellen Anstieg der Zuwachsverluste in Kubikmeter je Hektar und Jahr mit fallendem Bestockungsgrad der Kiefer im Alter von 70 bis 75 Jahren. Der sinkende Bestockungsgrad bringt zusätzlich eine steigende Vergrasung und Wasserstress mit sich. Unterhalb eines Bestockungsgrades von 0,85 steigen die Zuwachsverluste, die hier bereits 5 % betragen, deutlich an. Das spricht für eine bis zum Umtriebsalter geschlossen gehaltene Bestandeswirtschaft und gegen eine arbeitsaufwendige Zielstärkennutzung sowie einen Schnellwuchsbetrieb mit frei gestellten b-Typen als Z-Bäume.
Die Auswertung der zwischen 1986 und 2002 wiederholt beprobten 131 Flächen der Ökologischen Waldzustandskontrolle (ÖWK) in Brandenburg belegt Änderungsbeträge im C- und N-Vorrat auf Braunerden unter Kiefernreinbeständen (Konopatzky 2009, 2011). Die schlechteren Humusformen erfahren danach einen anhaltenden deutlichen Stickstoffeintrag, den die Kiefer bei hohem Angebot nicht im Umlauf halten kann. Das verweist auf die Notwendigkeit einer stammzahlreichen, möglichst geschlossenen Bestandeswirtschaft mit a- und a/b-Typen, die bei unverändertem N- Eintrag aufgrund der höheren Stammzahl die Menge des im Umlauf befindliche Stickstoffs besser verkraften können.

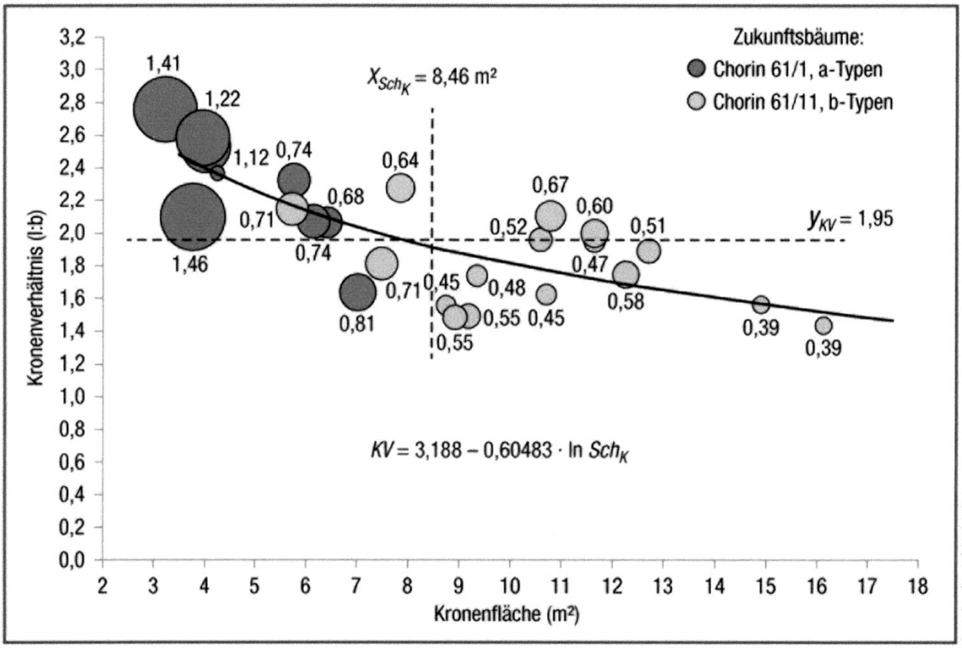

Abb. 51: *Stochastischer Zusammenhang zwischen der Kronenschirmfläche (Schk), dem Kronenverhältnis (KV) und dem laufenden jährlichen Durchmesserzuwachs (IjZd1, 3[mm]) pro m2 Kronenschirmfläche (Zahlen an der Kreisdarstellung) der Kiefer im kombinierten Verbandsweiten- und Durchforstungsversuch „Chorin 61". Bestandesalter 33 Jahre. Zukunftsbäume, Baumklasse 1 (Kraft 1884). Primärdaten nach Bergholz (2006).*

Die **Abbildung 51** belegt als Beispiel die Leistungsüberlegenheit der klein(schmal)kronigen a-Typen über die großkronigen Bestandesmitglieder, die b-Typen. Die schlankeren Kronen besitzen einen kleineren Plumpheitsgrad und damit bei gegebener Kronenschirmfläche eine relativ größere assimilatorisch wirksame periphere Nadelmasse (Kronenmantelfläche). Diese größere fotosynthetische Wirksamkeit ist die Ursache für ihre Leistungsüberlegenheit oder die bessere Standraumökonomie.

2.3.1.2.4 Die Produktion von Kiefernwertholz

Die Kiefernwirtschaft nach Olberg (1950) wird auf waldwachstumskundlicher und genetischer Basis durch die Eberswalder Auslesedurchforstung zu einer neuen Qualität weiterentwickelt.

Das betrifft auch den flexiblen Umgang mit den wertvollen Zukunfts (Z-)bäumen.

Denn die Eberswalder Auslesedurchforstung ist entsprechend den standörtlichen Möglichkeiten grundsätzlich auf die Produktion von wertvollem Kiefernholz ausgerichtet. Lockow vermeidet bewusst die Angabe von festen Mindest- und Höchststammzahlen der Z-Baumanwärter, sondern bevorzugt eine freie Stammauswahl nach der vorkommenden Anzahl der geeigneten Kiefernentwicklungstypen. Damit wird deutlich, dass ein kreativer Waldbau auf naturräumlicher Grundlage und kein zwanghaftes statistisches Vorgehen gefragt sind. Denn die Eberswalder Auslesedurchforstung ist einer freien Durchforstung verwandt. Angestrebt wird eine selektive Durchforstung, die das Kronendach geschlossen hält. Das Ergebnis ist eine optimale Zahl wertvoller Stämme aus genetisch umweltanpassungsfähigen a- und a/b-Typen.

Aus ihnen erfolgt eine dynamische Auslese von Z-Stämmen. Da in der Jugend ausgelesene Z-Stämme sehr häufig ausfallen, wird eine Reserve an ungeasteten, vitalen feinastigen Bäumen gehalten. Betriebswirtschaftlich schädliche Astungen aufgrund starrer hoher Zahlenvorgaben auf starkwüchsigen Standorten und an schwachastigen aber nach unten umsetzenden Stämmen müssen vermieden werden.

Viele Kiefernbestände stocken auf Rankern, Rumpfrosterden, Gleypodsolen, anthropogen destrukturierten Bodenformen, Braunpodsolen und übersandeten Braunerde mit ziemlich armer Trophie und besitzen nur eine III. bzw. II. bis III. Bonität. Jedoch die Kiefer besitzt hier einen wertvollen engen Jahrringaufbau. Deshalb sollten nicht, wie in aktuellen Kiefernpflegerichtlinien empfohlen, allein Kiefernbestände I. und II. Bonität, sondern auch die Kiefer III. Bonität geastet werden, wenn es die betriebswirtschaftliche Situation ermöglicht. Die Kiefernbestände I. Bonität verkörpern oft gute Laubholzstandorte und sind daher wegen Starkastigkeit ungeeignet.

Abb. 52:
Vergleich der Brettholzqualität von a- und b-Typ (Foto FROMMHOLD Eberswalde)

Für Astungen müssen die a-Typen aus der „Kraftschen Baumklasse" I und auch II ausgewählt werden. Denn die Klasse I enthält sehr viele ungeeignete b-Typen, deren starke Aststummel bis in das hohe Alter beulig mitwachsen. Diese starkastigen Typen fallen im Altbestand bereits mit 100 Jahren im Lichtwuchsbetrieb „Finowtal 145" aufgrund fehlender Vitalität mit 50 % aus (LOCKOW 2015). Abzulehnen sind Schnellwuchsverfahren mit b-Typen, die als Z-Baumanwärter „ausgekesselt" und freigestellt werden. Die Freistellung verringert die Stabilität und Leistungsfähigkeit des Bestandes durch die Zerstörung der Wuchsgemeinschaften (Biogruppen) (GREGER; KOROTAEV 2002, 2003). Die Eberswalder Auslesedurchforstung beeinflusst die Waldgesinnung des Praktikers positiv und kann ihn an den ökologischen Waldbau heranführen.

Links oben (**Abb. 52** vorherige Seite) stellt die Stammscheibe den grobastigen, grobringigen, breitkronigen b-Typ dar. Zugehörig zur Scheibe zeigen rechts daneben die Schnittbretter den groben Holzaufbau.
Die untere linke Scheibe zeigt im Vergleich den astfreien, schmalringigen, gleichmäßigen Holzaufbau, des schmalkronigen a-Typs, der sich rechts daneben auf den unteren zwei Schnittbrettern widerspiegelt.

2.3.1.2.5 Aufbau von Mischbeständen

Auf standörtlicher Basis und nach dem Vorbild des natürlichen Entwicklungstrends von Kiefern-Traubeneichenwäldern baut LOCKOW Mischbestände auf. Am Beispiel eines Nomogramms (aus NOACK 2008) werden die Entwicklungsmöglichkeiten von Kiefern-Traubeneichen-Halbforsten aus dem Kiefern-Vorwaldgefüge dreidimensional dargestellt, **Abbildung 53** zeigt die Entwicklung der oberirdischen Baummasse des Traubeneichen-Voranbaus unter Kiefernschirm in Abhängigkeit vom Alter der Eichen, dem Kiefern-Überschirmungsgrad und dem C/N-Verhältnis im Oberboden. Die Abbildung verdeutlicht, die Kiefer kann die Rolle als Vorwaldbaumart auf zu armem Standort mit Rohhumus gar nicht, auf dem ziemlich armen Standort mit der Humusform rohhumusartiger Moder (C/N 24, RoMo) nur ungenügend und auf dem mittelkräftigen Standort mit Moder (Mo, C/N =< 24) erst bei einem Überschirmungsgrad von unter 50 % erfüllen. Die Untersuchungen wurden im Lande Brandenburg sowohl auf altpleistozänen wie auf jungpleistozänen Standorten durchgeführt. Diese umfassen die feuchte über die mäßig trockene bis zur trockenen Tieflands-Klimastufe. Hinsichtlich der Humusformen enthält die Untersuchung 16 Moder-, 56 rohhumusartigen Moder- und 58 Rohhumusflächen und deckt eine große Standortsbreite ab.
In der Praxis wurde Kiefer, im übertriebenen Waldwendeoptimismus forstpolitisch angeordnet, oftmals auf Z- und schwachen M-Standorten (C/N 24 - 30) mit Traubeneiche unterbaut.
Die Bedeutung der Humusform wurde kaum verstanden, so dass sogar auf Rohhumus Voranbauten erfolgten. Ein Teil dieses Unterbaus fiel aus standörtlichen Gründen aus, während der andere Teil kümmert und großenteils dem Wild anheimfiel. Diese hohen C/N-Verhältnisse zeigen ziemlich arme Standorte (Sand-Braunpodsol) bis schwach mittlere Standortsverhältnisse (anlehmige Braunerde) an. Dennoch wird seit 1990 mit einem falschen Mischwaldverständnis im niederschlagsarmen Klima und auf altpleistozänen Sanden immer wieder der Vor- und Unterbau mit Eiche und Rotbuche vergeblich versucht. Die Standortserkundung hat dieses schädliche und teure Probieren mit zweihiebigen Beständen in den Erläuterungsbänden zu den Standortskarten niemals empfohlen. Das Nomogramm **Abbildung 53** macht deutlich, dass der Traubeneichenvoranbau erst beginnend mit der Humusform Mo (C/N 18 - 24) auf Braunerde mit wachstumsfördernden Schichten ertragreich ist. Vergleichbar sieht LOCKOW nur auf K bis M2+ - Standorten einen Rotbuchenunterbau vor, wo der Oberbodenzustand nicht stärker als bis zum RoMo (C/N - <24) abgewandelt ist. Die außerordentlichen und phantastischen Wünsche nach dem Aufbau der ursprünglich vor Jahrhunderten hier existierenden Mischbestände sind regional unerfüllbar. Denn die ursprünglichen Waldstandorte sind anthropogen bedingt nicht mehr vorhanden. Ein besonderer Schaden durch Wunschdenken trat dadurch ein, dass oftmals standortgerechte, intakte Kiefernbestände soweit aufgeschlagen wurden, dass der zu schwache Standort mit Rohhumus die Lichtbaumart Traubeneiche ungenügend anwachsen ließ. Die Traubeneiche stagnierte, der Kiefernbestand war zerschlagen und Land-Reitgras breitete sich aus – ein Musterbeispiel fehlerhafter, schädlicher Forstwirtschaft durch das Abgehen von den Erkenntnissen einer hochentwickelten standortgerechten Forstwirtschaft.

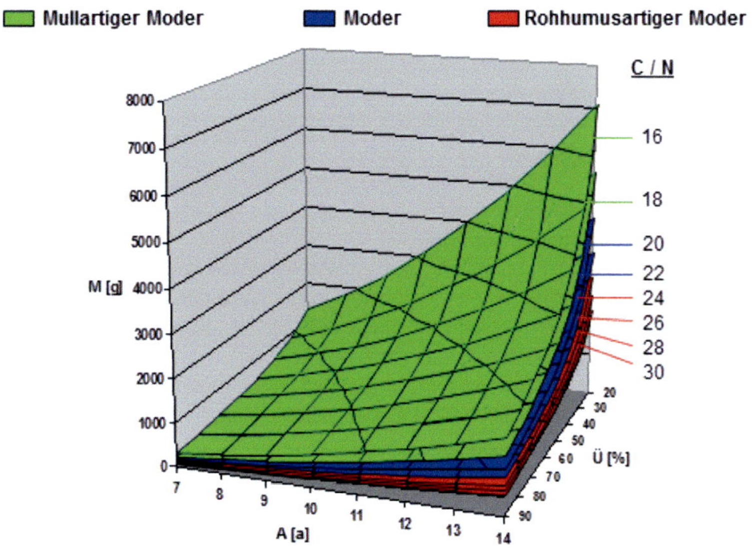

Abb. 53*: Entwicklung der oberirdischen Baummasse des Traubeneichen-Voranbaus unter Kiefernschirm in Abhängigkeit vom Alter der Eichen, dem Kiefern-Überschirmungsgradnund dem C/N-Verhältnis im Oberboden (nach Noack 2008, in Lockow 2015)*

2.3.1.2.6 Forstpolitische und volkswirtschaftliche Gesichtspunkte

Als altmärkischer Forstamtsleiter war der Autor gehalten, nach wissenschaftlichen Kiefernpflegerichtlinien zu arbeiten, wie sie bereits Olberg entwickelte. Im Sinne einer flächendeckenden, periodischen Forsteinrichtung und standortgerechten Forstwirtschaft war der Autor für einen regionalen Waldbau auf naturräumlicher Basis ausgebildet worden. Eine flächendeckende Standorts- und Naturraumerkundung sowie die auf ihnen aufbauende periodische Forsteinrichtung garantierten, dass nicht nur der Kiefer sondern auch anderen Nadelbaumarten die jeweils geeigneten Walderneuerungsflächen differenziert zugewiesen wurde.

Damit wurden die Informationen bereitgestellt, die für eine sachkundige Bewirtschaftung der Kiefer unverzichtbar sind. Jede nach diesen Prinzipien durchgeführte Forsteinrichtung würde heute Fehler aus Sicht einer standortgerechten Forstwirtschaft erkennen. Das Altersklassenverhältnis der Kiefer ist schwer gestört, die erste und zweite Altersklasse sind deutlich unterrepräsentiert, und die Nachhaltigkeit der Kiefernbetriebsklasse ist nicht mehr gegeben. Aktuell weist die Bundeswaldinventur 3 (2014) für die Baumartengruppe Kiefer in der 1. Altersklasse in Deutschland insgesamt im Mittel gegenüber der 2. Altersklasse nur noch 24 % aus. Hält dieser Trend an, wird aus einer von der Industrie dringend benötigten Hauptbaumart, die sich seit Jahren bei der alljährlichen Waldzustandserfassung als besonders stabil erwiesen hat, eine marginale Nebenbaumart.

Im Lichte dieser Feststellungen hat die Kiefernwirtschaft nach der sogenannten „Wende" in bestimmten ost- und mitteldeutschen Bundesländern einen Niedergang erlitten. Namhafte bodenständige Forstwissenschaftler vergleichen dieses Niveau mit demjenigen der Periode der Hartigschen Generalregeln. Diese konnten sich im 19. Jh. noch nicht nach gesicherten waldökologischen bzw. standortskundlichen Erkenntnissen richten und hatten deshalb einen weitgehend administrativ-forsttechnischen Charakter.

Im Wissen um die Richtigkeit und den Wert der Eberswalder Auslesedurchforstung sollte ihre Herangehensweise auch in anderen Naturräumen Deutschlands geprüft werden. Im Zusammenhang mit den aktuellen Witterungsextremen und dem Klimawandel ist die gezielte Fortführung langfristiger Versuchsflächen mit der Kiefer dringend angezeigt. Sie ist die genetisch anpassungsfähige Haupt- und Vorwaldbaumart im niederschlagsarmen Mitteleuropa und hat Provenienzen für die verschiedensten Naturräume ausgebildet. Deshalb nimmt ihre landeskulturelle Bedeutung zu. Die aktuelle Kiefernfeindschaft verkennt, dass viele Wälder Mitteleuropas auf devastierten, ehemaligen Ackerböden stocken, und die Wiederherstellung der ehemals vorhandenen potentiellen Bestockung zumeist illusorisch ist.

Ohne eine Wiederbelebung der hochentwickelten und über Jahrzehnte bewährten Kiefernbewirtschaftung wird es in Nordostdeutschland keine nachhaltige Forstwirtschaft geben können! Eine der Nachhaltigkeit und kommenden Generationen verpflichtete Politik des Bundes und der Länder muss garantieren, dass, aufbauend auf bewährten und neuesten Erkenntnissen, eine Forstwirtschaft betrieben wird, welche die Bedürfnisse der Gesellschaft an dem nachwachsenden Rohstoff Holz und die Erfordernisse zum Schutz und zur Bewahrung der Umwelt dialektisch verbindet. Das dafür erforderliche forstliche Wissen liegt auf naturräumlicher Grundlage in Form standortskundlicher, waldbaulicher und ertragskundlicher Kenntnisse und Unterlagen zumindest für die Neuen Bundesländer vor. Die gegenwärtige Situation sich abzuzeichnender Klimaschwankungen verlangt nach der Beschäftigung mit der biologischen Waldgefügeentwicklung anstelle hektischer Rotation im Verwaltungsstrukturengefüge.

Die gegenwärtig verordnete dauerwaldartige Bewirtschaftung der Kiefer verkennt, dass sich diese als Pionier- und Vorwaldbaumart nur auf armen, destrukturierten oder degradierten Standorten natürlich verjüngt und im Reinbestand dauerwaldartig bewirtschaftet werden kann. Die Bedeutung der Kiefer, als von der Holzverarbeitenden Industrie in steigendem Maße nachgefragte Wirtschaftsbaumart, erfordert aber zwingend, auch Z- und schwächere M-Standorte für den Anbau vorzusehen, der dann über künstliche Verjüngung erfolgen muss. Nur so wird eine vernünftige, der gegenwärtig verordneten – auf den meisten Standorten aber falschen und die biologischen Eigenschaften der Kiefer verkennenden – „naturgemäßen" Waldbewirtschaftung weit überlegenen Bestandeswirtschaft hoher Massen- und Qualitätsleistung gesichert.

In einem wohlhabenden Land wie Deutschland sollte es möglich sein, was unter wesentlich schwierigeren Bedingungen während der Weltkriege und in der DDR (Milnik 2013) immer möglich war, nämlich eine Forstverwaltung zu etablieren, die Nutz-, Schutz- und Erholungsfunktion des Waldes in optimaler Weise zu verbinden weiß. Dazu müssen die drastisch reduzierten Forstverwaltungsstrukturen erneut funktionstüchtig aufgebaut werden. Diese gesellschaftliche Pflicht gilt auch bezüglich der Förderung und Betreuung des Privat- und Kommunalwaldes.

Der Begriff „Forstwirtschaft" ist weitgehend verschwunden, aktuell zu lesen ist immer häufiger „Waldwirtschaft – aber natürlich". Ohne es direkt auszusprechen wird damit suggeriert, dass die bisherige Forstwirtschaft, auch die standortgerechte Forstwirtschaft, nicht natürlich gewesen ist. Es wird vor allem vom Naturschutz nicht mit Vorwürfen an die bisherige Form der Waldbewirtschaftung gespart. Dabei werden die Früchte dieser gescholtenen Forstwirtschaft in einem seit den Nachkriegsjahren nicht mehr gekannten Ausmaß geerntet. Wenn es nicht nur darum geht, den Wald als Vegetationsform zu erhalten, sondern auch als wichtigen Wirtschaftsfaktor, muss die gegenwärtige Form der Waldbewirtschaftung äußerst kritisch gesehen werden. Grundsätzlich muss es eine Leitidee für den gesellschaftlichen Umgang mit dem Wald geben. Sie muss davon ausgehen, dass, landeskulturell gesehen, Wald ähnlich dem Gesundheitswesen ein Gemeingut ist und keine Ware an der unablässig finanziell ausgerichtete Rationalisationsversuche stattfinden.

In diesem Zusammenhang ist z. B. der Verweis auf die Pressemitteilung 18/16 des Deutschen Forstwirtschaftsrats (DFWR) vom 28.11.2016 auf den Beschluss des Regierungskabinetts vom 14.11.2016 zum „Klimaschutzplan 2050" wichtig. Darin sind nachfolgende, die Kiefernwirtschaft betreffende, Schwerpunkte enthalten:

1. *„Die Erhaltung und Verbesserung der Kohlenstoff-Senkenfunktion des Waldes"*, wie sie gerade der stammzahlreiche Kiefernbestand auf den schlechteren Standorten unübertroffen erreicht.

2. *„Schutz und Mehrung der Waldfläche"*, wie sie auf den Grenzertragsböden durch Ackeraufforstung mit Kiefer als erste Waldgeneration beispielhaft erreicht wird.

3. *„Betonung des Gleichklanges der ökologischen, ökonomischen und sozialen Waldfunktionen"*, wie sie durch die Kiefer mit ihrer unübertroffenen Zuwachsleistung, Meliorationswirkung durch Tiefwurzeln auf degradierten Standorten und Anpassung an Klimaveränderungen erreicht wird.

4. *„Anpassung der Wälder an den zu erwartenden Klimawandel und Erhöhung ihrer Klimaschutzleistungen durch die waldbauliche Integration standortgerechter, vitaler, produktiver, naturnaher und überwiegend heimischer Baumarten."* Besonders diese Forderung wird durch die extrem anpassungsfähige Kiefer dann erfüllt, wenn die Bestandesbehandlung durch die Eberswalder Auslesedurchforstung erfolgt.

5. *„Stärkere Fokussierung der forstlichen Förderung der Forstbetriebe auf die Unterstützung bei der Bewältigung von klimabedingten Herausforderungen."* Sie ist nur durch Wiederaufbau der zerstörten Verwaltungs- und Beratungsstrukturen erreichbar und erfordert verstärkt integrative Wirtschaftsgemeinschaften im Privatwald mit aussetzendem Betrieb. Dieser Wiederaufbau ist angesichts der deutlichen klimabedingten Probleme eine Selbstverständlichkeit!

2.3.2 Übersicht über die Kiefern-Bestockungszieltypen (BZT)

Die Kiefer bestockt eine breite Standortsspanne. Ihr Wachstum hängt stark von der Feuchtestufe ab, wobei das Maximum bei „feucht" (N...2) liegt. Die Nährkraftstufe beeinflusst das Wachstum dagegen, teilweise in Wechselwirkung mit der Feuchtestufe, wesentlich nur in der Spanne zwischen M und A auf unvernässten (T...) sowie zwischen Z und A auf vernässten Standorten (N...2, N...1). Auf Standorten der Nährkraftstufen K und R nutzt die Kiefer im Reinbestand die Standortskräfte nicht aus. Zudem erhöhen sich die Kulturpflegekosten auf besseren Standorten und die Holzgüte sinkt.

Der **Kieferntyp I** (mit normalem Umtrieb) ist der produktionstechnisch einfachste Bestockungszieltyp. Produktionsbiologisch befriedigt er nur auf armen Standorten (A 1...3), weil dort der auf die Bodenvegetation entfallende, nicht nutzbare Anteil der Bioproduktion ohnehin gering ist. Auf den kräftigen und mittleren Standorten nutzt der Kieferntyp die Bodenfruchtbarkeit nicht aus; ein großer Teil der Fruchtbarkeit wird in nicht nutzbarer Biomasse (Bodenvegetation) angelegt, und außerdem strebt die Zustands-Fruchtbarkeit einem unterhalb der Stamm-Fruchtbarkeit liegenden Zustand zu. Dem kann zwar durch Düngung begegnet werden, der Mehraufwand spricht trotzdem zu Ungunsten dieses Kieferntyps.

Beim **Kiefern-Rotbuchen-Typ I** wird ein so gutes Wachstum der Buche vorausgesetzt, dass die Buche nach Hiebsreife der Kiefer noch einige Jahrzehnte als reiner Buchenbestand weiterwachsen kann.

Beim **Kiefern-Rotbuchen-Typ II** wird die Rotbuche zugleich mit der Kiefer geerntet. Beide Untertypen sind produktionsbiologisch dem reinen Kieferntyp überlegen, und zwar umso mehr, je besser der Standort ist. Statt der nicht nutzbaren Biomasse der Bodenvegetation wird Holz erzeugt. Ferner erhöht sich bei Rotbuchenbeimischung der Fruchtbarkeitszustand gegenüber Kiefern-Reinbeständen um 1 bis 2 Nährkraftstufen, so dass man ohne Melioration und Düngung einen hohen Fruchtbarkeitszustand aufrechterhalten kann. Der Aufwand für Erneuerung, Pflege und Ernte ist jedoch höher als beim reinen Kiefern-Bestand, und der Technikeinsatz ist erschwert. Dieser Bestockungszieltyp muss aber trotzdem für verstärkten Technikeinsatz erschlossen werden, und die Entwicklungsarbeiten dafür müssen unverzüglich eingeleitet werden. Dabei ist zu unterscheiden, welcher von beiden Untertypen in Abhängigkeit vom Standort günstiger ist.
Wägt man die Vor- und Nachteile des Kiefern- und Kiefern-Rotbuchen-Typs in Abhängigkeit vom Standort ab, so ergeben sich eindeutige Vorteile bei den ärmeren Standorten (A1...3, Z1...3, M3) für den Kieferntyp und bei den kräftigen (K1...2 sowie M1 und M2+) für den Kiefern-Rotbuchen-Typ. Auf den dazwischen liegenden Standortsformengruppen ist gewöhnlich der Kieferntyp zu bevorzugen; der Kiefern-Buchen-Typ sollte aber dort vorgesehen werden, wo anknüpfend an bereits vorhandene Bestockungen der Anbauerfolg auf diesen Grenzstandorten gesichert erscheint (Mosaikgruppe I) oder wo es gilt, großflächige Reinbestandskomplexe in ärmeren Mosaiken (Mosaikgruppe III) zu unterbrechen. Dann sind jedoch gute Startbedingungen für den Rotbuchenunterbau erforderlich: Zaun und mindestens rohhumusartiger Moder (zm oder zi) als Ausgangshumusform mit Kalkung. Bei Rohhumus als Ausgangshumusform (am oder ai) muss der Zustand durch eine N-Düngefolge in Richtung zum rohhumusartigen Moder verbessert werden. Standorte mit noch schlechterem Ausgangszustand sind erst nach Melioration (z. B. durch mehrere N-Düngefolgen) für den Kiefern-Rotbuchen-Typ geeignet.

Entsprechendes wie für den Kiefern-Rotbuchen-Typ gilt bei Klimastufe t (und m) für den **Kiefern-Linden-Typ**. Nur liegen noch wenige Erfahrungen vor. Einige Beispiele mit Lindenunterbau auf Standortsformengruppe M2 t sind aber ermutigend.

Der **Kiefern-Fichten-Typ** ist in der Leistung durch seine zweischichtige Licht-Schattholz-Kombination ähnlich zu bewerten wie der Kiefern-Rotbuchen-Typ. Im Alter schiebt sich die Fichte in das Kronendach mit ein. Der Einfluss auf die Bodenfruchtbarkeit ist zwar allgemein ungünstig; auf den für den Kiefern-Fichten-Typ vorgesehenen Standorten fällt dieser Nachteil aber kaum ins Gewicht, da ihre Böden schon von Natur aus sauer sind und für säurefeste Baumarten eine ziemlich hohe Produktionskraft haben. Produktionstechnisch ähnelt er dem

Kiefern-Rotbuchen-Typ II, aber nur bei der Pflege und Ernte; bei der Walderneuerung soll die Fichte schon auf der Kahlfläche mit eingebracht werden. Der Kiefern-Fichten-Typ vertritt denKiefern-Rotbuchen-Typ auf Standorten, auf denen die Fichte der Rotbuche wesentlich überlegen ist: NZ2, NZ1, OZ3 sowie auf NA1 und OA3.

Der **Kieferntyp II** (mit verkürztem Umtrieb) ist ein an extreme Standortsverhältnisse (OA3, NA1 und NA2) angepasster Typ. Der Bestand wächst wegen der reichlichen Wasserversorgung sehr grobringig und ästig, so dass der Zieldurchmesser relativ früh erreicht wird und sich längere Umtriebe wegen des geringen Qualitätsholzzuwachses nicht lohnen. Auf den genannten Standorten wird zwar auch viel nicht nutzbare Biomasse erzeugt (Bodenvegetation); der Ersatz durch Unterstandsbaumarten (durch die Fichte beim Kiefern-Fichten-Typ) ist wegen des extremen Säuregrades aber unsicher.
Der Kieferntyp wird gewöhnlich von der Kahlfläche her erneuert. Nur selten – bei Durchlaufen einer verjüngungsfreundlichen Rückentwicklungsphase von Bodenvegetation und Humusform nach Streunutzung auf Standortsformengruppen am/M2, am/M2+ und ähnlichen – ist die Erneuerung unter Schirm durch Naturverjüngung Erfolg versprechend. Der Kiefern-Rotbuchen-Typ wird als Reinbestand von Kiefer auf der Kahlfläche begründet und dann im frühen Stangenholzalter mit Rotbuche unterbaut. Beim Kiefern-Fichten-Typ wird die Mischbaumart gleich auf der Kahlfläche mit eingebracht; bei späterem Unterbau käme die Fichte zur Hiebsreife der Kiefer zu spät.

2.3.3 Kiefern – Bewirtschaftungsrichtlinie Die Geschäftsidee der Kiefernwirtschaft

2.3.3.1 Unternehmerische Referenzen

Der Landesbetrieb ist ein Unternehmen geworden, das wie jeder Wirtschaftsbetrieb eine Geschäftsidee benötigt. Die forstliche Geschäftsidee sollte lauten, so ökologiegerecht wie möglich zu arbeiten. Das heißt, die Energie des Waldökosystems für die eigenen Zwecke optimal auszunutzen und Eigenenergie zu sparen.
Diese Arbeitsweise ist besonders in den ertragsschwachen Ökosystemen der altpleistozänen, niederschlagsarmen nordöstlichen Gebiete Sachsen-Anhalts gefordert und stellt dort die einzige Möglichkeit dar, einen Ertrag zu erwirtschaften. Es ist dies auch eine Frage der richtigen Einstellung zum Nadelholz, das nicht aus ideologischen Gründen benachteiligt werden darf. Pfeil bemerkte dazu: *„Die Kiefer kann nicht ex cathedra gelehrt werden, egal auch wer dahinter steht"* (Bergmann 2009).
Das Unternehmen Landesbetrieb benötigt ein geschlossenes, wissenschaftlich abgesichertes und praktisch betriebswirtschaftlich erprobtes Wirtschaftskonzept, das die Sicherheit für einen gelungenen Start in die Marktwirtschaft gewährleisten kann. Für den Norden Sachsen-Anhalts existiert ein solches Konzept aus der „Eberswalder Schule", das durch lange Versuchsreihen exakt ertragskundlich untersetzt ist (LOCKOW 2006) und in der Entwicklungsreihe Wiedemann, Erteld, Kräuter, Lembcke, Dittmar steht. Es ist die standorts- und naturraumgerechte Waldwirtschaft, in die 170 Jahre wissenschaftliche und praktische Erfahrung im nordostdeutschen Tiefland eingeflossen sind. Besonders die Kiefer betreffend existieren keine weiteren vergleichbaren fachlichen Grundlagen und Referenzen.
Bemerkenswert ist die Tatsache, dass die „Eberswalder Schule" dem Unternehmen Landesbetrieb ein standortgerechtes Wirtschaften ermöglicht, welches ertragskundlich und genetisch abgesichert ist. Diese Absicherung wurde auf sehr langjährigen Versuchsflächen erarbeitet.

2.3.3.2 Die Kiefer als betriebswirtschaftlich optimale Baumart für trockene, nährstoffarme Standorte

In den nordostdeutschen Gebieten dominiert die Kiefer bei weitem den Waldaufbau. Deshalb muss sich der Landesbetrieb intensiv mit der Produktkette Kiefernbetriebsklasse beschäftigen und in einen immissions- und klimawandelbedingten trockenheitsangepassten Waldbau einarbeiten. Dabei gilt es, die Grenzen des „Waldumbaus" vorsichtig auszuloten.
Ein kostspieliger, grandioser „Waldumbau" auf Laubholz ist auf den trockenen und nährstoffarmen Standorten angesichts der Klimaerwärmung nicht angebracht, sondern ein gefühlvolles Eingehen auf die ökologische Kons-

titution der xeromorphen Kiefer und ihrer Begleitbaumarten. Die bisherige Waldbauplanung für den Landeswald im Land Sachsen-Anhalt war von dem edlen Wunsch eines konsequenten Laubholzwaldbaus getragen und stützte sich vorwiegend auf die theoretische Größe der Stammstandortsform bei der Konzipierung der BZT. Zukünftig müssen die aktuellen, stark abweichenden Zustände der Standorte verstärkt berücksichtigt werden. Damit werden die enormen Umweltveränderungen der letzten Jahrzehnte in die Konzeption einbezogen.
Nur mit der Hilfe exakter Standortskenntnisse kann der Landesbetrieb als Unternehmen eine Arbeitsweise auf wissenschaftlicher Basis unter Ausschluss virtueller Größen gewährleisten und seine Geschäftsidee und Produktkette wertfrei und rationell aufbauen. Auf dieser Basis kann die gesamte Belegschaft des Unternehmens geschult, motiviert und vorurteilsfrei an die Bearbeitung der Produktkette herangehen. Dann wird sie auf den genannten Standorten in der Pionierbaumart Kiefer alle die Eigenschaften finden, die unter ertragsschwachen Bedingungen eine leicht zu organisierende, zuverlässig und sicher Ertrag bringende Waldwirtschaft ermöglicht. Die Kiefer kommt mit ihrer ökologischen Konstitution (Verfassung) allen Ansprüchen einer modernen, rationellen Betriebsführung entgegen. Die Kiefernwaldwirtschaft ermöglicht eine einfache, konzentrierte, extensive, leicht planbare, standortgerechte Wirtschaftsweise, weil die Kiefer eine bestandesbildende, nicht dauerwaldfähige Baumart ist. Das was unternehmerisch als „line production" gilt, entspricht dem ökologischen Wesen der Kiefer weitgehend wie kaum einer anderen Baumart. Darüber hinaus ist die Kiefer hinsichtlich des Klimawandels auf den genannten Standorten zunehmend die Baumart der Zukunft. Nicht zuletzt hat sie ein wertvolles Holz, dessen Preis zukünftig steigen kann. **Die Kiefer ist in der Tat als ein Geschenk der Natur für das Forstwesen auf trockenen Standorten Nordostdeutschland zu begreifen.** Sie muss aber immer als Teil der Waldgesellschaften verstanden werden, denen sie in bestimmten Stadien angehört.
Dies ist der eigentliche Kern der Geschäftsidee für den laufenden Betrieb, der anhand der bis zu 140 Jahre alten preußischen Versuchsflächen mit dem Wuchsverlauf der Kiefer und ihren Genotypen bzw. Kronenformen belegt ist. Nur dann kann die Betriebswirtschaft das erreichen, was unter ertragsschwachen Bedingungen unabdingbar ist – Erstklassigkeit.
Die Kiefer als Pionier hat natürlicherweise die Aufgabe, Waldblößen möglichst schnell und flächendeckend zu besiedeln. Deshalb ist sie eine bestandesbildende Baumart, die auch in dieser Weise im ökologisch vertretbaren Kahlschlag bewirtschaftet werden möchte. Im Vergleich zu Schlussbaumarten besitzt sie eine frühe Kulmination des DGZ. Damit ermöglicht sie eine extensive, sparsame Bewirtschaftung nach der Jungbestandespflege, nachdem frühe Eingriffe mit einer positiven Auslesedurchforstung erfolgt sind. Sie ist somit in der Lage, zeitig den hohen Bedarf an Industrieholz zu befriedigen.

2.3.3.3 Die Wachstumstypen der Kiefer

Die Kiefer besitzt genetisch festgelegte Wachstumstypen. Es sind die heterozygoten, anpassungsfähigen a-Typen mit schmaler Krone, Feinastigkeit und hoher Standraumökonomie.
Das Pendant hierzu sind die b-Typen mit breiter, amöboider Krone, starken ausladenden Ästen und hoher Einzelstammleistung bei großen Standraumansprüchen. Zwischen beiden Typen gibt es gleitende Übergänge (a/b-Typen). Die Kenntnis dieser Typen enthält den Schlüssel für die richtige Entscheidung über Art und Leistung der Produktion.

2.3.3.4 Der vorteilhafte ertragskundliche und betriebswirtschaftliche Charakter der Kiefer

Der vorteilhafte ertragskundliche Charakter der Kiefer liegt in der günstigen und seltenen Eigenschaft begründet, dass der das Wertholz erzeugende a-Typ zugleich auch die höchste Biomasseleistung je Hektar liefert. Damit fällt dem kundigen Wirtschafter die Entscheidung für den a-Typ leicht, und er muss sich nur beim Schnellwuchsbetrieb für den b-Typ entscheiden. Die günstige Kombination von Pionier- und a-Typeigenschaften ermöglicht es, sehr zeitig viel Biomasse für den Industrieholzbedarf zu produzieren, ohne dabei die Wertholzproduktion zu vernachlässigen.
Charakteristisch für die Lichtbaumart Kiefer ist weiterhin, dass sie bis zu einer Absenkung des B° auf 0,85 nur 5 % Ertragsverlust erleidet und nach 10 Jahren wieder Vollschluss erreicht hat. Stärkere Absenkungen bewirken stark ansteigende Verluste und verhindern eine Regeneration des Bestandesvollschlusses.
Der Pioniercharakter der Kiefer duldet nicht nur, sondern verlangt eine bestandesweise, konzentrierte Produktion, die den betriebswirtschaftlichen Ansprüchen sehr entgegenkommt.

Das Verkennen dieser Tatsache hat in den letzten Jahrzehnten viel Geld gekostet. Eine starke Zielstärkennutzung mit geringer Stammzahl auf den starken Einzelstamm verbietet sich und muss einer entschlossenen Bestandeswirtschaft weichen, die der ökologischen Konstitution der Kiefer entgegenkommt.
Die Kiefer kann sowohl für die Wert- als auch für die Massenholzproduktion genutzt werden, wenn die Kronentypenauswahl entsprechend ausfällt. Die fachgerechte Kronentypauswahl stellt ein wertvolles Mittel zur Steigerung der Bestandesleistungsfähigkeit und der Arbeitsproduktivität beim Auszeichnen dar.
Dank ihrer Pioniereigenschaften ist der Kiefern-Kronenaufbau plastisch. Diese Plastizität ermöglicht der Kiefer die Besiedlung einer breiten Standortspalette. Da sie auf den M-Standorten frühzeitig, bevor sie stammfaul wird, in die für Wertholz benötigten Dimensionen einwächst, sind die A- und schwachen Z-Standorte eher der Bauholz- und Plattenholzproduktion vorbehalten. Diese Entscheidungen muss der Landesbetrieb rechtzeitig und entschlossen treffen, um sich ein großes Sparpotenzial hinsichtlich Durchforstungsart und -stärke und sehr große Leistungsreserven zu erschließen.

2.3.3.5 Produktionsreserven des Landesbetriebes durch eine art- und standortgerechte Kiefernbewirtschaftung

Diese Reserven sind in der konsequenten, vorbehaltslosen Bewirtschaftung der Kiefer nach ihrer ökologischen Konstitution als Pionierbaum und ihren Standortsansprüchen zu finden.
Deshalb seien hier die Kardinalpunkte der Kiefernbewirtschaftung abrissartig zusammengefasst:

1. **Die Kiefer als Pionier- und Lichtbaumart muss bestandesweise bewirtschaftet werden.**
   Dementsprechend wird sie auch verjüngt. Naturverjüngung ist bei diesem Pionier nur über Mineralböden mit mageren und armen Humusformen und geringer Bodenvegetation möglich. Die Umweltbedingungen haben der Kiefer diese Bedingungen weitgehend entzogen, so dass der Landesbetrieb zur funktionssicheren Kunstverjüngung greifen sollte.

2. **Der Landesbetrieb darf die „Kiefernbetriebsklasse" nicht ohne Kiefernwiederverjüngung weiter abnutzen.**
   Die Laubholzvoranbauten im niederschlagsarmen Klima unter Kiefer auf Sandböden ohne Lehmeinfluss, die an die Stelle des genutzten Kiefernvorrates treten sollten, müssen dringend abgestellt werden.
   Sie misslingen oder bringen keinen Ertrag. Misslungene Voranbauten dürfen nicht nachgebessert werden. Hier liegt ein riesiges Sparpotenzial in der ruhigen Fortführung der Kiefernwirtschaft als trockenheitsangepasstem Waldbau. Eine biologische Beimischung von Laubhölzern wird dagegen bei vorhandenen Haushaltsreserven möglich.

3. **In einer hochdurchforstungsartigen positiven Auslesedurchforstung sollte die Kiefern-Wertholzwirtschaft unächst zugunsten der a-Typen intensiv bis etwa zum Alter 40/50 eingreifen.** Dann ist ein extensiver, Kosten sparender Betrieb mit schwachen niederdurchforstungsartigen Eingriffen sinnvoll. Die Bestände müssen geschlossen gehalten werden (optimale Grundflächenhaltung nicht unter Bestockungsgrad 0,85).
   Löcher- und Sortimentshiebe, in der Form der Zielstärkennutzung, sind für Kiefer untypisch und senken die Ertragsleistung, besonders wenn sie auf den falschen Typ ausgerichtet sind. Der Hauptertrag kommt in der zügigen Endnutzung, die eine „Verwilderung" des Bodens vermeidet. Nach einer Vegetationsperiode Schlagruhe, um der Rüsselkäfergefahr zu begegnen, erfolgt sofort die Pflanzung, ohne im trockenen Klima und bei Vergrasungsgefahr gewagte und kostenträchtige Versuche mit der Naturverjüngung zu unternehmen. Muss der Einschlag erhöht werden, so kann dies problemlos durch Reduktion des Umtriebes ohne Zuwachsverlust der Betriebsklasse erfolgen.

2.3.4 Ziele und Grundsätze der Kiefernbewirtschaftung

2.3.4.1 Grundsätze

Mischwaldprinzip

Die Kiefernwirtschaft muss das ökologisch wichtige Prinzip des Mischwaldes erfüllen. Auf den trocken-armen Standorten ist das nicht, wie vielfach vordergründig erwünscht, in erster Linie mit dem Laubholzmischwald möglich, sondern über die innere Struktur der Kiefernbestände, die man gut in Kiefernnaturwäldern studieren kann. Das ist der natürliche Weg, dessen Nachahmung durch die Wirtschaft Erfolg garantiert. Der standortsfremde Aufbau von Laubholzmischwäldern stellt nicht die Verwirklichung des Mischbetriebs dar, sondern verursacht nicht nur allein wirtschaftliche Schäden, sondern in der aktuellen Situation bei seinem häufigen Misslingen auch eine Oberbodenschädigung durch Vergrasung.

Deshalb sollte die Devise lauten: Mischwaldwirtschaft durch Bildung innerer Strukturen in den Kiefernwäldern der Trockengebiete Sachsen-Anhalts Huber 1993, Lang 1993, Staschel und Greger 1993, Otto 2002, Greger und Korotaev 2003, Mülder und Greger 1995, Greger 1995. Diese inneren Strukturen stellen sich auf den ärmeren, trockenen Standorten vorrangig als horizontale und nachrangig als vertikale Gliederung der Kiefernbestände dar. Sie lassen sich durch eine typengerechte Durchforstung erreichen, die nach dem Grundsatz **„Qualität geht vor Abstand"** jeden Schematismus von Regelabständen vermeidet. Diese inneren Strukturen leisten mit der einen Hauptbaumart Kiefer und deren Begleitbaumarten Eiche, Birke und Eberesche auf den betrachteten Standorten das optimal Mögliche und den Laubmischwäldern auf guten Standorten Vergleichbare. Die „Kiefernzwangsstandorte" im niederschlagsarmen Norden Sachsen-Anhalts ermöglichen i. d. R. nicht die naturschwärmerisch gewünschten vertikal gestuften Wälder. Hier kann das Mischprinzip vorwiegend durch die Horizontalmischung verwirklicht werden. Gelingt es der Durchforstung (Qualitative Gruppendurchforstung), die natürliche Textur der Bestände, d. h. die dem Zufall überlassene Stellung der Bäume zueinander, weitgehend zu erhalten, so ist dem geforderten Mischwaldprinzip Genüge getan und die schädliche, zu Recht gebrandmarkte, Homogenisierung unserer Kiefernbestände aufgehoben. Konkret bedeutet das, in der Nachbarschaft stehende gute Kiefern vom a- oder a/b-Typ werden als Lebensgemeinschaft betrachtet und nicht auf einen Stamm reduziert. Auf diese Weise wird eine höhere Bestandesstabilität erreicht und mehr Wertholz produziert.

Abb. 54: *Gruppenartige Kiefernnaturverjüngung. Finow, Rohboden auf gestörter Grundmoräne im Weichselstadium. Foto Greger*

Die **Abb. 54** zeigt, wie der Pionier Kiefer Rohböden gruppenweise erobert und beginnt, Waldboden zu bilden. Zum Erkennen der Entwicklungsgesetzmäßigkeit und Strukturen von Waldgesellschaften gilt es auf ihren Ursprung, den Beginn der Waldentwicklung zurückzugehen. Hier zeigt sich, dass sich ein Waldökosystem mit lebensgemeinschaftlichen Strukturen aufbaut. Es stehen Kiefern gruppiert nebeneinander (Biogruppen), die miteinander verwurzelt sind, sich vor allem gegenseitig stützen und weniger miteinander konkurrieren. Wissenschaftliche Grundlagen für die Biogruppenbildung und Gruppendurchforstung, die in das Buch einflossen, erarbeiteten besonders polnische, sowjetische und russische Wissenschaftler: Beskarawainyi, M.M. (1956, 58), Ejtingen, G.R. (1950, 51), Korotaev, A. A. (2003), Lobanov, N. B. (1953): Maurin, A. (1953) Nikitin, I. N. (1952, 61), Rachtejenko I. N. (1952), Smolentseva, E. et. Al. (2003), Soldatov, A.G. (1955), Wloczewski, T. (1968), Zajaczkowski, J. (1990).

Das gruppenweise beginnende Erschließen des Gesamtstandortes stellt die Strategie zur Bildung eines stabilen Ökosystems dar. Diese Strukturierung bleibt über das gesamte Bestandesleben erhalten und stellt das Prinzip der Mischung auch im Artenreinbestand dar – eine horizontale Mischung verschiedener Strukturen und Gruppierungen zunächst nur mit einer Pionierart. Das Bild zeigt auch, wie im Schutze der Kieferngruppen die Birke beginnt anzufliegen.
Jede Durchforstung sollte sich dieses ursprüngliche Bild vor Augen halten, wertvolle, gutgeformte Gruppierungen erhalten und eine starre, naturfremde Abstandsdurchforstung unterlassen.
Auf diesem Gebiet besteht noch ein großer Forschungsbedarf. Im Verständnis für die natürlichen Waldstrukturen und -gefüge wird eine Waldwirtschaft neuer Qualität erreicht.
Zugleich wird z.B. auch die von Olberg (1957) für wesentlich gehaltene Herstellung der Mischung mit den biologisch wichtigen Begleitarten erreicht.

Das Entwicklungsziel

- Wird durch Bestandesdaten und den Standort bestimmt.
- Bestandesentwicklung
- Alle Festlegungen zum Entwicklungsziel sind grundsätzlich am Bestand zu treffen.
- Die Dynamik der Bestandesentwicklung entscheidet korrigierend über die Abfolge der Festlegungen.

Biologische Rationalisierung

Sie erfolgt vorrangig durch die Durchforstung zur Steuerung der Bestandesqualität und -struktur und Bodenbelichtung.

Mischungsregulierung

- Unter Berücksichtigung der betriebswirtschaftlichen Belange sind natürlich ankommende Mischbaumarten wegen ihrer stabilisierenden Wirkung zu begünstigen.

Waldumbau

- Beim Aufbau standortgerechter Mischbestände sind die wachstumskundlichen ökologischen Eigenschaften der Mischbaumarten mit den Ansprüchen des Kiefernoberstandes in Übereinstimmung zu bringen. Geschlossene Bestände dürfen erst nach der Kulmination des DGZ aufgelichtet werden. Standortgerechte und anbauwürdige ausländische Baumarten können gruppen- bis horstweise ergänzt werden.

2.3.4.2 Standörtliche Grundlagen der Kiefernbewirtschaftung

Die Kiefer hat landeskulturell bedingt eine weite Verbreitung im Norden Sachsen-Anhalts erreicht. Ihr Anbau ist in erste Linie die Folge der Bodenschädigung durch eine Jahrhunderte währende Ackernutzung – nicht aber, wie oft vermutet wird, deren Ursache. Demzufolge stockt die Kiefer heute im Laubholzklima überwiegend auf ehemaligen Laubholzstandorten, die durch ihre Degradierung Kiefernstandorte wurden. In diesem Widerspruch liegt die große Problematik der Kiefernwirtschaft, die der Landesbetrieb nach dem Eintreten der zusätzlichen Belastung durch die Eutrophierung nur mit einer immissions- und klimawandelgerechten Waldwirtschaft lösen kann.
Selbstregeneration der degradierten Standorte und der Stickstoffeintrag haben die ökologiegerechte und wirtschaftszielorientierte Nadelholzwirtschaft erneut vor die Frage nach einer tatsächlich standorts- und naturraumgerechten Arbeitsweise gestellt. Da die Zustandsabweichungen der Standorte von ihrer Stammform oft groß sind,

tragsreichen Beständen (Nadelhölzern) wurde erschwert oder ausgeschlossen. Die Waldwirtschaft muss auf, oft landeskulturgeschichtlich bedingt degradierten, Kiefernböden arbeiten, die im Laubholzklima liegen und depositionsbedingt dem Laubholz stark angeglichen sind. Daher muss die Kiefernnaturverjüngung einen Spagat bei den Verjüngungsbedingungen zwischen denjenigen machen, die ursprünglich für Pionierbaumarten geeignet sind, aktuell aber eigentlich Zwischenwald- und Klimaxbaumarten genügen. Das gelingt nur mit einem klimawandelgerechten und immissionsangepassten Waldbau. Dabei muss naturraumgerecht vorgegangen werden. Kiefernnaturverjüngung kann naturgemäß nur noch dort möglich sein, wo die Kiefer normalerweise ein Pionier der Waldgefügeentwicklung ist. Diese Voraussetzungen bestehen aktuell im eingeschränkten Maße nur noch im Mosaikbereich Setzsteiger Höhenplatte im armen Moränenkomplex MoK.
Auch hier kann dieses Verfahren nicht die Basis für eine flächendeckende Wirtschaft sein, denn die Erkundung weist auch hier großflächig eine Eutrophierung aus. Wie die **Abbildung 55** zeigt, konnte die Kiefernnaturverjüngung im Erkundungsbezirk allein auf dem Moränenkomplex der Gorrenberge auf der erodierten Oberfläche mit Rohhumusdecken solange erfolgen, bis die Blaubeere im Verlaufe der Oberbodenregeneration einwanderte.

Abb. 55: *Kiefernnaturverjüngung, Rev. Golmitz, Abt. 1221 auf dem erodierten Gorrenberger Moränenkomplex MoK 77, örtlich Brunkauer Sand-Humusrostpodsol BrS, arme Trophie A2. Der Kiefernanflug trat vor der Einwanderung der Blaubeere auf Magerrohhumus ein. Der Forstbetrieb hatte den Oberboden degradiert, weil er für eine Rhododendronanzucht Nadelstreunutzung betrieben hatte (Foto D. Radtke)*

2.3.4.3.3.6 Kiefernökosysteme unter dem Einfluss von Stickstoffdeposition und Veränderung der Humusformen

Die Kiefer muss in Nordostdeutschland eine Hauptbaumart bleiben. Deshalb muss der Waldbau erkunden, wie der Anbau einer Pionierbaumart auf eutrophierten Standorten möglich ist.
Bolte und Beck (1997) äußerten sich im Zusammenhang mit einer Waldgefährdung durch Stickstoffeintrag im nordostdeutschen Tiefland zur Stickstoffsättigung und Destabilisierung von Kiefernökosystemen: *„Jahrzehntelange hohe Stickstoffeinträge aus Landwirtschaft und Industrie haben in Kombination mit der herrschenden*

Niederschlagsarmut einen starken Einfluss auf die Produktivität dieser Ökosysteme ausgeübt."..."Übermäßige Stickstoffzufuhr zwingt dabei die Forstökosysteme zu einer Vergrößerung des Umlaufspeichers Nadeln und Bodenvegetation, da in diesen Bestandesteilen im Vergleich zum Baumholz jährlich höhere Stickstoffmengen aufgenommen werden können. Der Kiefernbaumbestand ist dabei infolge der Auflichtung und einhergehendem Produktionsrückgang jedoch nicht mehr in der Lage, das Wachstum der Bodenvegetation durch Schließen der Bestandeslücken und Einschränkung der Bodenbelichtung zu steuern. Stark lichtbedürftige und hochproduktive Sandrohrdecken breiten sich aus und vermindern durch ihren hohen zusätzlichen Wasserverbrauch speziell in der Vegetationszeit die ohnehin geringe Wasserverfügbarkeit für den Baumbestand. Die Bodenvegetation kann so zur Steuergröße für das Wachstum der Baumschicht werden und zusätzlich die Verjüngung der Baumbestände verhindern. Der Aufbau und die Erhaltung reiner Kiefernforststrukturen erfordert unter diesen Bedingungen einen hohen technischen und finanziellen Aufwand." Dennoch ist es möglich, mit entsprechender waldbaulicher Begabung und der Hilfe der Eberswalder Auslesedurchforstung Kiefernbestände zu erziehen (s. Kap. F 3.4 Entwicklung klimaplastischer Wälder...).
Kopp und Jochheim (2002) bearbeiteten in einem ZALF-Projekt Erkenntnisse zum Vegetationswandel in den Wäldern des Testgebietes Uckermark. Dabei untersuchten sie Kiefernbestände, Kiefer-Laubholzbestände und Laubholzbestände mit Ausgangshumusformen von Magerrohhumus bis Mull unter Stickstoffeintrag. Vom Ausgangszustand bis zum Endstand verbesserte sich Magerrohumus und Rohhumus unter Kiefer ziemlich schnell zum rohhumusartigen Moder, auf dem die Kiefer nicht mehr anfliegen kann. Die Säure-Basenstufe blieb aber gleich. Unter Mischbeständen Kiefer-Laubholz war die Anfangshumusform bereits rohhumusartiger Moder und Moder, sodass die Verbesserung der Humusform nur noch schwach ausfiel und die Säure-Basenstufe gleich blieb. Unter Eichen- und Rotbuchenbeständen wurden gute Humusformen (Mull und mullartiger Moder) unter der Stickstoffdeposition verschlechtert und auch die Säure-Basenstufe verschlechterte sich. Stickstoffeinträge bereiten dem Waldbau mit Kiefer enorme Probleme und verschlechtern die Bedingungen für den Laubholzwaldbau.

2.3.4.3.3.7 Empfehlungen zur Kiefernnaturverjüngung aus betriebswirtschaftlicher und ökologischer Sicht
Die oben genannten Ausführungen machen deutlich, dass eine landesweite Kiefernnaturverjüngung unter den gegenwärtig herrschenden Umweltbedingungen völlig ausgeschlossen ist. Eine Kiefern-Dauerwaldwirtschaft war sogar schon immer eine Utopie, denn ein Pionier kann selbstredend einen Standort nicht dauerhaft bestocken. Das würde dem gegenwärtig erstrebten langfristig ökologischen Waldbau widersprechen. Daher muss die Waldwirtschaft auf den armen, ziemlich armen und schwach mesotrophen Standorten Methoden finden, die unter den unnatürlichen Verhältnissen der Eutrophierung eine ertragreiche Waldwirtschaft ermöglichen.
Soll die Kiefernnaturverjüngungs-Wirtschaft auf natürlichere Verhältnisse zurückgeleitet werden, so kann das nur über eine langfristige Stadienentwicklung oder den beschleunigenden Einsatz technischer Mittel erfolgen. Dem Landesbetrieb steht ausschließlich die letzte Variante zur Verfügung. Deshalb muss in allen seinen Gliederungen darüber völlige Klarheit herrschen, dass die Kiefernnaturverjüngung aufgrund des Bodenzustandes keine tragende Rolle in der Kiefernwaldwirtschaft spielen, sondern immer nur die Ausnahme sein kann. Alle anderen Entscheidungen sind nicht erfolgsorientiert (siehe Olberg 1957).
Sollte der Landesbetrieb trotzdem aus besonderen Gründen (eine naturverjüngte Kiefer hat i. d. R. ein besseres Pfahlwurzelsytem als eine gepflanzte) zur Naturverjüngung übergehen wollen, so sind dazu folgende **ökologischen Voraussetzungen** vonnöten:
Bevorzugt altpleistozäne geologische Serie, Klimagebiete Delta δ und Epsilon ε, ausreichende Wasserspeicherkapazität des Bodens (Humusgehalt, Staubsand, Ton- und Schluffgehalt über 10 %), degradierter oder armer Oberboden mit Flechten-, Hagermoos (Zypressenmoos)- oder schwacher Heidevegetation, ausreichende Besonnung (Kronenschlussgrad unter 4), möglichst grundwassernah und Kleinflächigkeit des Waldklimas wegen. Bereits Decken von gutem feinhumusreichem Rohhumus mit Drahtschmiele oder gar Blaubeere schließen eine Naturverjüngung aus.
Die **technischen Voraussetzungen** für die künstliche Einleitung der Verjüngung sind mitbestimmend für den Erfolg. Die Pflüge sollten Plätze mit gutem Keimklima schaffen. Dazu ist der Streifenpflug Waldmeister nicht immer sehr geeignet. Er entfernt oft den humusreichen A-Horizont des Bodens zu sehr und stellt eine feste Pflugsohle her, auf der die Kiefernsamen nur schwer keimen kann. Denn die leichtsamigen Nadelhölzer besitzen wenige Reserven und müssen zügig in tiefere Bodenschichten einwachsen können. Das vermögen sie nur auf lockeren,

humusreichen Böden. Diese und die mikroklimatischen Bodennischen werden eher durch Scheibenpflüge (leichter tschechischer Lesny-Waldpflug, TTS-Gerät) oder Kula-Gerät hergestellt, die zugleich auch noch wendiger sind und deshalb eine höhere Arbeitsproduktivität besitzen, aber leider auch die Vergrasung erleichtern.

2.3.4.3.3.8 Waldbauliche Alternativen zur rationellen, gesicherten Kiefernnaturverjüngung

Der laufende Betrieb der Kiefernwaldwirtschaft kann nur erfolgreich sein, wenn er sich vom Dauerwaldgedanken verabschiedet, denn ein Pionier wie die Kiefer ist nicht zur dauerhaften Bestockung, sondern nur zur Vorbereitung derselben bestimmt. Sobald der Leitgedanke von der „Stetigkeit des Waldwesens" in der Kiefernwaldwirtschaft ad acta gelegt wird, kehrt Ordnung in das waldwirtschaftliche Denken ein. Die Kiefer wird i. d. R. wieder konsequent entsprechend ihrer ökologischen Konstitution im ökologisch verträglich erfolgsorientierten Kahlschlagbetrieb bewirtschaftet. Erfolgsorientierung bedeutet in der Kiefernwirtschaft: **Optimale Grundflächenhaltung**, die mit hochdurchforstungsartigen Eingriffen beginnt, bis etwa zum Alter 40 Typenauslese betreibt und dann den Bestand in einer extensiven Ruhephase mit schwachen Entnahmen und Übergängen zur Niederdurchforstung bis zur bestandesweisen Nutzung geschlossen hält. Das bedeutet einen betriebswirtschaftlichen und ökologischen Vorteil der gegenwärtig gebräuchlichen aufwendigen Zielstärkennutzung gegenüber.

Auf der Freifläche (Kleinkahlschlag) muss zügig eine ordnungsgemäße Pflanzung vorgenommen werden. Diese konsequente Betriebsform ist den natürlichen Waldentwicklungsstadien so weit wie möglich angepasst und erreicht einen sicheren Betriebserfolg. Der Waldkenner wird zugleich der beste Betriebswirt sein, weil er versteht, dass besonders die Kiefer allen betriebswirtschaftlichen Ansprüchen an Konzentration, Extensivierung und klarer Ordnung der Produktion mit ihren ökologischen Lebensgewohnheiten beispiellos entgegenkommt. In der Zeit der neuartigen Waldschäden ist jedoch zu bedenken: Eine seit vielen Jahrhunderten extrem veränderte Umwelt beschränkt die wirtschaftliche Nutzung der Naturvorgänge entscheidend, so dass auch ökologisch ausgerichtete Forstleute die Unnatur mit Unnatur (Technik und Biozide z. B. bei Spätblühender Traubenkirsche)bekämpfen müssen.
Deshalb lautet die Schlussfolgerung:
Ehe die Stickstoffeinträge nicht deutlich zurückgehen, sollte der Landesbetrieb das kostenträchtige Risiko der Kiefernnaturverjüngung meiden und den soliden, sicheren Weg der Pflanzung gehen.

2.3.4.3.3.9 Saat

Saat benötigt mindestens die gleichen Standortsbedingungen wie die Naturverjüngung. Daher ist ihre Einsatzmöglichkeit in Sachsen-Anhalt ebenfalls sehr eingeschränkt. Eine gute Einsatzmöglichkeit ergibt sich auf grasfreien Waldbrandflächen, wenn die Flächen nicht vor dem Brand mit Land-Reitgras verwildert waren.

2.3.4.3.3.10 Die Dobritzer Kiefernwirtschaft

Der Forstamtsleiter Radtke (2019) Nedlitz berichtet aus eigener Erfahrung über die Entwicklung der Kiefernnaturverjüngung im Fläming: *„Der reiche Kalitsch in Dobritz hat miterlebt, wie sein armer Verwandter in Bärenthoren dreimal so viel Holz in seinem Wald in Form von Einzelnutzungen auf der Gesamtfläche erntete, als die Forsteinrichtung (das Wirtschaftsgutachten von 1872 – siehe Krutzsch – Bärenthoren 1924) errechnet hatte. Und die durch diese Art der Nutzung entstandenen Lücken haben sich von selbst wieder mit Kiefernnaturverjüngung geschlossen. Holznutzung ohne Wiederaufforstungskosten, das wollte der Dobritzer Kalitsch auch erreichen, so zu sagen ein waldbauliches perpetuum mobile... Entsprechende Versuche in seinem Dobritzer Wald auf besseren Standorten, die wohl auch nicht so stark devastiert waren, wie seinerzeit in Bärenthoren, schlugen jedoch fehl. So wurde dann eben eine Kiefern-Kunstverjüngung unter dem Schirm der besten Altkiefern des Vorbestandes angelegt. Die praktisch für eine verlängerte Umtriebszeit ausgewählten Altkiefern konnten so zu wahrer Dimension ausreifen, und haben gleichzeitig mit ihrem Schirmdruck für ein gebremstes Aufwachsen der gepflanzten Jungkiefern gesorgt. Ein solches Verfahren erforderte natürlich vom örtlichen Wirtschafter, ständig die Bestandesentwicklung im Auge zu behalten und stets rechtzeitig nachzulichten, damit der Kiefernnachwuchs nicht allzu stark in seiner Entwicklung gebremst wird bzw. womöglich gar vergeht. Andererseits durften auch keine größeren Lücken im Schirm entstehen, auf denen sich dann im Nachwuchs unerwünschte Protzen entwickeln konnten. Es musste also eine möglichst regelmäßige Gleichverteilung im Altkiefernschirm gewahrt bleiben. Da aber im ersten Jahrzehnt nach Auflichtung des Altkiefernbestandes zur Vorbereitung der Schirmstellung für einen Kiefernvoranbau unter Kiefer, was die Dob-*

ritzer Wirtschaft charakterisiert, praktisch ein Überhaltbetrieb in Form eines zweihiebigen Hochwaldes, vermehrt auch Absterbeerscheinungen unter den Altkiefern auftreten, musste in der Einleitungsphase der Schirmherstellung mit entsprechender Selektionsreserve gearbeitet werden. Das bedeutet, wenn zum Schluss je nach örtlicher Standortstrophie 30 bis 40 Wertholzkiefern/ha dauerhaft im Bestand verbleiben sollen, um ausreifen zu können, musste zu Beginn der Schirmstellung mit 60...80 Altkiefern pro Hektar gearbeitet werden (50 % Selektionsreserve). So waren die Erfahrungen der örtlichen Wirtschafter, nach dem Zweiten Weltkrieg insbesondere der beiden langjährigen Revierleiter Walter Hobohm und Herrmann Rautmann, zusammen mit ihrem langjährigen Oberförster Dr. hc. Siegfried Mehlitz." Die Dobritzer Kiefer ist sehr wahrscheinlich nicht autochthon, da aus Kunstverjüngung stammend. Kohlstock (1961) bewertet diese Kiefer als Vorbedingung zur Dobritzer Kiefernwirtschaft. Die Kiefer bliebe bis ins hohe Alter gesund und zeige dabei eine hohe Leistung. Die Dobritzer Kiefer zeichne sich durch Frohwüchsigkeit, Lang- und Geradschaftigkeit, Feinbeastung bis in die Krone und Feinringigkeit sowie durch ein (relatives) Schattenerträgnis aus. Aus standortskundlicher Sicht wird hier erneut deutlich, dass die Bärenthorener Kiefernwirtschaft ein nicht zu verallgemeinernder Sonderfall ist.

Radtke (2019): *„Die Dobritzer Wirtschaft ist eine Spielform des schlagweisen Kiefernhochwaldbetriebes* (ein **Kiefernqualitätsholzbetrieb** d. Verf.). *Durch den Jahrzehnte langen Schirmdruck der Überhaltkiefern wurden auf Standorten besserer Trophie, auf denen eigentlich Laubmischwälder stocken sollten, im Idealfall, wenn der Schirm lange genug gleichmäßig in der für das jeweilige Aufwuchsstadium der künstlich verjüngten Kiefer optimalen Dichte gehalten werden konnte, relativ feinringige zukünftige Wertholzkiefern herangezogen. Entscheidend ist die Feinringigkeit vor allem in der frühen Jugend der Kiefern als Weiser für eine geringe innere Astigkeit. Im Grunde ist die Kunstverjüngung von Kiefern unter dem Schirm von Altkiefern auf K- und R-Standorten ein recht schematisches Kiefern – Wertholz – Erzeugungsmodell, weit entfernt von jeder Naturnähe. Die Dobritzer Wirtschaft ist ein örtlich gewachsenes historisches Kiefern-Waldbewirtschaftungsmodell von eher nur lokaler Verbreitung und Bedeutung, hervorgegangen aus dem Willen des damaligen Privatwaldbesitzers.*
Der größte jemals von mir verkaufte Stammabschnitt einer Dobritzer Wertholzkiefer hatte eine Länge von 12 m bei einem Mittendurchmesser von 75 cm ohne Rinde (Volumen 5,3 fm)."

2.3.4.3.3.11 Pflanzung

Die Kiefernpflanzung ist wohlbegründet das vorherrschende Verfahren in Sachsen-Anhalt.
Im Gegensatz zur Naturverjüngung und Saat erzielt sie mit großer Sicherheit unmittelbar geschlossene Verjüngungen und wird dadurch im Endeffekt im Durchschnitt billiger als diese. Auf Standorten mit starker Konkurrenzvegetation ist sie der Naturverjüngung oder Saat unter allen Umständen vorzuziehen. Zur Wertholzproduktion muss eine ausreichende Ausgangspflanzenzahl vorhanden sein. Das gilt besonders für grasgefährdete Bestände. Die Eberswalder Verbandsversuche zeigten, dass die engen und die mittleren (16.700 Pflanzen) die weiten Verbände in der Gesamtwuchsleistung übertreffen. Deshalb sollte die Tieflandserfahrung genutzt werden, die von wenigstens 16.700 St./ ha bei Sämlingen und mindestens 1.250 St./ha bei 2-jährig verschulten oder 1/1 unterschnittenen Pflanzen ausgeht.

2.3.4.3.4 Massenholzbestände

2.3.4.3.4.1 Jungwuchspflege

Sie konzentriert sich auf die Entnahme der schädlichen Protzen. Sie sind als potentielle b-Typen an den langen untersten Kronenästen, die aufwärts gerichtet den Leittrieb überragen, erkennbar. Alle standortgerechten Mischbaumarten werden konsequent gefördert. Nur gelegentlich sind kranke und stark geschädigte Individuen aus der Oberschicht zu entnehmen. Es erfolgt noch keine Standraumerweiterung.

2.3.4.3.4.2 Läuterung

Oberhöhenbereich von ca. 7 bis 12 Metern auf schädigende Protzen und Schadbäume aus dem vorherrschenden und herrschenden Bestand. Standortgerechte Mischbaumarten werden zielgerichtet gefördert. Nicht schädigende b-Typen der Kiefer werden bewusst als Reserve im Bestockungsgefüge erhalten. Der technologische Bestandesaufschluss wird begonnen.

2.3.4.3.4.3 Jungbestandesdurchforstung

In dem Oberhöhenbereich von 12 bis 16 Metern ist sie mit ersten Holzerträgen verbunden.
Der technologische Bestandesaufschluss ist zu beenden. Standortgerechte Mischbaumarten sind zu erhalten. Es wird keine Z-Baumauswahl vorgenommen. Die Bestockung wird von Bäumen des b-Typs dominiert, die sich durch starkastige, ausladende, vorwiegend nur an der Peripherie benadelte, amöboide Kronen auszeichnen (kleines Verhältnis von Kronenlänge zu Kronenbreite). Der gegenüber dem a-Typ größere Zuwachs des Einzelbaumes wird auf Kosten des deutlich höheren Standraumbedarfes erreicht. Die hochdurchforstungsartige Pflege löst Gruppen zum Zwecke der Reservebildung nicht auf. Zur Ausnutzung des begrenzten Nutzungszuwachses in der Jugend, Wahrung der Bestandesstabilität und Minderung der Zuwachsverluste sollte der Ertragstafelvollschluss nicht dauerhaft und nicht mehr als zwei Zehntel unterschritten werden.

2.3.4.3.4.4 Mittelalte und ältere Kiefernbestände

In mittelalten Kiefern-Massenholzbeständen sollte nicht stark durchforstet werden, weil sie über eine Vergrasung zu Wasserstress und damit zu erhöhter Mortalität und Zuwachsverlusten führen. Starke Durchforstungen mit Freistellung der b- und a/b-Typen begünstigen eine Starkastbildung, die Ausbildung breiter und unregelmäßiger Jahrringe mit stark wechselndem Frühholz/Spätholzanteilen, dämpfen den Prozess der natürlichen Astreinigung und wirken sich mit gleichzeitig eintretender Abholzigkeit nachteilig auf die Verwendungsmöglichkeiten des Holzes aus. Standraumerweiterungen durch starke Eingriffe sind mit einer Verschlechterung der Standraumökonomie verbunden. Der durch den Lichtungszuwachs erzielte Durchmessergewinn geht mit zunehmendem Alter wieder verloren. Ein „Ausräumen" der älteren Bestände schränkt die Nachhaltigkeit der Vornutzungen ein. Dazu hat die Eberswalder Ertragskunde Versuche durchgeführt, deren Ergebnisse den Schnellwuchsbetrieb ad acta legen.

2.3.4.3.4.5 Verjüngungen

Aus den oben genannten Gründen sind gezielte Naturverjüngungsmaßnahmen zu unterlassen. Massenholzbestände stocken i. d. R. auf besseren Standorten mit besseren Humusformen, die eine Kiefernnaturverjüngung ausschließen. Deshalb muss hier i. d. R. auf Pflanzungen zurückgegriffen werden. Übernahmewürdige Mischbaumarten sind nach Möglichkeit zu übernehmen.

2.3.4.3.5 Der ungleichaltrige, zweischichtige Kiefernreinbestand

Er entsteht im Wesentlichen im Femelschlagverfahren aus Naturverjüngung. Die Naturverjüngung ist nur in nichteutrophierten, unvergrasten Beständen möglich. Das betrifft ärmere Humusformen, deren Entwicklung nicht über das Astmoosstadium hinausgeht. Sobald sich ein besserer Rohhumus mit Drahtschmielendecken einstellt, trifft die Naturverjüngung auf große Schwierigkeiten, welche die Naturverjüngung betriebswirtschaftlich zu aufwendig werden lassen. Die horizontal und vertikal gegliederten Waldgefüge erhalten sich nur kurzbis mittelfristig, um im älteren Kiefernbestand zu einer Kronenschicht zusammenzuwachsen.
Zweischichtige Bestände können sich im südmärkischen Klima nur auf Standorten mit anlehmigen Böden mit ausreichender Wasserspeicherkapazität entwickeln (M-Standorte).
Die Durchforstungsweise lehnt sich an die Bewirtschaftung des gleichaltrigen, einschichtigen Kiefernreinbestandes an.

2.3.4.3.5.1 Bewirtschaftung der Verjüngung

2.3.4.3.5.1.1 Jungwuchspflege

Die negative Phänotypenauslese konzentriert sich auf die Entnahme starker Protzen. Auch die Eingriffe in die Oberschicht beschränken sich auf ein Minimum. Die Stärke des Eingriffes ist am Wuchs des Unterstandes abzulesen. Grundwasserferne, schwache Sandstandorte dulden keinen dichten Kronenschirm. Dort kümmert der Terminaltrieb der Naturverjüngung unter Schirm sehr schnell und die Seitenäste bleiben dünn und winkeln ab. Standortgerechte Mischbaumarten werden gefördert.

2.3.4.3.5.1.2 Läuterung
Protzen werden entnommen und standortgerechte Mischbaumarten gefördert. Potenzielle Z-Baumanwärter werden noch nicht gefördert.

2.3.4.3.5.1.3 Jungbestandespflege
Sie umfasst den Bereich von 12 bis 16 Metern. Der Vorteil der feinastigen Naturverjüngung muss zur Wertholzerzeugung genutzt werden. Aufgrund der höheren Qualitätsleistung sollten dazu die Kiefern des a- und a/b-Typs konsequent genutzt werden, um nicht den besonderen Wert der Naturverjüngung zu verlieren. Damit wird die Basis für die ökologische Waldwirtschaft gelegt und die Notwendigkeit für die Naturverjüngung begründet, die sich durch stammzahlreiche, vielfältige Strukturen auszeichnet. Die Aststärke der Z-Baumanwärter sollte im BHD 3 cm nicht übersteigen und die Astungshöhe mindestens 6 m betragen. Das Fortschreiten der Nutzung im Femelschlagverfahren muss schrittweise erfolgen, um Fällungs- und Rückeschäden niedrig zu halten.

2.3.4.3.5.2 Bewirtschaftung des Kiefernoberstandes
2.3.4.3.5.2.1 Mittelalte und Altbestände
Die Durchforstungsweise entspricht weitgehend derjenigen im gleichaltrigen, einschichtigen Bestand. In noch mittelalten Beständen sollte der Bestockungsgrad nicht unter 0,85 gesenkt werden, um Ertragseinbußen zu vermeiden. Die schrittweise Nutzung läuft einher mit dem Zusammenwachsen der Verjüngungsgruppen und sollte so geplant werden, dass der Oberstand keine Teller- und Steilrandwirkungen auf die Naturverjüngung auswirken kann.

2.3.4.3.5.2.2 Verjüngung
Die Naturverjüngung kann natürlich ankommen oder künstlich über den Femelschlag eingeleitet werden. Verbleibende Lücken können ausgepflanzt werden. Die Femelgruppen werden gegen die Windrichtung ausgeweitet. Naturverjüngte standortgerechte Mischbaumarten werden eingepasst.

2.3.4.3.6 Der ungleichaltrige, stufige Kiefernreinbestand
Dieser anspruchsvolle Waldaufbau ist stärker vertikal differenziert als der ungleichaltrige, zweischichtige Kiefernreinbestand. Mit dem differenzierten Waldgefüge wird die Wertholzproduktion ebenso wie die Erfüllung von ökologischen wie naturschutzfachlichen Erfordernissen angestrebt. Solche Bestände lassen sich am ehesten auf grundwassernahen Standorten aufbauen. Nur eine gute Wasserversorgung kann eine Zweistufigkeit im niederschlagsarmen Klima garantieren. Im Fläming- und auch im Altmarkklima können die erhöhten Niederschläge auf entsprechenden Standorten solche Bestände zeitweise ermöglichen.

2.3.4.3.6.1 Bewirtschaftung der Verjüngung
- **Jungwuchspflege**

  Sie besteht in einer negativen Phänotypenauslese. Naturverjüngung standortgerechter Mischbaumarten wird gezielt gefördert. Die feinastig erwachsene Naturverjüngung verlangt i. d. R. wenige Pflegeeingriffe.
- **Läuterung**

  Die Läuterung richtet sich auf die Entnahme nachwachsender Protzen in der stammzahlreichen, qualitativ hochwertigen, gut strukturierten Verjüngung. Holzwerbung ist noch nicht vorgesehen. Die Bestandesstrukturierung nimmt ihren Fortschritt mit der Räumung des Oberbestandes.
- **Jungbestandespflege**

  Sie wählt Z-Baumanwärter aus und fördert diese durch die Entnahme von minderwertigen Bedrängern. Die Anzahl richtet sich nach der Bestandesqualität. Da Naturverjüngung sehr viele feinastige und feinringige Bestandesmitglieder enthält, ist es die natürliche Bestimmung der Pflege, möglichst viel Z-Stämme des a- und a/b-Typs herauszuarbeiten. Der ungleichaltrige, stufige Bestand ist besonders auf Wertholzproduktion ausgerichtet. Allgemein erfolgt

2.3.4.3.6.2 Bewirtschaftung des Kiefernoberstandes

– Mittelalte und Altbestände

Im Mittelalter ist die Pflege wie zuvor genannt. Verjüngung und Holzernte sind im höheren Alter, nach der Kulmination des DGZ, durch das planmäßige horst- und gruppenweise Einwachsen der nachfolgenden Kieferngeneration unter langfristiger Schirmstellung eng miteinander verzahnt. Hauptziel der Überhaltpflege ist die vollständige Nutzung des Wertzuwachses.

Für den wirtschaftlichen Erfolg dieser anspruchsvollen Waldgefüge ist eine exakte zeitliche und räumliche Ordnung unabdingbar. Dieses Waldgefüge verkörpert eine gelungene Symbiose von wirtschaftlichen, ökologischen und naturschutzfachlichen Anforderungen.

– Verjüngung

Der ungleichaltrige, stufige Kiefernreinbestand entsteht über den Gruppensaumschlag oder Femelschlag in Kleinstbestandesform (trupp- bis horstweise). Die Verjüngungskerne werden planmäßig erweitert und wachsen bei langfristiger Schirmstellung in den Oberstand ein. Die Verjüngung dieser dann nach und nach wieder homogener werdenden Bestände wird wiederum durch Überhaltnutzung und Femel- oder Gruppenschirmstellung erreicht.

2.3.4.3.7 Der gleichaltrige, einschichtige Kiefern-Eichen (Laubholz)-Mischbestand

Dieser Mischbestand stellt eine interessante Kombination dar, die schwer herzustellen ist.

Das ist darin begründet, dass beide Baumarten ähnliche Lichtansprüche, aber einen unterschiedlichen Wuchsrhythmus besitzen. Im südmärkischen Klima ist die Rotbuche nur eingeschränkt einsetzbar, deshalb verbleibt für die Kiefer nur diese Kombination – auf den Moränen die Traubeneichen und auf den Sandern sowie in den Auen die Stieleiche. Bei Grundwasserferne kann die Eiche nur beginnend mit lehmunterlagerten Sanden (M+) konkurrenzfähig zur Kiefer kultiviert werden.

– Jungwuchspflege

Den Ausgang der Mischung bilden häufig lückige Eichenjungwüchse, in welche die Kiefer einfliegt. Konkurrenzverhalten und Unterschiede in der Wuchsdynamik führen auf Sandstandorten zur Dominanz der Kiefer. Deshalb muss neben der Kiefernprotzenentnahme von Anbeginn eine konsequente Förderung der Eiche erfolgen, ohne eine schädliche Freistellung auszuführen. Damit die Eichen nicht geil mit einem hohen Schlankheitsgrad (h/d-Verhältnis) aufwachsen, müssen ihre stärksten Bedränger unabhängig vom Typ entfernt werden. Damit wird die Entwicklung der Eiche durch die Kiefer als Treibholz begünstigt.

– Läuterung

Ihr Ziel besteht darin, eine möglichst gleichmäßige Baumartenverteilung zu fördern. Die Begünstigung guter Eichen hat gegenüber der Negativauslese der Kiefer Vorrang.

– Jungbestandspflege

Mit ihr tritt die erste Holzwerbung ein. Zuvor muss der technologische Bestandesaufschluss erfolgen. Die Durchforstung der Kiefer konzentriert sich auf die selektive Kronenpflege und die Förderung der gut veranlagten Eichen. Wipfelschäftige Eichen werden gefördert, indem sie hochdurchforstungsartig zur Vermeidung der Zwiesel- und Starkastbildung durchhauen werden.

2.3.4.3.8 Mittelalte und ältere Kiefern-Eichen-Mischbestände

Eine hochdurchforstungsartige Vornutzung dient dem Ziel der Pflege der besten Stämme.

Die Begünstigung wertvoller Eichen steht zu Lasten der Kiefer im Vordergrund.

– Verjüngung

Diese Mischbestände entstehen wie folgt:

- Auf produktionsschwachen Standorten durch natürliche Einwanderung standortsangepasster Laubbaumarten.
- Auf besseren Standorten durch gezielte Kunstverjüngung bei der Kiefernbegründung in gruppen- und horstweiser Mischung. Natürliche Verjüngung wird nach Möglichkeit übernommen.
- In lückige Eichenpflanzungen fliegt Kiefer ein. Liegen Bändersande oder Lehmunterlagerungen vor, hat die Eiche relativ große Chancen, ihren Vorsprung möglichst lange zu halten. Diese Entstehungsform ist häufig zu finden.

2.3.4.3.9 Der gleichaltrige, einschichtige Kiefern-Sandbirken (Laubholz)-Mischbestand

Im südbrandenburgischen Klima ist diese natürliche Mischung weit verbreitet. Die Birke stellt eine wertvolle Beimischung dar, die zur ökologischen Vernetzung mit der Kiefer gehört, deren Strukturierung fördert und den Bodenzustand verbessert.

- **Jungwuchspflege**
  Die negative Auslese betrifft die Entnahme der Protzen und Wölfe, damit beide Baumarten gleichmäßig aufwachsen können.
- **Läuterung**
  Sie zielt auf nachwachsende Protzen der Kiefer und sperrwüchsige Birken. Die Läuterung bezweckt eine kleinflächige, trupp-, gruppen- und horstweise Mischung beider Baumarten. Kiefer und Birke sollen unter Vermeidung von Steilrändern gleichmäßig aufwachsen.
- **Jungbestandespflege**
  Die horizontale Gliederung der Baumartenmischung wird abgeschlossen. Eine hochdurchforstungsartige positive Auslese arbeitet die Z-Stämme heraus. Zugleich wird der technologische Bestandesaufschluss beendet.

2.3.4.3.10 Mittelalte und ältere Kiefern-Birken-Mischbestände

In mittelalten Beständen steht die Vorratsanreicherung und nicht die Nutzung im Vordergrund.
Zur Pflege der guten Kiefernkronen sind zurückbleibende, peitschende Birken zu entnehmen.

- **Verjüngung**
  Die Birke wandert natürlich in die Kiefernnaturverjüngungen oder -Pflanzungen ein. Soweit die Birke nicht schädigt, wird sie am besten in Trupps, Gruppen oder Horsten übernommen.

2.3.4.3.11 Der gleichaltrige Kiefern-Douglasien-Lärchen-Küstentannen (Nadelholz)-Mischbestand

Auf laubholzfähigen Standorten stellt der gleichaltrige Kiefern-Nadelholz-Bestand eine ertragskundlich leistungsstarke und betriebswirtschaftlich wertvolle Mischbestockung mit der Kiefer dar. In einen Kieferngrundbestand werden horizontale Mischungen gruppen- und horstweise ergänzend eingebracht. Die geringen Pflanzzahlen gestatten eine plätzeweise manuelle Pflanzung.
Die sehr unterschiedliche Wuchsdynamik der Mischbaumarten verlangt nach stetigen, mit Vorerträgen verbundenen, Pflegeeingriffen. Dabei ist die hohe Konkurrenzkraft der Küstentanne auf besseren Standorten zu beachten. Diese Pflege führt zu horizontalen und vertikalen Mischungen. Unter Beachtung der interspezifischen Konkurrenz erfolgt die Nutzung der Baumarten nach den Reinbestandesgrundsätzen.

2.3.4.3.12 Der ungleichaltrige, stufige Kiefern-Eichen-Mischbestand

Über den Voranbau in Kiefernbeständen auf laubholzfähigen Standorten (ab M1, M2+) können ertragreiche, ökologisch wertvolle Kiefern-Mischbestände im Zuge des Waldumbaus aufgebaut werden.

- **Begründung**
  Der Voranbau sollte erst nach der Kulmination des DGZ einsetzen. Massenholzbestände und aufgelichtete Kiefernbestockungen sind zuerst zum Voranbau auszuwählen.
- **Bestandespflege**
  Die Eiche wird mit dem Heisterstadium sehr lichtbedürftig. Deshalb darf der Bestockungsgrad des Kiefernbestandes zum Begründungszeitpunkt nicht 0,7 übersteigen und muss dann über Nachlichtungen besonders bei mäßiger Wasserversorgung deutlich weiter bis auf 0,4 gesenkt werden. Ein Einwachsen der Eiche in die Kiefernkrone ist nicht vorgesehen. Deshalb muss die Kiefer mit wenigen Hieben geräumt werden, nachdem zuvor ein technischer Bestandesaufschluss zur Vorbeugung von Fällungsschäden durchgeführt worden ist.

2.3.4.3.13 Der ungleichaltrige, stufige Kiefern-Rotbuchen-Mischbestand

Im Norden Sachsen-Anhalts ist er nur im westlichen Teil des Altmarkklimas und im Flämingklima auf Laubholz- und laubholzfähigen Standorten herstellbar. Nur dort ist er eine ertragreiche und ökologisch wertvolle, bodenverbessernde Waldaufbauform, die langfristig zu einem Baumartenwechsel bis hin zur Strukturierung standortgerechter Laubholzmischbestockungen bzw. zum Waldumbau führt.

- **Begründung**

  Zur frühzeitigen doppelten Nutzung der Produktionskraft des Standortes sollte der Voranbau der Rotbuche bis zum Alter von gut 50 Jahren abgeschlossen sein.
- **Bestandespflege**

  Bis zur Kulmination des DGZ steht die sachgemäße Kiefernpflege im Vordergrund. Ihr Bestockungsgrad sollte zu diesem Zeitpunkt ca. 0,8 des Tafelvollschlusses betragen. Die Absenkung des Bestockungsgrades der Oberstandskiefer richtet sich nach dem Lichtbedarf der unterbauten Rotbuche. Die in den Hauptbestand einwachsende Rotbuche wird mit der „freien Durchforstung" gepflegt, die nach jedem Einschlag in der Kiefer schonend erfolgt.

  Ist der B° der Kiefer auf 0,4 abgesenkt, kann die Kiefer in zwei bis drei Hieben geräumt werden. Die Unterbaubuchen sollten dann eine Grundflächenhaltung zwischen 12 und 20 m^2/ha besitzen.

2.3.4.3.14 Der ungleichaltrige, stufige Kiefern-Douglasien-Mischbestand

Auf laubholzfähigen Standorten ist dieser Mischbestand leistungsfähig, so dass er die Vorratshaltung des Kiefern-Reinbestandes i. d. R. übertrifft. Je nach Standortsnährkraft wird die Kiefer von der Douglasie in der Höhen- und Durchmesserleistung ein- und überholt.

Aufgrund des unterschiedlichen Wachstumsrhythmus von Kiefer und Douglasie sind ständig Regulierungen nötig, dann entstehen horizontal wie vertikal strukturierte Bestände.

2.4 Lärche als Hauptbaumart

Die beiden Lärchenarten liegen in ihren Standortsansprüchen an die Nährkraftstufe etwa um jeweils eine, teilweise zwei Stufen höher als die Kiefer. Auf unvernässten Standorten (T....) sind sie anbauwürdig auf den Nährkraftstufen K und M, auf vernässten Standorten (N....1, N....2) auf M und Z. In den Feuchteansprüchen unterscheiden sich beide Arten: die Japanlärche verliert mit trockener werdendem Klima und trockener werdendem Boden mehr an Wuchskraft als die Europäische Lärche, und sie kann noch auf N....1-Standorten angebaut werden.

Der **Lärchen-Rotbuchen-Typ** (mit Europäischer Lärche) ist produktionsbiologisch und -technisch ähnlich zu bewerten wie der Kiefern-Buchen-Typ. Da die Lärche standörtlich anspruchsvoller als die Kiefer ist, gilt der Lärchen-Buchen-Typ nur für den besseren Teil der Standorte des Kiefern-Buchen-Typs als anbauwürdig. Hier nutzt die – zunächst auf der Kahlfläche rein anzubauende – Lärche den Vorteil aus, dass sie sich leichter gegen die Unkrautkonkurrenz durchsetzt als die Kiefer.

Beim **Lärchen-Linden-Weißbuchen-Typ** werden im Gegensatz zum Lärchen-Buchen-Typ die Laubschattbäume auf der Kahlfläche zugleich mit der Hauptbaumart gepflanzt; somit ist der Lärchen-Linden-Weißbuchen-Typ produktionstechnisch günstiger. Da aber die Erfahrungen mit dem Lindenanbau noch gering sind und die Weißbuche recht langsamwüchsig ist, sind die Flächenanteile an den jeweiligen Standortsformengruppen geringgehalten. Der Anbau könnte ausgedehnt werden, wenn es gelingt, den Mitanbau der Linde zu einem gesicherten Verfahren zu entwickeln.

Wenn man die Raschwüchsigkeit von der **Japanlärche** nutzen will, muss man kurze Umtriebe wählen. Diese schließen aber Unterstandsbaumarten zunächst aus, und die Japanlärche muss daher im Reinbestand angebaut werden. Der Japanlärchentyp ist jedoch zum Voranbau schattenfesterer Baumarten, etwa 10 bis 15 Jahre vor der Hiebsreife, geeignet, so dass wenigstens für diesen Zeitraum die Bodenfruchtbarkeit für nutzbares Holz voll wirksam wird. Das Anbaurisiko ist wegen der geringen Erfahrungen hoch, und daher ist in der Tabelle „Anbauwürdigkeit der Bestockungszieltypen ..." nur eine stark begrenzte Anbauwürdigkeit ausgewiesen.

2.5 Fichten-, Sitkafichten- und Weymouthskieferntyp

Bei allen drei Baumarten ist das Wachstum besonders feuchteabhängig. Das Optimum liegt bei „feucht" (N...2) und „nass" (N...1). Bei der Sitkafichte kommen hohe Ansprüche an die Klimafeuchte hinzu; sie gilt nur in Klimastufe f und üf als anbauwürdig. Die Nährkraftansprüche sind wiederum nach der Feuchte abgestuft. Auf unvernässten Standorten [(T)...] reicht die Spanne von K bis M. Zwischen K und R unterscheidet sich das Wachstum kaum. Auf vernässten Standorten (N...1, N...2) reicht die Spanne von M bis Z. Oberhalb von M ist die Leistung kaum höher; die Fichte ist aber besonders rotfäulegefährdet. Bei Nährkraftstufe A scheint der Anbauerfolg fragwürdig (Fichte nur als Nebenbaumart im Kiefern-Fichten-Typ).
Alle drei Baumarten wirken allgemein versauernd auf den Bodenzustand. Dieser Nachteil wird bei den in größerem Umfang zum Anbau vorgeschlagenen Standortsformengruppen aber wenig wirksam, da ihre Böden bereits von Natur aus sauer sind und trotzdem eine gute Wuchsleistung hervorbringen. Außerdem könnte man diesen Nachteil durch Düngung mit tragbarem Aufwand beheben. Wesentlicher ist aber die Anfälligkeit gegen Schädigungen, besonders gegen Sturmwurf.
Produktionstechnisch sind alle drei Bestockungszieltypen günstig zu bewerten. Sie werden von der Kahlfläche her erneuert.

2.6 Douglasien- und Küstentannentyp

Der bedeutendere beider Typen ist der **Douglasientyp**. Er ist für die besseren, unvernässten Standorte mit sandigem Substrat in den oberen Bodenlagen vorgesehen [K1, K2 (S), M1, M2+, R1] jeweils abgestuft in der Folge der Klimastufen von f nach t. Obwohl die Douglasie auch bei flacherem Lehm [R2, K2 (L)] und auf vernässten Standorten gut wächst, ist sie dort wegen der hohen Wurfgefahr weniger anbauwürdig. In der Leistung ist der Douglasientyp auf den genannten Standorten allen anderen überlegen, zumindest in der Volumenleistung.
Ähnliches gilt für den **Küstentannentyp**, nur ist sein klimabedingtes Gefälle, d. h. der Leistungsabfall von Klimastufe f (einschl. üf) nach t, noch deutlicher.

Beide Typen sind sehr leistungsstark, und ihr Einfluss auf die Bodenfruchtbarkeit ist unter den Nadelbaumarten der günstigste. Die Sturmwurf- und Spätfrostgefährdung kann durch richtige Standortswahl und Bestandesstruktur eingeschränkt werden. Die Gefährdung durch biotische Schadursachen bleibt bei großer Anbaufläche ungewiss, und daher musste die Anbauwürdigkeit begrenzt werden. Über den Küstentannentyp sind die forstpathologischen Erfahrungen noch geringer.
Der Douglasientyp wird entweder durch Voranbau, besonders unter Kiefernschirm, begründet oder durch Wiederaufforstung auf schmalen Kahlflächen im Seitenschutz benachbarter Baumhölzer. Die Begründung im Voranbau ist produktionsbiologisch, diejenige auf Schmalkahlflächen produktionstechnisch günstiger. Bei Voranbau ist eine Variante mit kurzfristiger und eine mit langfristiger Schirmstellung der Kiefer möglich! Die Erneuerung des Küstentannentyps ist ähnlich. Da die Küstentanne aber weniger spätfrostanfällig sein soll, scheint die Erneuerung auf Kahlflächen im Seitenschutz hier Vorrang zu haben.

2.7 Birken-, Aspen-, Balsampappel- und Schwarzpappeltyp

Der Birken-, Aspen- und Balsampappeltyp sind in je zwei Untertypen geteilt:

- in Untertyp I mit Reinbestand bis zum Abtrieb und
- Untertyp II, bei dem 10 bis 20 Jahre vor der Hiebsreife stark gelichtet und mit schirmbedürftigen Baumarten des Folgebestandes (Rotbuche, Edellaubbaumarten, Douglasie) vorangebaut wird.
  Der Untertyp II hat demnach Vorwaldcharakter, auch wenn – wie beim Balsampappeltyp – seine Leistung hoch ist.

Der **Birkentyp I** ist in der Volumenleistung schwach. Da er auch sonst produktionsbiologisch wenige Vorteile hat, kommt er nur für die Birkenzwangsstandorte in Frage (OM2, OZ2, OA2).
Auf OA3 und NA1 ist er neben dem leistungsmäßig besseren Kieferntyp II und Kiefern- Fichten-Typ nur anbauwürdig, wenn qualitativ besonders wertvolle Birken erzogen werden können.

Der **Birkentyp II** hat ausgesprochenen Vorwaldcharakter. Meist wird er zu wählen sein, wenn er sich als Geschenk der Natur zum Schutz für frostempfindliche Nachfolgebestände auf frostanfälligen Standorten anbietet.

Der **Aspentyp I** ist auf den nassen, mäßig nährstoffhaltigen und ziemlich armen Standorten anbauwürdig. Als Pflanzgut sollten die neuen Hochzuchtsorten bevorzugt verwendet werden.
Der Aspenanbau wird aber durch die Drehrostgefährdung der Kiefer stark eingeschränkt, denn zu den benachbarten Kiefernbeständen muss ein Abstand von mindestens 300 m eingehalten werden. Die für den Aspenanbau optimalen Standortsformengruppen haben ihren Hauptflächenanteil leider meist in Mosaiken mit vielen Kiefernstandorten. Die Flächenanteile in der Tabelle „Anbauwürdigkeit der Bestockungszieltypen ...." mussten daher stark begrenzt werden.

Der **Aspentyp II** hat wiederum reinen Vorwaldcharakter. Gewöhnlich wird er nur aus Naturverjüngung übernommen. Sein Standortsspektrum ist wesentlich breiter als das des Aspentyps I.
Beim Anbau der Pappel muss viel stärker als bisher zwischen Balsampappeln und Schwarzpappelhybriden unterschieden werden (Joachim et. al. 1989). Im Wirtschaftswald haben die Balsampappeln eine weit größere Bedeutung.

Der **Balsampappeltyp** ist auf den Nährkraftstufen reich bis mittel in Verbindung mit den Feuchtestufen nass bis frisch anbauwürdig. Das Standortsspektrum reicht demnach weit über das bisher gewohnte hinaus. Beim Untertyp I ist aber durchweg nur ein geringer Flächenanteil je Standortsformengruppe vorgesehen. Dagegen kann beim Untertyp II wegen der Schutzfunktion für den Folgebestand mit stark anbauwürdigen frostempfindlichen Baumarten der Anteil höher sein.

Der **Schwarzpappeltyp** bleibt dagegen auf die gewohnten Pappelstandorte beschränkt: auf die Standortsformengruppen ÜR2, NR1, NR2, NK1 und NK2. Wegen seiner höheren forstpathologischen Gefährdung und dem umtriebsbedingten erhöhten Aufwand für die Erneuerung ist für den normalen Wirtschaftswald nur ein beschränkter Flächenanteil vorgesehen. Die Schwarzpappelhybriden müssen ihren Schwerpunkt beim Flurholzanbau und in Holzplantagen (Kurzumtrieb) haben.

2.8 Rotbuche als Hauptbaumart

2.8.1 Übersicht über die Rotbuchen-BZT

Aus den **Tabellen 33 bis 36** für die Anbauwürdigkeit der BZT nach Stamm-Standortsformengruppen im Wirtschaftswald für das Tiefland lassen sich die nachfolgen Waldtypen ableiten [Tab. Anbauwürdigkeit der BZT nach Stamm-Standortsformengruppen im Wirtschaftswald. Gesamttabelle für das Tiefland (Blatt 1 bis 4)]
Der Anbau der Buche als Hauptbaumart ist vom Standort her möglich bei den Feuchtestufen „feucht bis frisch" und bei den Nährkraftstufen R bis K. Bei der Feuchtestufe „frisch" ist der Buchenanbau nur für die Klimastufen f und m (bzw. üf und üm) günstig, bei „feucht" kommt er auch für die Klimastufe t in Frage. Bei den Standortsformengruppen NR2, WR2, R1 und teilweise R2 sind im **Buchen-Edellaubbaum-Typ** Edellaubbäume Nebenbaumarten, sonst sind im **Buchen-Nadelbaum-Typ** leistungsstarke Nadelbaumarten wie Douglasie, Europäische Lärche und Fichte die Beimischung. In der Leistung stehen beide Typen denen der leistungsfähigsten Nadelbäume (Douglasientyp) nicht viel nach, besonders in der Trockenmasse.

Der Einfluss auf die Bodenfruchtbarkeit ist günstig, abgesehen von anfälligen Lagen für Laubverblasung. Die forstpathologische Anfälligkeit ist gering und damit die Ertragssicherheit hoch.
Beide Typen werden gewöhnlich durch Naturverjüngung unter Schirm oder Voranbau oder eine Kombination von beiden erneuert. Es ist aber auch Wiederaufforstung auf schmalen Schlägen im Seitenschutz benachbarter Baumhölzer möglich, besonders bei den Klimastufen If und Im. Die Edellaubbaumbeimischung beim Buchen-Edellaubbaum-Typ kann durch Naturverjüngung erreicht werden, wenn Samenbäume in der Nachbarschaft vorkommen. Bei Begründung durch Naturverjüngung ist der Bewirtschaftungsaufwand besonders niedrig.
Beide Typen können auch unter Weichlaubbaumvorwald begründet werden. Solche Vorwaldtypen – in der Tabelle „Anbauwürdigkeit der Bestockungszieltypen ..." unter Birken-, Aspen- und Balsampappeltyp II – sind entweder nach misslungener Wiederaufforstung natürlich entstanden; sie können aber auch künstlich begründet sein, besonders der Balsampappeltyp II.

2.8.2 Die Rotbuche im Hohen Fläming

2.8.2.1 Die ökologische Ordnung des Buchenwaldes

Wie im Kap. F. 2. Regionaler Waldbau auf standörtlich-naturräumlicher Grundlage dargestellt, nimmt die Rotbuche im Wuchsbezirk Flämingrandplatte bzw. Hohen Fläming allgemein noch die herausragende Stellung einer waldbildenden Standortsbaumart (**Leitbaumart**) ein. Das Ziel eines ökologischen Waldbaus muss es sein, den Rotbuchenanteil in diesem Wuchsbezirk zu erhöhen, ohne dabei das Mischprinzip mit seiner Absicherung gegen die Eventualitäten des Klimawandels aus dem Auge zu verlieren. Der allgemeine Rückgang der Rotbuche ist die deutlichste und ökologisch folgenschwerste Verfallserscheinung in unseren Wäldern. Darauf verwies der ehemalige Göttinger Ordinarius für Betriebswirtschaft, Urwaldkenner und mehrfache Forstamtsleiter Mülder (1982) mit Nachdruck. Seine Erfahrungen bei der Erhaltung der Rotbuchenwälder sollen nachfolgend Berücksichtigung finden. Für den Erhalt der Flämingbuche ist seine mahnende Aussage von entscheidender Bedeutung: *„Mit dem Schwinden unserer Buchenwälder, welches ein fortschreitender Prozess ist, geht Unwiederbringliches verloren." „Da die Buche wesentlicher Bestandteil einer Vielfalt von Mischbeständen ist, steht und fällt auch deren Erhaltung mit derjenigen der Buche."* Die Unwiederbringlichkeit bezieht sich beim „Schönen Buchenhau" insbesondere auf das gehobene ökologische Gleichgewicht, das sich im Verlaufe von vielen Waldgenerationen unter Rotbuche eingestellt hat.
Klimawandel, Stickstoffimmissionen, Grundwasserabsenkungen und auch waldbauliche Fehler sorgten großflächig dafür, dass ein optimales Buchenwaldstadium verlorenging. Verdeutlicht wird dies durch eine umfassende Vergrasung mit *Calamagrostis epigejos*. Die Xeromorphie dieses der Trockenheit angepassten, hoch konkurrenzfähigen Grases zeigt, dass der Wasserhaushalt des Oberbodens nicht mehr den Ansprüchen genügt, die der Buchenwald für seine Verjüngung benötigt. Die Fortführung einer erfolgreichen Buchenverjüngung ruft daher nach einem trockenheitsangepassten Waldbau, der die Bestände dichthält, sie strukturgerecht durchforstet, große Reinbestände durch Einhaltung des Mischprinzips vermeidet und eine zeitgerechte, zügige, die Vergrasung vermeidende Verjüngung erreicht. Einen entscheidenden Einfluss auf die Ausbreitung des Reitgrases besitzt auch das Wild, das stets die anspruchsvolle potenzielle Bodenvegetation äst und das Reitgras zurücklässt. Deshalb ist die stete und standortgerechte Wildstandsregulierung eine herausragende Aufgabe.
Zum trockenheitsangepassten Waldbau gehört auch das Absenken der Umtriebszeit auf 120 bis 140 Jahre. Das Absterben der über 150 Jahre alten Rotbuchen und die Rotkernbildung werden so vermieden. Mehlitz bei Radtke (2007) verwies im Zusammenhang mit der überdurchschnittlichen Großkronigkeit der Flämingbuche auf ihren, dem mäßigen Bodenwasserhaushalt angepassten, weitständigen Standraum: *„Was an Wasser und Nährstoffen fehlt, wurde an Licht zugegeben"*. Ohne damit den Kronenschluss zu unterbrechen, wird so eine stärkere Durchmesserförderung und ein zeitigeres Erreichen der Zielstärke möglich, wie sie in wärmeren Buchengebieten Europas üblich ist. Erreicht wird das mit der konsequenten Förderung der Z-Stämme und einer Hochdurchforstung.

Grundsätzlich muss der Waldbau bedenken, dass die Rotbuche im Fläming ziemlich weit entfernt von ihrem standörtlichen Optimum stockt. Im ersten Erläuterungsband bezeichnete der Erkunder Jürgen Teichmann das spezielle Flämingklima treffend als pseudoatlantisch getönten Klimabereich in einem kontinental geprägten Umfeld. Die leitende Idee der Buchenwirtschaft muss immer vom Mischwaldprinzip getragen sein. Damit werden große, gleichaltrige Rotbuchen-Reinbestände ausgeschlossen. Stattdessen ermöglicht ein Waldbau im Anhalt an die kleinflächig wechselnden Standortsverhältnisse ein vorbildlich wechselhaftes Bestandesmosaik. Standortgerechtes Arbeiten und flexible Bestandeserziehung gehen Hand in Hand. In diesem Sinne sind Lücken, Fehlstellen und Blößen zügig mit Mischbaumarten nachzubessern, womit zugleich sowohl eine horizontale wie eine vertikale Gliederung erreicht wird. Radtke (2019) mdl. *„Die häufig eintretenden ausgeprägten Frühjahrs- und Frühsommer – Dürreperioden waren schon immer typisch für das Flämingklima und haben besonders der aus dem atlantischen Klimaraum stammenden Rotbuche stets besonderen Stress bereitet. Der langjährige, sehr erfahrene und waldbaulich sehr erfolgreich arbeitende Revierleiter des seinerzeitigen Doppelreviers Golmenglin/Golmitz, Richard Erpler, hatte eine spezielle Hiebstechnologie. Er führte eine den Unterstand schonende Nachlichtung in den Rotbuchen-Naturverjüngungen und -Voranbauten durch. Der Revierleiter entwickelte in seiner langen Dienstzeit (1964 bis 2004) eine optimierte Hiebstechnologie zur Schonung der Rotbuchen-Naturverjüngungen und -Voranbauten bei den regelmäßig notwendigen Nachlichtungshieben. Er ließ durch seine bestens eingearbeiteten Waldarbeiter sehr zielgenau jeweils mehrere Altbuchen mit ihren für das Revier Golmenglin typischen übergroßen Kronen sternförmig auf nur einen Platz fällen.*

So konzentrierte er den Schlagschaden mehrerer großer Altbuchen jeweils auf einen Fleck, anstatt jede Krone für sich allein in die Verjüngung zu werfen und damit den Schaden gleichmäßig über die gesamte Verjüngung zu verteilen und zu zerschlagen. Durch die hier beschriebene Form der Hiebsführung wurden zwei bedeutsame Vorteile für die weitere Entwicklung der Rotbuchenverjüngungen erreicht: Erstens wurden größere Verjüngungspartien vor Schlagschäden bewahrt, und zweitens nutzte er die aufgearbeiteten Blößen, die durch das konzentrierte Fällen mehrerer Kronen entstanden waren, für die flächige Entwicklung von ökologisch stabilen Mischbeständen. Kleinere Blößen wurden gerne mit Douglasie in Zeitmischung mit Fichte (Weihnachtsbaumproduktion) genutzt und horstgroße Flächen wurden regelmäßig zum Einbringen der trockenheitsresistenteren Traubeneiche verwendet.

Abb. 56: *Rotbuchennaturverjüngung bei gelungener Schirmstellung und grasfreiem Oberbodenzustand sowie ausreichend kräftiger Trophie (GmSB) femelartig in Hauptbestand einwandernd, Revier Golmenglin (Foto D. Radtke)*

Störungsereignisse im Waldgefüge ab 0,5 ha Größe wurden konsequent der Pflanzung von Traubeneichen vorbehalten. Auf diese Weise ist die nunmehr vorhandene Laubmischwaldverteilung im heutigen Forstrevier Hoher Fläming entstanden."
Das standortgerechte, ertragsorientierte Arbeiten verlangt, dass mit der Rotbuche als Hauptbaumart nicht auf reinen, mesotrophen Sanden (NeS) gearbeitet wird. Das gilt besonders für die Mosaikbereiche Bärenthorener Oberplatte, Setzsteiger Höhenplatte, Medewitzer Oberplatte, nicht aber für die Golmengliner wellige Oberplatte. Das betont, gleiche Feinbodenformen sind im Zusammenhang mit ihrer Umgebung unterschiedlich zu bewerten. Aus diesem Grund wird die Nedlitzer Sand-Braunerde, die im ökologisch herausragenden Mosaikbereich Golmengliner wellige Oberplatte wachstumsfördernde Schichten besitzt und dadurch buchenfähig ist, hier als Sand-Braunerde mit wachstumsfördernden Schichten bezeichnet (NeSw). Besitzen die Sand-Braunerden keine wachstumsfördernden Schichten, sind sie für die Rotbuche weniger geeignet. Hier kann die Rotbuche den Obe boden durch ihre Streu verschlechtern und erzielt dann keine Leistung (schwache 3. Ertragsklasse, Hofmann 2007; Lockow 2007).

Lockow (2007) betont die dringende Notwendigkeit der Existenz einer **vertikalen Gefügegliederung**. Dieses Mischprinzip gewährleistet die waldbauliche Sicherheit durch das Vorhandensein eines Unter- und Zwischenstandes. Er besteht aus Rotbuche oder auch Bergahorn, Hainbuche oder Vogelkirsche und ermöglicht die waldbauliche Freiheit für eine Hochdurchforstung zur Förderung der besten Z-Stämme, ohne den Boden freizulegen und die Gras- und Mäusegefahr heraufzubeschwören. Im Zusammenhang mit dem Wildschaden leiten letztere das Ende der Buchenwirtschaft ein, das durch die Hallenbestände symbolisiert wird. Die Freiheit zur zeitigen Förderung der Z-Stämme und der Konzentration des Zuwachses auf die besten Rotbuchen gewährleistet die Produktion starker Durchmesser in kurzer Zeit und senkt die Umtriebszeit. Angesichts der zunehmenden Klimarisiken ist das ein wertvoller Beitrag zum flämingklimagerechten Waldbau.
Das natürliche inhomogene Gefüge darf nicht „ordnungsgemäß" bei der Durchforstung homogenisiert werden. Kato (1973), Mülder (1989) und andere Autoren (Kohlstock 2007) verwiesen darauf, welche Vorteile eine Gruppendurchforstung, die wertvolle Bestandesmitglieder in unregelmäßiger oft enger Lebensgemeinschaft erhält, für Wertsteigerung und Betriebssicherheit der Bestände mit sich bringt. Eine vernünftige Hochdurchforstung fördert zeitig sowohl Z-Stämme als auch gute Gruppen, um die gewünschten Zielstärken zeitig zu erreichen. Das ist auf schwächeren Standorten schwierig. Diese standortgerechte Durchforstung von Standorten mit instabilem Wasserhaushalt stellt zugleich eine Rationalisierungsmaßnahme in der Buchenbewirtschaftung dar, denn sie ermöglicht die Naturverjüngung und macht die großen Mühen zur Sanierung verwilderter Bestände überflüssig.
Die Standorte mit kompakter Lehmunterlagerung und Lehm- und Tonstandorte (DoS/L, LdtL, GmSB/L, SnLU, ZüLU, HoTU, GrtLU, SltLB, So 185) ermöglichen das Arbeiten mit dem Buchen-Edellaubholztyp, d. h. die Beimischung von Ahorn, Flatterrüster, Vogelkirsche und auch fremdländischen Baumarten wie Hickory (*Carya spec.*, z. B. *C. tomentosa*) oder Schwarznuss (*Juglans nigra*) unter Ausschluss von Esche. Mit dem Edellaubholz lassen sich auch Lücken nachbessern.

Vom Ökogramm der Rotbuche als Schattbaumart ausgehend wird deutlich, dass die „ökologische Ordnung" im Buchenwald nicht allein durch neuartige Waldschäden und Klimaprobleme bedroht ist, sondern auch durch einen falschen Waldbau. Das betonte Mülder (1982) und spricht auch Lockow (mdl. ab 2002) aus. Er sieht die Rotbuche als Schatt- und -Schlussbaumart, die mit einer schwachen Hochdurchforstung, die den schattenertragenden Unterstand erhält, erzogen wird. Sie kann große, breite Kronen bilden, die im Kroneninneren viele Schattenblätter bildet. Sie benötigt keine große Lichtkronenoberfläche wie Lichtbaumarten. Mit dieser Krone kann sie die Vergrasung gut zurückhalten und erhält damit den Wasserhaushalt optimal. Erst in einem passenden Samenjahr können Spätlichtungen erfolgen. Niederdurchforstungen sind unzweckmäßig!

Die Aufnahme (**Abb. 57**) zeigt im Mittelfeld von W nach O die Alt-Reviere Bärenthoren und Grimme, Golmenglin und Golmitz. Der vorwiegend dunkle, mit Kiefern bestockte Bereich östlich von Bärenthoren und Grimme sind die Hochflächensande. Hier lassen sich Altkiefernbestände aus der „Dauerwaldzeit" als dunkle Punkte erkennen. Der Grundmoränencharakter der Hochflächensande lässt sich gut an den Laubholzaugen erkennen, welche i.d.R. im Zusammenhang mit den Lehm- und Schluffunterlagerungen stehen. In diesem Zusammenhang spielen die Aufpressungen bindiger Bodenschichten durch und vor der hohen und damit schwergewichtigen Eisrandlage der

Stauch-Endmoräne (Gorrenberge) und auch der Vorstaffel (Weinberg) eine wichtige Rolle. Sie zeigen an ihrem Fuße einen, wenn auch häufig unterbrochenen, hellgrünen Laubholz (Rotbuchen)-Streifen. Dieser Standort innerhalb der Catena der glazigenen Serie ermöglicht i.d.R. allgemein einen Laubholzanbau.

Abb. 57: *Luftbildaufnahme vom Hohen Fläming (Zustand vor dem Orkan Kyrill 1/2007)*

Abb 58: *„Laubholzauge" mit Buche im Kiefernbestand auf Tieflehmunterlagerung nahe dem Dachsbau im Altrevier Bärenthoren. (Foto: Greger)*

Westlich, südwestlich und südlich des Weinberg-Moränenlobus der Vorstaffel ist der Laubholzanteil besonders hoch, denn hier befinden sich Lehmaufpressungen vor der Endmoräne in den Altrevieren Bärenthoren und Krakau (**s. Abbildung 4**). Sie entstanden durch Schichtenstörungen in der Grundmoräne durch den Eisdruck der Gletscherrandlage. Auf der Höhe von Golmenglin setzt dann zunehmend der Lößsandeinfluss ein, den die hellgrünen Buchenflächen anzeigen (**s. Abbildung 57** Luftbild). Die wellige Mulde östlich von Golmenglin, die sich bis zur Straße von Stackelitz nach Medewitz hinzieht, ist das Rotbuchengebiet (der „Schöne Buchenhau") auf den lößsandbedeckten Lehmsand-Staugleyfahlerden.
Die hohen Stauchendmoränen sind durch die Gorrenberge, Wacheberge und den Schwarzenberg gekennzeichnet. Diese sandig-kiesige Endmoräne hat arme Standorte (Podsole, Ranker, Rumpferden) und trägt eine dunkelgrüne Kieferndecke. Westlich der Gorrenberge lässt sich von N nach S eine breite Schmelzwasserrinne erkennen, die ihren Ursprung an dem Gletschertor der Wachebergen hat. Ihr Verlauf lässt sich an dem hellgrünen Laubholz verfolgen, das auf Tieflehmen, Bändersanden, Staub- und Lehmsanden stockt. Nördlich von Dobritz dehnt sich das Revier Dobritz auf Standorten aus, die großflächig durch einen Wechsel von anlehmigen Braunerden und Bändersanden gekennzeichnet sind. Dieser Wechsel widerspiegelt sich im bunten Mosaik von Laub- und Nadelholz.
Die hohen Lagen im brandenburgischen Revier Setzsteig östlich vom Schwarzen Berg liegen im Bereich des Rotbuchenwaldes (> 120 m ü. NN und 450- 620 mm Niederschlag) – im Gegensatz zu den Rotbuchenmischwälder (< 120 m ü. NN) der unteren Lagen der Hochflächensande östlich Bärenthoren.

Abb. 59: *CIR Luftbild aus dem Jahr 2007 des Reviers Bärenthoren nach Kyrill. Das digitale Vier-Kanal-Luftbild- Rot-Grün-Blau-Nahes Infrarot lässt Laubholz hellrot, Nadelholz dunkelrot erscheinen.*

In **Abb. 59** ist in der rechten Bildhälfte von Nord nach Süd der Verlauf der Vorstaffelmoräne mit Rücken- und Weinberg an den Blößen erkennbar. Sie sind tlw. sturmbedingt durch Kyrill entstanden. Am Fuße dieser Staffel zeigt sich deutlich Rot das Laubholzband auf Lehmunterlagerungen. Östlich der Staffel zeigt sich in Dunkelrot der ehemalige „Kieferndauerwald" auf reinem Hochflächensand, der bereits durch rote Laubholzanbauten durchmischt ist. Im Nordosten ist das Ausmaß der durch Kyrill geworfenen Baumbestände (120.000 fm Holz im Revier) zu erahnen.

2.8.2.2 Die Buche unter veränderten Umweltbedingungen

Das Hauptproblem der Buchenwirtschaft liegt in der Bestandesverjüngung. Die natürliche Verjüngung wird durch die extreme Vergrasung des Bodens verhindert. Diese ist nicht allein dem Stickstoffeintrag und Wildverbiss geschuldet, sondern auch einer tlw. (waldbau)klimabedingten Austrocknung des oberflächennahen Staukörpers der Festsande.
Dabei können zugleich mit dem Austrocknen der Pfuhle und Rinnsale Laubholzbestände lokal zopftrocken werden. Deshalb empfahl Kohlstock bereits 1961 unter diesen Umständen den Übergang von der riskanten Naturverjüngung zur zügigen Kunstverjüngung.
Der instabile Wasserhaushalt der Festsande muss durch das entschlossene Dichthalten der Buchenwaldgefüge geschützt werden, um die wasserzehrende Vergrasung zu verhindern und die Grundwasserneubildung zu verbessern (Waldkundeinstitut Eberswalde Hofmann, Jenssen 2003).

Die Wasserhaushaltsverhältnisse haben sich seit der Empfehlung von Kohlstock weiter deutlich verschlechtert, so dass diese gegenwärtig von vermehrter Bedeutung ist. Das überoptimistische Zuwarten auf die Naturverjüngung zeitigt heute verheerende Folgen. Es gilt grundsätzlich zu bedenken, dass die Rotbuche ihr Vorkommen nicht so sehr der Höhenlage der Bestände in nur etwa 110 bis 120 m ü. NN und einem Regenstau verdankt, sondern vielmehr dem besonderen Bodenwasserhaushalt der Staugley-Festsande. Mülder 1982 verweist in diesem Zusammenhang auf die waldbaulich unerfreuliche Erkenntnis der Naturwaldkunde, dass sich Rotbuche naturgemäß nicht unter Rotbuche verjüngt. Das erfordert einen engagierten, aktiven Waldbau für das Gelingen der Rotbuchennaturverjüngung. Existiert die Möglichkeit zur Bestandesverjüngung, muss die Entwicklung der Mast beachtet werden. Der Aufschlag sollte auf die Sohle der Pflugstreifen konzentriert werden, denn dort ist er leichter zu pflegen, und es herrschen verbesserte Wasserhaushaltsverhältnisse.
Die Bucheln sollten eingeeggt werden. Vom Scheiben ist abzuraten, denn es vermehrt die Grasstolonen und erzeugt einen dichten Grasfilz. Erst wenn die Verjüngung sicher angekommen ist, darf der Bestand schwach aufgelichtet werden.

Die Bestandeserziehung hat mit der Durchforstungsart standortgerechte Mittel in der Hand, den angespannten, instabilen Wasserhaushalt der Festsande zu schonen. Das Dichthalten eines stabilen Rotbuchenbestandesgefüges gelingt mit einer konsequenten Hochdurchforstung, die den Zwischen- und Unterstand erhält und erst spät zu einer Niederdurchforstung übergeht. Die Fehler aus der „Krutzschen Periode" dürfen nicht wiederholt werden. Damals wurde der Grundsatz „das Schlechteste fällt zuerst" falsch verstanden und angewandt. Zwischen- und Unterstand wurden herausgehauen und Bestände wurden flächig auf das Schlechteste genutzt und zerhackt, so dass ein problematisches Hallengefüge entstand. Stattdessen gilt es, das innere Gefüge mit dem Zwischen- und Unterstand so lange zu erhalten, bis das Verjüngungsstadium eingeleitet werden kann.

Die Humusformenkartierung zeigt für den Buchenwaldkomplex bereits einen *„Verfall der ökologischen Ordnung des Buchenwaldes"* an, wie Mülder 1982 es nennt. Betrachtet man den zentralen Buchenwaldkomplex östlich von Golmenglin auf 400 ha mit den Feinbodenformen GmSB und NeSw, so ergibt sich folgendes Bild: Große Teile des Rotbuchengebietes im Mosaikbereich „Golmengliner wellige Oberplatte" besitzen mit der Humusform mäßig frischer rohumusartiger Moder einen degradierten Oberboden (201 ha = 50 %). Es handelt sich dabei um die mit Land-Reitgras „verwilderten" Flächen. Die Humusformen Moder bis mullartigen Moder, die zu einem ökologisch intakten Buchenwaldgefüge gehören, sind bereits stark auf 193 ha (< 50 %) zurückgedrängt worden (s. Kap. D.1 2.1.6.2 Humusformen des Untersuchungsgebietes). Von diesen intakten Bereichen muss aber die Buchenverjüngung ausgehen, denn auf den vergrasten ist sie extrem erschwert. Das Luftbild (**Abb.57**) zeigt bereits vor dem Orkan Kyrill Januar 2007 eine undeutliche räumliche Ordnung und zerrissene Althölzer. Der Buchenwaldkomplex mit intaktem innerem Gefüge ist stark geschrumpft und so stark aufgebrochen, dass die Randwirkungen mit ihren Schäden überall wirksam werden. In der Folge leidet die Rotbuche mit ihren hohen Klimaansprüchen unter den heißtrockenen Sommern und den Stürmen. Demzufolge ist es die Hauptaufgabe, den Verfall der ökologischen Ordnung zu stoppen, indem gezielt wieder geschlossene Komplexe mit hohen Rotbuchenanteilen hergestellt werden. Damit werden die Grundlagen für eine natürliche Regeneration der Rotbuche geschaffen.

Eichhorn und Paar (2000) haben z.B. deutliche Veränderung des Kronenzustandes der Rotbuche als Weiser für Umweltveränderungen festgestellt. Das belegen europaweite Zustandserhebungen bei Rotbuche am Beispiel von Häufigkeitsverteilungen. Ein verbessertes oberirdisches Wachstum dürfe nicht mit einer verbesserten ökosystemaren Stabilität der Waldökosysteme gleichgesetzt werden. An hessischen Dauerbeobachtungsflächen wurde der Einfluss von Klima und Witterung sowie von Immissionen festgestellt, der insgesamt zu einer Veränderung der Elastizität der Buchen führt.
Die Mischung der Rotbuche mit Eiche und Kiefer sorgt nicht nur für Trockenperioden vor, sondern kann auch den Rotbuchenaufschlag erleichtern, denn die Mischstreu dieser Baumarten erleichtert die Verjüngung. Die unsichere Klimaentwicklung lässt es geraten sein, die Rotbuche flächig mit diesen und weiteren Baumarten zu mischen. Dazu gehören die Douglasie und hinsichtlich der östlichen Trockenheit die Traubeneichen-Hainbuchen-Winterlindengesellschaft. Die Douglasie kann Lücken füllen, die Eiche besiedelt strengere und die Rotbuche mildere Lehme. Die Dankelmannsche Streifenwirtschaft darf nicht wiederholt werden, sondern die Eiche muss zur Vermeidung schädlicher Randwirkungen flächig eingebracht werden. Die vielen aufgelichteten und vergrasten Rotbuchenbestände verlangen nach einer entschlossenen Kunstverjüngung. Eine besonders günstige Variante ist die Pflanzung unter einem Vorwald. Eine erprobte Variante ist der Lärchen-Vorwald, der aber wenigstens einen Standort im obersten M-Bereich verlangt (M+). Bei schwächeren Standorten verschlechtert die Nadelstreu den Oberboden und erzeugt Rohhumus. Die Lärche erreicht aber eine gute Deckung gegen die Grasentwicklung.
Mit nicht zusammenhängenden Einzelmaßnahmen lässt sich die Rotbuche im Fläming nicht erhalten und fördern. Mülder (1982) verweist auf die Extensivierung der Waldpflege als Ursache des Misslingens vieler Rotbuchenverjüngungen: *„Durch die Extensivierung der Waldpflege infolge einer ständigen Personalreduzierung ist nun dieser Übergang von alt zu jung zu einer Phase geworden, in welcher sich das Schwinden der Rotbuche vornehmlich vollzieht." „Der Verjüngungszeitraum des Schirmschlagverfahrens kann 5 bis 40 Jahre währen. In dieser Zeit sind mehrere Beamte für das Verfahren zuständig und bedingt durch Strukturänderungen und Extensivierung können leicht wichtige Eingriffe verpasst werden"*. Nur eine ausreichende Standortskenntnis gewährleistet die intensive Bestandespflege für Schaffung eines für den Aufschlag fängischen Oberbodenzustandes (mMo bis mMM).

Der Bodenwasserhaushalt ist ganz besonders für die Stabilität der ökologischen Ordnung des Rotbuchenwaldes verantwortlich. Deshalb ist die Beobachtung des Verlaufs der Grundwasserstände an behördlichen Messstellen im Hohen Fläming wichtig. Die Ganglinien mehrerer Grundwasserpegelmessungen auf der Hochfläche des Westflämings belegen, dass die Grundwasserstände seit Mitte der achtziger Jahre ständig abnehmen (s. Kap. F 3.1; 3.3). Es gilt zu erkunden, welche Faktoren dafür verantwortlich sind. Zur Gewährleistung eines standortgerechten Waldbaus ist hier eine Beschränkung nur auf das Argument Klimawandel unzulässig. Die Forstliche Standortserkundung als Bodengeologie kann allerdings nicht die Aufgabe der Hydrogeologie übernehmen, den Nachweis darüber zu führen, wie sehr z. B. die Trinkwasserentnahme aus tiefen Bodenschichten den Grundwasserhaushalt des Oberbodens beeinträchtigt. Es gilt dringend zu untersuchen, ob die tägliche Entnahme von bis zu 30 000 m³ Trinkwasser aus den 20 Tiefbrunnen der beiden Wasserfassungen Dobritz II (ab 1991) und Nedlitz (ab 1993) zum Trockenfallen von Vorflutern in ihrem Quellgebiet führte. Bereits ab Mitte der 1980er Jahre sanken die Grundwasserstände im Beobachtungsgebiet allmählich. Diese Erscheinung wird auf niederschlagsarme Jahre sowie auch auf die beginnenden Auswirkungen der in der damaligen DDR großflächig realisierten Meliorationsprojekte zurückgeführt. Heute, im Jahr 2020, ist eine Austrocknung der oberen Bodenschichten festzustellen. Es muss der Grad der Anbauwürdigkeit vor allem der „Leitbaumart" Rotbuche in ihrem sehr begrenzten Flämingvorkommen neu bewertet werden! Es gilt die Entwicklung des Landschaftshaushaltes wissenschaftlich zu untersuchen. Hinsichtlich der bedeutenden Wasserentnahme durch die TWM verweist ein geologisches Profil (**Abbildung 64**) darauf, dass der Bohrbereich der Trinkwasserentnahme geologisch von dem waldbaulich bedeutsamen Grundwasserbereich getrennt ist.
Die Landesregierung Sachsen-Anhalt hat im Jahr 2000 diesen Raum in der Landesplanung als Vorranggebiet für die Trinkwassergewinnung ausgeschieden. Deshalb kann eine wirklich nachhaltige Nutzung der Trinkwasserressource nur funktionieren, wenn möglichst viel von dem geringen Jahresniederschlag (540 bis 620 mm) im hiesigen Grundwasserneubildungsgebiet waldbaulich im Boden gehalten und nicht zum Abfluss gebracht wird. Die Problemlösung muss in erster Linie politisch und in zweiter Linie waldbaulich sein.

2.9 Eichen als Hauptbaumarten

2.9.1 Übersicht über die Eichenbuchen-BZT

Trotz aller sehr früh erlassenen Richtlinien und Vorschriften für die planmäßige Pflanzenanzucht der Eiche hat sie die stärksten Flächeneinbußen unter den heimischen Baumarten erlitten. Dieses Problem existiert auch im Hohen Fläming. Es muss auf standörtlich-naturräumlicher Grundlage aufgegriffen werden. Danach kann die Traubeneiche im Flämingklima auf M1- und M2+-Standorten nur in reichen und mittleren Mosaiktypen, sowie auf M2- Standorten nur in reichen Mosaikbereichen und auf guten Humusformen sinnvoll angebaut werden. Auf ehemaligen M1-Standorten, die im Bereich der Nuthequellen liegen und nach den Grundwasserabsenkungen aber M2-Standorte wurden, wird deutlich, welche geringe Leistung ehemals wüchsige Eiche auf diesen Standorten (NeS) heute nur noch erbringen kann. Auf K1-, K2- und R-Standorten kann sie in allen Mosaikbereichen verwendet werden.

Damit sind die großflächigen M2-Standorte (NeS, DoS, FrS, HgS) ausgeschlossen, die sich auf den Hochflächensanden i.e.S. im Mosaikbereich Medewitzer Oberplatte in den Alt- Revieren Bärenthoren, Krakau, Grimme, Golmitz und Golmenglin ausbreiten, es sei denn, sie besitzen gute Humusformen. Diese Forderung erhob bereits Kienitz in Chorin (in Kohlstock 1994). Es ist eine alte Forderung des Brandenburgischen Forstvereins, die Einmischung der Eichen bis höchstens zur III. Kiefernertragsklasse zu betreiben (Kohlstock 1994).

Der Stieleiche billigt die Erkundung im Hohen Fläming nur eine Randstellung ein (Tab. Anbauwürdigkeit der BZT im Hohen Fläming). Die Eichenkultur wird sehr weitgehend durch ihre Spätfrostgefährdung bestimmt. Hier ist die Wahl der richtigen Provenienz entscheidend, da sie über das Austriebsverhalten entscheidet. Für den brandenburgischen Klimaraum, in dem sich der Hohe Fläming befindet, sind auch Herkünfte östlich der Oder interessant, die dem Klimacharakter hinsichtlich des Auftretens von Frühjahresdürren mit Spätfrösten, trockenen Sommern und Winterkälte entsprechen.

Die Eiche darf aus produktionsbiologischer Sicht nicht im Reinbestand angebaut werden, denn unter ihr entwickelt sich eine üppige Bodenvegetation, die durch nutzbare Holzmasse ersetzt werden kann. Daher haben alle Bestockungszieltypen mit Eiche Laubschatthölzer als Nebenbaumarten.

Aus den **Tabellen 32 bis 36** für die Anbauwürdigkeit der BZT nach Stamm-Standortsformengruppen im Wirtschaftswald für das Tiefland lassen sich die nachfolgen Waldtypen ableiten.

Der **Traubeneichen-Buchen-Typ** und der **Traubeneichen-Linden-Weißbuchen-Typ** sind zur Furnierzucht mit langem Umtrieb, vor allem in den bewährten Furniereichengebieten anbauwürdig. Der Unterbau dient hier nicht nur zur Leistungssteigerung, sondern auch zur Schaftpflege. Die Standortsformengruppen dafür sind: WK2, WM2, K2, M2+, M1 in den Klimastufen t und m, in t ferner R2. Der Traubeneichen-Linden-Hainbuchen-Typ gehört auf trocknere Standorte außerhalb des Hohen Flämings, auf denen die Rotbuche nicht mehr vorkommt – z.B. im Alt-Revier Lindau auf den Tieflehm-Fahlerden und lehmunterlagerten Sand-Braunerden.

Der **Stieleichen-Linden-Weißbuchen-Typ** ist für vernässte Standorte vorgesehen (NK2, NM2, NK1, NR1). Der Umtrieb ist kürzer als bei dem entsprechenden Typ mit Traubeneiche, und es wird mit einem grobringigen Holz gerechnet. Produktionstechnisch ist dieser Typ günstig, weil die Nebenbaumart auf der Kahlfläche gleich mit gepflanzt werden kann.

Der **Stieleichen-Rotbuchen-Typ** hat seinen Schwerpunkt auf den Standortsformengruppen NR2, NK2 und NM2; es entfallen alle nassen Standorte (N...1). Auf diesen Standorten wird eine noch befriedigende Furnierholzgüte erzielt.

Beim **Stieleichen-Edellaubbaum-Typ** wird die Stieleiche auf kleinen Kahlflächen künstlich verjüngt. Die Edellaubbaumarten (Esche und Bergahorn) verjüngen sich standortsbedingt meist natürlich, sofern Samenbäume in der Nähe stehen. Notfalls müssen auch sie künstlich eingebracht werden. Dieser Typ ist bevorzugt für die reichen Überflutungsstandorte der Aue (ÜR2), sowie für die Standortsformengruppen NR1 und NR2 vorgesehen.

Kohlstock (1961) beschäftigte sich eingehend mit den Eichen im Hohen Fläming und stellte fest, dass es sich bei den Altbeständen um Traubeneichen handelt, während bei den mittelalten Beständen Stiel- und Traubeneiche gemeinsam auftreten. In den Jungbeständen überwiegt die Stieleiche.
Bezüglich der standörtlichen Leistungsfähigkeit stellt Kohlstock fest, dass die Eiche auf den Lehmstandorten den Rahmen zwischen I. und II. Ertragsklasse ausfüllt. Die Standorte II. Ertragsklasse erzeugen die besseren Furniere mit dem milderen Jahrringaufbau. Die Traubeneiche hat einen durchschnittlichen Produktionszeitraum von 160 Jahren, die Stieleiche eine solchen von 120 bis 130 Jahren.
Die verdichteten lehmigen Sandstandorte (LSv nach der ersten Standortsgliederung), die großflächig als Golmengliner Lehmsand (Festsand)-Staugleyfahlerden vorliegen (GmSB), bewegen sich im Rahmen von einer 1,9. bis 0,4. Ertragsklasse. Hier ist die Produktionskraft stark von den wechselnden, lockeren kräftigen Lößsanddecken und den darunter liegenden, älteren anlehmigen bis schwach lehmigen, stauenden Lehmsanden (Festsanden) der Grundmoräne abhängig.
Im Untersuchungsgebiet besteht nach 1800 eine große Lücke an Eichenbeständen. Kohlstock (1961) führt das darauf zurück, dass im Gebiet verschiedene größere Güter eingingen, worauf anschließend eine verstärkte Aufforstungstätigkeit mit Kiefer einsetzte.
Durch die Spezialisierung auf die Kiefer wurde die Eiche vernachlässigt. Möglicherweise hätten schlechte Eichenmasten und der Einfluss der Bodenreinertragslehre noch ein Übriges dazu beigetragen.
Kohlstock (1961) weist auf einen großen Waldbaunachteil hin – die Kulissenschläge im Revier Golmenglin, deren negative Erscheinungen in der Randwirkung, Verkrautung und Verhagerung zu finden sind.

2.9.2 Traubeneichen-Buchentyp im Hohen Fläming

Dieser Typ kommt nur für Furnierstandorte in Frage. Damit fallen die Standorte ab M2 und schwächer als Möglichkeit aus. Das betrifft alle mesotrophen Sand-Braunerden in den im Erkundungsbezirk vorkommenden armen und mittleren Mosaikgruppen, die nicht lehmunterlagert sind (M2+) oder aber die frische Standortsformengruppe M1 besitzen. Eine Ausnahme bestünde für einen reichen Mosaikbereich, der aber nicht gefunden werden konnte.
Auf den Hochflächensanden mit den schwach mesotrophen Sand-Braunerden erreicht die Eiche (hier die Stieleiche) bestenfalls eine III. Ertragsklasse. Die Kiefer dagegen besitzt eine I. bis II. Ertragsklasse (Riemann 1998) und produziert gutes Schneideholz (Kohlstock 1961). Die Hochflächensande besitzen, wie im Kapitel B 2, Wuchsgebiete, Wuchsbezirke und geologischer Abriss ausgeführt, besonders in der Nähe der Endmoränenvorstaffel Inseln von Tieflehmen und Bändersanden. Auf ihnen besteht die Möglichkeit, Eichenhorste einzumischen. Nur in dieser Weise kann ein Eichen-Mischbestand erzogen werden. Ein Eichenunterbau ist aber nicht angezeigt.
Auch der Mosaikbereich Golmengliner wellige Oberplatte mit dem „schönen Buchenhau" bleibt im mittelreichen Mosaik, auch wenn dort K5-Standorte vorkommen, die das Vorkommen dieses Typs bei ihrem größerflächigem Vorkommen (>60 %) ermöglichen würden.
Hinsichtlich der zunehmenden Trockenheit besitzen die Festsand-Staugleyfahlerden aber ein Problem mit dem Wasserhaushalt. Infolge des verringerten Sickerwassereintrages tritt die Wasserstaufunktion zurück und damit die Eignung für den Laubholzanbau. Die zunehmende Bodentrockenheit wird von der Traubeneiche besser ertragen als von der Rotbuche. Unter Umständen können Stieleichenbeimischungen aus kontinentalen östlichen Herkünften das Risiko mindern (Kohlstock 2007). Auch Olberg äußerte sich schon 1940 in dieser Hinsicht:
„Zunächst bedarf es des eindringlichen Hinweises, dass meiner Überzeugung nach auf sehr großen Flächen Preußens und stets dort, wo es sich um geringe Böden handelt, mit einer falschen Holzart, nämlich der Rotbuche operiert wird, während dort Traubeneiche und Birke hingehören, die auf solchen Standorten an Widerstandsfähigkeit und Leistung weit überlegen sind".
Das Schwergewicht der Wirtschaft liegt hier auf der Traubeneiche im Oberstand. Die Rotbuche übt in erster Linie eine Schutzfunktion aus und trägt erst im höheren Alter zur Leistungssteigerung des Bestandes bei.
Auf den lehmunterlagerten Festsanden können auch Edellaubhölzer am Oberstand beteiligt sein. Mit Rücksicht auf die Eichenqualität sollen sie aber nicht mit über 10 % beteiligt sein.
Die Beimischung von Vogelkirsche stellt zugleich einen Beitrag zur Anpassung an die zunehmende Trockenheit dar. Im Interesse der Wertholzerzeugung wird die Traubeneiche zunächst im Reinbestand erzogen, um im Alter von

30 bis 35 Jahren mit Rotbuche unterbaut zu werden. Mit dem Ziel der selbstständigen Bestandesbewirtschaftung sollte die Flächengröße mindestens 2 bis 3 ha betragen, um den Lichtholzcharakter der Eiche zu berücksichtigen und Randwirkungen zu vermeiden. Die Entscheidung für die Wertholzproduktion wird durch die Langlebigkeit der Eiche erzwungen und führt nach den geschichtlichen Erfahrungen mit der Qualität zur gleichmäßigen Verjüngung auf der Fläche und nicht auf Löchern, Streifen oder Kulissen (Kohlstock 1994). Für die Furnierqualität sind diese Standorte, auf denen die Eiche eine II. Ertragsklasse erreicht, besonders geeignet, nicht aber diejenigen mit der I. Ertragsklasse, auf denen keine „milde" Eiche wächst. Bedauerlicherweise befindet sich die Traubeneiche nur noch selten in natürlicher Mischungsform in den Buchenbeständen. Hier bietet sich das femelweise Einbringen auf einer Mindestgröße von 1 Hektar an.

2.9.3 Die Verjüngung der Eiche in geschichtlicher Sicht

Die Eiche galt ursprünglich als Herrenholz, sie war der Baum der Askanier. Für das Jahr 1707 ist die erste Anordnung zur Eichenpflanzung überliefert. Unter den Alteichen setzte gegen 1800 die Verjüngung der Bestände ein. Dabei gab es oft Misserfolge, denn Frost, Rehhaide (Ginster) und Vergrasung bereiteten wie bei der Rotbuche Schwierigkeiten. Diese Misserfolge führten zur streifenförmigen Eichensaat, die oft infolge ihrer Mangelhaftigkeit mit Kiefer und Rotbuche ausgepflanzt werden musste. Nur im Schutz älterer Bestände gab es Erfolge. Deshalb wurde die Eichenkultur dahingehend abgewandelt, dass in Pflugfurchen unter Schirm, auf Streifen und Kleinflächen, auf schmalen Nordsaumschlägen und z.T. in die in Verjüngung stehenden Althölzer horstweise eingestuft wurden. Auch mit Lärche wurde überpflanzt. Diese Kulturtechnik auf schmalen Streifen oder Nordsaumschlägen ist die bereits von der Rotbuche bekannte Kulissenwirtschaft, die für die Lichtholzart Eiche eine Reihe von Nachteilen birgt. Mit der Kulissenwirtschaft sollte der Groß-Kahlschlag auf einem Ausweg der ökologischen Optimierung vermieden werden und eine „goldene Mittelstraße" im Sinne von Pfeil gewählt werden (Kohlstock 1994).

Man war sich in der zweiten Hälfte des 19. Jhs. darüber einig, dass:
- die Horstgröße nur bis zu 1/4 der Gesamtfläche betragen solle,
- die Streifen oder Bänder der Eiche in die Kiefernbestände von Nord nach Süd im Abstand von 30 m mit 3 bis 9 Eichenreihen im Reihenabstand von 3 m anzulegen seien,
- für Freiflächen der Wechsel von 5 Eichenreihen mit 7 Kiefernreihen (1,3 bis 1,5) zu kombinieren seien, wobei die Eiche einige Jahre Vorsprung benötige,
- Kulturpflege durch Astung der Eichen und allmählichen Aushieb des Weichholzes und bedrängender Kiefern nötig sei,
- nach ca. 15-jährigem Verjüngungszeitraum in etwa 3-jährigem Turnus je ein Fünftel des Kiefernschirmes zu nutzen sei,
- unbedingte Zäunung notwendig sei.

Die gleichaltrige Naturverjüngung wurde im 19. Jh. noch als die „Krönung" angesehen. Seit Mitte des 20. Jh. wird aber der Unterbau bevorzugt, wie er durch Untersuchungen der Eberswalder ertragskundlichen Schule (Schwappach, Wiedemann, Bonnemann, Erteld) untermauert ist (Kohlstock 1994). Damit ist man auf der sicheren Linie.

2.9.4 Die natürliche Verjüngung der Eiche

Dazu Kohlstock (1994): *„Sie ist nur bei einer geeigneten Bodenvegetation möglich. Dazu gehören Moose (Polytrichum und Hypnum), Preiselbeere, sowie Kräuter und Gräser der Mullflora. Wichtig ist, dass die Eichenverjüngung einen Vorsprung vor der Buchenverjüngung erhält, um nicht überwachsen zu werden. Deshalb muss für die Buchenverjüngung überzählige Rotbuche in dem Zeitpunkt ausgehauen werden, in dem die Eiche Mast trägt.*
Die Naturverjüngung der Eiche in Kiefern-Eichenmischbeständen wurde durch einen Vorbereitungsschlag vorbereitet. Dabei wurde ein Fünftel der Masse entnommen, bis sich eine leichte Begrünung einstellte. Der Samenschlag

im Eichenmastjahr entnahm noch mal ein Vorratsviertel unter Belassung guter Sameneichen und der Aufschlag kam ohne Bodenbearbeitungen.
Ein bis zwei Winter danach erfolgten die ersten Nachlichtungen, so dass sich eine horstweise Struktur einstellte. Unter diesen Schwierigkeiten hat die künstliche Verjüngung der Eiche bis heute die Oberhand gewonnen. Dass aber bis zum Ende des 19. Jhs. kein geeignetes Naturverjüngungsverfahren gewonnen werden konnte, lag eindeutig am Vieheintrieb und am Wild."

2.9.5 Die künstliche Verjüngung der Eiche

Sie ist natürlicherweise hinsichtlich der Frostgefahren stärker als die natürliche Verjüngung gefährdet. Das gilt besonders für den Osten. Werden die frostgeschädigten Kulturen noch zusätzlich durch Wildverbiss geschädigt, so können die Kulturen verloren gehen oder erreichen nicht das gesteckte Wertholzziel. Daher sind Gatter und frostfreie Standorte die Voraussetzung für das Gelingen der künstlichen Verjüngung.
Frostschutz kann unter großem oder kleinem Schirm gewährt werden, den Überhälter oder niedrige Bäume des früheren Unterstandes gewähren. Aber auch dieses Verfahren verursacht Probleme in Form von Fällungs- und Rückeschäden bzw. Druckschäden. Den besten Schirm gewährleisten tief wurzelnde Lichtholzarten wie Kiefer und Birke (Krahl-Urbahn 1959). Die besten Erfolge wurden allgemein mit dem Kiefernschirmschlag unter einem Schirm mit 0,3 bis 0,4 Kronenschlussgrad des Vorbestandes erzielt. Die Räumung des Schirmes erfolgte nach 4 bis 6 Jahren. Ein höherer Kronenschlussgrad und eine längere Überschirmung verursachen schlechte Eichenstammformen und auch Ausfälle. In extremen Frostlagen hilft ein künstlicher Schirm. Auf den vorhandenen Standorten hat sich die Aspe bewährt.
Der Waldfeldbau hat im Fläming eine erfolgreiche Tradition und sollte mit Waldstaudenroggen, Dauerlupine, Luzerne, Ölrettich, Mais, Sonnenblume oder auch Tabak je nach Standortsverhältnissen weitere Anwendung finden. Die „Eberswalder Schule" von Dengler (1929) bis Wagenknecht (1956) setzt auf den Voranbau der Eiche unter Kiefer. Dazu Kohlstock (1994) *„Flächengröße, Zaun, Verband und Pflanzenqualität sind der Schlüssel zum Erfolg einer künftigen Wertholzproduktion (mind. 7 bis 8.000 Pflanzen/ha, d. h. 3 x 0,5 m oder 1,5 x 0,8 m)."*

– Saat, Pflanzung und Verband
Olberg (1940) stellt fest (in Kohlstock 1994): *„Beide Methoden haben gute Erfolge aufzuweisen... Ist kein Saatgut zu erhalten, so kann man daher unbedenklich pflanzen; man muss es tun, wenn der Boden bereits vergrast ist. Viel wichtiger sind der Verband und die Pflanzenzahl! Der Reihenabstand soll bei Pflanzungen 1,5 m nicht überschreiten, ... Eine große Pflanzenzahl ist bei der Eichenkultur die sicherste Gewähr für die Kultur! Ich habe durch Fehler in dieser Beziehung viel Lehrgeld zahlen müssen".*

– Bodenbearbeitung
Besonders die Eiche benötigt eine gute, tiefe Bodenbearbeitung (sogen. „Hackfrucht"). Sie gewährleistet einen schnellen Kulturerfolg und das zügige Herauswachsen der Eichen aus den Jugendgefahren. In dieser Hinsicht hilft eine Startdüngung (Krahl-Urbahn 1959).

2.9.6 Durchforstungsversuche und ökologische Wuchsmodelle

Lockow (2003, 2004, 2006) hat auf langfristigen Traubeneichen-Versuchsflächen Durchforstungs- und Wuchsmodellversuche in Bad Freienwalde und Eberswalde auf kräftigen Tieflehm-Fahlerden und Tieflehm-Staugleyfahlerden Erkenntnisse zur Durchforstungsart, zu Ertragskennwerten und ökologischen Wuchsmodellen gewonnen, die auch für den Hohen Fläming anwendbar sind.
Das Ergebnis zeigt, dass die starke Stammzahlentnahme der starken Durchforstung unter den Boden- und Niederschlagsverhältnissen langfristig nur eine mäßige Durchmesserleistungssteigerung gegenüber der schwachen und mäßigen Niederdurchforstung erzielen.
Stattdessen geht die Derbholzgesamtwuchsleistung gegenüber der schwachen Niederdurchforstung (100 %)

mit zunehmender Durchforstungsstärke auf 89,2 % (schwache Niederdurchforstung) und 71,2 % (starke Niederdurchforstung) zurück. Wird der Derbholzvorrat der schwachen Niederdurchforstung auf 100 % gesetzt, so fällt er über die mäßige Niederdurchforstung (85,8 %) auf 56,8 % bei der starken Niederdurchforstung ab. Die schwache Niederdurchforstung gewährleistet eine hohe Heterogenität der Bestandesstruktur. Die starke Niederdurchforstung mündet in der zur Gleichförmigkeit (Homogenität) neigenden Durchmesser- und Vorratsstruktur und widerspiegelt eine Durchforstungskonzeption, die den Zuwachs bewusst auf die stärksten und wüchsigsten Stämme verlagert. Hinsichtlich der Qualitätsmerkmale stellte Lockow (2006) fest, dass eine starke Durchforstung der Traubeneiche zur Verbesserung der qualitativen Einzelbaummerkmale nicht notwendig ist.
Die starke Niederdurchforstung erzielt gegenüber der starken Hochdurchforstung mehr einschnürige Stämme. Die beste Standraumökonomie weisen die kleinkronigen Bäume auf. Das Leistungsoptimum liegt bei den mittleren, gleichmäßig ausgeformten Kronen. Dagegen führen stammzahlarme Bestände, Auskesselungen und Freistellungen der besten Eichen zu Zuwachsverlusten und einem ungünstigen Jahrringaufbau mit nachteiligem Wertzuwachs.
Hinsichtlich der Beziehung zwischen Standortsmerkmalen und Wuchsverhalten fand Lockow (2004) folgende Ergebnisse:

- Abnehmende Niederschläge senken die Wuchsleistung der Traubeneiche deutlich, während eine Reaktion der Stieleiche in der Regel ausbleibt.
- Steigende Sommertemperaturen senken die Wuchsleistung beider Baumarten und führen bei der Traubeneiche zu höherer Mortalität.
- Eine höhere nutzbare Wasserspeicherkapazität durch einen höheren SST-Gehalt des Bodens kommt dem Wuchs besonders der Traubeneiche zu Gute. Die gleiche Wirkung erzielt eine Verbesserung der Humusform besonders bei der Traubeneiche.

Lockow (2004) fand, dass die Eichen seit 1920 einen Adaptionsprozess an den Wandel des Klimas und der Standorte durch ein verbessertes Höhen- und Durchmesserwachstum vollziehen.
Die Folgerung aus diesen Versuchsergebnissen lautet zwingend, dass der Klimawandel zunehmend die Aufmerksamkeit des Waldbaus erfordert. Eine mäßige Niederdurchforstung muss einen inhomogenen Bestandesaufbau erhalten, der die beste Umweltstabilität, Bestandesqualität und Wuchsleistung garantiert. Diese Erziehung geschlossener Bestände garantiert über einen guten Bodenschutz eine optimale Humusform mit der entsprechenden Zustandsfruchtbarkeit. Dieser Bodenschutz durch eine optimale Bestandesstruktur wird angesichts der zurückgehenden Wasserspeicherkapazität der bezüglich des Wasserhaushaltes empfindlichen Lehmsand-Staugleyfahlerden im Traubeneichen-Rotbuchengebiet immer vordringlicher.

2.9.7 Schlussbemerkungen

Für die Beurteilung der Anbauwürdigkeit der Eiche und ihrer Erziehung wurden hier auch Erfahrungen des Waldbaus der Vergangenheit genutzt, um aus dieser Sicht die großen Waldbauprobleme der Gegenwart zu bewerten. Auch hierzu gibt Olberg (1940) die treffende Antwort: *„Als junger Anfänger glaubt man allerdings nach anfänglichen Erfolgen rasch, den Stein der Weisen gefunden zu haben. Nur zu oft offenbaren sich die Irrtümer aber erst nach längerer Zeit. Dann wird ein anderer Weg eingeschlagen, dessen Ergebnisse sich aber oft wiederum erst nach langen Jahren beurteilen lassen; so nimmt das Problem kein Ende. Die Wahrheit zu finden, wird aber zweifellos erleichtert, wenn jeder Revierverwalter am Ende seiner Tätigkeit seine Erfahrungen niederlegt, wobei es fast wichtiger ist, die Misserfolge zu schildern, als das Gelungene darzustellen, denn gar zu leicht greift der Nachfolger mit der löblichen Absicht nach Verbesserung und in dem selbstverständlichen Bewusstsein, klüger als sein Vorgänger zu sein, auf Verfahren zurück, die sich längst als unzulässig erwiesen haben."*
In dieser Situation befinden wir uns seit der Gründung des Landes Sachsen-Anhalt. Das Neue der Forstwirtschaft sieht sich einer Überprüfung ausgesetzt, und es ist bereits offenkundig, dass all das der betriebswirtschaftlichen Überprüfung nicht standhalten wird, was nicht den Forderungen und Erkenntnissen einer standorts- und naturraumgerechten Forstwirtschaft gerecht wird. Die Volkswirtschaft wird in diesen Fällen ein Abgehen von Glaubensgrundsätzen und ein Zurück zur exakten Beachtung der Erkenntnisse der Standortserkundung von den Produktionsfaktoren im Wald fordern. Die Sorgen über den Klimawandel müssen dialektisch gesehen dazu führen, dass die Standortserkundung fortund weitergeführt und das Arbeiten nach Glaubenssätzen unterbunden wird.

2.10 Edellaubbaumtyp

Der Edellaubbaumtyp gilt als anbauwürdig auf den Standortsformengruppen NR1, NR2, ÜR2, WR2. Produktionsbiologisch ist er in Leistung, Einfluss auf die Bodenfruchtbarkeit und Ertragssicherheit sehr günstig zu beurteilen, wobei man vorläufig die Rüster wegen des Rüsternsterbens ausklammern muss.
Der Edellaubbaumtyp kann durch Naturverjüngung oder Voranbau unter Schirm, auf Schmalkahlschlägen im Seitenschutz benachbarter Baumhölzer und durch Naturverjüngung unter Birken- oder Aspenvorwald (bei benachbarten Samenbäumen) oder unter Balsampappelvorwald erneuert werden. Die Naturverjüngung ist die günstigste Erneuerungsart. Sie erhöht zwar wegen geringer Technikeinsatzmöglichkeiten den Aufwand für die Ernte des Vorbestandes; dafür ist aber der Erneuerungsaufwand ganz gering. Der Nachteil eines eingeschränkten Technikeinsatzes wiegt etwas leichter dadurch, dass ein großer Teil der für diesen Typ vorgesehenen Standorte für Maschineneinsatz ohnehin schwierig ist.

2.11 Erle als Hauptbaumart

Der **Erlen-Hoch-** und der **Erlen-Niederwaldtyp** sind standörtlich bedingte Zwangstypen.

Der **Erlen-Edellaubbaum-Typ** ist nur für die Stamm-Standortsformengruppen OR3 und NR1, abgeschwächt auch für OK3 und NK1 geeignet. Die Erle wird auf kleinen Kahlflächen erneuert; die Edellaubbäume verjüngen sich von benachbarten Samenbäumen her natürlich. Nur wo solch Anflug zu erwarten ist, ist dieser Typ anbauwürdig.

Der **Erlen-Hochwaldtyp** ist auf OK3, OM3, NK1, NM1 und OR3 anbauwürdig. Der Erlen-Hochwaldtyp galt produktionsbiologisch bisher als unproblematisch. Seit einigen Jahren wird die Erle aber durch den Erlenrüßler gebietsweise stark gefährdet, so dass dort der Erlenanbau bis zur Klärung der Ursachen und Abwehr ausgesetzt werden muss. Produktionstechnisch bereiten die Standorte wegen der Nässe, bei O....3 auch wegen der dicken organischen Auflagen große Schwierigkeiten, so dass kein wesentlicher Maschineneinsatz für die Erneuerung, Pflege und Ernte möglich ist.

Der **Erlen-Niederwaldtyp** ist an Standorte gebunden, die eine Verjüngung durch Stockausschlag erfordern: Stamm-Standortsformengruppen OK2, OM2. Beim Erlen-Niederwaldtyp ist nicht näher bekannt, welche Auswirkungen wiederholte Verjüngungen durch Stockausschlag für das Wachstum und die Anfälligkeit gegen Krankheiten haben. In der Produktionstechnologie wird man sich im Wesentlichen auf Handarbeit und Kleintechnik während der Frostzeit beschränken müssen.

E Ergebnisse der Naturraumkartierung

1 Übersichtskarte Forstliche Mosaikbereiche Tiefland Sachsen-Anhalts

Die Übersichtskarte „Forstliche Mosaikbereiche" liegt im Maßstab 1: 200.000 vor. Den Hintergrund bildet die Topographische Karte.
Der Inhalt der Karte basiert auf der Methode der Naturräumlichen Ordnung. Die für den unteren chorischen Maßstab herangezogenen Komponenten sind Inneres Relief, Klimastufe, Hydromorphiegruppierung, Substratgruppierung und Nährkraftstufe.
Diese Übersichtskarte der Forstlichen Mosaikbereiche wurde jedoch nicht im Gelände kartiert, sondern entstand durch Auswerten und Kombinieren vorhandener, teils nicht flächendeckender Kartenwerke unterschiedlicher Ausrichtungen. Deshalb wurde für den Kartierbereich Hoher Fläming eine Kleingebietskarte nach der Kartierung schematisiert angefertigt.

1.1 Arbeitsgrundlagen für die Übersichtskarte Forstliche Mosaikbereiche

Forstliche Standortskarten

Wichtigste Arbeitsmaterialien bei der Erstellung der Übersichtskarte Forstliche Mosaikbereiche für Sachsen-Anhalt waren die forstlichen Standortskarten 1: 10.000, im Arbeitsmaßstab 1: 5.000. Eine detaillierte Erläuterung enthält der Abschnitt D. 1. 2.1.

Geologische Karten

Landwirtschaftliche Standortkartierung (MMK)

Bei der MMK wurden die landwirtschaftlichen Nutzflächen in Arbeitskarten 1: 25.000 kartiert und für ein mittelmaßstäbiges Kartenwerk 1: 100.000 aufbereitet. Die Arbeitsreinkarten sind ca. 30 Jahre alt. Entsprechend der Zielstellung und des Maßstabs wurden für die ausgegliederten Einheiten Leit-, gegebenenfalls auch charakteristische Begleitbodenformen und der Gefügestil erfasst und einem Standorttyp zugeordnet, für den in einem Dokumentationsblatt u. a. die geologischen Verhältnisse mit Petrographie und Chronostratigraphie, die Karbonattiefe und Substratlagerung und -wechsel sowie Steinigkeit dargestellt wurden. Außerdem wurde das Profil charakterisiert (Zuordnung zu Hangneigungsstufen, Kleinformendichte) und ein Mesorelieftyp definiert. Das Bodenformeninventar mit Schätzangaben zum Flächenanteil aller beteiligten Bodenformen, die Kennzeichnung der Wasserverhältnisse, der Substrat- und Hydromorphieflächentypen rundete die Merkmalskennzeichnung ab. Daraus wurden letztlich Bodenvergesellschaftungen abgeleitet.

Trotz der umfangreichen Merkmalskennzeichnung wurde aber in der Gesamtheit keine wünschenswerte Passfähigkeit mit anderen Kartenwerken und keine sehr hohe Genauigkeit erreicht. Um die bestehenden Qualitätsunterschiede zwischen den einzelnen Kartenblättern auszugleichen, wurden die MMK-Dokumentationsblätter A von den Bearbeitern der Übersichtskarte Forstliche Mosaikbereiche mit genutzt.

Messtischblätter/Topographische Karten

Zur Ergänzung der Reliefinformationen leisteten die Messtischblätter 1: 25.000 einen wichtigen Beitrag. Reliefformen, Hangneigungen und Höhendifferenzen konnten so präzisiert werden.

Meteorologische Unterlagen

Hier kamen der Klimaatlas der DDR und Klimatabellen zur Auswertung.

Weitere Unterlagen sind Hangneigungskarten 1: 10.000
Wasserscheidenkarten
Gewässerverzeichnisse
Bodenschätzungskarten
Forstliche Betriebsübersichtskarten
Oberförstereikarten 1: 25.000

Die beiden wichtigsten Ausgangskartenwerke, die landwirtschaftliche und die forstwirtschaftliche Standortskartierung, ergänzen sich zwar flächenmäßig sehr gut, sind inhaltlich sowohl in der Dimension, in der Erfassungsintensität als auch bei der Typendefinition unterschiedlich.
Deshalb wurde ein Ausgleich bei den Substratverhältnissen, der Hydromorphie und den Bodenmosaiken erforderlich.

1.2 Karteninhalte

Die Übersichtskarte Forstliche Mosaikbereiche zeigt das naturräumliche Dargebot im Maßstab 1: 200.000. Dabei wurden Areale mit charakteristischen objektiv gekennzeichneten Merkmalskombinationen kartiert und typisiert. Innerhalb des Blattspiegels sind die abgegrenzten Wuchsgebiete, Wuchsbezirke und Mosaikbereiche mit ihren Grenzen, der Nummer des Wuchsbezirkes und des Mosaikbereichs im Wuchsbezirk abgebildet. Der Kartenrand enthält u. a. die Nummern und Bezeichnungen der Wuchsbezirke, Wuchsgebiete und Mosaikbereiche.

1.3 Erläuterungsband zur Übersichtskarte Forstliche Mosaikbereiche – Tiefland

Im Rahmen der Schriftenreihe der Forstlichen Landesanstalt Sachsen-Anhalt wurde unter der Nummer 1/2001 ein Band herausgegeben: Naturraumerkundung des Landes Sachsen-Anhalt auf der Grundlage der Forstlichen Mosaikbereiche - Standortsregoen Tiefland (Autorenkollektiv 2001)
Die Beschreibung der Mosaikbereiche erfolgt im Erläuterungsband wuchsbezirksweise. Zur besseren Orientierung wird jedem Wuchsbezirk eine Übersichtskarte der Mosaikbereiche vorangestellt (Maßstab 1: 300.000). Die Beschreibung der einzelnen Mosaikbereiche gliedert sich wie folgt:

- Ausführliche Beschreibung des Mosaikbereiches (z. B. Lage, Höhe NN, Bodenformen, Waldanteil)
- Charakteristischer Haupttyp des Standortsmosaiks (Mosaiktyp)
- Darstellung der dominierenden Stamm-Standortsformengruppen mit Bestockunsszieltyp und Stamm-Vegetationsform (vorherrschende Stamm-Standortsformengruppe grauunterlegt)

2 Wuchsgebiete, Wuchsbezirke und Mosaikbereiche

2.1 Naturräumliche Gliederung

Die Forstlichen Standortskarten, ergänzt durch Angaben der Mittelmaßstäbigen Kartierung für die landwirtschaftlich genutzten Flächen sowie die der Geologischen Karte, wurden zur Naturraumkarte verdichtet. Die ausgegliederten Einheiten stellen somit „Mosaike" oder einfache „Bestszieltyp" von topischen Grundeinheiten dar. Diese Mosaike sind typisiert und katalogisiert niedergelegt worden. Damit liegt eine Kartierung in der untersten Stufe der chorischen Dimension flächendeckend vor.
Mit der Aggregation zu „Wuchsbezirken" und „Wuchsgebieten" wurde zugleich der Übergang zur Naturräumlichen Gliederung vollzogen.
Bei dieser Gliederung stehen wuchsklimatische und substratische Unterschiede im Vordergrund.
Es wird aber kein Standortfaktor besonders herausgehoben, sondern eine umfassende ökologische Gliederung angestrebt.

Die Arealeinheiten der forstlichen Standortserkundung bauen auf den Bausteinen der örtlichen (topischen) Standorts- und Vegetationsformen auf. Da jene wissenschaftliche Einheiten sind, besitzen die Arealeinheiten einen hohen und beständigen Genauigkeitswert. Die Arealeinheiten verkörpern die räumliche (chorische) Dimension der Standortserkundung. Sie werden nach den Arten der Vergesellschaftung der Standortseinheiten gebildet. Die topische wie die chorische Einheit der Standortserkundung dienen nicht allein der Fundierung einer ökologischen Waldwirtschaft, sondern sie dienen, besonders die chorische, einer gesamtgesellschaftlichen naturräumlichen Inventur. Erst flächendeckende Naturraumkartierung offenbart Naturgesetzmäßigkeiten, die eine topische Kartierung nicht erkunden kann. Das gilt z.B. für das vergleichende Erkennen der landeskulturgeschichtlich bedingten Devastation einer ganzen Landschaft mit anthropogen unveränderten Naturräumen stetiger Waldbedeckung. Mit dieser Naturraumkartierung wurde in der DDR und den Neuen Bundesländern eine beispielhafte Entwicklung auf dem Wege der *Naturräumliche Grundlagen der Landnutzung geleistet* (Kopp, Jäger, Succow 1982).

Die vorliegende Erkundung orientiert die Forstwirtschaft gezielt auf ein ganzheitliches Arbeiten und stellt daher ihre Empfehlungen immer auf die Basis des Naturraumes, hier besonders der Mosaikbereiche und ihrer Einteilung in Mosaikgruppen. Es ist unzulässig, allein mit den Nährkraftstufen der Standortsformengruppen A bis R zu arbeiten, sondern diese müssen immer im Zusammenhang mit ihrer Vergesellschaftung im Umfeld gesehen werden. Das gilt besonders für den mittleren Bereich, der im Hohen Fläming den Standortsschwerpunkt bildet. Hier ist es wichtig, dass besonders die Sand-Braunerden des Nährkraftstufenbereiches mäßig nährstoffhaltig (M) im Zusammenhang mit der Mosaikgruppe arm, mittel oder reich betrachtet werden. Auf diese Weise wird der schwer zu bestimmende Mittelbereich nach seiner waldökologischen Wertigkeit unterteilt. Liegt z. B. die mesotrophe Sand-Braunerde in einer reichen Mosaikgruppe, kann sie mit anspruchsvollem Laubholz bewirtschaftet werden, liegt sie aber in einer armen Mosaikgruppe, so sollte der Nadelholzanbau dominant sein.
Die Naturräumliche Gliederung folgt einem weitgehend deskriptiv-deduktiven Weg von „oben" nach „unten", bei dem große Naturräume vorzugsweise nach geomorphologischen Parametern zergliedert werden. Das praktische Vorgehen richtet sich dabei vorzugsweise nach den sichtbaren (physiognomischen) Parametern Relief, Gewässer, Vegetation und dem Ausgangssubstrat der Bodenbildung. Hiervon werden Besonderheiten für die jeweilige einzellandschaftliche Einheit abgeleitet und diese als formal- beschreibende „Typmerkmale" aufgefasst.
Mit der gesetzmäßigen Ordnung und Verteilung von Geotopen im Raum ist auch eine bestimmte Vergesellschaftung (Gefüge-, Mosaikbildung) dieser Einheiten zu größeren und umfassenderen Einheiten verbunden, die sich u. a. durch bestimmte Gefügestile, Verteilungsmuster, innere Maßverhältnisse (Heterogenität, Kontrast usw.) auszeichnen und hauptsächlich auf gemeinsame landschaftsgenetische Ursachen zurückzuführen sind. Gefüge sind gesetzmäßig angeordnete geographische Objekte und zeichnen sich durch objektiv existente Grenzen aus. Die Erfassung und Kennzeichnung von chorischen Naturraumeinheiten erfolgten durch analytische Verfahren, die gefügebezogene Merkmale (z.B. das Herausarbeiten von typischen „Kombinationen" komplexer Standorttypen, von inhaltsbestimmenden Standorttypen, von Merkmalen der Variabilität und des Kontrastes in den Gefügen), arealstrukturelle Merkmale (z.B. Gefügestile mit Platten-, Hang- und Senkengefügen, bestimmte Verteilungsmuster im Raum, Ausprägungsformen der Raumheterogenität und des Raumkontrasts, innere Maßverhältnisse mit Flächengrößen, Verbreitungsdichten, Deckungsgraden usw.), prozessuale Merkmale (z.B. bestimmte Formen der Bindung, Freisetzung und Umwandlung, des Umsatzes und der Verlagerung sowie der seitlichen (lateralen) Verlagerung von Stoffen und Energien) einsetzen.

2.2 Feingliederung des Reliefmosaiktyps nach Niveaustufen und Einbindung in die Nachbarschaft

In der Feingliederung des Reliefmosaiktyps kommen die Lage in einer Niveaustufe zum Ausdruck sowie die Einbindung in die Nachbarschaft.
Die Niveaustufen werden auf eine Leitfläche bezogen, und zwar entspricht die Leitfläche des mittleren Richtniveaus dem vorherrschenden Niveau der Grundmoräne eines größeren Gebietes (regional typisches Richtniveau). Die absolute Höhe über NN ist deshalb von Gebiet zu Gebiet unterschiedlich.
Die Einbindung in die Nachbarschaft kennzeichnet die Lage eines Naturraumareals zu den angrenzenden Arealen.

Die in **Tabelle 37** aufgeführten Platten und Ebenen unterscheiden sich dadurch, dass die Ebenen mit Senkenlage kombiniert werden, die Platten dagegen nicht.

- Feingliederung des Reliefmosaiktyps

Tabelle 37

Signum	Bezeichnung	Niveaustufe	Höhenabstand (m) zum regionaltypischen Richtniveau
Flächenhaft ebene Reliefs (Leitfläche 0 … 1°geneigt) Platten			
HP	Höhenplatte	oberes Richtniveau	> +40
OP	Oberplatte	oberes Zwischenniveau	+40 … +10
MP	Mittelplatte	mittleres Richtniveau	+10 … –10
UP	Unterplatte	mittleres Zwischenniveau	–10 … –25
NP	Niederplatte	unteres Richtniveau	–15 … –30
AE	Auenebene	Transversalniveau	unabhängig
AKE	Außenküstenebene	Küstenniveau	unabhängig
IKE	Innenküstenebene	Küstenniveau	unabhängig
BKE	Boddenküstenebene	Boddenniveau	unabhängig
MKE	Mündungsküstenebene	Küstenniveau	unabhängig
Geneigte flächenhafte Reliefs (Leitfläche > 1 … 4°geneigt)			
R	Rampe	> 1 … 4° geneigt	Spanne der Niveaustufen von .... bis ....
GE	Gefällebene	£ 1° geneigt	
Vollreliefs			
B	Berg	allseitig frei	Längen-Breitenverhältnis £ 3
Ü	Rücken	allseitig frei	Längen-Breitenverhältnis >3
D	Riedel	dreiseitig frei	
Hangreliefs			
FH	Flachhang	> 4 … 9° geneigt	
LH	Lehnhang	> 9 … 16° geneigt	
SH	Steilhang	> 16° geneigt	
Hohlreliefs			
S	Senke	allseitig geschlossen	Längen-Breitenverhältnis £ 3
C	Strecksenke	allseitig geschlossen	Längen-Breitenverhältnis >3
I	Nische	einseitig offen	
T	Tal	zweiseitig offen	

- Einbindung des Mosaiks in die Nachbarschaft bei Landflächen

Tabelle 38

Sign.	Bezeichnung	Grenzlängen (%) zu höheren	gleichen	tieferen Niveaustufen	Grundriss mittlere Breite in km	Länge/ Breite	Aufriss
H	Horstlage			> 75	£ 5		
D	Riedellage		> 25 … 50	> 50 … 75	£ 5		
W	Weitlage	unabhängig			£ 5		G
G	Simslage	> 25		> 25	£ 5		
U	Fußlage	> 25	> 25		£ 5		T
I	Nischenlage	> 50 … 95	> 5 … 50		£ 5	£ 3	
T	Tallage	> 75			£ 5	> 3	BL
S	Senkenlage	100			£ 5		
BL	Böschungslage	> 25		> 25	£ 5		K
K	Kruppenlage	> 25		> 25	£ 5		

- Einbindung des Mosaiks in die Nachbarschaft bei Ufer- und Küstenbegrenzungen

Tabelle 39:

Sig n.	Bezeichnung	Länge des Ufers bzw. der Küste in % der Gesamtgrenzlänge des Areals, und zwar	
IN	Insellage	100 %	allseitig vom Wasser umgeben
HI	Halbinsellage	> 75 %	einseitig mit Landverbindung
N	Nehrungslag e	> 75 %	zweiseitig mit Landverbindung, aus Haken weiterentwickelte Küstenebene, die einen Meeresteil vollständig abschnürt und zum Bodden, Haff oder Strandsee macht
HA	Hakenlage	> 75 %	einseitig mit Landverbindung, lange, schmale durch Anlandung vorspringende Kernlandküste entstandene Küstenebene, die in eine Bucht hineinwächst
BÜ	Brückenlage	> 75 %	zweiseitige Landverbindung in Binnenseen

2.3 Die Rangstufen der forstlichen Naturraumerkundung

Die naturräumlichen Einheiten werden von unten aufbauend zu größeren Einheiten aggregiert (Schwanecke, KOPP 1994). Mosaikbereiche stellen die unterste Rangstufe und flächenmäßig die kleinste Einheit der forstlichen Arealordnung dar. Bei der Bildung der Mosaikbereiche existiert eine Wechselwirkung zwischen örtlichen und räumlichen Elementen. Einerseits bauen die Mosaikbereiche auf dem Standorts- und Vegetationsmosaik auf, aber andererseits erleichtert die erkannte Mosaikstruktur eine logische, rationelle Kartierung der Standorts- und Vegetationseinheiten. Der Mosaikbereich wurde nach stabilen Merkmalen, einschließlich eines einheitlichen Großklimas, aufgebaut und stellt deshalb die Grundlage für einen regionalen Waldbau dar. Es ist der Raum, mit dem sich die gesamte forstliche Praxis eingehend befassen muss.
Mosaikbereiche haben typische Mosaikstrukturen, die in gesetzmäßiger Abhängigkeit von Boden, Relief und Klima auftreten. Wie auf örtlicher Ebene wird die räumliche Ebene in Stamm- und Zustandsmosaike geschieden. Die Struktur der Mosaike wird mit Hilfe von Vernetzungsanalysen oder über Standortsketten im Catena-Prinzip untersucht. Nach Art der Vernetzung bzw. nach dem Inhalt entsprechend des Anteils der beteiligten Standortsformen und ihrer Nährkraftstufe werden spezifische Mosaiktypen (Mosaikgruppen) gebildet. Die Mosaikbereiche erfassen nicht nur bewaldete Areale, sondern umfassen auch verwandte, unbewaldete Landschaftsteile.

Wuchsbezirke bzw. Teilwuchsbezirke stellen in der naturräumlichen Rangfolge (Mosaikbereich, Teilwuchsbezirk, Wuchsbezirk, Wuchsgebiet, Standortsregion) die nächst höherer Stufe dar. Sie sind für den regional differenzierten Waldbau die wichtigste Arealeinheit. Die Wuchsbezirke stellen den regionalen Rahmen für die waldbaulichen Betriebsformen und Zielstellungen dar. Wuchsbezirke setzen sich aus ökologisch ähnlichen oder verwandten Mosaikbereichen zusammen. Ihre Bildung erfolgt nach den beteiligten Stamm-Standortsmosaiken bzw. deren Bausteinen, d.h. nach landschaftsgenetischen Gesichtspunkten. Wuchsbezirke sollen naturräumlich und ökologisch ähnelnde Boden-, Feuchte- und Reliefmosaike aufweisen. Dadurch bilden sich im Vegetationsmosaik charakteristische Vegetationsformen, die Leitgesellschaften. Dazu ist ein einheitliches Makroklima nötig.

Wuchsgebiete stellen eine Zusammenfassung räumlich benachbarter Wuchsbezirke einer Großlandschaft dar. Ähnliche geologisch-geografische Strukturen bilden ein Wuchsgebiet.
Im Tief- und Hügelland lehnt sich das Wuchsgebiet sehr an Großklimagrenzen. Dadurch kann es vegetationskundlich durch die Verbreitung von Leitbaumarten oder Waldgesellschaften repräsentiert werden. Deshalb hat das Wuchsgebiet mehr eine allgemein ordnende Funktion als eine speziell waldbauliche.

2.4 Allgemeine Kennzeichnung – Naturraumstruktur

Die Typisierung von Wuchsbezirken erfolgt nach der Naturraumstruktur, wie sie sich aus dem Relief- und Bodenmosaik ergibt.
Im Kartierungsgebiet werden unterschieden:

Wuchsbezirke

- Wuchsbezirke der Niederungsbrücher mit hydromorphen Sandmosaiken.
- Wuchsbezirke der Moränenplatten mit anhydromorphen Sand- und Sand-Geschiebelehm-Mosaiken. Eingestreut sind in den Hohlreliefs hydromorphe Mosaike.
- Wuchsbezirke der Hochflächen, vorwiegend auf Endmoränenzügen, welche die Moränenplatten um 20 bis 50 m überragen. Dadurch heben sie sich klimatisch von der Umgebung ab. Mosaikbereiche
- Die Mosaikbereiche werden nach ihrem jeweiligen Anteil an Nährkraftstufen drei Mosaikgruppen zugeordnet. Diese Unterteilung ist waldökologisch und waldbaulich von großer Bedeutung. Insbesondere im mittleren Trophiebereich erfahren die großflächig kartierten und schwer zu bewertenden Sand-Braunerden durch ihre Einordnung in die Mosaikgruppen eine Eingliederung nach ihrem tatsächlichen waldbaulichen Wert, in dem sie im Zusammenhang mit dem umgebenden Naturraum betrachtet werden. Hier zeigt sich der praktische Wert der Naturraumkartierung, indem sie z.B. auf einer Dobritzer Bändersand-Braunerde im Klimatyp m im reichen Mosaik I den Kiefern-Rotbuchentyp, im mittleren Mosaik II vorrangig den Kieferntyp und nachrangig den Kiefern-Rotbuchentyp und im armen Mosaik III nur den Kieferntyp empfiehlt. Die Tabellen für die Anbauwürdigkeit der BZT nach Stamm- Standortsformengruppen sind in den Stamm-Standortsformengruppe A bis $M2^{+}$ jeweils unterteilt nach den Mosaikgruppen I, II, III und stellen ein Arbeitsmittel für den Waldbau dar, das standortgerechte Entscheidungen sichert.

2.5 Großgruppen des Standortsmosaiks (Standortsmosaik)

Wie die meisten waldbaulichen Anwendungen der Standorterkundung zeigen, ist es nicht gleichgültig, ob das Areal einer Stamm-Standortsformengruppe, z. B. M2, von reicheren, mittleren oder ärmeren Standorten umgeben ist. Das gilt vor allem für die Standorte der ökologischen Mitte: die Stamm-Standortsformengruppen K2, M1, M2+, M2, Z1, $Z2^{+}$ und Z2.
Verursacht ist dieser Nachbarschaftseinfluss zu großen Teilen durch das Waldinnenklima. Aber auch lateraler Stoffaustausch über Blätter und Nadeln scheint eine Rolle zu spielen. Offensichtlich ist der wachstumsfördernde Einfluss stufig aufgebauter Mischbestände auf benachbarte Standortsareale. Der ungünstige Einfluss benachbarter Kiefernreinbestände, die besonders das Laubverblasen fördern, ist ebenso offensichtlich.

Die Einbindung der Areale der Stamm-Standortsformengruppen in die Nachbarschaft wird aus dem Standortsmosaik abgeleitet. Voraussetzung dafür ist eine erfolgte Naturraumerkundung in der chorischen Dimension, d. h. ein Ausgrenzen von Mosaikarealen im Maßstab 1: 25.000 bis 1: 100.000 sowie die Ermittlung ihrer Flächengröße und ihrer inhaltlichen Kennzeichnung nach Komponenten. So ist die Ermittlung der Mosaikgruppen auf der Grundlage der „Naturraumerkundung des Landes Sachsen-Anhalt auf der Grundlage der Forstlichen Mosaikbereiche" erfolgt.

Zur Ableitung der Einbindung aus dem Standortsmosaik werden die Einzelmosaike zu drei Großgruppen – kurz Mosaikgruppen genannt – zusammengefasst:

Tabelle 40: Mosaikgruppen

I	im reichen Mosaik (^{3} 2/3 R + K)
II	im mittelreichen Mosaik
III	im armen Mosaik (^{3} 2/3 Z2 + Z3 + A1 + A2 + A3).

„wenig und schlechter Ackerbau, aber ansehnlich Wald, Kienen, Eichen, Birken, Buchen, Elsen und viele Haseln und ander Holz." Auch PIETSCHMANN (2002) erwähnt ein Einrichtungswerk von 1853, in dem auf die *„mehr räumen Bestände"* mit Hasel verwiesen wird. Diese Haselphase deutet darauf, dass es sich um ein Regenerationsstadium des mehr Wärme liebenden Buchenmischwaldes, nicht des reinen Buchenwaldes handelt (HOFMANN 2007). Diese Phase verweist darauf, dass hier stets Stadien des Buchenwaldes herrschten, die nicht großflächig durch Beackerung unterbrochen wurden.

Der nördliche Arm des Mosaikbereichs, der eine Abflussrinne des Schmelzwassers unterhalb des Westhanges der Gorrenberge darstellt, ist durch das Vorkommen von mesotrophen Bänder- und Staubsanden, Lehmunterlagerungen und kräftigen Tieflehmfahlerden gekennzeichnet. Diese, auch von BRUNNER (1961) genannte Schmelzwasserrinne, wurde der welligen Oberplatte angegliedert, weil sie sich mit der Ausnahme einer kurzen, ihr nachträglich aufgelagerten Hochflächen-Sandunterbrechung in den Abt. 1297 und 1185 an das Gebiet des „Schönen Buchenhaus" hinsichtlich des Waldökosystems anschließt. Es ist davon auszugehen, dass sich die Schmelzwasserrinne ursprünglich unbehindert in das Muldengebiet der sandigen Grundmoräne ergoss.

Dort, wo das Schmelzwasser Ruhezonen besaß, lagerte es Schluffe und Tone ab. Es ist das Gebiet des alten Dorfes Golmenglin mit seinen Ton- und Lehm-Graustaugleyen in den Abteilungen 1175 bis 1177. Der erosive Schmelzwasserabfluss legte am Fuß der Stauchendmoräne Lehmaufpressungen frei, was das Vorkommen von Tieflehmfahlerden und lehmunterlagerten Sand-Braunerden erklärt.

Die Mulde des Mosaikbereiches ist durch den Eintrag von Lößsand gekennzeichnet. ALTERMANN und FIEDLER (1978) beschäftigten sich mit Lößsandstreifen des Flämings nördlich des zusammenhängenden Gürtels der Lößdecken, der im Norden durch die Orte Haldensleben, Magdeburg, Halle, Wurzen, Riesa, Meißen, Dresden, Kamenz und Görlitz begrenzt wird. Der Fläming-Lößsandgürtel setzt sich bis in die Lausitz fort.

Die Abgrenzung der äolischen Decken Löß, Sandlöß, Lößsand und Flugsand erfolgt nach der Korngrößenzusammensetzung und ist fließend. Mit dem Begriff Sandlöß werden verschiedene Sand-Grobschluff-Sedimente zusammengefasst wie: Flottsand, Flottlehm, sandiger Lößlehm, Gemengelöß und Sandlöß. Nach dem Vorschlag von KAINZ (2008) wird die äolische Einwehung im vorliegenden Fall des geringen Schluffanteils wegen als Lößsand bezeichnet.

Löß besitzt einen Sandanteil von unter 20 % und mehr als 40 % Grobschluff. Sandlöß hat sowohl einen Sand- als auch einen Grobschluffanteil von über 20 %. Im Mosaikbereich kommen keine Lößbodenformen vor, wie sie im Fläming in einer Luftlinienentfernung von ca. 20 km bei Rädigde (Grüne Grund) unter vitaler Rotbuche nachgewiesen wurden (STROHBACH 2006), denn der Schluffanteil ist zu gering.

Der Mosaikbereich 1602.014 liegt im Randgebiet der Verbreitung. Ab hier nimmt der Schluffanteil im Geschiebedecksand von Westen nach Osten örtlich und großräumlich gesehen zu, wie das bei der Braunerde mit wachstumsfördernden Schichten NeSw zu beobachten ist. Die Verbraunung ist immer dort zu finden, wo der Lößsandeintrag am Oberhang der Mulde oder der Hangschulter zurückgegangen ist. Deshalb sind die im Übergangsbereich von der verbraunten Standard-Braunerde zur Fahlerde vorkommenden Sand-Braunerden (NeSw) auch weniger verbraunt.

Die Lößsanddecke im Mosaikbereich ist im Durchschnitt 55 bis höchstens 80 cm mächtig. Der Et-Horizont der Fahlerden bildet die Untergrenze der Lößsanddecke und lagert verfestigt über dem liegenden Festsand.

Für die Ablagerung des Lößsandes waren geländeklimatische Gründe mitentscheidend. Die Höhen der Stauchendmoräne brachen die Transportkraft des Windes, so dass es im Lee der Erhebungen zur Sedimentation kam. Im Süden des Flämings wurden stärkere Decken mit 40 bis 80 cm Stärke deponiert. Dort wurden Sandanteile aus dem Liegenden (Moränensande) weniger eingearbeitet als auf den geringmächtigeren Decken im Mosaikbereich. Beziehungen zu Flusstälern lassen die Vorkommen wie diejenigen in der Altmark nicht erkennen, sondern in den Endmoränengebieten wurde im Lee durch die verringerte Windkraft Grobschluff und z.T. Feinsand aus den vorgelagerten Urstromtälern und Sanderflächen neben dem Sand aus den anstehenden Sedimenten abgelagert. Daher sind die meisten inselartigen Lößsandvorkommen an Endmoränengebiete gebunden. Nach Darstellung von VINK (1949), der auf die bedeutende Rolle des Reliefs für die Ausprägung der äolischen Deckschichten hinwies, wurden in Windschattengebieten sandhaltige Lösse und in Gebieten mit wenig Windschatten schluffarme Decksande abgelagert. Der Mosaikbereich Golmengliner wellige Oberplatte ist ein solches Windschattengebiet mit stark sandhaltigem Löß. Diese geologische Situation verlangte nach der Bildung eines besonderen Mosaikbereiches, dessen Einstufung in den oberen Bereich der Mosaikgruppe II in den Grenzbereich zur reichen Gruppe erfolgen muss.

Ausstattung des Mosaikbereichs 1602.014 Golmengliner wellige Oberplatte mit Feinbodenformen, Humusformen Stamm-Standortformengruppen und Waldgesellschaften

- Fläming-Klima
- Klimastufe m (mäßig trockenes Tieflandsklima)
- Mosaikgruppe II (im mittelreichen Mosaik, oberer Bereich)
- Waldgesellschaften des Buchenmischwaldes (Hofmann 2007):

M = Straußgras-Traubeneichen-Rotbuchenwald

M+ und K= Hainrispengras-Hainbuchen-Rotbuchenwald, tlw. mit Winterlinde, Kirsche und Spitzahorn (Hasel),

WK2 = Rasenschmielen-Rotbuchenwald

- Bestockungszieltypen

M = Kieferntyp I, Ki-Bu-Typ I und II, Dgl-Typ, Tei-Bu-Typ

M+ = Ki-Bu-Typ I und II, Douglasientyp, Kieferntyp I, Tei-Bu-Typ, Bu-(Ndh)-Typ

WK2 = Tei-Bu-Typ, Bu-(Nadelb.) -Typ, Ki-Bu-Typ I und II, Lä-Bu-Typ, Balsampappelntyp II, Aspentyp II

Tabelle 43: *Ausstattung des Mosaikbereiches Golmengliner wellige Oberplatte mit Feinbodenformen und Humusformen*

Feinboden -formen	Humusformen						Summe		Gruppe
	nM M	iMM	mMM	mMo	mRM	mRo	ha	%	
DoS 77				10	8		18	3,2	M2 (bS)
FrS 77				5	7		12	2,1	M2 (bF)
GmSB/L 46			7				7	1,2	M1 (lS)
GmSB 46						7	7	1,2	M1 (lS)
GmSB 47			51	42	126	6	225	39,5	M2 (lS)
GrtLU 67				3	2		5	0,9	M2+ (tL)
HoTU 46				1	1		2	0,4	K1 (T)
LdtL 77			13	11	13		37	6,5	K2 (tL)
NeS 77			1	4	2		7	1,2	M2 (S)
NeS/l 77				15	13	4	32	5,6	M2 (S/l)
NeS/L 77			6	6	20		32	5,6	M2+ (S/L)
NeSw 77			43	44	75	5	167	29,3	M2 (Sw)
SltLB 47				2	2		4	0,7	K2 (tL)
SnLU 37				5	4		9	1,6	WK2 (L)
So 105	2	2	2				6	1,1	
Summe	2	2	123	148	273	22	570	100,0	

3.1.1.4 Dobritzer Nutheniederung - Mosaikbereich 1602.006

Sie ist ein vollhydromorphes Sand-Moor-Mosaik mit ebenem Relief zwischen 82 bis 95 m ü. NN. Mittlere bis arme Sand-Humusgleye, Sand-Graugleye und Sand-Braungleye sind die bestimmenden Bodenformen. Bei Grimme treten auch Moore auf. Die gesamte Niederung ist durch Grundwasserabsenkungen und Trophiereduktionen betroffen.

Ausstattung des Mosaikbereichs 1602.006 Dobritzer Nuthe-Niederung mit Feinbodenformen, Humusformen, Stamm-Standortformengruppen und Waldgesellschaften

- Fläming-Klima
- Klimastufe m (mäßig trockenes Tieflandsklima)
- Mosaikgruppe II (im mittelreichen Mosaik)
- Waldgesellschaften des Erlen-, Hainbuchen-und Stieleichenwaldes (Hofmann 2007):

OK2 = Großseggen-Schwarzerlenwald
OK3 = Alpenhexenkraut-Schwarzerlenwald
OM2 = Moorbirken-Schwarzerlenwald
OA2 = Moorbirkenwald
NK1, NK2 = Sternmieren-Stieleichen-Hainbuchenwald
NM1, NM2 = Moorbirkenwald Pfeifengras-Stieleichen-Hainbuchenwald
NZ2 = Pfeifengras-Stieleichenwald

Bestockungszieltypen

OK2 = Erlen-Niederwaldtyp
OK3 = Erlen-Hochwald-Typ, Edellaubbaumtyp, Erlen-Edellaubbaumtyp, Balsampappelntyp II
OM2 = Erlen-Niederwald-Typ, Birkentyp I
OA2 = Birkentyp I
NK1, NK2 = Sei-Bu-Typ, Bu-(Nadelb.) -Typ, Lä-Bu-Typ, Lä-Li-(WB)-Typ, Sei-Li-(WB)-Typ, Balsampappeln I und II Typ
NM1, NM2 = Kiefern-Bu-Typ I u. II, Sei-Bu-Typ, Japanlärchentyp, Lä-Li-(WB)-Typ,Aspentyp I, Balsampappentyp I und II.
NZ2 = Ki-Fi-Typ, Sitkafichtentyp, Aspentyp I

Tabelle 44: *Ausstattung des Mosaikbereiches Dobritzer Nuthe-Niederung mit Feinbodenformen und Humusformen*

Fein-bodenform	Humusformen												Summe		Stamm-gruppe
	nMM	fMM	iMM	fMo	iMo	mMo	fRM	iRM	mRM	iRo	Trj	OH	ha	%	
DüSG 34										8			8	4,3	NA1 (S)
GoSU 46					1				1		1		3	1,6	Z1 (S)
HdSB 46					2								2	1,1	M1 (S)
HdSB 56					10								10	5,4	M1 (S)
HdSB 57						1							1	0,5	M2 (S)
HdSB 45											2		2	1,1	NM2 (S)
HtSB 45									2				2	1,1	NK2 (S)
HtSB 46			2										2	1,1	K1 (S)
KoSB 47				4									4	2,2	M2 (bS)
KrSG 35				8									8	4,3	NM2 (S)
LhSU 45					3						1		4	2,2	NM2 (S)
LötLU 35	3	1											4	2,2	NK2 (tL)
M.A 23												2	2	1,1	OA2
M.K 34												28	28	15,1	OK3
M.M 23												3	3	1,6	OM2

Fein-bodenform	Humusformen												Summe		Stamm-gruppe
	nMM	fMM	iMM	fMo	iMo	mMo	fRM	iRM	mRM	iRo	Trj	OH	ha	%	
MuSB 45							2	9	5				16	8,6	NZ2 (S)
MuSB 46				1	2		9		8		6		26	14,0	Z1 (S)
NaSG 34	6	11											17	9,1	NK1 (S)
NaSG 35											9		9	4,8	NK2 S)
NeS 56									2				2	1,1	M1 (S)
ScSG 34							18						18	9,7	NZ1 (S)
ScSG 46							2						2	1,1	Z1 (S)
SuSU 45				2									2	1,1	NM2 (S)
WpSU 45							2						2	1,1	NZ2 (S)
WpSU 46							4						4	2,2	Z1 (S)
WpSU 47							5						5	2,7	Z2 (S)
Summe	9	12	2	15	18	1	42	9	18	8	19	33	186	100,0	

Trj = junge Traubenkirschenbestände mit der Humusform mRM, mäßig frischerrohhumusartiger Moder bis mMo, mäßig frischer Moder, OH ohne Humusform

3.1.1.5 Bornumer Nutheniederung - Mosaikbereich 1602.010

Sie ist ein vollhydromorphes Sand-Moor-Mosaik mit flachem Relief in der Höhe von 72 bis 90 m ü. NN. Im größten Teil des Areals bestimmen mittlere bis kräftige Sand-Humusgleye, Sand-Graugleye, Sand-Braungleye das Bild. Kräftige bis mesotrophe Moore und Sand-Gleymoore kommen bei Garitz vor. Auch diese Niederung ist durch Grundwasserabsenkung betroffen.

Ausstattung des Mosaikbereichs 1602.010 Bornumer Nuthe-Niederung mit Feinbodenformen, Humusformen und Stamm-Standortformengruppen

- Fläming-Klima
- Klimastufe m (mäßig trockenes Tieflandsklima)
- Mosaikgruppe II (im mittelreichen Mosaik)
- Waldgesellschaften sind mit der Dobritzer Nutheniederung vergleichbar, allein die Z-Standorte des Pfeifengras-Stieleichenwaldes fehlen. Insofern ist die Bornumer Nutheniederung etwas nährstoffreicher ausgestattet. Sie kommt auch aus einem nährstoffreicherem Naturraum der Grundmoränensande als die Dobritzer, die in den Hochflächensanden der Altreviere Bärenthoren und Grimme beginnt.

Tabelle 45: *Ausstattung des Mosaikbereiches Bornumer Nuthe-Niederung mit Feinbodenformen und Humusformen*

Fein-	Humusform									Summe		Stamm-
bodenform	iMM	fMo	iMo	mMo	iRM	mRM	mRo	Trj	OH	ha	%	gruppe
BaSG 45		4								4	3,4	NM2 (S)
GödLG 35		6	2							8	6,8	NM2 (dL)
HdSB 45			1							1	0,9	NM2 (S)
HdSB 46					3	2				5	4,3	M1 (S)
HdSB 56			1							1	0,9	M1 (S)
KsSB 57	5									5	4,3	K2 (bS)
LhSU 57		1	1	2						4	3,4	M2 (S)
M.K 45									3	3	2,6	OK4
M.M 45									17	17	14,5	OM4
MdSB 56								13		13	11,1	M1 (bS)
NeS 56						3	5	5		13	11,1	M1 (S)
SM.M 45									11	11	9,4	OM4

Fein-	Humusform									Summe		Stamm-
SM.M 56									2	2	1,7	OM4
SuSU 35			3							3	2,6	NM2 (S)
SuSU 36			2							2	1,7	NM2w (S)
SuSU 56			13							13	11,1	M1 (S)
SuSU 57			5	2						7	6,0	M2 (S)
WhSU 46	5									5	4,3	K1 (S)
Summe	10	11	28	4	3	5	5	18	33	117	100,0	

Trj = junge Traubenkirschenbestände mit der Humusform mRM, mäßig frischer rohhumusartiger Moder bis mMo, mäßig frischer Moder.

3.1.1.6 Garitzer Mittelplatte - Mosaikbereich 1602.009

Ausstattung des Mosaikbereichs 1602.009 Garitzer Mittelplatte mit Feinbodenformen, Humusformen und Stamm-Standortformengruppen

- Fläming-Klima
- Klimastufe m (mäßig trockenes Tieflandsklima unterhalb von 80m ü. NN))
- Mosaikgruppe II (im mittelreichen Mosaik)
- Waldgesellschaften des Buchenmischwaldes (Hofmann 2007):

M+ und K = Hainrispen Hainbuchen-Rotbuchenwald tlw. mit Winterlinde, Kirsche und Spitzahorn
M = Straußgras - Traubeneichen-Rotbuchenwald

Bestockungszieltypen
K = Bu-Ndh-Typ, Ki-Bu-Typ I und II, Ki-Dgl-Typ, Douglasientyp, Lä-Bu-Typ, Ki-Rlb-Typ
M+ = Kieferntyp I, Ki-Li-(WB)-Typ, Ki-Bu-Typ I und II, Tei-Li-(WB)-Typ, Douglasientyp
M = Kieferntyp I, Ki-Bu-Typ I und II, Douglasientyp, Tei-Bu-Typ

Tabelle 46: *Ausstattung des Mosaikbereiches Garitzer Mittelplatte mit Feinbodenformen und Humusformen*

Feinbodenform	*Humusformen*						*Traubenkirsche*		*Summe*		*Stammgruppe*
	iMM	mMM	iMo	mMo	mRM	mRo	Jung Trj	alt Tra	ha	%	
DoS 77				3	2	10	6	2	23	12,6	M2 (bS)
DoS 67	1		1				16		18	9,8	M2 (bS)
KsSb 47	5								5	2,7	K2 (bS)
LdtL 77			2			3	10	6	21	11,5	K2 (tL)
NeS 77					7	35	2	34	78	42,6	M2 (S)
NeS 55			2						2	1,1	M1 (S)
NeS 67					16	11	1	6	34	18,6	M2 (S)
So 52		1			1				2	1,1	M2
Summe	6	1	5	3	26	59	35	48	183	100,0	

Trj = junge Traubenkirschenbestände mit der Humusform mRM, mäßig frischer rohhumusartiger Moder bis mMo, frischer Moder

Tra = alte Traubenkirschenbestände mit der Humusform mMo, mäßig frischer Moder bis mMo, mäßig frischer Moder

3.1.2 Wuchsbezirk 1601 Wiesenburger Fläminghochfläche

Die Wiesenburger Fläminghochfläche berührt den Erkundungsbezirk nur als Insellage mit dem Mosaikbereich Setzsteiger Höhenplatte und verkörpert die Reetz-Medewitz-Setzsteiger Stauchendmoräne samt ihren Hanglagen. Ihre größte Ausdehnung findet sie am südlichen Flämingrand nördlich von Wittenberg. Sie besitzt ein mäßig trockenes Tieflandsklima (Flämingklima) und setzt sich zusammen aus Grundmoränenplatten und Endmoränen der Saale-Eiszeit und Schmelzwasserrinnen.
Der Wuchsbezirk nimmt Höhenlagen zwischen 80 und 190 m ü. NN ein. Zwischen der Wiesenburger Fläminghochfläche und der Nedlitzer Flämingrandplatte existiert eine innere Verwandtschaft. Die Hochflächensande der Flämingrandplatte entstammen glazifluviatil der Stauchendmoräne der Hochfläche. Es herrschen anhydromorphe Sand-Mosaike der welligen Platten und Hochflächen vor. Bei der Wiesenburger Hochfläche treten anhydromorphe Sand-Mosaike in kuppiger Lage hinzu. Die Nedlitzer Randplatte enthält kleinflächig anhydromorphe Sand-Geschiebelehm Mosaike in welliger Lage im Mosaikbereich Golmengliner wellige Oberplatte. Die Fläminghochfläche besitzt deutlich mehr arme und ziemlich arme Standorte als die Randplatte.
Die Fläminghochfläche unterliegt einem stärkeren Regenstau und verfügt über durchschnittlich 20 bis 30 mm mehr Niederschlag als die Flämingrandplatte.

3.1.2.1 Setzsteiger Höhenplatte – Mosaikbereich 1601.001

Der Mosaikbereich ist ein anhydromorphes Sandmosaik, das horstartig aus der Landschaft herausragt. Das kuppige, tlw. stark hängige Gelände ist großenteils von armen Sand- Podsolen, Sand-Rankern und Sand-Rumpfrostpodsolen, tlw. von ziemlich armen Sand-Rumpfrosterden bis mesotrophen Sand-Braunerden bedeckt und erreicht auf den Gorrenbergen Höhen von 173 Metern. Die Höhenlage bewirkt erhöhte Niederschläge und den Großklimabereich Epsilon ε (Flämingklima). Das Gelände ist zertalt durch Schmelzwasserund Erosionsrinnen. Die vergangene Landeskultur hat eine Erosion ausgelöst, die eine starke Kappung der hängigen Bodenformen bewirkte. Die Zertalung hinterließ frische Tal- aber auch trockene Hanglagen.
Die Stammvegetationsform für die M-Standorte ist der Hainrispen-Traubeneichen-Rotbuchenwald, für die Z-Standorte der Sauerklee-Blaubeer-Traubeneichen-Rotbuchenwald und für die A-Standorte der Blaubeer-Rotbuchen-Kiefernwald (Forstl. Landesanstalt LSA 2001).
Im Bereich der Gorrenberge erfolgte der Abtrag des Oberbodens nur bis zur Rankerbildung. Der Anreicherungshorizont Bi des Sand-Podsols bremste eine weitergehende Erosion, so dass hier Sand-Rumpfrostpodsole entstanden, bei denen der Bi durch den Abtrag freigelegt wurde.

Ausstattung des Mosaikbereichs 1601.001 Setzsteiger Höhenplatte mit Feinbodenformen, Humusformen, Stamm-Standortformengruppen und Waldgesellschaften

- Fläming-Klima
- Klimastufe m (mäßig trockenes Tieflandsklima)
- Mosaikgruppe III (im armen Mosaik)
- Waldgesellschaften des Buchenmischwaldes (Hofmann 2007):

Z2 - Z3 = Sauerklee-Blaubeer-Traubeneichen-Rotbuchenwaldes
A2 - A3 = Blaubeer-Rotbuchenwald

- Bestockungszieltypen

Z2 - Z3 = Kieferntyp I
A2 - A3 = Kieferntyp I

Tabelle 47: *Austattung des Mosaikbereiches Setzsteiger Höhenplatte mit Feinbodenformen und Humusformen*

Feinboden - form	Humusform mRM	mRo	mMa	Trauben-kirsche alt Tra	Summe ha	%	Stamm-gruppe
BrS	3	11			14	3,9	A2 (S)
BrS h		3			3	0,8	A2 (S)
BrS tr		3			3	0,8	A3 (S)

Feinboden - form	Humusform mRM	mRo	mMa	Trauben-kirsche alt Tra	Summe ha	%	Stamm-gruppe
KdS		29	13		42	11,7	A2 (S)
KdS h		1			1	0,3	A2 (S)
KdS tr		2			2	0,6	A3 (S)
LdtL	1				1	0,3	K2 (tL)
MüS/BrS		11			11	3,1	A2 (S)
MüS/BrS h		3			3	0,8	A2 (S)
MüS/BrS tr		3			3	0,8	A3 (S)
MwS 77	7	14			21	5,9	A2 (S)
MwS 77 h		1			1	0,3	A2 (S)
MwS 77 tr		4			4	1,1	A3 (S)
NeS/L 77	1				1	0,3	M2+ (S/ L)
RüS 77	140	42			182	50,8	Z2 (S)
RüS 77 tr	2	1			3	0,8	Z3 (S)
RuS 77	16	23		1	40	11,2	A2 (S)
RuS 77 fr	7				7	2,0	A1 (S)
RuS 77 h		7			7	2,0	A2 (S)
RuS 77 tr		7			7	2,0	A3 (S)
So 71		2			2	0,6	-
	177	167	13	1	358	100,0	

Tra = alte Traubenkirschenbestände mit der Humusform mRM - rohhumusartiger Moder bis mMo, mäßig frischer Moder

3.2 Das Wuchsgebiet 14 Mittleres Nordostdeutsches Altmoränenland

Das Wuchsgebiet nimmt Grundmoränenplatten des Warthestadiums der Saale-Kaltzeit zwischen Tangermünde, Bismark und Osterburg mit mehreren Niederungsgebieten ein. Die Böden sind überwiegend grundwasserfreie mittlere Sande und kräftige Lehmböden. Die Oberfläche liegt zwischen 30 bis 70 m über NN, die Niederungen 25 bis 45 m. Das Wuchsgebiet gehört zum Großklimabereich Gamma mit der Klimastufe trockenes Tieflandsklima (Tt).

3.2.1 Wuchsbezirk 1405 Möckern-Ziesarsche Platte

Bei diesem Wuchsbezirk handelt es sich um bogenförmig den Hohen Fläming umfassende saalekaltzeitliche Grundmoränenplatten, Sanderflächen und Endmoränen, die im Norden, im Westen und Süden durch Niederungen bzw. Auen begrenzt werden. Das Gelände steigt von den Niederungsgebieten zum Hohen Fläming hin an. Dünengebiete, Niederungen und Schmelzwasserrinnen sind im gesamten Wuchsbezirk vorhanden. Tertiäre Tone und Quarzite des Unterkarbons treten teilweise bis an die Oberfläche. Der Bezirk liegt 40 bis 100 m über ü. NN. Die Böden bestehen aus grundwasserbeeinflussten und grundwasserfreien kräftigen Lehmböden, aus grund- und stauwasserbeeinflussten Sand- und Lehmböden sowie aus armen und ziemlich armen Dünensanden. Der Wuchsbezirk gehört zum Großklimabereich Gamma mit der Klimastufe trockenes Tieflandsklima (Tt).

3.2.1.1 Bornumer Mittelplatte - Mosaikbereich 1405.097

Die Bornumer Mittelplatte ist ein anhydromorphes Sand-Mosaik mit welligem Relief. Die Höhe über NN liegt zwischen 80 m und 100 m.

Grundwasserfreie Sand-Braunerden und Bändersand-Braunerden mittlerer Trophie sind die vorherrschenden Bodenformen. In den Randbereichen ist ein schwacher Grundwassereinfluss vorhanden. Hier sind mittlere und ziemlich arme Sand-Gleybraunerden zu finden.
Ein mäßig hydromorphes Fremdareal ist in den Mosaikbereich eingelagert. Sand-Graugleye mittlerer Trophie sind vorherrschend. Der Mosaikbereich gehört zum Großklimabereich Gamma mit der Klimastufe trockenes Tieflandsklima (Tt).

Ausstattung des Mosaikbereichs 1405.097 Bornumer Mittelplatte mit Feinbodenformen, Humusformen, Stamm-Standortformengruppen und Waldgesellschaften

- Fläming-Klima
- Klimastufe m (mäßig trockenes Tieflandsklima)
- Mosaikgruppe II (im mittelreichen Mosaik)
- Waldgesellschaften des Eichenmischwaldes (HOFMANN 2007):
  NM2 = Pfeifengras-Stieleichen-Hainbuchenwald
  M2 = Hainrispengras-Hainbuchen-Winterlinden-Traubeneichenwald
  Z2 = Sauerklee-Blaubeer-Traubeneichenwald
- Bestockungszieltypen
  NM2 = Sei-Li-(WB)-Typ, Sei-Bu-Typ, Ki-Li-(WB)-Typ, Ki-Bu-Typ I und II, Lä-Bu-Typ, Lä-Li-(WB)-Typ,
  M2 = Kieferntyp I, Ki-Li-(WB)-Typ, Ki-Bu-Typ I und II, Douglasientyp
  Z2 = Kieferntyp I

Tabelle 48: *Ausstattung des Mosaikbereiches Bornumer Mittelplatte mit Feinbodenformen und Humusformen*

Fein-bodenform	Humusform			Trauben-kirsche jung 1)	ohne Humus-form	Summe		Stamm-gruppe
	mMo	mRM	mRo			ha	%	
bNeS 77		1	8			9	8,5	M2 (S) t
bRüS 77			5			5	4,7	Z2 (S) t
DoS 77	9					9	8,5	M2 (bS) t
FrS 77	2					2	1,9	M2 (bF) t
LhSU 45			1			1	0,9	NM2 (S) t
LhSU 47			2			2	1,9	M2 (S) t
NeS 77	11	14	27	1		53	50,0	M2 (S) t
nk					1	1	0,9	-
RüS 77	1	12	9	2		24	22,6	Z2 (S) t
	23	27	52	3	1	106	100,0	

1) Ist der Humusform mäßig frischer rohhumusartiger Moder bis frischen Moder zuzurechnen

3.3 Waldbau zur Verbesserung der Grundwasserneubildung

Die Trinkwasserversorgung Magdeburg GmbH (TWM) als Betreiberin der Wasserwerke Lindau und Jeber-Bergfrieden überwacht die Grundwasserstände in den Einzugsgebieten ihrer Wasserfassungen mittels eines gesondert konzipierten Monitoring-Systems, dessen Daten jährlich von einem beauftragten Ingenieurbüro, der Grundwasser Consulting Ingenieurgesellschaft mbH (GCI) in Königs Wusterhausen, Brandenburg, ausgewertet und in Berichtsform vorgelegt werden. Seit Inbetriebnahme im Jahr 1993 überstieg die Förderung des Wasserwerks Lindau kaum 50 % der vorgesehenen Kapazität und lag im Jahr 2005 mit durchschnittlich 20.300 m³/d weit unter dem behördlich erteilten Entnahmerecht von 49.150 m³/d. Bogel, TWM (2020) äußert sich aktuell dazu folgendermaßen: *„Die GW- Entnahmen aus dem WW Lindau wurden wasserrechtlich reglementiert. Aus der WF Lindau Süd erfolgt keine Entnahme mehr. Gegenwärtig liegt die durchschnittliche Entnahme aus dem Fläming nur noch bei ca. 20 000 m³/d".* Dennoch zeigen die Ganglinien der Grundwasserleiter im Hohen Fläming für die Fassungsgebiete des Wasserwerkes Lindau im Durchschnitt, teilweise beginnend im Trockenjahr 1976, eine bis 2006 um bis zu zwei m fallende Tendenz (TWM 2007). Alle Pegel, die im Erkundungsgebiet liegen (39390047, 39390037, 39400002, 39390030), befinden sich auf grundwasserfernen Sand-Standorten mit Braunerden und Sand-Rumpfrosterden (**Abb. 61**).

Diese Absenkung der Grundwasserstände im Hauptgrundwasserleiter beschränkt sich keinesfalls auf das Einzugsgebiet der TWM-Fassungen. Zur Auswertung standen behördliche Grundwasserstandsdaten aus dem Hohen Fläming zur Verfügung, die einen Zeitraum von 25 bis 35 Jahren dokumentieren. Entlang eines Nord-Süd-Transsekts etwa zwischen den Ortslagen Reppinchen (Brandenburg) und Jeber-Bergfrieden über Golmenglin zeigten sich an sieben Messstellen vergleichbare, nahezu parallel verlaufende gleichartige Rückgänge des Grundwasserstandes (**Abb. 62, 63**). Die vier südlicher gelegenen Grundwassermessstellen liegen noch im potenziellen Einflussbereich der Trinkwasserfassung südwestlich von Grimme, während sich zumindest für die beiden nördlichen, auf brandenburgischem Gebiet liegenden Messstellen dieser Einfluss ausschließen lässt.

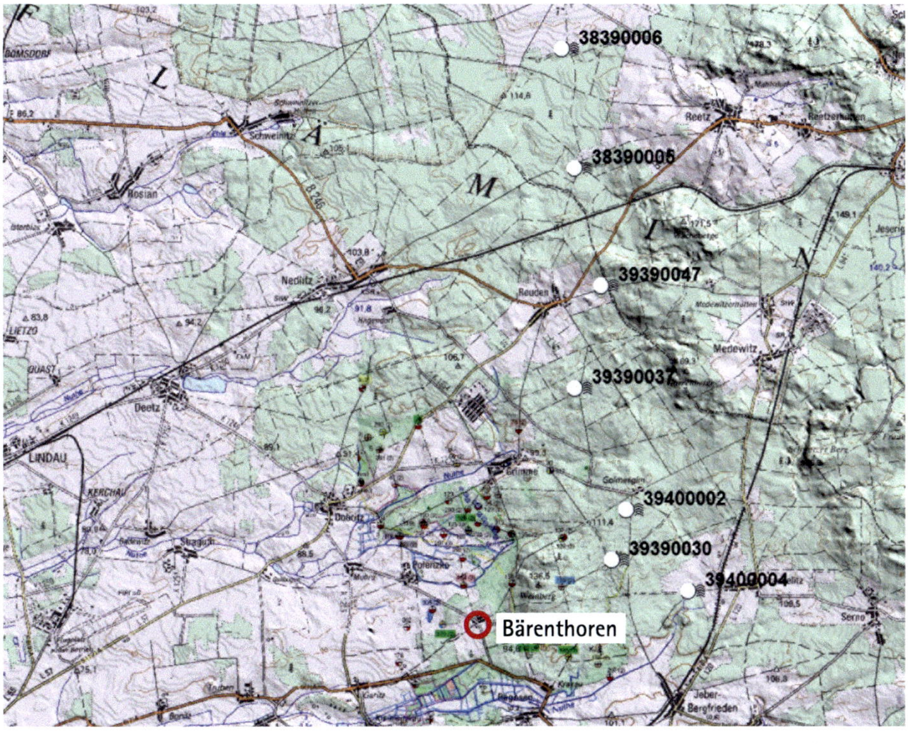

Abb. 61: *Lage der ausgewerteten behördlichen Grundwassermessstellen im Hohen Fläming (TWM 2007)*

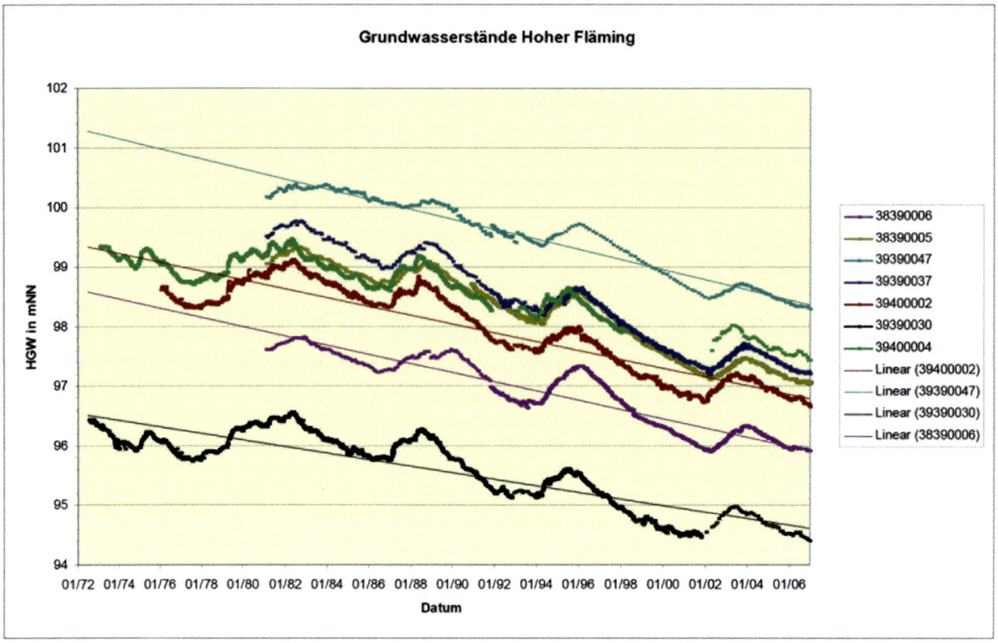

Abb. 62: *Verlauf der Grundwasserstände an behördlichen Messstellen im Hohen Fläming*

Auch für zwei weitere Standorte im brandenburgischen Teil des Hohen Flämings werden Rückgangsraten von 5,0 bzw. 2,0 cm/a im linearen Trend der letzten 30 bzw. 50 Jahre angegeben (LUA 2004, Abb. 62). Die dargestellten Grundwasserstandsschwankungen, insbesondere die Lage der beobachteten Maxima und Minima, sind mit denen aus Abb. 63 wiederum nahezu identisch.

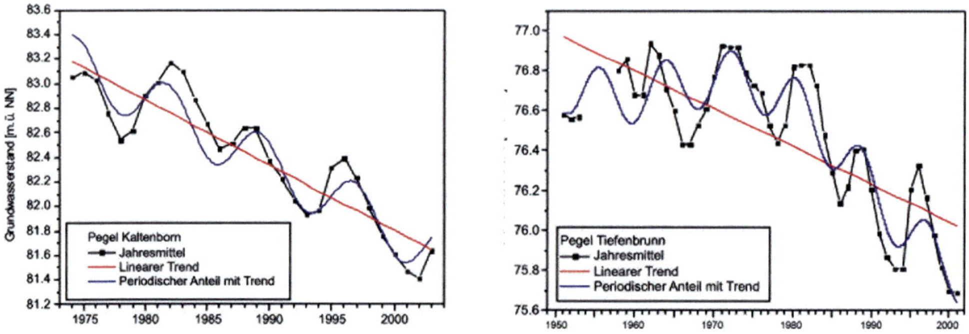

Abb. 63: *Verlauf der Grundwasserstände an zwei Messstellen des Landesumweltamtes Brandenburg im Hohen Fläming (LUA 2004)*

Die nachgewiesene Abnahme der Wasserstände im Hauptgrundwasserleiter hängt offenbar folgendermaßen zusammen: Mit langjährigen Niederschlagsschwankungen, mit der Erwärmung, besonders den wärmeren Sommern und der bei gegebenem Bodenwasservorrat daraus resultierenden höheren Verdunstung. Ein weiterer Grund besteht darin, dass die vielen Bestände, die nach dem Zweiten Weltkrieg kahlgeschlagen und aufgeforstet wurden, nun in einem Alter sind, wo sie viel Wasser verbrauchen. Auch Geologen, z. B. Kainz (2008), weisen darauf hin, dass Probleme des Waldbaus mit der klimatisch bedingten Trockenheit, speziell der Austrocknung des Bodens, und wohl auch mit der noch in ihrer Wirksamkeit zu untersuchenden Trinkwasserförderung aus tiefen Grundwasserleitern zu tun hat. Anteilig handelt es sich bei diesem Wasser um altes Grundwasser der unteren Grundwasserleiterkomplexe, das seine Speisung nicht nur aus der Fassungsumgebung, sondern über tiefen Grundwasserzustrom auch aus dem ferneren unterirdischen Einzugsgebiet erhält. Das wird an den Nuthequellen deutlich, die nach wie vor überall dort austreten, wo Geschiebelehme oder Fließerden flach ausstreichen, wie das bei den Hochflächensanden der Fall ist. Auch daran lässt sich im Übrigen erkennen, dass es sich im Falle des Reviers Bärenthoren nicht um Sanderstandorte handelt.

Eine wichtige Rolle für die zurückgehenden Grundwasserstände auf den Hochflächensanden spielen demnach Klimaschwankungen. Die GCI (2005) geht davon aus, dass die gegenwärtige Trockenperiode weiter anhalten wird. Das bedeutet ein weiteres Austrocknen der oberen Bodenschichten. Die Trinkwasserversorgung Magdeburg GmbH gewinnt ihr Rohwasser in bis zu 10 m Abstand (GCI 2002) zu den schwebenden Grundwasserfluren, die in der Grundmoräne durch linsenförmige Staukörper gebildet werden. Ob es von dort Kontakte und Fenster zum schwebenden Grundwasser gibt, kann nicht von der forstlichen Standortserkundung untersucht werden, sondern muss von der Hydrogeologie erkundet werden. Damit kann dann auch der Einfluss der Trinkwasserversorgung auf die Grundwasserabsenkung im wurzelerreichbaren Grundwasserbereich geklärt werden. Die Forstliche Standortserkundung kann sich nur mit dem entwickelten, weil durchwurzelten Boden beschäftigen (Bohrungen bis 4 m Tiefe) und nimmt als Bodengeologie eine Zwischenstellung zwischen Bodenkunde und Geologie ein.

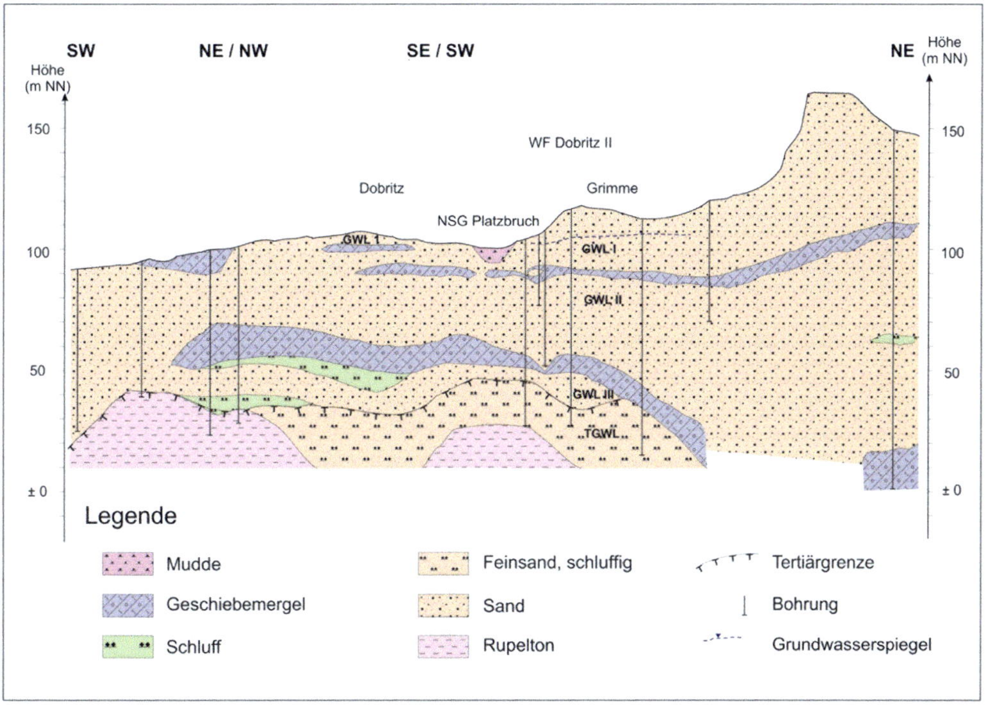

Abb. 64: *Geologisches Profil durch den Bereich der Trinkwasserbohrungen der Trinkwasserversorgung Magdeburg (TWM) (Dresdner Grundwasserforschungszentrum 2002)*

Abb. 64 klärt über die geologische Situation auf und zeigt, dass die Bohrungen deutlich unter dem Grundwasserspiegel oder Grundwasserleiter (GWL I) ansetzt. Zwischen dem GWL I und GWL II befindet sich noch eine isolierende Geschiebemergelschicht, so dass keine Verbindung zwischen dem waldbaulich benötigten Grundwasser und der Bohrung möglich sein kann (Dannowski mdl.). Das Dresdener Grundwasserforschungszentrum (2002) schreibt dazu: *„Während der GWL I ökologische Bedeutung haben kann, erfolgt die Grundwassergewinnung für* *die öffentliche Trinkwasserversorgung aus dem Grundwasserleiter II."* Demzufolge können Trockenschäden im Wald nicht aus der Funktion der Trinkwasserversorgung hergeleitet werden. Der Waldbau ist also auf ein autonomes Grundwasserreservoir im Oberboden angewiesen, das er mit Durchforstung, Bodenpflege und Waldhygiene schonend behandeln und nutzen muss. Waldbauliche Fehler dürfen nicht auf andere Ursachen (z.B. auch Klimaschwankungen) zurückgeführt werden.

Das Vorstehende bedeutet, dass der Waldbau oft unabhängig vom Grundwasser mit Methoden der Baumartenwahl arbeiten muss, die allein mit dem Wasservorrat im Oberboden und eventuell schwebendem Grundwasser über tiefer liegenden Stauschichten zurechtkommen. Umgekehrt kann der Waldbau auch über stauenden Schichten zur Gewährleistung oder sogar Erhöhung der Grundwasserneubildung beitragen. Diese stauenden Schichten im Unterboden der Höhenplatten sind in jedem Fall ausreichend wasserdurchlässig, um 50 bis 100 mm/a Grundwasser-Neubildungsrate zu gewährleisten.
Insgesamt wird aus den vorstehenden Ausführungen aber ebenso deutlich, dass die landläufige These vom „Wald als Wasserspeicher" unter den klimatisch-standörtlichen Bedingungen des Hohen Flämings kaum haltbar ist. Gleichzeitig steht die Funktion besonders der Laub- und Mischwälder als Lieferant von qualitativ hochwertigem, insbesondere von Stickstoffverbindungen wenig belastetem und weichem Grundwasser außer Zweifel (Dannowski 2008).
Die Zopftrocknis von Laubholzbeständen stellt deshalb auch eine lokale Erscheinung dar. Es wäre ein Ablenken von den waldbaulichen Aufgaben, wenn dieses Problem der Trinkwasserversorgung zugeordnet werden würde. Geologisch gesehen ähnelt der Fläming einer durch Moränen gebildeten Beckenlandschaft, wobei diese Becken im Wasserhaushalt über Schwellen miteinander korrespondieren. Das ist auch bei der Golmengliner welligen Oberplatte der Fall. Hier stauen Festsande das Wasser und lassen es bodenintern über eine ehemalige Schmelzwasserrinne in den benachbarten Mosaikbereich (Rev. Bärenthoren) seitlich nach Westen ablaufen. An der Horizontfolge der Lehmsand-Staugleyfahlerden kann man deutlich erkennen, dass es im Untergrund keine Fenster für den schnellen Sickerwasserabfluss gibt. Denn dort sind entweder stauende Kompaktlehme oder von Wasserspuren völlig unbeeinflusste braune Lehmsande. Es handelt sich also um ein empfindliches, autonomes Wassersystem, mit dem der Waldbau sparsam umgehen muss, wie es im Kapitel für die Rotbuchenbewirtschaftung beschrieben worden ist.
Soll der Waldbau zusätzlich zur Holzproduktion aus wirtschaftspolitischer Sicht noch die Grundwasserneubildung verbessern, so müssen die Betriebsform und BZT modifiziert werden. Aus rein forstwirtschaftlicher Sicht steht auf den reinen Hochflächensanden (NeS) der Kiefern-BZT im Vordergrund, während aus der Sicht des Gesamtwasserhaushaltes der Kiefern-Rotbuchen-BZT Anwendung finden muss (s. Tab. Anbauwürdigkeit der BZT, Bl. 4).
Die dabei eintretende Einbuße an Holzproduktion wird gesamtgesellschaftlich aus dem Nutzen des Gesamtwasserhaushaltes ausgeglichen.

3.4 Entwicklung klimaplastischer Wälder im Hohen Nordwest-Fläming über natürliche Anpassungsvorgänge auf standortskundlich-naturräumlicher Grundlage

3.4.1. Das waldökologische Gefügeentwicklungspotenzial der Bestandeszustandstypen des Naturraumes

Je stärker der aktuelle Entwicklungsgrad der Waldgesellschaften von dem natürlichen Mosaik des Naturraumes abweicht, desto stärker entsteht daraus ein renaturierendes Gefügeentwicklungspotenzial, in das sich der Waldbau mit dem richtigen Bestockungszieltypen (BZT) einpassen muss. Die Forsteinrichtung (2012) erfasste die Bestandeszustandstypen des Reviers Hoher Fläming, welches das Altrevier Bärenthoren einschließt. Aus dem Natürlichkeitsgrad der BZT lässt sich das renaturierende Potenzial für Waldbau ableiten. Auf der Grundmoräne herrscht ein charakteristisches Entwicklungspotenzial, welches sich durch die Spannung zwischen dem standortsfremden monotonen Gefüge der abstandsdurchforsteten Kiefernreinbestände und der naturgemäßen ursprünglichen Buchenmischwaldbestockung entwickelte. Es geht von einem Vorwaldgefüge aus und strebt nach einem höheren Organisationsgrad des Ökosystems, dem Zwischenwaldgefüge mit Laubholzmischung. Diese sich über die

Mykorrhiza entwickelnden Lebensgemeinschaften, auch von pflanzensystematisch unverwandten Gehölzen, mit gemeinsamen Nährstoff- und Wasserkreisläufen stellen das eigentliche Stabilitätspotenzial des angestrebten klimaplastischen Waldes dar (GREGER, KOROTAEV 2002). PRIES (1996) betont, dass der Verlust der Mykorrhizen zu den großen Unbekannten bei der Einschätzung möglicher Waldschäden ist, die zur Reduktion der Vitalität der Ökosysteme führen. Daher ist Klimaplastizität allein über das evolutionäre Potenzial der ökologischen Ordnung intakter Waldgesellschaften und nicht über einzelne, speziell ausgesuchte Gehölzarten erreichbar!

Ein weiteres großes, zukünftig stärker zu beachtendes, Potenzial befindet sich in der Biomasse des „unterirdischen Waldes". Auf den ehemaligen, wenig belebten und oft verfestigten Ackerböden muss die Wurzeltracht der Gehölze lange ihrem ursprünglichen Ausdehnungsgrad nachstreben. Auch auf dieses Potenzial zielt der klimaplastische Waldbau mit seinem Bestreben, über einen höheren Natürlichkeitsgrad des Waldgefüges und besserer Anpassung an den Standort ganz allgemein Stabilität durch eine verbesserte Durchwurzelung und die Steigerung des Humusvorrates zu erzeugen. Zum aktuellen Zustand der Bestandeszustandstypen b. z. w. dem Organisationsgrad der Waldgefüge im neu gebildeten Revier Hoher Fläming (2.854 ha), sagt die Forsteinrichtung (2012) folgendes aus:

Von 2.854 ha stocken folgende Baumarten (Angaben in Prozent) im Reinbestand (55%): Ki 39,5 (56,2 Oberstand), Bu 5,2, Bah 5,2, Tei 2,5, Sei 0,6. Als echte Mischbestände oder Mischungen wurden von der Einrichtung nur 45 % ausgewiesen. Hier wird das walbauliche Potenzial zu größerer Stabilität deutlich – der Aufbau von mehr Mischbeständen mit einer höheren Baumartenzahl, die natürlicherweise gemeinsame Waldgefüge bilden würden. Dabei fällt der hohe Kiefern-Reinbestandsanteil auf. Er ist vorwiegend betriebswirtschaftlich nicht aber waldkundlich zu erklären. Die natürliche Traubeneichen-Rotbuchen-Waldgesellschaft im Hauptwaldstadium wird nur rudimentär mit 13,1 % abgebildet: Tei/Bu 3,5 %; Tei m. Bu u/o Hbu 3,5%; Sei m. Bu u/o Hbu 1,1%; Tei, Li/Hbu 0,2%; Bu-Ei MB 4,8%.

Aus ertragskundlichen Gesichtspunkten und vor allem aus standörtlicher Sicht (Oberbodenzustand) stehen dem Laubholzanbau 44 % der Revierfläche zur Verfügung.

Somit muss die Laubholzfläche nicht ausgeweitet werden, sondern die Mischbestandswirtschaft muss ein höheres, naturnäheres Niveau im Einklang mit dem Trend des waldökologischen Gefügeentwicklungspotenzials erhalten. Dabei ist es am leichtesten, zunächst die 15,8 % Laubholzreinbestände (in Prozent: Bu 5,2, Bah 5,2, Tei 2,5, Rei 1,6, Bi 0,7, Sei 0,6) in Mischbestände umzuwandeln, weil sie auf besseren Standorten stockend, bereits im Oberbodenzustand auf dem Wege zu einem höheren Entwicklungsstadium sind. Waldkundeinstitut Eberswalde.

Die Douglasie (*Pseudotsuga menziesii*) bietet dem Waldbau als Mischbaumart besonders zusammen mit dem Buchen-Mischwald weitere Chancen, denn sie ist bislang nur mit 0,5 % mit Rotbuche und 3,3 % mit Kiefer gemischt. Die ökoklimatische Diagnose vom Waldkundeinstitut Eberswalde (HOFMANN, JENSSEN 2009) hält die Grüne Douglasie zusammen mit der Küstentanne besonders dann für ideale Begleiter des klimaplastischen Linden-Hainbuchen-Rotbuchenwaldes, wenn sich der Klimawandel zum submediterranen Typ entwickeln sollte. Das gilt ebenso für die Einmischung der Küstentanne auf den K-Standorten.

Hier bestünden für die Douglasie übereinstimmende Klimaelemente hinsichtlich der Angleichung von Sommer- und Winterniederschlägen sowie der Sommerdürre mit dem subkontinentalen nordamerikanischen Herkunftsgebiet der Ostkaskaden.

Auf 77,3 % der Erkundungsfläche (Trophie A [4,3 %] bis Trophie Z [7,8 %] - und schwächeren reinsandigen M-Standorten der Grundmoräne [65,2 %]) könnte die wertvolle, bodenständige Flämingkiefer als Hauptbaum sichere Erträge und gute Sortimente erwirtschaften. Im Zusammenhang mit der Dobritzer Wirtschaft geht KOHRSTOCK (1961) auf die ausgezeichnete Kiefernrasse des Flämings ein, die bis ins hohe Alter gesund bleibt: *„Die Dobritzer Edelrasse zeichnet sich durch Frohwüchsigkeit, Lang- u. Geradschaftigkeit, Feinbeastung bis in die Krone, und Feinringigkeit aus. Hier muss das Schattenerträgnis noch hinzugefügt werden ..."*

Die Kiefer darf aber nicht großflächig, sondern muss im Kleinkahlschlag erzogen werden. Als wichtiges naturgemäßes technisches Arbeitsmittel gilt die Bodenpflege und die Eberswalder Auslesedurchforstung, welche die Schmalkronigkeit (a-Typ) fördert.

Auf der Grundmoräne (Hochflächensand in M) bestehen Voraussetzungen für den rationellen Laubholzbau, d.h. dem Übergang zum Zwischenwald, nur auf den 3,1 % Lehmunterlagerungen, den 2,8 % frischeren M-Standorten, den Eschböden (ca. 14 %) und den Flächen mit Kartensignaturen für kleinflächig bessere Standortsverhältnisse (0,3 %). Dadurch reduziert sich die für die Kiefernbewirtschaftung vorgesehene mäßig nährstoffreiche Standortsfläche der reinen, grundwasserfernen Sande von 65,2 % auf ca. 45 %.

Zusammen mit den A- und Z-Standorten verbleiben für die kleinflächig strukturierte, stammzahlreiche Kiefernbewirtschaftung damit etwa 56 % Flächenanteil, der nur mit einer biologischen Beimischung von Eiche, Eberesche (*Sorbus aucuparia*) und Hängeirke (*Betula pendula*) stabilisiert wird. Das bedeutet keine Reduktion der bereits bestehenden Kiefernbestockungsfläche, sondern allein eine neue, naturnähere, standörtlich bedingte Kiefernbetriebsform, die örtlich auch im Nedlitzer Verfahren naturverjüngt werden kann.
Die betroffenen schwach mesotrophen mittelaltpleistozänen Braunerden der Grundmoräne sind in die unterste Stufe des in Fünftelstufen gegliederten mittleren Nährstoffbereiches eingestuft. In dieser Mittelstellung sind sie ökologisch labil und vergrasen oft. Als reine, ehemals langzeitig beackerte Sandstandorte ermöglichen sie i.d.R. keine ertragreichen, wertholzreichen, klimastabilen Laubholzbestände. Dagegen garantiert die Wirtschaft mit der nach den Waldschadensberichten gesündesten Baumart Kiefer die Produktion des von der Wirtschaft gesuchten, wertvollen Nadelholz (s. Anbauwürdigkeitstabelle1 KOPP u. SCHWANECKE 1985).

Anbauwürdigkeitstabelle 49: der Bestockungszieltypen nach Stamm-Standortsformengruppen im Wirtschaftswald. Verkürzte Tabelle für das Untersuchungsgebiet Nedlitz (Auszug aus KOPP u. SCHWANECKE 1985) (siehe auch Anbauwürdigkeit der Bestockungszieltypen im Hohen Fläming Kap. D.3 2.2.1)

	(1)Stamm-Standorts-formengruppe	OK3	OK4	OM2	OM4	OA2	NK1 m	NK2 m	NM2 m	NM2 t	NM2w	NZ1 m	NZ2 m	NA1 m	WK2 m	K1 m	K2 m	K2 t	M1 m	M2+ m	M2+ t	M2 m	M2 t	Z1 m	Z2 m	Z2 t	Z3	A1 m	A2 m	A3 m
	Mosaikgruppe																II	III	II	II	III	II	II							
	ha	28	3	3	30	2	17	15	32	1	2	18	20	8	9	9	85	1	165	75	1	304	75	43	239	29	3	7	146	19
Bestockungszieltypen	Kieferntyp I														ß	ß	ß	ß												
	Kieferntyp II														ß	ß	ß	ß												
	Kiefern-Fichten-Typ																											Ý		
	Kiefern-Linden-(Weißbu. -Spitzahorn)-Typ																													
	Kiefern-Buchen-Typ I und II																													Ý
	Kiefern-Douglasien-Typ																													
	Kiefern-Riesenlebensbaum-Typ																													
	Japanlärchentyp																													
	Lärchen-Buchen-Typ																							Ý						
	Lärchen-Linden-(Weißbuchen)-Typ																							Ý						
	Fichtentyp																													
	Weymouthskieferntyp																													
	Sitkafichtentyp																													
	Douglasientyp																													

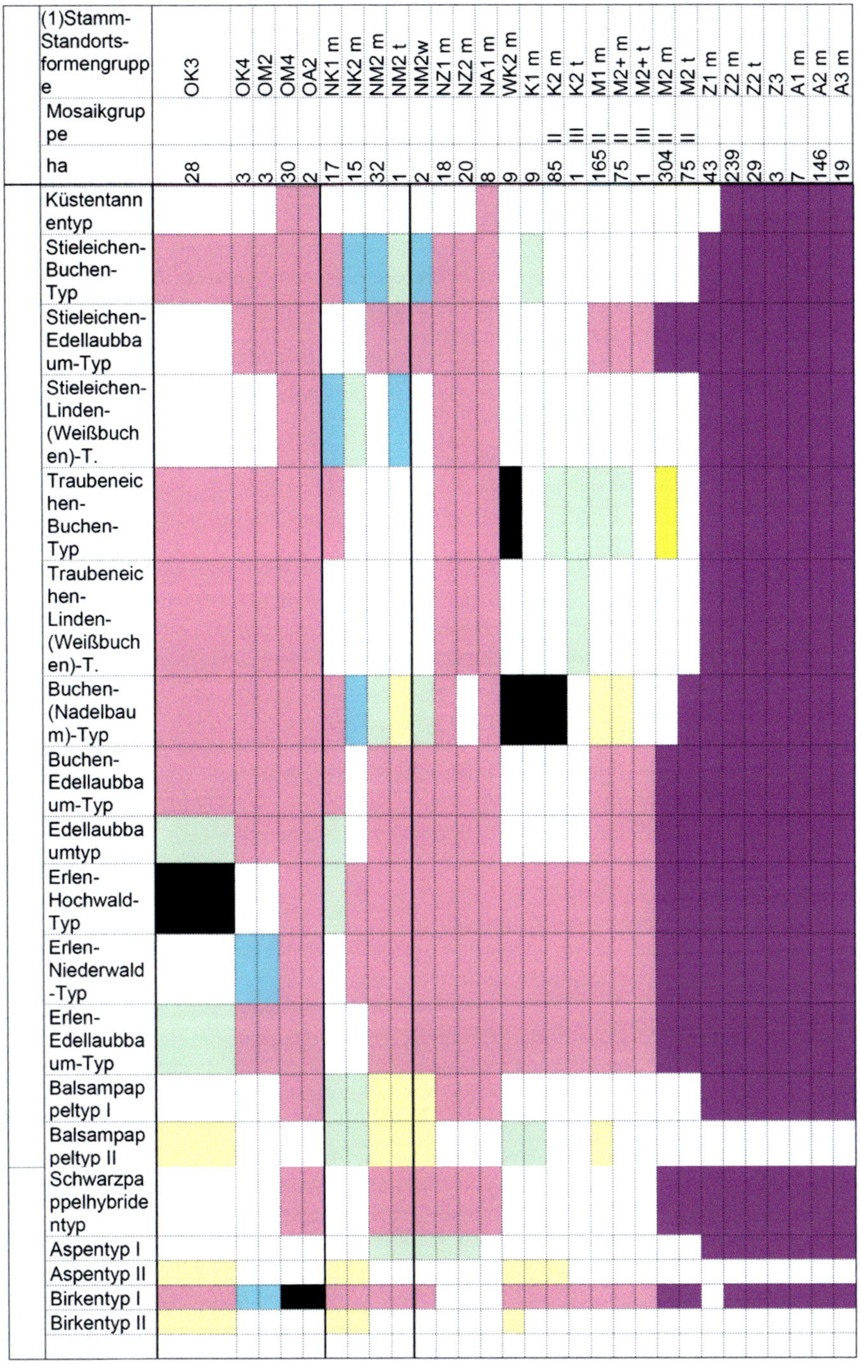

Signaturen für den Flächenanteil an der Standortsformengruppe

bis 100 %	bis 5 %
bis 75 %	standortswidrig
bis 50 %	Y gilt nicht bei stärkerer Aggradation
bis 25 %	ß gilt nicht bei stärkerer Degradation

Anmerkungen
Der Japanlärchentyp ist zur besseren Ausnutzung der Standortsfruchtbarkeit gewöhnlich zum Voranbau für Rotbuche und ähnliche Baumarten vorzusehen.
Der Kiefern-Douglasientyp und der Douglasientyp sind vorwiegend auf sandigem Substrat anzubauen.
Bei den Pappeltypen müssen innerhalb des hier angegebenen Standortsspektrum noch Sortenunterschiede in den Standortsansprüchen berücksichtigt werden (s. TGL 166-22-10, Blatt 2).
Stieleichen-Rotbuchen-Typ, Traubeneichen-Rotbuchentyp und Traubeneichen-Linden (Weißbuchen)-Typ sind nur bei Grundfrische anzubauen, nicht bei Relieffrische.
Bei den BZT mit Weißbuche soll die Weißbuche nur über Naturverjüngung ankommen.
Die römischen Ziffern bei K2 bis M2 bezeichnen den Reichtum des Standortsmosaiks (Mosaikgruppe).
Bei Degradation von 3 (bzw. 2) Stufen an gelten die BZT (und die daraus abgeleiteten Walderneuerungsziele) erst nach Verbesserung der Zustands-Standortsformengruppe.
Notfalls gelten die BZT der nächstschlechteren Stamm-Standortsformengruppe. Bei Aggradation gelten - schon von 1 Stufe an - die BZT der nächstbesseren Stamm- Standortsformengruppe.
Bei Zustands-Standortsformengruppe mi gelten die BZT von M2+.
Bei Zustands-Standortsformengruppe zm gelten die BZT von M2.
Vorherrschende, wichtige Standortsformengruppen

Abkürzungen:
Bah Bergahorn (*Acer pseudoplatanus*); Bu Rotbuche (*Fagus sylvatica*); Bi Hängebirke (*Betula pendula*);
Dgl Douglasie (*Pseudotsuga menziesii*); Hbu Hainbuche (*Carpinus betulus*); Ki Kiefer (*Pinus sylvestris*);
Kta Küstentanne (*Abies grandis*); MB Mischbestand; Rei Roteiche (*Quercus rubra*) Sah Spitzahorn (*Acer platanoides*);
Sei Stieleiche (*Quercus robur*); Trei Traubeneiche (*Quercus petraea*); Wli Winterlinde (*Tilia cordata*)

3.4.2. Strategien praktischen Waldbaus auf naturräumlicher Grundlage unter den Auswirkungen eines möglichen Klimawandels

Langfristig klimaplastischer Waldbau kann nur dann großflächige Richtlinien entwickeln, wenn über die Klimaentwicklung Klarheit existiert. Weil das nicht der Fall ist (z. B. Felbermeier 1993) und waldbauliche Vorhersagen schwierig sind (Waldkundeinst. Eberswalde Hofmann, Jenssen 2009) müssen der Waldgeschichte und kritischen Klimaprognosen flexible waldbauliche Strategien entnommen werden.
Verschiedene Szenarien von Klimaforschern unterbreiten unterschiedliche Versionen, die in einer Aussage einheitlich sind. Sie besagt, dass mögliche klimatische Veränderungen voraussichtlich in dem Rahmen bleiben, der ein Gedeihen von heute einheimischen Wald-Vegetationsformen erlaubt. In diesem Sinne wird für das Erkundungsgebiet ein waldfreundliches Klima prognostiziert. Die Version einer Versteppung des Flämings kann durch nichts belegt werden. Ein verantwortungsbewusstes forstliches Handeln verbietet ein Handeln im spekulativen Raum mit dendrologischen Versuchen. Stattdessen gebietet es einen flexiblen Umgang mit den einheimischen, waldgeschichtlich bewährten, Waldgesellschaften (Hofmann 2019 mdl.): *„Die Grundlage allen waldbaulichen Erfolges ist das Umdenken von der einzelnen Baumart zum verinnerlichten Denken in Waldgesellschaften."*
Je nach Klimaentwicklung muss sich der Waldbau innerhalb der Buchenmischwaldgesellschaft im Rahmen der Stadienentwicklung Vorwald-Zwischenwald-Hauptwald-Schlusswald für das Waldentwicklungsstadium entscheiden, dass der Entwicklung angemessen ist, ohne dabei das waldgesellschaftliche Denken zu verlassen. Je trockener das Klima wird, desto stärker muss von der Rotbuche zu einer stärker trockenheitsangepassten Waldgesellschaft auch mit Pioniereigenschaften übergegangen werden (s. Kap. D.2.1 Natürliche Waldgesellschaften und E 3 Beschreibung der Wuchsgebiete, Wuchsbezirke und Mosaikbereiche mit der Ausstattung der Waldgesellschaften). Dabei wird die Waldgesellschaft nicht verlassen.

Im Vergleich zu berechtigten besorgniserregenden Klimaprognosen soll hier sehr nachdenklich auch eine gegensätzliche differenzierte Betrachtung der Klimaentwicklung angesprochen werden, mit der ein standortgerechter Waldbau arbeiten könnte, träfe die Prognose ein. Unter anderem kommen z. B. Varenholt, Lüning (2012) in „Die kalte Sonne" zu einer relativierenden Einschätzung der Klimasensivität des CO_2, indem der signifikante Beitrag der Sonne zum Klimageschehen stärker hervorgehoben wird. Sie registrieren seit dem Ende der Kleinen Eiszeit (von 1400 bis in das 19. Jh.) einen Temperaturanstieg von 0,80 °C in 150 Jahren und schließen dabei einen Einfluss der verschiedenen Klimatreiber ein. Sie betonen dabei die Dominanz der solaren Zyklen und die Vergleichbarkeit der nacheiszeitlichen Klimaentwicklung mit den heutigen Schwankungen. In diesem Zusammenhang erwarten sie eine Abnahme der Sonnenfleckentätigkeit und der solaren Aktivität mit der Folge einer moderaten Abkühlung in den kommenden Jahrzehnten.

Varenholt, Lüning (2012) erwarten nach dem Verlauf des „Schwabe-Sonnenfleckenzyklus", der seit 1760 beobachtet wird, einen stark reduzierten aktuellen Zyklus 24 *„als Einstieg in eine solare Aktivitätsflaute, die bis 2030 andauern soll"*. Es spräche vieles dafür, *„dass wir im vergangenen halben Jahrhundert den langfristigen Höhepunkt der solaren Aktivität gesehen haben und mit keinem weiteren signifikanten Anstieg der Sonnenaktivität über das Niveau der letzten Dekaden zu rechnen ist. Die Sonne erreichte nämlich während des 20. Jahrhunderts Spitzenwerte, die für die gesamte Nacheiszeit ungewöhnlich hoch sind."*
Jedoch bislang bestätigt sich das Gegenteil der Prognose. Das bedeutet, dass sich der Waldbau auf einen Klimawandel einstellen muss. Würde sie aber eintreffen, würde das dem Waldbau Klimaschwankungen bestätigen, denen die natürlichen Waldgesellschaften innerhalb ihrer Stadienentwicklung immer gewachsen waren und sein werden, wenn seine leitende Idee immer vom Mischwaldprinzip getragen ist. Damit werden große, gleichaltrige Reinbestände ausgeschlossen. In diesem Sinne sind Lücken, Fehlstellen und Blößen auf standörtlicher Basis zügig mit Mischbaumarten nachzubessern. Das ermöglicht dem Waldbau im Anhalt an die kleinflächig wechselnden Standortsverhältnisse ein vorbildlich wechselhaftes Bestandesmosaik, differenziert nach den Mosaikbereichen des Naturraumes. Es gilt aber immer zu bedenken, dass Einzelmischung ausgeschlossen und die Einzelflächen der Mischbestände waldbautechnologisch ausreichend groß sein müssen.
Die Entwicklung neuer klimaangepasster Mischung stellt den Waldbau vor neue Aufgaben. Aber aus der Vergangenheit der Mischbestandsverjüngung lassen sich bereits hilfreiche Erfahrungen übernehmen (Kohlstock 1961). Danach gilt für die Verjüngung überalterter, mit Eiche und wenig Kiefer gemischten Buchenbestände, dass sie nur in geschlossenen, unvergrasten, mäusefreien, grundflächenreichen Bestockungen (>30 m^2) möglich ist. Die Keimung der Bucheckern hängt weitgehend von der Intensität der Bodenbearbeitung ab.
Auf den Hochflächensanden der Mosaikbereiche der weitflächigen Medewitzer Oberplatte 1602.011 dominieren die mesotrophen Braunerden. Dort lag das Zentrum der „Kiefern-Dauerwaldwirtschaft". Hier besitzt die Kiefer den Vorrang. Sie wird dort mit Eiche gemischt, wo die Oberbodenverhältnisse lokal günstig sind. Das kleinflächige Vorkommen örtlicher Lehmvorkommen (Bändersande, Tieflehme) ermöglicht dort auch zusätzlich die Arbeit mit der Rotbuche. (s. Kap. E 3.1 Beschreibung der Wuchsgebiete, Wuchsbezirke und Mosaikbereiche).
Der Mosaikbereich Golmengliner wellige Oberplatte 1602.14 mit ihren lößsandbeeinflussten Staugley-Fahlerden stellt das Zentrum der Rotbuchen-Traubeneichenwirtschaft dar. Die Rotbuche nutzt die örtlichen Wasserhaushaltsverhältnisse am besten, während die Eiche die verdichteten Festsande und Tieflehme optimal erschließt. Das vitale Rotbuchenvorkommen wird nicht durch die Höhenlage, sondern durch die wasserstauenden Lehmsande (Festsande) unter dem Lößsand oder die Tieflehme ermöglicht. Dieses Vorkommen wird jedoch durch den Austrocknungstrend des Oberbodens beeinträchtigt.
Der Wuchsbezirk Wiesenburger Fläminghochfläche 1601 mit dem Mosaikbereich Setzsteiger Höhenplatte 1601.001 ragt mit seiner exponierten sandigen Endmoräne aus der Nedlitzer Flämingrandplatte heraus. Die hohe Reliefenergie führte hier zu allumfassenden, trophiesenkenden Erosionen. Die Setzsteiger Höhenplatte mit ihren armen und ziemlich armen Standorten erhält zwar durch ihre Höhenlage mehr Niederschläge als die vorgenannten Oberplatten, aber die Böden besitzen nur eine geringe nutzbare Wasserspeicherkapazität. Obwohl die natürliche Waldgesellschaft des Mosaikbereiches noch der Blaubeer-Rotbuchenwald ist, kann hier besonders bei zunehmender Trockenhe und Erwärmung ertragreich nur noch mit Kiefer gearbeitet werden (s. Luftbild Abb. 57).

Die Humusformenkartierung zeigt für den Buchenwaldkomplex bereits einen **„Verfall der ökologischen Ordnung des Buchenwaldes"** an, wie Mülder 1982 es nennt. Betrachtet man den zentralen Buchenwaldkomplex östlich von Golmenglin auf 400 ha mit den Feinbodenformen GmSB und NeSw, so ergibt sich folgendes Bild: Große Teile des Rotbuchengebietes im Mosaikbereich „Golmengliner wellige Oberplatte" besitzen mit der Humusform mäßig

frischer rohumusartiger Moder einen degradierten Oberboden (201 ha = 50 %). Es handelt sich dabei um die mit Land-Reitgras „verwilderten" Flächen. Die Humusformen Moder bis mullartigen Moder, die zu einem ökologisch intakten Buchenwaldgefüge gehören, sind bereits stark auf 193 ha (< 50 %) zurückgedrängt worden (s. Kap. D.1 2.1.6.2 Humusformen des Untersuchungsgebietes). Von diesen intakten Bereichen muss aber die Rotbuchenverjüngung ausgehen, denn auf den vergrasten ist sie extrem erschwert. Das Luftbild (**Abbildung 57**) zeigt bereits vor dem Orkan Kyrill im Januar 2007 eine undeutliche räumliche Ordnung und zerrissene Althölzer. Der Buchenwaldkomplex mit intaktem innerem Gefüge ist stark geschrumpft und so stark aufgebrochen, dass die Randwirkungen mit ihren Schäden überall wirksam werden. In der Folge leidet die Rotbuche mit ihren hohen Klimaansprüchen unter den heißtrockenen Sommern und den Stürmen. Demzufolge ist es die Hauptaufgabe, den Verfall der ökologischen Ordnung zu stoppen, indem gezielt wieder geschlossene Komplexe mit hohen Rotbuchenanteilen hergestellt werden. Damit werden die Grundlagen für eine natürliche Regeneration der Rotbuche geschaffen.
Weil die Rotbuche die waldbildende Standortsbaumart (Leitbaumart) für den Hohen Fläming ist, gilt dem Buchenmischwald die konzentrierte Aufmerksamkeit. Jedoch Stickstoffimmissionen und Klimastress gefährden **die ökologische Ordnung des Rotbuchenwaldes** (Mülder 1982). Die Humusformenkartierung des Buchenwaldkomplexes offenbart mit einer fortschreitenden Vergrasung durch das xeromorphe, trockenheitsangepasste Landeitgras (*Calamagrostis epigejos*) bereits einen Verfall der ökologischen Ordnung (s. 2.9.2.1 Die ökologische Ordnung des Buchenwaldes). Das gehobene Gleichgewicht des „Schönen Buchenhaus" wird gefährdet, der Boden ausgetrocknet und bodenbiologisch deutlich verändert. Die Xeromorphie dieses der Trockenheit angepassten, hoch konkurrenzfähigen Grases zeigt, dass der Wasserhaushalt des Oberbodens nicht mehr den Verjüngungsansprüchen des Buchenwaldes genügt.
Obwohl der naturnahe Buchenmischwald in der Schluss- und Zerfallsphase der Waldgefügeentwicklung auch als Rotbuchen-Reinbestand vorkommt, sollte ein meliorativer Waldbau über die gemischten Waldgefüge erfolgen, die wie der (Vor-Zwischen- und Hauptwald zeitlich davor liegen. Die Lebensgemeinschaften von Gehölzen mit unterschiedlichen Ökogrammen erschließen den Standort vielseitig und heben die Degradationsstufen auf, die den Verfall der ökologischen Ordnung des Buchenwaldes ausmachen.

Abb. 65: *Traubeneichen-Buchen-Versuchsfläche 48 im „Schönen Buchenhau", Foto: O. Greger*

sanden und -nestern sowie Festsanden existiert, die das Grundwasser stauen und dem Waldbau zur Verfügung stellen. Der Waldbau benötigt daher für den Laubholzanbau eine genaue Kenntnis von diesem wechselhaften Standort. Er muss erkennen, dass ihm nicht die in ihrer Auswirkung unzureichend untersuchten, Grundwasserentnahme zur Trinkwasserversorgung waldbauliche Probleme bereitet, sondern Klimaschwankungen, die auch das Austrocknen der Pfuhle und Rinnsale bewirken. Das verpflichtet zu einem klimaplastischen Waldbau.
Durch die Beseitigung der Jugendgefahren und die Verbesserung der Konkurrenzbedingungen in der kritischen Verjüngungs- und Jugendphase lässt sich der künstliche Anbau vieler Baumarten oft auch über ihr ökologisches Verbreitungsoptimum hinaus durchführen. Das beginnt bei der Anzucht in der Baumschule. Hierbei geht es darum, Gehölze mit optimalen Reserven anzuziehen, die sie gegen den Trockenstress und andere Umweltgefahren widerstandsfähig machen. Das ist in einer Baumschule möglich, die im Klimagebiet des Waldbaus liegt. Die Anzucht auf vergleichbaren Standorten erzeugt akklimatisierte Pflanzen und kann die Erfolgsbasis sein, wenn der Aufwuchs nicht schon unter reservezehrendem Stress erfolgte. Auf trockenen, schwach nährstoffversorgten Standorten ist dieses Ergebnis allein durch Düngen und Wässern zu erreichen, das problematisch werden kann. Denn nur nicht überdüngte, abgehärtete Pflanzen mit stufigem, nicht vergeiltem, kurz verzweigtem Spross-Aufbau und besonders großem Wurzelballen sind die Garantie für hohe Anwuchsprozente besonders unter trockenen Klimabedingungen. Ein Wurzeltauchverfahren und Entzwieseln, wie auch das Mykorrhizieren können Pflanzstress vermeiden und ein zügiges Höhenwachstum des Anwuchses befördern. Das Pflanzensortiment soll nur so groß gewählt werden. wie es die örtliche Vergrasung verlangt.
Die Pflanzung muss offene Winter nutzen und zeitlich vor der Frühjahresdürre erfolgen. Die richtigen Pflanzverfahren müssen die Wurzelballen möglichst ungekürzt und ungequetscht in den Boden bringen. Unter besonderen Schwierigkeiten kann die Pluggenpflanzung oder auch die Lohden- und Heisterpflanzung mit Ballen zur Überwindung der Trockenheit angewandt werden. Unter Trockenstress lässt sich ein Pflanzerfolg durch das Stummeln der wenig verholzenden Pflanzen erreichen, die dann weniger veratmen und transpirieren. Bei der Robinie (Robinia pseudacacia) ist es Pflicht und bei der Eiche ein altes, erfolgreiches Verfahren für trockene Standorte (Alemann, v. 1884). Wichtig ist die richtige Bodenvorbereitung und Startdüngung oder -kalkung besonders bei den Rotbuchenunterbauten mit magnesiumhaltigen Kalken (Heinsdorf 1997). Eine Begleitwuchsregulierung mit Schutzpflanzendecken hilft die Kultur, sich an den Oberbodenzustand und das Waldentwicklungsstadium anzupassen, sowie sich gegen Konkurrenzpflanzen durch verbesserten Wuchs zu schützen.

3.4.3. Standortgerechter Waldbau in der Balance zwischen Ökologie und Ökonomie in den Grenzen der Selbstorganisation des Waldes

Unter dem Titel „Standörtliche Anbauwürdigkeit von Bestockungszieltypen (BZT) für die Wälder der DDR" brachten D. Kopp und W. Schwanecke 1985 eine überarbeitete Fassung der BZT heraus, welche zuvor von Wagenknecht et. al. (1953, 1956), Wagenknecht (1955) entwickelt worden sind. Wagenknecht als ehemaliger Mitarbeiter von Dengler (1944) fußt dabei auf dessen „Waldbau auf ökologischer Grundlage" (Kohlstock 2012). Dengler hatte bereits im „Waldbau auf ökologischer Grundlage" (1944 S. 5) betont: *„Die Ökologie des Waldbaus hat die Aufgabe, den Wald in seinen natürlichen Formen, in seiner natürlichen Verbreitung und in seiner Abhängigkeit von der Umwelt, den sogenannten STANDORTSFAKTOREN, zu erforschen und richtig verstehen zu lernen."*
Lockow nennt die Fortsetzung dieser Dengler-Tradition in Eberswalde die „Traditionslinie der Erkenntnis." Die Standortserkundungsanweisung (SEA) von 1995 (Schulze 1995) ist auch heute dafür die zuständige Basis der standortgerechten Forstwirtschaft der Neuen Bundesländer. Diese Erkundung entwickelte für alle Waldbauverfahren, unter der Voraussetzung ihrer klimagerechten Umsetzung, zutreffende BZT. Unter BZT wird eine während des gesamten Bestandeslebens planmäßig zu entwickelnde Bestockung verstanden, die sich bei Erreichen des Produktionszieles der Hauptbaumarten durch eine bestimmte Zusammensetzung nach Haupt- und Mischbaumarten und durch einen bestimmten vertikalen und horizontalen Bestandesaufbau auszeichnet. Ein BZT kann je nach Vorbestockung durch verschiedene Erneuerungsarten begründet werden. Sein Aufbau ist der natürlichen Waldgesellschaft oder ihren einzelnen waldbaulich-waldökologischen Entwicklungsphasen je nach seiner Selbstorganisationsfähigkeit unterschiedlich angepasst. Die Naturnähe ist gleichsam der Indikator für die Selbstorganisationsfähigkeit. Insbesondere für den Aufbau eines klimaplastischen Waldes gilt es, Entscheidungen für eine bestimmte Entwicklungsphase der gewählten Waldgesellschaft zu fällen.

Die Anbauwürdigkeitstabelle 1 zeigt die Variationsmöglichkeiten für BZT in den Standortsformengruppen (SFOGR) von der A- bis K-Trophie. Zu Standortsformengruppen, die Ausdruck der vegetationswirksamen Naturraumeigenschaften sind, wurden jeweils waldbaulich-ökologisch verwandte Standortsformen in den Diensten des Waldbaus zusammengefasst.
Am Beispiel des Grundmoränen-Mosaiks mit vorherrschenden Braunerden (M) zeigt **Tabelle 49** folgende waldbauliche Varianten auf:

- Im mäßig trockenen Flämingklima (ε) (M2 + m) mit guten Braunerden kann der Traubeneichen-Rotbuchenwald stocken – die Traubeneiche (*Quercus petraea*) als Zwischen- bis Schlussbaumart und die Rotbuche als Schlussbaumart im Hauptwaldgefüge.
  Die Kiefer jedoch bleibt aus betriebswirtschaftlicher Sicht die Hauptbaumart. Die **Tabelle 49** zeigt folgende Typen in Prozent an:
- Ki I (bis 50), Ki-Bu I und II (bis 50), Dgl (bis 25), Trei-Bu (bis 25), Bu-(Nadelbaum) (bis 5 %)
- Im mäßig trockenen Flämingklima (ε) (M2 m) mit schwächeren Braunerden tritt der Kiefertyp deutlich in den Vordergrund erlaubt aber die biologische Beimischung von Laubholz:
- Ki I (bis 100 %); Ki-Bu I u. II (bis 25 %); Dgl (bis 5 %); Trei-Bu (bis 5 %)
- Im mäßig trockenen Flämingklima (ε) (Z2 m) mit erodierten Braunerden ziemlich armer Trophie fällt die Wahl zu 100 % auf die besonders anpassungsfähige Kiefern-Vorwaldphase des Traubeneichen-Rotbuchenmischwaldes.
- Bei einem Klimawandel in Richtung Trockenheit und Erwärmung driftet das Makroklima in das trockenere Südbrandenburgische Klima (γ) (t) mit der SFGR M2t ab. Hier fällt die Wahl vorrangig auf die Kiefern-Vorwaldphase aber auch auf Varianten des Traubeneichen-Buchenzwischenwaldes mit den Typen Ki I (bis 100 %); Ki-Li (Weißbuche, Spitzahorn) (bis 25 %); Ki- Bu I u. II (bis 5 %); Dgl (bis 5 %)

Die Behandlung der Grundmoränen-Braunerden offenbart die Auswahlvielfalt für BZT aus einer Waldgesellschaft im Sinne der Standortgerechtigkeit, Klimaanpassung, Betriebswirtschaft und nicht zuletzt der Selbstorganisationsfähigkeit:

A) Die selbstorganisationsfähigen, genetisch angepassten Typen erhalten sich durch Naturverjüngung der klimatisch bedingt potentiell-natürlichen Baumartenzusammensetzung wie z.B. dem Traubeneichen-Rotbuchentyp. Diese Typen nutzen die komplexe dynamische Anpassung an den Standort als Ökosystem.
B) Eingeschränkt selbstorganisationsfähige Typen sind weniger naturnah. Sie müssen tlw. künstlich verjüngt werden wie z. B. der Kiefern-Rotbuchen-Typ.
C) Nicht selbstorganisationsfähige Typen sind Forsttypen die gänzlich auf Kunstverjüngung angewiesen sind, wie die Kieferntypen auf allen Standorten, deren Oberbodenzustand oder zu gute Standortspotenz eine Kiefernnaturverjüngung nicht zulassen. Das gilt auch für die angereicherten Typen, in denen einheimische Baumartenzusammensetzungen durch fremdländische Baumarten ergänzt sind.

Mosaikgruppen dienen der weiteren Untergliederung der Stamm-Standortsgruppen und der weiteren Differenzierung der BZT. Mosaikgruppen werden nach dem Nährkraftanteil der jeweiligen Bodenformen mit römischen Ziffern bezeichnet: arm III, mittel II (dominant im Erkundungsbezirk) und reich I. Damit können die Bodenformen je nach Gruppenzugehörigkeit unterschiedlich bewertet werden. So hat ein und dieselbe Bodenform inmitten eines reichen Mosaiks einen größeren waldökologischen Wert als in einer armen Gruppe.
Das eröffnet gute Anpassungsfähigkeiten des Waldbaus an den Naturraum. Hofmann, Jenssen, Waldkundeinst. Eberswalde (2009) betonen, dass die Region des Buchenmischwaldes, in der sich Erkundungsbezirk und Revier Hoher Fläming befinden, eine artenreiche Übergangsregion ist, in der sich die Verbreitungsgebiete nordischer, subkontinentaler, submediterraner und subatlantischer Arten überschneiden. Auch Kohlstock (1961) stellte fest, dass *„die waldkundlichen und geschichtlichen Betrachtungen des Untersuchungsgebietes darauf hindeuten, dass die Rotbuche früher in Mischung mit Kiefer und Eiche vertreten war"*. So schildert eine 1765 in den laubholzreichen Teilen der Oberförsterei aufgenommene Inventur: *„ansehnlich Wald, Kiehnen, Eichen, Birken, Rotbuchen, Elsen und viele Haseln und andere Holzarten..."* Hofmann (2007) verweist auf die ursprünglich großflächige Ausbreitung des Buchenmischwaldes in Deutschland von Nord nach Süd in unterschiedlicher Höhenlage.
Diese Erkenntnis eröffnet optimale Möglichkeiten für die Entwicklung eines klimaplastischen Waldes. Die Klima-

variabilität der Baumarten bewirkt im Falle von Umweltveränderungen eine Austauschbarkeit aus der Baumartenvielfalt – der Buchenmischwald kann sich bionisch anpassen. Die Rotbuche besitzt in Mitteleuropa ein hohes Potenzial zur selektiven Anpassung an Trockenstress, weil ihre genetische Variation sehr groß ist.
Die Autoren bewiesen dendrochronologisch, dass es bei Witterungsschwankungen ein gegenläufiges sekundäres Dickenwachstum der Baumarten gibt – ein Beweis für die vorbildliche Klimaplastizität des Buchenmischwaldes. Denn in Extremtrockenjahren gewinnen die östlich bis subkontinental geprägten Arten Winterlinde (Tilia cordata), Hainbuche (*Carpinus betulus*) und Spitzahorn (*Acer platanoides*) einen Konkurrenzvorteil gegenüber der subatlantisch geprägten Rotbuche. Diesen unterschiedlichen Wuchsrhythmen wird durch trupp-, gruppen und bestandesweise Mischungsformen zur Konkurrenzvermeidung Rechnung getragen.
Die Forstgeschichte offenbart, dass viele Waldstandorte besonders durch eine vormalige Ackernutzung degradiert und erodiert sind. Dabei zeigt der Oberboden eine negative Zustandsabweichung von der ursprünglichen Standortspotenz, seiner Stammbodenform.
Bei der Gegenüberstellung von Stamm- und Zustands-Standortsformengruppen (als Humusform), ergeben sich Stufen der Zustandsabweichung. Im Erkundungsbezirk befinden sich 21 % der Zustandsnährkraft im Idealzustand des Gleichgewichtes mit der im Mittel mäßig nährstoffhaltigen Stammnährkraft. 3 % sind im Zustand um eine Stufe besser und 45,4 % um eine Stufe schlechter als die Stammnährkraft. Bedenklich sind die negativen Zustandseigenschaften mit zwei Stufen Zustandsabweichung (30,2 %). Hier gelten die BZT der nächst schlechteren Stamm-Standortsform.
Die degradierten Standorte sind Aufgabengebiete für waldbaulich-meliorative Maßnahmen. Wenn auch die Kiefer in den zunehmend warmen, schneearmen Wintern Schwierigkeiten durch die fehlende Winterruhe bekommt, obwohl sie wie andere Baumarten durch den CO_2- Anstieg hohe Radialzuwüchse erzielt, ist sie doch aus genetischer Sicht die trockenheitsresistenteste Hauptbaumart (Tzschacksch 2012). Tzschacksch betont: *„Gegenüber anderen Baumarten ist die hohe Nadelresistenz der Kiefer auch bei zunehmender Erwärmung kaum zu übertreffen. Die Kiefer durch Laubbaumarten zu ersetzen, ist bezüglich der hohen Trockenresistenz ihrer Nadeln unbegründet, weil die Resistenz ihrer Assimilationsorgane auch den zukünftigen Belastungen entsprechen dürfte, ...“* befindet sich Tzschacksch damit in Übereinstimmung mit den Erkenntnissen der Standorts- und Naturraumerkundung, die einen ertragreichen Laubholzanbau erst beginnend mit den besseren mittelnährkräftigen Standorten (M+) garantieren. Das standortgerechte, naturräumliche Arbeiten verlangt, dass mit der Rotbuche als Hauptbaumart nicht auf reinen, schwach mesotrophen Sand-Braunerden gearbeitet wird. Hier verschlechtert sie den Oberboden durch ihre Streu und erzielt keine gute Leistung. Das gilt besonders für die Mosaikbereiche Bärenthorener Oberplatte, Setzsteiger Höhenplatte, Medewitzer Oberplatte, nicht aber für die teilweise nährstoffkräftige Golmengliner wellige Oberplatte. Die Nedlitzer Sand-Braunerde wird in diesem ökologisch herausragenden Mosaikbereich durch die Vergesellschaftung mit kräftigen Standorten rotbuchenfähig.
Die Standortserkundung (Greger, Schulze 2007/8) hat im Erläuterungsband Berechnungen des DGZ max. in fm/ha/a über die Fruchtbarkeitsziffer des aktuellen Oberbodenzustands durchgeführt. Dadurch wurden alle Immissionen, Eutrophierungen und Degradierungen erfasst, so dass die tatsächlich existierende Leistungsfähigkeit der Standorte und nicht deren mögliche Potenz (Stamm-Standortsform) bewertet wurde.
Würden die entsprechenden Stamm-Standortsformengruppen standortgerecht und nach waldkundlichen Gesichtspunkten klimaplastisch bewirtschaftet, ginge die Kiefern-Produktionsfläche zurück und diejenige von Rotbuche und Eiche nähme zu. Damit steigt zugleich die Fläche der mehr oder weniger selbstorganisationsfähigen Forstökosysteme, denn mit einer Kiefernnaturverjüngung ist bei dem hohen Vergrasungsgrad der Böden nicht zu rechnen. Die Standortserkundung zeigt, dass im Hohen Fläming der Schwerpunkt der Wirtschaft aus rein waldkundlicher Sicht auf dem Eichen-Buchen-Mischwald liegen müsste.
Aus dieser Sicht hätte die Kiefer nur einen Schwerpunkt im Mosaikbereich Setzsteiger Höhenplatte und auf den lehmfreien Hochflächensanden, auf denen die Dauerwaldwirtschaft durch F. v. Kalitsch erfolgte.
Im Erläuterungsband zur Erkundung (Greger, Schulze 2007/2008) verweist aber eine Tabelle für den DGZ max. für Kiefer darauf, dass bei der aktuellen Oberbodenfruchtbarkeit (Humusform) und standortgerechten Wirtschaft der ertragskundlich-betriebswirtschaftliche Schwerpunkt der Festmeter-Produktion nach wie vor bei der Kiefer verbleiben wird. Hier stehen 26.128 Festmeter pro Jahr gegen 21.634 fm für Eiche und 21.725 für Rotbuche als Richtwert für optimale BZT (s. H. 6. Gegenüberstellung Neukartierung – Altkartierung in fm/ha/a nach Hauptbaumarten).
Im Erkundungsgebiet Hoher Fläming (4145 ha) ist folgender durchschnittlicher DGZ max. in fm Derbholz m. R.

je Jahr und Hektar unter Berücksichtigung der aktuellen Zustandsfruchtbarkeit zu erwarten: Kiefer 7,2; Eiche 6,1; Rotbuche 6,2. Auf der Erkundungsfläche könnte die Kiefer aus dieser rein ertragskundlichen Sicht auf einer größeren Fläche (3.650 ha) als Rotbuche (3.507 ha) und Eiche (3.567 ha) angebaut werden und bliebe die erste Hauptbaumart. Das gilt besonders unter dem Vorbehalt, einen Anbau von Rotbuche und Eiche auf M2-Standorten in der erläuterten Weise mit Vorsicht vorzunehmen. Ein Anbau im untersten M-Bereich kann nur beim Vorhandensein guter Humusformen (mäßig frischer Moder) erfolgen. Mit der meliorativen Waldpflege würde sich dann aber mit der Verbesserung der Humusform diese Laubholzanbaufläche erweitern.
Zusammenfassend treffen Waldkunde sowie Betriebs- und Volkswirtschaft in der Aussage überein, dass die Kiefer auf dem Großteil der M2-Standorte des Erkundungsgebietes Hoher Fläming Hauptwirtschaftsbaumart bleiben muss, weil sie hier stabil gute Leistungen und Sortimente erzielt. In diesem mesotrophen Standortsbereich muss die ökologischökonomische Balance zwischen der rein ertragskundlich-betriebswirtschaftlichen Ausnutzung der Standorte und dem waldkundlich naturnäheren und „klimaplastischeren Waldbau" gefunden werden. Sollten sich die Klimaprobleme vergrößern, muss die Balance zu Lasten der Ökonomie tariert werden. Die klimaplastische Variante des Laubmischwaldes nutzt dann zusätzlich neben den kräftigen alle nährstoffreicheren mesotrophen nicht degradierten Standorte (aktuell 523 ha = 12,6 % der Erkundungsfläche) und die nicht degradierten mesotrophen (435ha=10,7 %).

3.4.4 Abschließende Gedanken und zusammenfassende Schlussfolgerungen

Klimaplastischer Wald lässt sich nur entwickeln mit einem ganzheitlichen waldgesellschaftlichen Denken, mit einem richtig strukturierten Forstwesen und ausreichend waldkundlich ausgebildeten Belegschaften sowie mit einer ganzheitlichen Forstpolitik. Wald muss in seiner exemplarischen Ganzheitlichkeit mit in sich geschlossenen und darf nicht, wie gegenwärtig, mit zersplitterten Strukturen bewirtschaftet werden. Anstatt ständig neue politische und verwaltungsmäßige Strukturen zu erzeugen, muss in einer offenen demokratischen Gesellschaft der Fachlichkeit mehr Raum gegeben werden. Die Fachlichkeit muss auch anderen sehr wesentlichen Strukturen gelten - den ökologischen Waldstrukturen.
Hier findet sich der Schlüssel zum Aufbau klimaplastischer Wälder und Kosteneinsparungen im Forstwesen, nicht aber in der permanenten, nicht bilanzierten Neustrukturierung der Verwaltung!
Waldkundliche Erkenntnisse, wie sie in der DDR und den Neuen Bundesländern (Waldkundeinstitut Eberswalde, Hofmann) entwickelt wurden, stellen die Basis für einen klimaplastischen Waldumbau im Hohen Fläming dar. Die Waldkunde betrachtet die Region des Buchenmischwaldes im Hohen Fläming als eine artenreiche Übergangsregion (Kampfzonentyp), in der sich die Verbreitungsgebiete nordischer, subkontinentaler, submediterraner und subatlantischer Arten überschneiden und dadurch eine klimaplastische Waldgesellschaft darstellen.
Die Standortserkundung ermöglichte die Ermittlung der ertragskundlich bestimmten Waldstandortsfruchtbarkeit sowie die Entwicklung eines Systems von selbstorganisationsfähigen BZT. Diese sollen sich weitgehend naturverjüngen und dadurch mit den natürlichen Waldgesellschaften korrelieren, für die eine hervorragende flächendeckende Kartierung vorliegt (Hofmann, Pommer 2005). Letztere gestatten die Bestimmung des Natürlichkeitsgrades (PNV) der betreffenden Wald- oder Forstökosysteme.
Die Kartierung gibt aus der Forstgeschichte Auskunft darüber, inwieweit eine natürliche selbsttätige Klimaanpassungsfähigkeit der Waldökosysteme zu erwarten ist.
Die aktuell von der Forsteinrichtung ermittelten Bestandeszustandstypen sind zu 55 % naturferne Rein- und nur zu 45 % naturnähere Mischbestände. Der Buchenmischwald befindet sich mit nur 13,1 % Flächenanteil im Minimum – ein Zeichen für den Verfall der ökologischen Ordnung. Die überwiegend naturferne Bestockung widerspiegelt sich in der Ausbildung der Humusform (Oberbodenzustand): 3 % eutrophiert, 21 % naturnah, 45,4 % eine Stufe degradiert und 30,2 % zwei Stufen degradiert. Daraus resultiert die Tatsache, dass die dem Naturraum eigenen Potenziale und Gehölzartenvielfalt ungenutzt sind. Aus diesem Spannungsfeld entwickelt sich ein natürliches Renaturierungspotenzial in Richtung des artenreichen, klimaplastischen Buchenmischwaldes. Die Nutzung dieses Potenzials ist die zentrale Aufgabe des Waldbaus, der meliorativ die Degradation aufheben kann.
Der Waldbau muss eine Balance zwischen Ökonomie und Ökologie, zwischen Nadelholz und Laubholzmischwald, d.h. zwischen nicht selbstorganisationsfähigen und selbstorganisationsunfähigen (dauerwaldfähigen) BZT finden.

Aus betriebswirtschaftlicher Sicht ermöglichen die reinen Sand-Braunerden nur den Waldbau mit Kiefer (56 %), während die lehmhaltigen Braunerden die Kultur des Buchen-Mischwaldes (44 %) gestatten.
Flächenanteilig existiert dieses Verhältnis im Erkundungsbezirk bereits, während aber das naturnahe Waldgefüge weitgehend fehlt. Damit ist das zentrale Problem betroffen:
Klimaplastizität von Wäldern wird nur durch die richtige Mischung, Bestandes- und Kronenpflege, naturgemäße Durchforstung und im Zustand größerer Naturnähe erreicht. So gesehen muss die gegenwärtige Flächenbilanz zwischen Nadelholz und Laubholz nur bei einer deutlichen Klimaänderung geändert werden. Unter Beibehaltung der jetzigen Flächenbilanz ist aber die Einrichtung einer wesentlich stärkeren ökologischen Betriebsform vonnöten.
Die Arbeit geht davon aus, dass sichere Klimaprognosen nicht existieren. Deshalb beachtet sie auch diejenigen Vorhersagen, die nicht allein die Auswirkungen der klimatreibenden Aerosole bewerten, sondern ebenso den zu erwartenden Rückgang der Sonnenaktivität mit der Folge einer moderaten Abkühlung. Diese Prognosen bestätigen sonnenbedingte Klimaschwankungen, die mit der Waldgeschichte parallel einhergingen und erwarten lassen, dass auch zukünftig die natürlichen Waldgesellschaften den Klimaschwankungen gewachsen sein können. Sollte aber ein starker Klimawandel eintreten, so ist er in Richtung subozeanischen Laubmischwaldklimas mit submediterraner Tönung zu Gunsten von Kiefer, Eiche, Hainbuche und Spitzahorn zu erwarten.
Schlussfolgernd würde das bedeuten, dass der Waldbau im aktuellen Klimaentwicklungsstadium mit Buchenmischwaldgesellschaften weiterarbeiten kann, indem er auf deren hohe Anpassungsfähigkeit und Selbstregulationsfähigkeit setzt.

4 Kiefern-Dauerwaldwirtschaft

4.1 Abriss der forstgeschichtlichen Besonderheiten der Bärenthorener „Dauerwaldwirtschaft"– die Großschirmstellung

Als der Kammerherr Friedrich v. Kalitsch 1884 die Bewirtschaftung seines Privatwaldes übernahm, fand er eine sehr ungünstige Altersklassenverteilung vor. Notgedrungen, aus Mangel an hiebsreifem Altholz, musste er auf den althergebrachten, von der Forsteinrichtung vorgesehenen Kahlschlag verzichten, sondern deckte den Einschlag fast vollständig aus möglichst jährlich wiederkehrenden Durchforstungshieben. Der Besitzer zeichnete dabei selbst nach der Güte des Einzelstammes kronenpflegend aus. Das Reisig blieb zur Bodendeckung und Düngung liegen. Die noch übliche Streunutzung wurde abgestellt. Mit zunehmender Durchbrechung des Kronenschlusses flog vermehrt Kiefer an. Für den Anflug wurde zunächst nicht gezielt nachgelichtet, sondern der Hieb sollte erst nach 90 Jahren auf den Anflug Rücksicht nehmen. Die dann noch vorhandenen 300 Überhälter sollten bis zum Alter 120 belassen werden. 20 bis 40 Überhälter von diesen 120-Jährigen sollten dann bis zu 200 Jahre stocken bleiben. Die Bestände wurden gleichmäßig auf großer Fläche durchforstet, so dass sich großflächig Anflug einstellte. Der Kammerherr bediente sich hierbei der Grundform der langsamen, stetigen Großschirmstellung, die besonders im Nachhiebstadium stark verzögert wird und mit einem mäßigen Überhalt abschließt (Dengler 1944).

Abb. 69: *Kammerherr Friedrich von Kalitsch*

Herr v. Kalitsch strebte nach eigenem Bekunden keinen Plenterwald an. Eine damit vergleichbare Ungleichaltrigkeit findet sich nur während der Verjüngungszeit im Alter von 30 bis 50 Jahren. Ehe die sich unter Schirm langsam entwickelnde Verjüngung leistungsfähig wird, ist der Oberstand schon so stark zusammengeschmolzen, dass die von den Dauerwaldvertretern behauptete Leistungssteigerung des Bestandes nicht eintritt. *„Die Eigenart der Wirtschaft der Vermeidung des Kahlschlages, in seiner vorbildlichen Stamm- und Kronenpflege, der Zuwachsförderung des Einzelstammes und in seinen Verjüngungserfolgen ist unbestreitbar! Fraglich aber ist, ob die Gesamtmassen- und Wertleistung die anderer Wirtschaftsformen übersteigt, und fraglich ist ferner, ob nicht besondere Verhältnisse vorliegen, welche die Durchführbarkeit der Wirtschaft, insbesondere die Naturverjüngung, ermöglichten oder erleichterten. Möller hat das erstere bejaht, das letztere verneint. Daraus würde sich die unmittelbare Forderung ergeben, dass man in der norddeutschen Kiefernwirtschaft allgemein zum Bärenthorener Betrieb übergehen könnte oder sogar müsste."* (Dengler 1944).

Inzwischen ist klargestellt worden, dass die Bärenthorener Wirtschaft keine deutlich überlegene Gesamtmassenleistung besitzt. Möller hat auch Unrecht, wenn er die besonderen Standortsverhältnisse Bärenthorens verneint. Deshalb ist es eine besondere Aufgabenstellung für die Standortserkundung, den Nachweis für diese besonderen, nicht mit vielen anderen Kiefernrevieren vergleichbaren Standortsverhältnisse zu führen. Die Standortserkundung stellt das Revier in den umgebenden Naturraum und erbringt den Beweis für die standörtlichen Besonderheiten, die zur Naturverjüngung im Großschirmschlag führten.

Das Bärenthorener Kiefernverjüngungsvorhaben konnte sich nur bei einem offenen, humosen, nur sehr locker mit Heide und Gras, aber mit gut entwickelter Moosflora bedeckten Boden entwickeln (Vanselow 1931). Vanselow betont, dass die Bedingungen für die natürliche Verjüngung der Kiefer einzigartig günstig waren. Deshalb kann das Bärenthorener Verjüngungsverfahren nicht allgemein für Norddeutschland empfohlen werden. Vanselow bemerkt richtig, dass der Wert des Verfahrens im Besonderen darin liegt, *„dass F. v. Kalitsch in klarer Erkenntnis der gegebenen Lage diese seinen Zwecken entsprechende, jedoch eigenartige, von allem Hergebrachtem und Schulmäßigen abweichende Wirtschaft bewusst und planmäßig durchgeführt hat, dass er durch seine vorbildliche Boden- und Bestandespflege und die praktische Ausübung der Naturverjüngung inmitten eines Gebietes, in dem die Durchforstung extensiv betrieben, der Bodenzustand als eine unabänderliche Gegebenheit hingenommen wurde, der Kahlschlag eine Selbstverständlichkeit war, Anstoß gegeben hat, diese Fragen zu Problemen zu erheben".*

F. v. Kalitsch hat damit das vorbildlich begonnen, was heute eine Forderung an die Waldwirtschaft ist – eine regionale ökologische Waldwirtschaft auf naturräumlicher Grundlage.
Der „Dauerwaldbetrieb" von Bärenthoren war ein Lichtwuchsbetrieb, der bereits im Alter von 90 Jahren auf den besten Böden nur noch einen lockeren Schirm von 170 Bäumen (Kronenschlussgrad von 3 bis 4) besaß. Beim Ausbleiben der Naturverjüngung ging das Verfahren nach entsprechender Bodenbearbeitung auch zur Kunstverjüngung über. F. v. Kalitsch ging also sehr unvoreingenommen und pragmatisch vor. Von seiner Wirtschaftsweise lässt sich kein stringentes Gebot für eine besondere bestimmte Betriebsform ableiten.
Erteld et al. fassten 1960 die waldbaulichen und ertragskundlichen Ergebnisse der 70-jährigen vorratspfleglichen Kiefernnaturverjüngungswirtschaft sehr gut zusammen: Dabei kamen sie zu dem Schluss, dass *„eine Umwandlung des Bärenthorener Reviers in ein Laubholzrevier oder auch nur in ein Laubholz-Nadelholz-Mischrevier mit etwa gleichen Anteilen von Laubholz und Nadelholz nicht unser Ziel sein kann"*.
Bei der Bewertung der Wirtschaft und ihren Ergebnissen setzten sich Erteld et al. auch mit den Arbeiten von Möller, Krutzsch und Weck auseinander und kamen nach 70-jährigem Wirtschaftsverlauf zu anderen Erkenntnissen als diese. Dabei gingen sie der auch waldökologisch sehr wichtigen Frage nach, *„ob durch Überwindung von Devastationen, Unterlassung von Kahlschlägen und durch einzelstammweise vorratspflegliche Wirtschaft Bonitäts- und Zuwachsbeeinflussungen nennenswerten Ausmaßes möglich sind"*.
„Die einzelstammweisen Pflegehiebe auf der Gesamtfläche wurden nach Grundsätzen einer mäßigen bis starken Niederdurchforstung ausgeführt. Die schlechtesten Stammformen wurden entfernt, gute gepflegt, Gleichmäßigkeit angestrebt, Lücken vermieden, Unterständige konsequent entfernt und Herrschende freigestellt. Bei dieser Waldpflege stellte sich etwa vom Alter 50 ab nahezu überall Naturverjüngung ein, besonders nachdem sich die verheideten Böden mit Moosen überzogen hatten. Eine bestimmte räumliche Ordnung wurde nicht eingehalten. Der Schwerpunkt lag auf der Vorratspflege und nicht auf der Verjüngung. Das Fehlen der räumlichen Ordnung sowie der langanhaltende Schirm bewirkten Fällungs- und Rückungsschäden sowie Schneedruckschäden an der Naturverjüngung".
Hinsichtlich des Wirtschaftserfolges mussten die von Möller, Krutzsch und Weck angegebene Erhöhung der Bonität und des Vorrates korrigiert werden. Es wurde sowohl von Erteld (1960) als auch von Wiedemann (1925) und Dengler (1944) angezweifelt, dass eine Verbesserung der Ertragsklasse nach Schwappach 1908 von IV,1 auf II,77 stattgefunden hätte. Erteld (1960) ging nach vorliegenden Unterlagen davon aus, dass die Ausgangsbonität nahezu bei der III. gelegen hätte. Damit hat sich in Bärenthoren nur eine Bonitätssteigerung um 0,5 ergeben. Dies ist ein Wert, der sich ähnlich auch in Nachbarrevieren mit der Einführung einer pfleglichen Waldwirtschaft eingestellt hat. Daraus folgert Wiedemann (1925), dass die Folgerungen, die Krutzsch und Weck, sowie z. B. auch Wiebecke hinsichtlich der Schädlichkeit des Kahlschlages ziehen, übertrieben sind.
Es bleibt aber unbenommen das Verdienst der Bärenthorener einzelstammweisen Waldpflege, dass sie Stämme herausgearbeitet hat, die bei vergleichbarer Höhe einen starken Durchmesser und eine hohe Masse aufweisen. *„Damit ergibt sich die erstaunliche Tatsache, dass das Revier Bärenthoren trotz des Untervorrates von 23 % gegenüber einer normal aufgebauten Kiefern-Betriebsklasse jährlich um 0,27 fm/ha oder um etwa 5 % mehr Zuwachs in der Zeitspanne 1934 bis 1959 geleistet hat."* (Erteld 1960) Wäre die 1945 bis 1947 verbrannte erste Naturverjüngungsgeneration erhalten geblieben, dann hätte Bärenthoren etwa 20 % mehr Zuwachs geliefert als ein normal behandeltes Revier gleicher Bonität (Erteld 1960). Die Bärenthorener Wirtschaft war nicht i. e. L. eine Verjüngungswirtschaft, sondern ein Schirmbetrieb mit langfristiger Verjüngung (Krutzsch 1924). Kammerherr v. Kalitsch strebte bei der Bestandespflege das „Festhalten der Kronen" an, die lang und damit schmal sein sollten. Deshalb entwickelte sich unter dem lange geschlossenen Kronenschirm eine wertvolle Halbschattenkiefer, die feinastig, feinringig sowie kronenschäftig war. Vom Phänotyp entspricht das dem heute angestrebten Kiefernentwicklungstyp a, der das erstrebte Qualitätsholz liefert.

4.2 Die Durchforstung von Kiefernnaturverjüngungen

Dort, wo standörtlich eine Kiefern-Dauerwaldwirtschaft möglich oder angestrebt ist, muss auch eine naturnahe Durchforstung (Strukturdurchforstung) angestrebt werden. Wie **Abb. 54** verdeutlicht, beginnt die Kiefernnaturverjüngung strukturiert (trupp, gruppen, horstweise). Sie entwickelt sich zu einem Bestand, der sich aus wurzelverbundenen, im russischen Biogruppen genannten, Lebensgemeinschaften zusammensetzt. Diese Gefügestruktur stellt einen besonderen ökologischen und betriebswirtschaftlichen Wert der Kiefern-Dauerwaldwirtschaft dar. Die Gruppen erschließen den Standort mit einem nicht durch Pflanzung beeinträchtigten Wurzelsystem optimal. Die Kronen der feinastigen Halbschattenkiefern stellen oft den a- und a/b-Typ der Kiefer dar. Um diesen besonderen Wert der Naturverjüngung mit ihren vielfältigen, natürlichen Strukturen zu fördern, sollte eine Gruppendurchforstung solche Gruppen mit qualitativ wertvollen Stämmen weitgehend erhalten. Das bedeutet das Erkennen und Erhalten des besonderen Wertes der Naturverjüngung durch eine ökologische Waldwirtschaft. Eine die natürlichen Strukturen stabilisierende qualitative Gruppendurchforstung, wie sie Kato (1973) für die Rotbuche entwickelte, kann die Förderung der heterozygoten a- Typen erreichen, die sich mit ihren schmalen Kronen gut zu Durchforstungseinheiten strukturieren. Diese Waldpflege schafft die benötigten geschlossenen, stabilen, betriebssicheren und leistungsfähigen Bestände, erhält weitgehend naturnahe Strukturen (Staschel, Greger 1993; Greger, Korotaev 2003) und kommt den betriebswirtschaftlichen Belangen einer extensiven Wirtschaft entgegen.
Geht es allgemein und in Hinsicht auf die Klimaplastizität um den Mischwald und das zentrale Prinzip der richtigen Mischung, so handelt es sich hier um ein wichtiges Beispiel der Mischung, die Mischung als horizontale Gliederung. Es wird deutlich, dass zur Fortentwicklung der Waldwirtschaft nicht allein die Mischung der Baumarten das Prinzip der richtigen Mischung erfüllt (Mülder, Greger 1995). Zu diesem Thema der Mischung besteht ein großer Nachholbedarf in der Forschung.

5. Naturräumlich-kulturgeschichtliche Voraussetzungen für die Herausbildung der Bärenthorener „Kiefern-Dauerwaldwirtschaft"

Im Gegensatz zur gegenwärtigen Situation lag die Entstehungszeit der „Kiefern-Dauerwaldwirtschaft" in einer Periode des ewig währenden Stickstoffmangels für die Pflanzenernährung und der Oberbodendegradation durch landwirtschaftliche Waldnutzungsrechte (insbesondere Streurechen). Das führte in Bärenthoren zur Degradierung der Normal-Humusform Moder zu Rohhumus und Magerrohhumus. Damit wurden die unverzichtbaren Voraussetzungen im Humuszustand für die Naturverjüngung des Pionierbaums Kiefer erfüllt.
So gesehen verdankt die Bärenthorener „Kiefern-Dauerwaldwirtschaft" ihre Entstehung nicht allein der Genialität des F. v. Kalitsch, wie A. Bier (1933) es nannte. Seine forstwirtschaftliche Genialität bestand darin, abweichend vom allgemein üblichen Altersklassen-Schema, die damalige Gunst zum Betrieb des Großschirmschlags genutzt zu haben. Der Großschirmschlag schuf die nötigen Lichtverhältnisse für die Entwicklung der Kiefernkeimlinge. Der Oberbodenzustand mit lichter Hagermoosdecke ermöglichte einerseits das Anfliegen des Kiefernsamens und hielt anderseits im Verein mit dem humusreichen Oberboden (Plaggendeckung) genügend Wasserkapazität zur Verfügung. Der Erfolg v. Kalitschs resultierte aus einem regionalen Waldbau auf naturräumlicher Grundlage, wie er heute, nur in zeitgerechter Form, gleichermaßen von der standortgerechten ökologischen Waldwirtschaft gefordert wird.
Bei der Verallgemeinerung der „Dauerwalderfolge" Bärenthorens muss bedacht werden, dass die Kiefernnaturverjüngung im Großschirmschlag nach dem „eisernen Gesetz des Örtlichen" nur selten anwendbar ist, wie in der Vergangenheit wiederholt dargelegt wurde (Rebel 1924; Wiedemann 1925, 1936; Vanselow 1931; Olberg 1957; Erteld 1960; Heinsdorf 1994; Greger 2006).

Generalisierte Übersichtskarte

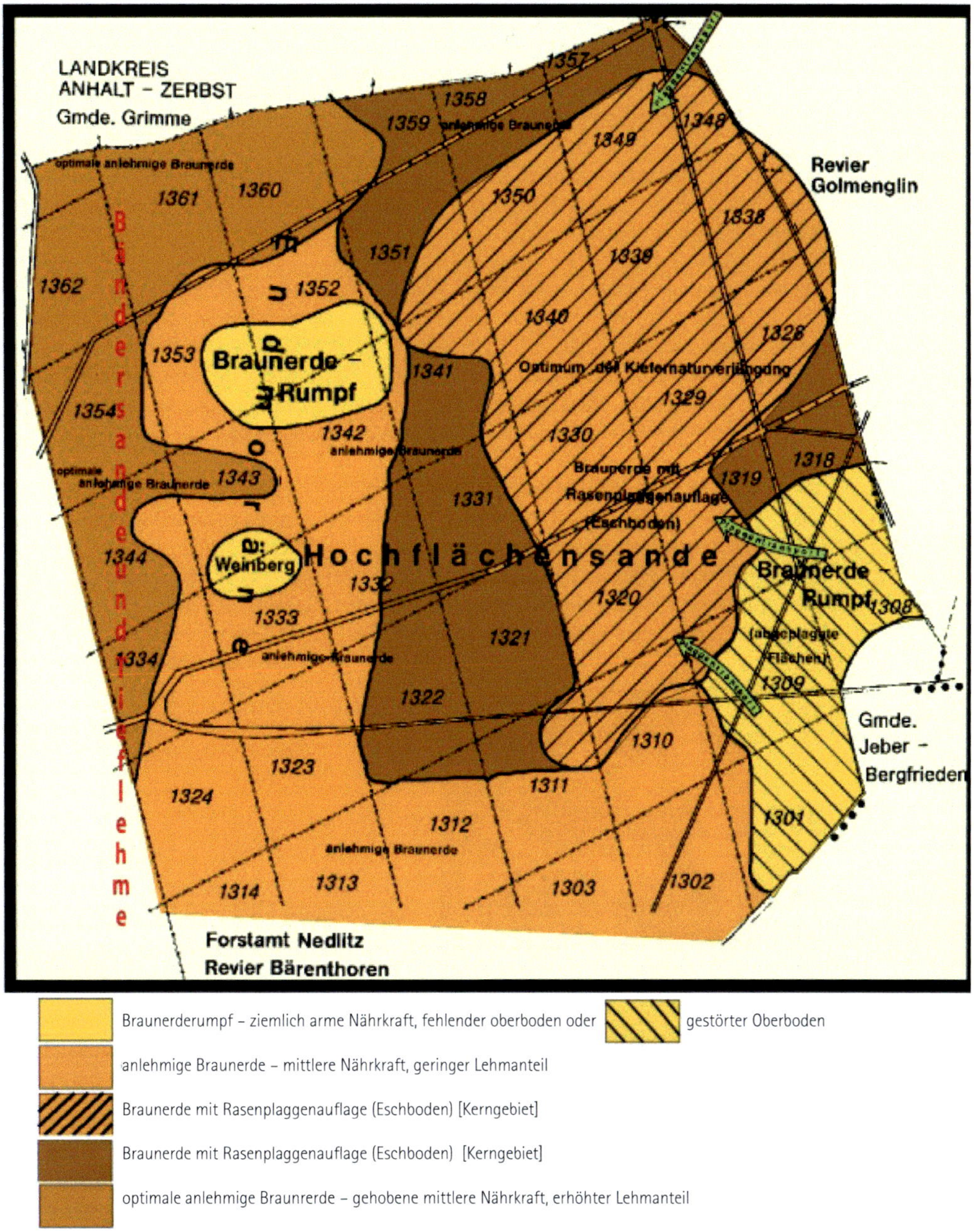

Abb. 70: *Standortskarte der Forstorte der ehemaligen „Kiefern-Dauerwaldwirtschaft"Darstellung und Zeichnung Greger*

Die Kiefernnaturverjüngungsgebiete in Bärenthoren befinden sich ganz überwiegend auf den Standorten mit der geringsten Nährkraft der örtlichen Fläminggrundmoräne. Es sind sanderartige Hochflächensande mit anlehmigen Sand-Braunerden. Dennoch sind diese Hochflächensande in ihrer Wasserspeicherkapazität durch einen höheren

Ton- und Schluffgehalt (11 bis 20 %) besser, als viele vergleichbare anlehmige Braunerden auf echtem Sander oder auf Talsand. Daher gewähren sie der Kiefer ein Optimum an Verjüngungsfreudigkeit. Einerseits gewährt ein zureichender Schluff- und Tongehalt der Kiefer ein Optimum an Verjüngungsfreudigkeit, weil er das in regenarmen Naturräumen verbreitete Vertrocknen der angeflogenen Keimlinge verhindert, andererseits gereicht dieser Feinerdegehalt dem Laubholz nicht zur deutlichen Wuchsüberlegenheit. Insofern liegt dieses Verjüngungsoptimum in einem, für Kiefernreviere seltenen, schmalen standortsökologischen Band. Bereits Dengler (1944) verwies auf den vergleichsweise höheren Feinerdegehalt dieser Sandböden, dem noch das niederschlagsreichere Flämingklima (Schulze 1995) und flächig die Eschböden hinzuzurechnen sind.
Der Verbraunungshorizont ist auf großen Revierflächen durch eine mittelalterliche Plaggendeckwirtschaft (Eschböden) über die Erhöhung des Humusanteils sogar zu einem guten Keimbett für Kiefernsamen aufgewertet worden. Die entstandene plaggenbeeinflusste Nedlitzer Sand-Braunerde kommt dem sandig-humosen Saatbett der Baumschule nahe (Eiselt 1964, Kache 1938, Krüssmann 1997).
Nadelholzsämlinge benötigen zum Überstehen von Trockenperioden lockeren humusreichen, wasserspeichernden Sand, in dem sich ein gut verzweigtes Wurzelwerk schnell in die Tiefe senken kann. Ein solch vergleichsweise wertvolles homogen-humoses Substrat (bis etwas über 3 % Humus) (LUFA 2003) bieten die Plaggenböden. Selbst degradierte Schwarzerden (Tschernosem) in der südlichen Waldsteppe Sibiriens verfügen nur über einen Gehalt von unter 5 % (Smolentseva et. al. 2003). Fiedler, Reissig (1964) führen für degradierten Tschernosem in Mitteldeutschland (Querfurt Sachsen-Anhalt) einen Humusgehalt von 2 bis 3 % an. Das erklärt eine besondere Häufung von Kiefernnaturverjüngungen auf Eschböden (Kartierung Erteld 1960).
Es ist davon auszugehen, dass die flämischen Siedler des Mittelalters mit ihrer leichten Pflugtechnik zunächst die skelettfreien, „leichten" Böden nutzen mussten. Das waren im Rev. Bärenthoren die ertragsschwachen Hochflächensande. Die Flamen wandten hier die heimatliche, ertragssteigernde Plaggendeckkultur an. Hierbei wurden die zur Stalleinstreu genutzten Rasenplaggen auf den wichtigsten, dorfnahen Feldern als Dünger eingepflügt.
Diese schützende Decke bewahrte die Braunerden in allen nachfolgenden landwirtschaftlichen Perioden vor der weit verbreiteten Erosion zu Rumpfrosterden und vor Ton- und Schluffverlusten. Dieser seltene Schutz konservierte die Bodeneigenschaften in einer Weise, so dass sie alten Waldböden am ehesten vergleichbar sind

Abb.71
Kiefernnaturverjüngung, Rev. Bärenthoren, Abt. 1331a³/1341a². Bärenthorener Verfahren auf Pflugreihen unter 128-jährigem Bestand (2,5. Ekl., Mittelhöhe 24 m).
Auf der plaggenbeeinflussten Braunerde ist die 20-jährige künstliche Naturverjüngung (2. Ekl., Mittelhöhe 2,5m) selbst bei einem Kronenschlussgrad von 0,7 noch unvergleichbar wüchsig.
Foto: O. Greger

Die Degradierung auf Zustands-Fruchtbarkeitsziffern (FBZ, s. Kap. Nährkraft 2.1.3.7) (Kopp, D., Schwanecke, W.; 1994) von 23 dt Derbholzmasse/ ha. a (Hagermoose mit Magerrohhumus) und Verheidung waren die Voraussetzung für das Anfliegen der Pionierbaumart Kiefer auf Standorten, die ihrer Stamm- oder Gleichgewichtsfruchtbarkeit entsprechend eigentlich einen mattwüchsigen Buchen-Laubmischwald tragen müssten. Hierbei geht es nicht allein um eine lückige, dem Samenanflug dienliche, Flechten- oder Hagermoos-Bodenvegetation, sondern auch um Änderungen in der Bodenchemie. Der Kiefernanflug wird bei deutlich höheren Stickstoffkonzentrationen und günstigeren C/N Verhältnissen (unter 38) unmöglich, wie sie von besseren Humusformen als Magerrohhumus gekennzeichnet werden. Stickstoffarme C/N-Verhältnisse (Magerrohhumus = 38 bis 42, Schulze 1995), die Waldbrände oder Kahlschläge mit ihren Stickstoffverlusten bescheren, benachteiligen die Kiefernkonkurrenten und stellen so eine Lebensgrundlage der Kiefernwirtschaft dar.
Der Gesamtstickstoffeintrag im norddeutschen Tiefland liegt überall immer noch über 5, 6 kg/ha/Jahr (Bundesforscungsanstalt 2003). Die Dauerbelastbarkeit von Kiefernbeständen auf ziemlich armen bis mittlere Standorte im trockenen Klima liegt nach Kopp u. Kirschner (1992) aber nur bei 5 bis 6 kg/(ha.a). Deshalb sind dort Maßnahmen zum Abbau erhöhter Stickstoffvorräte nötig, wo der Standort nur die Kiefernwaldwirtschaft zulässt. In diesen Fällen muss der Nährstoffkreislauf stickstoffgeschädigter Bestände u. a. über die Freifläche geöffnet werden (Heinsdorf 1995). Das verlangt nach dem Kahlschlag!

6. Fehler in der Ansprache der Standortszustände als eine Ursache für den „Dauerwaldstreit"

In der Standortszustandsansprache zwischen Befürwortern und Gegnern im „Kiefern-Dauerwaldstreit" existieren grundlegende Unterschiede, die entscheidend zur Entwicklung des Dauerwaldstreits beitrugen.
Die „Dauerwaldvertreter" berücksichtigten bei der verallgemeinernden Bewertung der Erfolge des „Kiefern-Dauerwaldes" die Auswirkungen der standörtlichen Besonderheiten Bärenthorens nicht ausreichend, sondern betonten die positiven Auswirkungen der kahlschlagfreien Betriebsform unabhängig von der Standortsdynamik überproportional.
Es fehlte den „Dauerwaldvertretern" die Einsicht, dass tatsächlich die Degradation der Standorte die eigentliche Grundlage der „Kieferndauerwaldwirtschaft" geschaffen hatte, nicht aber nur die kahlschlagsfreie Wald- und Bodenpflege. Die Bodenpflege trat durch die Dauerwaldwirtschaft insofern ein, dass der stetige Waldschirm die Entwicklung der Bodenvegetation von der Flechte und Heide zum Moosstadium bewirkte. Die Dauerwaldvertreter bedachten aber nicht, dass die natürliche, selbsttätige Erholung der ehemaligen Acker-Standorte nach dem Absetzen der landwirtschaftlichen Waldnutzungsrechte den größten Anteil an der Steigerung der Leistungsfähigkeit der Bestände ausmachte. Wiedemann (1925) bewies das im Nachbarrevier Krakau.
Er setzt für den Beginn der „Dauerwaldwirtschaft" in Bärenthoren 1884 eine durchschnittlich dritte Kiefern-Standortsbonität an (n. Schwappach 1896). Die Ergebnisse von Krutzsch (1924) ficht er an. Denn Krutzsch; Weck (1935), Möller (1920) gehen von einer vierten Bonität am Beginn der „Dauerwaldwirtschaft" aus. Daraus erklärt sich die hohe Bonitätssteigerung, die diese Autoren der pfleglichen „Dauerwaldwirtschaft" zumessen: Möller (1920); Krutzsch, Weck (1935) 1,0 Bonität. Nach Wiedemann (1925) beträgt die Bonitätssteigerung höchstens den Wert 0,5. Wiedemann (1925) hat in einem Vergleich mit niederdurchforsteten Kiefern im Nachbarrevier Krakau, dicht an der Grenze von Bärenthoren auf vergleichbaren Standorten festgestellt, dass die Überlegenheit der Mittelstämme bei Hochdurchforstung in 40 Jahren „Dauerwaldwirtschaft" nur 0,45 Bonität beträgt. Auch die Stammanalysen von Erteld (1960) bestätigen die Ergebnisse von Wiedemann (1925) und eine Bonitätszunahme der Kiefer im Fläming ganz allgemein auf den Versuchsflächen der Nachbarreviere Serno und Nedlitz.
Die Standortserkundung bewertet die Bonitätsentwicklung über einen Vergleich der Fruchtbarkeitsziffern der Oberbodenzustände (Humusform) durch den „Dauerwaldbetrieb" direkt am „Puls" des Nährstoffkreislaufs. Kopp (1971) entwickelte diese Bewertung (siehe auch Kopp, Schübel 1971). Die günstigen Standortsvoraussetzungen für den Erhalt der Kiefernnaturverjüngung in Trockenperioden durch den Humusreichtum der Plaggenesche, die von Wiedemann 1925, 1948; Oelkers 1930 und Erteld et. al. 1960 bereits angesprochen wurden, blieben bei den „Dauerwaldvertretern" (Krutzsch 1924, Krutzsch; Weck 1935) ebenso unerwähnt.

7. Standortskundliche Sicht auf die von der Dauerwaldidee behauptete Ertragsüberlegenheit gegenüber dem Normalwaldbetrieb

Es ist aus standortskundlich-waldbaulicher Sicht von größtem Wert zu erkunden, welchen Einfluss die Waldpflege auf den Standortszustand und seine Leistungsfähigkeit besitzt (Greger 2004). Hier wird der „Dauerwaldstreit" ganz zentral angesprochen, denn die „Dauerwald"-Vertreter maßen ihrer Waldpflege eine außerordentliche Fähigkeit zur Steigerung der Bestandesbonität zu. Bezüglich Bärenthoren gaben Krutzsch, Weck (1934) und Möller (1920) als Ausgang für die pflegliche Waldwirtschaft im Jahre 1884 eine IV. Kiefernbonität an, während für 1934 ein III. Gütegrad mit Hilfe der „Dauerwaldwirtschaft" erreicht worden wäre. Eine solche Leistungssteigerung bezweifelt Wiedemann (1925) in „Die praktischen Erfolge des Kieferndauerwaldes" zu Recht.

Die moderne Standortserkundung (Kopp, Schwanecke 1994) kann hierzu Stellung nehmen, denn sie bewertet die labilen, waldbaulich beeinflussbaren Standortseigenschaften in Form des Standortszustandes unabhängig von den potenziellen. Damit kann sie bewerten, inwieweit die „Kiefern-Dauerwaldwirtschaft" die veränderbare Zustandsfruchtbarkeit verbessert.

Sie ist in der Lage, mit Hilfe von Fruchtbarkeitsziffern (FBZ) sowohl Angaben für die potenzielle als auch für die aktuelle Leistungsfähigkeit der Standorte in dt/(ha.a) Derbholzmasse zu machen.

Die Rekonstruktion der Standortsvegetation, bzw. der Humusformen, welche diese FBZ bestimmen, ist anhand der Kartierung in Krutzsch, Weck (1935) aus dem Jahre 1934 möglich [Zeitfensterdiagramm **Abb. 74** (F 13.6) von Rüffer, Pommer (2010]. Letztere stellen für 1910 25 % Astmoose (mäßig frischer Rohhumus), 50 % Heide (mäßig frischer Magerrohhumus) und 25 % Flechten (trockener Magerrohhumus) fest. Das bedeutet, dass mindestens ein Viertel (Astmoose) des Reviers optimal für die Kiefernnaturverjüngung, den „Kieferndauerwald", war. Aktuell existieren die für die Kiefernnaturverjüngung optimalen Astmoosflächen kaum noch. Die Kartierung der Forstgesellschaften von 2010 zeigt für das Kerngebiet des „Kiefern-Dauerwaldes" keine Bodenvegetationstypen, auf denen sich Kiefer verjüngen könnte. (**Abb. 76** Bärenthoren 2010, F.13.6).

Die Standorterkundungsanweisung 95 (Schulze 1996), Teil C, Forstl. Auswertung, 2. Standortsfruchtbarkeit, enthält folgende Angaben der Fruchtbarkeitsziffern für Holzmassen:

Für die Nedlitzer Sand-Braunerde (M2) gilt im Flämingklima für die Stammstufe die Humusform frischer Moder die FBZ 38 dt/ha. a. Bei Verheidung (mäßig frischer Magerrohhumus) gilt die reduzierte FBZ 23. Die Umrechnung der FBZ in den maximalen Altersdurchschnitts-Gesamtzuwachs in fm/ha erfolgt mit dem Faktor Rohholzdichte für Kiefer = 4,4 dt/m^3. Der maximale Altersdurchschnitts-Gesamtzuwachs ergibt sich aus Fruchtbarkeitsziffer: Dichte = 23: 4,4 = DGZ 5,2 fm/ha (Berechnung s. Kap. F 12.2).

Krutzsch (1926) in „Bärenthoren 1924" benutzt für seine Beweisführung für die mögliche Optimalleistung der „Dauerwaldwirtschaft" für die Ermittlung des durchschnittlichen jährlichen Zuwachs im Normalumtrieb die Tafeln Schwappach 08 und A, B, C. Wenn in diese Tafeln die über die Fruchtbarkeitsziffer gewonnen DGZ-Werte mit 5,2 fm eingesetzt werden, liegt der Ausgangszustand für Bärenthoren nicht bei einer IV., sondern zwischen der III. und IV. Bonität. Werden die besseren Teile des Reviers mit einbezogen, so dass der Schwerpunkt der Durchschnittsfruchtbarkeit im mäßig frischen Rohhumus liegt, so geht die Fruchtbarkeitsziffer 28 in die Rechnung ein:

Bewertet man mit dem flächengewichteten Mittelwert zwischen Heide (Magerrohhumus = Fruchtbarkeitsziffer 23) und Vergrasung (Drahtschmiele = mäßig frischer Rohhumus = Fruchtbarkeitsziffer 28) ergibt sich die Fruchtbarkeitsziffer 25.

Damit beträgt der maximale Altersdurchschnitts-Gesamtzuwachs = 25 : 4,4 = 5,6 fm/ha. Das entspricht einer schwachen III. Bonität und ist ein realistischer Wert für ein weitgehend verheidetes Revier mit vergrasten Partien. Damit wird aus standortskundlicher Sicht eher die Ansicht von Wiedemann (1925) gestützt, der dem Revier Bärenthoren am Beginn der „Dauerwaldwirtschaft" eine schwache III. Bonität zumisst.

Die Begründung dafür, dass die Bärenthorener Wirtschaft mit einer schwachen III. Bonität begann, lässt sich standortskundlich zusätzlich belegen. Die Leistungsfähigkeit der in Bärenthoren gut erhaltenen Nedlitzer Sand-Braunerde ist mit einer Fruchtbarkeitsziffer von 38 so hoch, dass eine Degradation auf eine IV. Bonität erst dann eintritt, wenn das Gesamtrevier mit Flechten (trockener Magerrohhumus) bedeckt ist. Dann wäre eine Fruchtbarkeitsziffer 19 mit einem maximalen DGZ von 4,3 fm/ha erreicht. Das entspräche nach den von Krutzsch (1924) auf S. 259 verwendeten Ertragstafeln für Normalumtrieb einer IV. Kiefernbonität. Über die vollständige Bedeckung des Reviers

Die Flächenwichtung ergibt die Durchschnitts-Fruchtbarkeitstziffer ca. 32 in dt Trockenmasse/(ha.a) = DGZ ca. 7,3 fm/(ha.a) Kiefernholz. Das ergibt eine Leistungssteigerung der Zustandsfruchtbarkeit durch 100 Jahre Kiefernwirtschaft von ca. 9 FBZ. Mit dem Umrechnungsfaktor der FBZ durch die Rohholzdichte in dt/m³ für Kiefer mit dem Faktor 4,4 ergibt sich eine DGZ Mehrleistung von ca. 2,00 fm/ha/Jahr.
Die durchschnittliche potenzielle FBZ für Kiefer auf M2-Standorten für das Revier Bärenthoren beträgt ca. 39 dt Derbholzmasse = DGZ ca. 9fm/(ha.a), wenn flächendeckend ein Moderoberboden-Zustand erreicht worden ist. Das bedeutet, dass die Produktivität des aktuellen Standortes nach dem Diagramm von Rüffer, Pommer (2010) gegenüber seiner potenziellen Leistungsfähigkeit noch um ca. 7 FBZ zurückliegt. Das entspricht einem Defizit von DGZ ca. 1,7 fm/(ha.a). Dieses Defizit muss durch einen meliorativen Waldbau auf standortskundlicher, nicht ideologischer, Grundlage beseitigt werden. Unter Kiefern-Reinbeständen ist nur rohhumusartiger Humuszustand zu erreichen. Eine Moderhumusform muss über standortgerechten Laubholz-Unterbau angestrebt werden. Bonitätsberechnungen von Wiedemann (1925) ergaben durch Bohrspanuntersuchengen und Zuwachsuntersuchungen für Bärenthoren 1884 zum Beginn der „Dauerwaldwirtschaft" eine durchschnittlich dritte Standortsbonität (nach Schwappach 1896). Möller (1920) dagegen hatte ein Verfahren angewandt, bei dem er sämtliche früheren Bonitäten um ½ (von IV – V) oder gar um eine ganze Bonität (von III auf IV) herabgesetzt hatte und für Bärenthoren 1884 eine vierte Durchschnittsbonität angab. Das erklärte zu Unrecht die Überlegenheit der „Dauerwaldwirtschaft". Auch die Standortserkundung folgt auf bodenkundlicher Basis viel eher dem Urteil von Wiedemann (s. Kap. F 6 und 7).

Bonitätsberechnung nach den DGZ Angaben der Ertragstafel von Lembcke, Knapp, Dittamr von 1975:
Die Bonitierung erfolgt nach der Grundflächen-Mittelhöhe
Im Jahr 1910 betrug im Alter 100 die Bestandesmittelhöhe HG 100 = 20 m (III. Bon.)
Im Jahr 2010 betrug im Alter 100 die Bestandesmittelhöhe HG 100 = 24 m (II. Bon.)
Damit hat sich die Mittelhöhe durch die Standortsregeneration in 100 Jahren um 4 m verbessert. Nach der jetzigen Kiefernertragstafel für das nordostdeutsche Tiefland bedeutet das eine II. Bonität, sowie einer Verbesserung um ca. 9 Fruchtbarkeitsziffern, bzw. eine Erhöhung um eine ganze relative Ertragsklasse nach der aktuellen Ertragstafel für das nordostdeutsche Tiefland von Lembcke, Knapp, Dittmar von 1975. Die von Wiedemann verwendeten Höhenrahmen zur Gliederung in Ertragsklassen ist nahezu identisch mit dem Bonitätssystem der Kiefernertragstafel Eberswalde 1975 (Lockow mdl.).

Die Steigerung von der III. Bonität (Wiedemann) auf eine aktuelle II. Bonität entspricht einer guten Leistung hinsichtlich der Regeneration des Standortes, des gesamten Waldökosystems sowie der Betriebswirtschaft.
Nach Lockow (2019 mdl.) ist von außerordentlicher Bedeutung, dass und wie mit den Pioniereigenschaften der Kiefernbestände devastierte Ackerböden von Generation zu Generation verbessert werden. Ein langfristiges Denken und Handeln spricht dafür, dass auf diesen Standorten weitgehend mit Kiefer weiter gewirtschaftet werden muss, um Standorte evtl. so weit zu verbessern, dass mit Laubholzunterbau gearbeitet werden kann.

Das Zeitfensterdiagramm von Rüffer, Pommer (2010) zeigt, dass zunächst sowohl die pflegliche Bärenthorener Wirtschaft als auch die Selbstregeneration die Waldstadienentwicklung auf einem ehemaligen Ackerland vorangebracht haben. Wichtig ist die Erkenntnis, dass sich diese Entwicklung auch nach dem Aussetzen der Bärenthorener Wirtschaftsform stetig, ja sogar beschleunigt fortgesetzt hat. Das hängt damit zusammen, dass die fortgesetzten Kieferngenerationen den ehemaligen Ackerboden immer besser aufschlossen und belebt haben. Zusätzlich bewirkten die N-Immissionen eine Ausbreitung der Vergrasung und verstärkt der Spätblühenden Traubenkirschen, so dass sich Rohhumusformen in Richtung rohhumusartigem Moder und darüber hinaus weiterentwickelten. Pries (1994) weist darauf hin, dass die Traubenkirsche unter dem Einfluss der Immissionen auch auf ehemals degradierte Standorte einwandern kann. Die Änderung der Humusformen ginge sehr rasch vonstatten. Bärenthoren aber zeigt, dass die Entwicklung unter Traubenkirsche auf der sauren Nedlitzer Sand-Braunerde nur tlw. bis zum
Moder gehen kann. Um Moderhumus zu erreichen, müssten meliorative Laubholzunterbauten auf den inselartigen Lehmunterlagerungen erfolgen, die zugleich Mischwald herstellen. Es ist also eine gesellschaftspolitische Notwendigkeit, dass zukünftig gezielt Waldwirtschaft auf wissenschaftlicher, d.h. auf standortskundlicher Basis durchgeführt wird, um die Landeskultur weiterzuentwickeln. Zugleich muss ein grundsätzliches Umdenken bei der ökologischen Beurteilung der Kiefer einsetzen. Es ist hohe Zeit zu begreifen, welchen einmaligen landeskulturellen Wert die Kiefer bei der Regeneration von agrarhistorisch geschädigten Böden und die Entwicklung der Infrastruktur der Landschaft besitzt.

13. Gedanken zur Entwicklung der Waldökologie auf der Basis des „Dauerwaldgedankens"

13.1 Einführung

*Literatur
Anmerkung: Zahlenangaben hinter der Jahreszahl in Klammern beziehen sich auf die Seitenzahlen der Quelle.
(Dg x) bezeichnet Möllers „Dauerwaldgedanken" mit Seitenzahl

Forstdirektor Prof. Alfred Möller löste in Eberswalde am Beginn des 20. Jahrhunderts mit der Entwicklung des „Dauerwaldgedankens" im Bemühen um eine naturnahe Forstwirtschaft eine heute noch aktuelle Diskussion aus. Möller ging es dabei um eine ganzheitliche Leitidee für einen Waldumbau, eine „Waldwende" zu mehr Naturnähe in der Forstwirtschaft.

Ihm war bewusst, dass diese Wende in der Forstwirtschaft grundsätzlich ohne einen geistigen Überbau, wie es z. B. die „Dauerwaldidee" ist, undurchführbar ist. Das kommt besonders dort zum Tragen, wo, wie in Sachsen-Anhalt, die ökologische Waldwirtschaft über einen „Dauerwald"- „Leitlinie Wald" angestrebt wird. Sich auf Möllers „Dauerwaldidee" zu berufen ist ein möglicher Ansatz.

Die Voraussetzung für eine erfolgreiche Anwendung des „Dauerwaldgedankens" ist aber das Verständnis dafür, dass in dessen Zentrum die Organismusidee steht. Deshalb liegt ein Schwerpunkt dieser Arbeit in einer zeitkritischen Betrachtung der Organismusidee, um sie dem heutigen Erkenntnisstand der Waldökologie dienstbar zu machen. Denn die Arbeit sieht in der missverständlichen Auslegung der Organismusidee eine Wurzel für waldökologische Probleme, von denen sie einige wichtige am Beispiel dieser „Leitlinie Wald" aufzeigt.

Mit dem Erkenntnisfortschritt in der Waldökologie wird Möllers Organismusidee heute als ökosystemare Pionierleistung verstanden. Wahrhaftig kommt es nun darauf an, die Organismusidee nicht engstirnig als Heilslehre in die Forstwirtschaft oder den Naturschutz einzubringen. Im Waldkunde-Institut Eberswalde hat Hofmann (1998a und b) Möllers Leitbild einer zukunftsorientierten Waldwirtschaft gewürdigt. Diese Arbeiten schlossen Verständnislücken im Verhältnis zum Wesen der „Dauerwaldwirtschaft", die der frühe Tod Möllers 1922 hinterließ. Sie können eine dogmatische Anwendung der Organismusidee, z. B. hinsichtlich eines drastischen Kahlschlagverbotes, vermeiden lassen.

In der Eberswalder forsthistorischen Schriftenreihe beschreibt Milnik (2001) ein Lebensbild Möllers und sein schweres Ringen um die „Dauerwaldwirtschaft". Es wird offenkundig, dass die Beantwortung vieler der von Möller angestoßenen waldökologischen Fragen besonders in einer neuen Periode der Forstlichen Standortserkundung neu geschehen werden muss.

Hierzu möchte die bis 2007 im Revier Bärenthoren und im Hohen Fläming von Greger durchgeführte Standortserkundung mit neuen Erkenntnissen Anstöße liefern.

13.2 MÖLLER entwickelt den Dauerwaldgedanken auf der Basis der Organismusidee

*Literatur
Anmerkung: Zahlenangaben hinter der Jahreszahl in Klammern beziehen sich auf die Seitenzahlen der Quelle.
(Dg x) bezeichnet Möllers „Dauerwaldgedanken" mit Seitenzahl

Möller legte seinen „Dauerwaldgedanken" in den Werken 1920 „Kiefern- Dauerwaldwirtschaft", 1921 „Kiefern-Dauerwaldwirtschaft II" und 1922 „Der Dauerwaldgedanke, sein Sinn und seine Bedeutung" nieder.

Lemmel (1939) betont eingangs seiner Arbeit „Die Organismusidee in Möllers Dauerwaldgedanken" hinsichtlich der Art und Weise, wie Möller seine Vorstellungen vom Wald als Organismus entwickelt, dass in der Auffassung des Waldes als Organismus der Angelpunkt des „Dauerwaldgedankens" liegt. Damit wurde er in einem gewissen Sinn zu einem der Vorläufer der später von Heske nach seinen Himalaja-Erfahrungen (1937, 1950) entwickelten Philosophie der Organik (Henning 2010, Hewicker 2010). Zum Beispiel bezeichneten auch keine Geringeren als Morosow (1928, 50) und Bier in dieser Periode den Wald als Organismus (Greger 2006a). Eine verwandte Anschauung vertritt 1926/27 Ludwig v. Bertalanffys „organismische Auffassung" (Handbuch der Biologie 1965): „Die ganzheitliche Eigengesetzlichkeit" des Organischen wird insbesondere darin gesehen, dass die Erforschung der über das Anorganische hinausgehenden Ordnung der Lebenselemente und -prozesse eine Grundaufgabe der Biologie darstellt. Hinsichtlich der biologischen Grundprobleme erschien ihm (Bertalanffy) eine einzelkausale Untersuchung wegen der Zahl und Kompliziertheit der Einzelprozesse nicht möglich, sondern er rechnete mit Einheiten biologischer Größenordnungen. Es ist entscheidend, dass der einzelne Organismus in seinem Verhalten ein Ganzes von Geschehnissen und Strukturen ist. Das gilt aber nur für eine begrenzte Dauer, denn der einzelne Organismus stirbt. Entscheidend ist, dass der Lebensvorgang als Ganzes in Form von Organismen sich erhält und dass die einzelnen Lebensgeschehnisse und Lebensformen durch die Beziehung auf diese Erhaltung des Gesamtvorganges bestimmt sind.

Im Unterschied zu Gayer steht bei Möller die Ganzheit (Organismus d.h. Ökosystem) im Vordergrund, während ersterer die Struktur und Mischung betont. So wiederholte nicht Möller Gayers Strukturidee für Norddeutschland, sondern schuf übergreifend eine neue Idee, die sich aber auch nicht am „Kiefern-Dauerwald" festmachen lassen kann. Diese Entwicklung mündete schließlich durch Kombination mit der Plenterwaldlehre Gayers in der „Naturgemäßen Waldwirtschaft".

Was gehört alles zum Waldwesen oder zum Waldorganismus fragt Lemmel (1939, 55): In seiner grundsätzlichen Auffassung vom Waldwesen *„sieht (Möller) im Walde ein einheitliches, lebendiges Wesen mit unendlich vielen Organen, die alle zusammenwirken und miteinander in Wechselbeziehung stehen. In dem Raum zwischen den obersten Kronenspitzen und zwischen den äußersten Wurzelverzweigungen im Boden ist dieses Wesen beschlossen, und alles, was in diesem Raum sich befindet, lebt und webt, gehört dem Organismus an. Dieses Waldwesen ist gedacht von ewiger Dauer." (Möller Dessau, 1922).*

Sehr wesentlich für den „Dauerwaldgedanken" ist hier die Einbeziehung des Bodens in den Organismusbegriff, wie sie in vielen Gesprächen mit dem bedeutenden Bodenkundler Ramann entwickelt wurde (Hofmann 2010). Bereits 1913 trägt Möller vor dem Deutschen Forstverein in Trier seinen Organismusgedanken vor: *„Der Organismus kann nur mit Höchstleistung arbeiten, wenn alle seine Teile gesund und funktionsfähig sind. Eine große kahle Fläche im Walde zu hauen, ist ein Mord des Waldorganismus. Mit dem oberirdischen verschwindet - sicher nachweisbar im Laboratorium - die unterirdische wohltätige Lebewelt. Eine Kahlschlagfläche ist kein Wald mehr, auch nicht nachdem sie mit dem Waldpflug bearbeitet und mit Kiefern besäht ist."*

Lemmel (1939, 1942) als „Dauerwaldanhänger" gibt dann mit Nachdruck zu bedenken: *„Dauerwaldwirtschaft unterscheidet sich nach Möllers eigenen Worten grundsätzlich von aller bisherigen Forstwirtschaft durch die Auffassung des Waldes als einem Organismus. Hiermit steht und fällt der „Dauerwaldgedanke". Wird nachgewiesen, dass der Wald kein Organismus ist, bzw. dass die Betrachtung des Waldes als Organismus irreführend oder unfruchtbar ist, so ist der „Dauerwaldgedanke" hinfällig."* Das Ziel dieses Buches besteht darin, diesem Zweifel nachzugehen, weil er auch im Zentrum der Überlegungen Möllers stand.

13.3 Tendenziöse sozialhistorische Auslegungen des „Dauerwaldgedankens" erklären die Entwicklung einer ökosystemaren Forstwirtschaft nicht sondern gefährden sie

Ein dekadenter Trend in der gegenwärtigen gesellschaftlichen Entwicklung kann darin bestehen, in Ermanglung eigener Arbeitsergebnisse bedeutende Leistungen klein zu reden oder gar zu schmähen. So ist es nicht zielführend, die zurückliegende Entwicklung der „Dauerwaldideen" allein aus sozialhistorischer Sicht der Jetztzeit zu zerreden und schlecht zu machen.

Ein erschreckendes, warnendes Beispiel hierfür ist die Freiburger Dissertation von Irene Selig (1997) „Die „Dauerwaldbewegung" in den Jahren zwischen 1880 und 1930", welche Köpf (1999) verständlicher Weise infolge ihrer einseitigen historischen Bezüge wegen in die Nähe eines Pamphlets oder einer politischen Streit- wenn nicht gar Schmähschrift rückt. Er fragt zu Recht: *„Was motiviert diese Dissertation?"* und stellt fest (1998), dass die Ansichten von Selig einer ökosystemaren Nachhaltigkeit der Waldbewirtschaftung ziemlich fern erscheinen. Auch dem Autor fällt die große Ferne der soziologisch-sozialwissenschaftlichen Arbeit Seligs zur Waldkunde auf, die auch

ihre Arbeit über Erdmannshausen „Zur Überführung von Altersklassenwald in „Dauerwald" anhaftet (Selig 1996). Deshalb versteht Selig auch die Bemühungen Möllers um das Verständnis grundlegender biologischer Lebensgesetzmäßigkeiten nicht. Sie kann dessen Ideenentwicklung und die „Dauerwaldidee" nicht sinnvoll als Ursprung und Impuls für den jetzigen Stand der ökologisch ausgerichteten Forstwirtschaft verstehen.
Im Kap. 6 meint Selig (1996): *„Weniger konkrete, als negativ beurteilte, forstliche Entwicklungen, wie sie von Autoren als konstituierend gesehen wurden, waren die Ursache für die Entstehung der „Dauerwaldbewegung". Vielmehr können Geistesströmungen und sozial-historische Konstellationen dieser Zeit als Grund für die Formierung einer solchen Bewegung angesehen werden. Die Quellenanalyse konnte zeigen, dass es sich angesichts der antimodernistischen, fortschrittsfeindlichen und agrarromantischen Äußerungen der „Dauerwaldbewegung" eher um eine reaktionär denn avantgardistisch geprägte Kulturkritik - wie es sie in dieser Zeit auch gab - handelte. Zu anderen bildungsbürgerlichen Bewegungen lassen sich zahlreiche Parallelen feststellen. Gerade der häufig vorzufindende Verweis auf den Charakter des die Bewegung tragenden Gedankens als einer Idee oder eines leitenden Prinzips, der mit einer fehlenden wissenschaftlich-empirischen Fundierung dieses Prinzips einherging, sowie eine quasi-religiöse Mentalitätsstruktur sind in ähnlicher Form auch in anderen Reformbewegungen anzutreffen. Der Glaube, die eigene Bewegung sei Ausdruck einer „Neuen Zeit", und die kultische Verklärung der Jugend sind gleichermaßen auffällige Merkmale der „Dauerwaldbewegung" wie auch anderer Reformbewegungen".*

Hier setzt sich Selig (1996) voreingenommen und einseitig mit Möller und der „Dauerwaldbewegung" auseinander und erkennt nicht, dass gerade Möllers „Dauerwaldidee" in der Auseinandersetzung mit ganz konkreten naturfernen, sehr drängenden forstlichen Entwicklungen entsprungen ist - nach Hausendorff (1927) der Pflanzenphysiologie und Bodenkunde. Selbst Oesten (1999), der diese Arbeit verteidigt, kommt nicht umhin festzustellen, dass eine Öffnung der Forstwissenschaft gegenüber den allgemeinen Sozial (Geschichts-)wissenschaften eine Auseinandersetzung mit den forstlichen Problemen nicht ersparen kann.
Köpf (1998, 740) bemängelt berechtigt, dass Selig der Dauerwaldidee vor allem Polemik entgegensetzt. Insbesondere spräche sie den Begriff Organismus nicht als Ökosystem an (Köpf 1998, 741). Stattdessen betont Selig (1997, 64), dass die Begriffe des Organismus und des Organischen polemisch gegen die moderne industrielle Gesellschaft gerichtet sei und in den verschiedenen Verbänden, Parteien und Organisationen des rechten Spektrums mit dem Begriff des „Volkes" zur Kategorie des „Völkisch-Organischen" verschmolz. Selig (1996) sieht „Darwinismus und Sozialbiologismus" als Elemente der Kulturkritik des Bildungsbürgertums und ebenfalls auch als Teil der Ideenwelt der Dauerwaldbewegung: *„Sozialbiologische Vorstellungen als Resultat der Übertragung darwinistischen Ideengutes auf die Gesellschaft lassen sich in den Äußerungen der Träger der Dauerwaldbewegung vielfach finden."*
„Bei der synoptischen Betrachtung der Leitideen der Dauerwaldbewegung ist festzustellen, dass es sich bei diesen nicht um ein kohärentes Gefüge, sondern um ein Konglomerat – z. T. auch widersprüchlicher Ideen handelte. Andererseits lassen sich auch verschiedene Berührungspunkte zwischen den oben beschriebenen Leitideen erkennen. Nicht nur in der Dauerwaldbewegung, aber insbesondere dort, wurde die Auffassung vertreten, ‚deutscher Wald' und ‚deutsches Volk' stünden in einem besonderen Verhältnis zueinander. Diese Annahme entwickelte sich zum metaphysisch-hypothetischen Fundament des Dauerwaldgedankens und erlaubt ab 1933 den Einbezug des Waldes und vor allem des ‚Dauerwaldes' in die nationalsozialistische Ideologie." (Selig 1996)

Im 6. Teil (Kap. 7) wagt Selig (1996) einen Ausblick hinsichtlich der Entwicklung des „Dauerwaldgedankens" insbesondere des ökologischen Gedankengutes über die Zeit des Nationalismus, die Nachkriegszeit bis in die Gegenwart: *„Auffällig ist, dass sich kulturkritische Einstellungen, die mit einem apolitischen Gesellschaftsverständnis von Forstleuten zusammenhängen, auch heute noch in Forstwirtschaft und – wissenschaft aufzeigen lassen. Ebenso lassen sich essentialistische Vorstellungen, die einen analytischvernunftgeleiteten Diskurs ausschließen, in Forstwirtschaft und – wissenschaft bis in die heutige Zeit verfolgen."* In einem für eine forstwissenschaftliche Dissertation merkwürdigen Niveau steigert sich Selig dann: *„Wachsamkeit ist dort gerechtfertigt, wo sich ökologische, konservative und rechtsextreme Argumentationen naturalistischer und natur-metaphorischer Deutungsmuster von Gesellschaft und sozialer Ordnung bedienen".*
Wie könnte sich danach I. Selig wohl die ökosystemare Entwicklung der „Eberswalder Schule", angeregt auch durch Möller, zur ideologiefremden, standortgerechten Forstwirtschaft in Deutschland, respektive in der DDR erklären?

Hier wird das Zentrum im Streit um den „Dauerwaldgedanken" getroffen. Geht es doch darum, ihn in seiner ökosystemaren Zielstellung zu begreifen und diese weiterzuentwickeln!
Der von Köpf (1999) festgestellte tendenziöse Charakter der Dissertation Selig äußert sich hier bezeichnenderweise auch darin, dass ihr der gesamtdeutsche Charakter fehlt. Die Arbeiten der „Eberswalder Schule" nach 1945 sind nicht erwähnt worden. Gerade hier im Wirkungsbereich Möllers ganzheitlicher Idee sollte untersucht werden, wie sich seine Ideen fortgesetzt haben! Das gilt ebenso für das Waldexperiment A. Biers im Sauener Wald.
Erkenntnisse aus den Revieren Bärenthoren und Sauen haben entscheidend zur Entwicklung einer standorts- und naturraumgerechten Forstwirtschaft in der gesamten DDR beigetragen. Diese ist von einem sachlichen naturwissenschaftlichen Erkenntnisstand und nicht von tendenziösen Ideologien getragen und wurde mit der Arbeit „Eberswalde 1953 - Wege zur standortgerechten Forstwirtschaft" (Wagenknecht et al. 1956) begründet. Auf der Basis von über 50 Jahren einer flächendeckenden Standortserkundung wurde der gesamten Landeskultur eine Inventur der Landschaft zur Verfügung gestellt, wie sie allein aus politischen Zeitströmungen nicht zu erklären ist. Damit ist die Behauptung der Freiburger Dissertation von Selig widerlegt, die Kontinuität der Leitideen der „Dauerwaldbewegung" mit ihrem *„ökologisch-konservativen Charakter sowie ihrer rechtsextremen Argumentation naturalistischer und natur-metaphorischem Deutungsmuster von Gesellschaft und sozialer Ordnung"* hätte sich fortgesetzt. Fortzusetzen ist dagegen die oben genannte ökosystemare Forstwirtschaft, wogegen Leitlinien mit politisch aufgeladenen naturalen Begriffen (so Köpf 1998) im Sinne von I. Selig abzulehnen sind.
Dass Möller (1918) ebenso wie Schwappach (1918) kein rechtsextremer Naturmetaphoriker war, sondern nach der furchtbaren Notzeit des Ersten Weltkrieges sowohl Patriot als auch praktischer Forstmann und Betriebswirt, lässt sich dem offenen Gedankenaustausch mit Schwappach entnehmen. Beiden ging es darum, wie die Forstwirtschaft im öffentlichen Interesse mehr Holz nachhaltig zur Verfügung stellen kann.
Dabei betonte Möller die biologische Version als Langzeitwald („Dauerwald") der Waldertragslehre, während Schwappach dem Normalwaldmodell (periodischer Kurzwald) auf Ertragstafelbasis verhaftet blieb. Denn dieses erst ab 1800 begründete Modell hatte nach der allgemeinen historischen Waldzerstörung einen erfolgreichen Waldaufbau geleistet. So hatte jeder der beiden für sich Recht.

13.4 Ist der Wald ein Organismus oder ein Ökosystem – wie ist der Organismusgedanke heute zu verstehen?

Otto geht 1994 in seiner „Waldökologie" bei der Erarbeitung eines Waldökosystem-Konzeptes darauf ein, dass die Glieder reifer Stadien der Waldlebensgemeinschaft hinsichtlich ihrer gegenseitigen Abstimmung und vermeintlichen Harmonie und Dauerhaftigkeit einem Organismus scheinbar gleichen und deshalb in der „Dauerwald-Forstgeschichte" waldbaulich auch so behandelt wurden. Er lässt jedoch keinen Zweifel daran, dass diese Auffassung zu weit geht. Denn der Wald ist kein Organismus, sondern eine Lebensgemeinschaft, so wie das bereits Dengler (1926, 1927, 1928, 1937) feststellte.
Besonders in seinem Artikel „Zeitwende im Waldbau?" in der Silva 1937 wird er als „bedingter" Anhänger einer Dauerwaldwirtschaft testamentarisch deutlich:
„Demgegenüber darf ich sagen, dass der Möllersche Dauerwaldgedanke mich mit seinem Schwung und Idealismus vor 15 Jahren genauso gepackt hat wie viele andere. Erst tieferes Nachdenken über seine biologischen Grundlagen und spätere Erfahrungen über seine praktischen Auswirkungen, besonders im Kiefernwald des Ostens, haben mich dann allmählich stutzig gemacht. Ich fand sowohl Übertreibungen und Unrichtigkeiten im theoretischen Gedankengang, wie auch die Nichtbeachtung wirtschaftlicher Gesichtspunkte, die für die Praxis verhängnisvoll werden konnten. Wenn ich als Forscher und Lehrer die Wahrheit sagen und nicht verschweigen wollte, wie ich sie sah, dann musste ich meine Bedenken auch öffentlich aussprechen. Dass ich es stets in möglichst objektiver Weise und mit jener Achtung getan habe, die man einem großen und idealen Gedanken stets schuldig ist, werden mir alle meine Schüler und Berufsgenossen bezeugen." ...
„Wenn man der letzten und tiefsten Grundlage des Möllerschen Dauerwaldgedanken nachgeht, so liegt sie unzweifelhaft in dem Satz, dass der Wald ein ***Organismus*** *sei. Man soll nicht sagen, dass Möller diesen Ausdruck etwa nur im rednerischen Schwung geprägt und ihn nur in übertragener Bedeutung gebraucht habe. Man lese in seinen ‚Dauerwaldgedanken' (Dg) nach, wie er gegrübelt und gesucht hat, ein passendes Wort zu finden für ‚das tausend-*

fach zusammengesetzte Ganze, an welchem jedes Glied seine bestimmte Stelle einnimmt', und wie er geradezu feierlich sagt:" Ich glaube, das Wort nun gefunden zu haben, der Wald ist eben ein Lebewesen."
Und dann folgen Zug um Zug seine weiteren Folgerungen: *„War diese Auffassung nun richtig, so musste sie bei Behandlung des Waldes auch richtunggebend sich auswirken"... „da wir im Walde Bäume fällen und damit einen erheblichen Eingriff in das Waldwesen vornehmen, so müssen an Stelle der geernteten Bäume schon andere da sein, die ihren Platz ausfüllen"... „Der Wald darf es gar nicht merken"*, und schließlich: *„Der Wald hört da auf, wo Flächen nicht mehr unter dem Einfluss der Holzgewächse des Waldes stehen, wo Flächen nicht mehr von Holzgewächsen durchwurzelt, vom Schatten der Bäume wenigstens stundenweise beschirmt werden. Da ist das Waldwesen vernichtet. So kommen wir leicht zu einer unbedingten Verurteilung jedes Kahlschlages"...*
„Von dieser ganzen Gedankenfolge ist nun zu sagen, dass sie von einer übertriebenen und daher unrichtigen Vorstellung ausgeht, eben der, dass der Wald ein Organismus sei. Das ist er nicht, zum mindesten nicht in dem Sinne, wie wir ihn in den Naturwissenschaften unterlegen, wenn wir von einem Organismus sprechen. Er ist vielmehr nur eine Lebensgemeinschaft, oder wie es in der Pflanzenökologie heißt, eine Biozönose von Organismen, deren Bindung untereinander eine viel lockere als bei einem Organismus ist. Daher werden auch Eingriffe, auch noch so scharfe, viel weniger störend oder gar zerstörend wirken als bei einem solchen."
„Der Wald ist kein Organismus, weil seine Bestandteile eben keine Organe i. S. dieses Wortes sind. Organe sind eben nur Werkzeuge, die keine eigene Lebensfähigkeit haben, sondern nur in der gegenseitigen Verbindung miteinander zum Organismus. Ihre Funktionen sind nur im Zusammenhang mit ihm verständlich. Ein Organismus wächst von innen heraus und bildet seine Organe aus innerer Veranlagung in immer eng umschriebenen Formen nach bestimmt vorgezeichneten Gesetzen. Trifft das nun alles auf den Wald zu? Nein! Wir finden im Walde vereinigt eine große Anzahl von Lebewesen, die auch ohne diese Vereinigung eine durchaus selbständige Lebensfähigkeit haben." Dengler (1928)
Zum richtigen Verständnis des Streites um die Anwendung des Kahlschlages muss weiterhin Dengler in Silva 1928: „Die Stetigkeit des Waldwesens. Eine kritische Betrachtung zur Ökologie des Waldes und den Zielen der Wirtschaft" zitiert werden: *„Ich bin, das möchte ich zum Schluss noch betonen, nie ein Freund des Kahlschlags gewesen und bin es auch heute noch nicht. Aber nicht deswegen, weil ich ihn überall grundsätzlich für schädlich halte, sondern weil er uns überall und immer der höchsten Kunst und reinsten Freude im Walde beraubt, mit Risser und Axt unsere Bestände zur Zeit ihrer Ernte und Wiedergeburt nach unserem Gedenken und Plan zu formen und zu modeln, weil er uns zur schlichten Handwerkarbeit statt zur schöpferischen des Künstlers zwingt. Das aber ist ein reiner Gefühlsgrund, der in wirtschaftlichen Dingen nie den Ausschlag geben darf. Die Zeit wird lehren, wo der Kahlschlag zu entbehren und wo er durch Besseres zu ersetzen ist. Im Übrigen ist er jetzt mehr verklagt und verleumdet worden, als ihm recht ist, wenigstens in unserer norddeutschen Kiefernwirtschaft. Das richtig zu stellen und ihm Gerechtigkeit widerfahren zu lassen, halte ich für meine Pflicht, auch wenn ich nicht sein Freund bin. Einer der Hauptangriffe gegen ihn aber war der, den Möller vom allgemeinen Gesichtspunkt: Vernichtung der Stetigkeit des Waldwesens"* gegen ihn führte.
In „ Dauerwald in Theorie und Praxis", Silva 1925 äußert sich Dengler zur waldbaulichen Bedeutung des Kahlschlages: *„Die stammweise Durchhauung im Altholz mit der Nebenwirkung oder Nebenabsicht natürlicher oder künstlicher Verjüngung, oder Lückenhiebe und Schirmstellungen in ihrer Ausdehnung auf größere Betriebsflächen sind aber besonders im reinen Kiefernbestand etwas so Heikles, in Erfolg und Auswirkung noch so Ungeklärtes und dabei für den Waldzustand so Gefährliches , daß man nur ernsthaft und dringend davor warnen kann".*
Auch Möller (Dg, S.53) betont: *„Dauerwaldwirtschaft ist ein schmaler, steiniger, steiler und dornenvoller Pfad und noch sind es wenige, die auf ihm sich mühen."*
So kommt Dengler (1925) nicht umhin festzustellen: *„Werfen wir uns nicht mit dem Kahlschlag das einzige sichere Gute, was er uns gebracht hat, aus dem Walde heraus, die Ordnung! Hüten wir uns, von einem Extrem, der allzu gleichmäßigen Schablone, in das andere, das wilde Durcheinander zu fallen. Ein verunglückter Dauerwaldbetrieb müsste mit Sicherheit dahin führen, unseren von Liebe und Sorge umhegten Wald zu verhauen und – sit venia verbo – zu versauen!"*
Nach heutigem waldkundlichen Verständnis ist geklärt, dass mit lichtbedürftigen Baumarten, insbesondere Pionieren wie z. B. der Kiefer eine „Dauerwaldwirtschaft" nicht, sondern nur eine periodische Bewirtschaftung mit zeitweiligen Freiflächen möglich ist. Der von Möller angesprochene „Dauerwald" wird von Zwischen- und Schlussbaumarten ohne Pioniereigenschaften und mit Schattenerträgnis aufgebaut und kann sich selbsttätig durch Naturverjüngung erhalten.

Der britische Ökologe TANSLEY (1935) benutze dann in den 1930er Jahren erstmals den Begriff **Ökosystem** und ELLENBERG veröffentlicht 1978 „Der Wald als Ökosystem". OTTO (1994) unterscheidet den Organismus vom Ökosystem durch seine organische Verwobenheit wie folgt:

„Ein Organismus ist ein in sich geschlossenes, von seiner Umgebung durch seine physische Gestalt individuell abgrenzbares Lebewesen, dessen Einzelteile so miteinander verbunden, aufeinander abgestimmt, voneinander abhängig sind, dass sie zur Erhaltung und Reproduktion des Wesens in optimaler Weise zusammenwirken.

Der Organismus kann durch Außeneinflüsse geschwächt, beeinträchtigt oder gefährdet werden (Vitalitätseinbuße, Verletzung, Krankheit Tod). Angesichts solcher Gefahren sind die Funktionalbereiche (Organe, physiologische Reaktionen) so geordnet, dass sie zur Überwindung schädigender Einflüsse zusammenwirken, d.h., dass die funktionalen Kräfte im Organismus grundsätzlich nicht gegeneinander gerichtet (konkurrierend, bekämpfend), sondern gleichgerichtet zum Ziel der Existenzerhaltung sind (Vernarbung, Stressabbau, Vitalitätsstärkung). Fallen gleichwohl einzelne Teile bzw. Organe des Organismus aus, so wird er in seiner Gesamtheit beeinträchtigt oder sogar funktionsunfähig. Das letztere ist gleichbedeutend mit Tod.

Die aufeinander abgestimmten Lebensvorgänge innerhalb eines Organismus wirken also existentiell. Auf keinen kann verzichtet werden, ohne dass der andere Lebensvorgang betroffen wird...

„Ökosysteme verhalten sich prinzipiell anders. In Ihnen wirken zwar verschiedene Lebensformen zusammen, aber dies nicht unbedingt und grundsätzlich zum gegenseitigen Nutzen. Vielmehr kann eine Lebensform der anderen entgegengerichtet sein, d.h. zu deren Lasten, zum Nutzen der eigenen Existenz wirken. Vor allem sind viele Lebewesen innerhalb eines Lebensraumes nicht existentiell aufeinander angewiesen. Häufig könnten sie ohne den auf sie wirkenden Einfluss anderer Lebewesen sogar besser auskommen. Man denke in diesem Zusammenhang an Wirkungen der Konkurrenz, an Parasitismus oder die Räuber: Beutebeziehungen bei Tierfressern (Zoophage Arten)....

Das Zusammenwirken von Kräften im Ökosystem hat zwar viele günstige Wirkungen für einzelne Organismen, aber diesem Sachverhalt liegt kein Organismus-Determinismus zugrunde, sondern sie ergeben sich."

13.5 MÖLLERS Präsentation der Organismusidee in Bärenthoren und ihre Folgen.

Der richtige Umgang mit der Organismusidee MÖLLERS stellt ein gesellschaftliches Problem dar (HOFMANN 2010). Verfolgt man den Lebenslauf MÖLLERS und sieht ihn als Überseereisenden und Naturforscher, so wird deutlich, dass die Wurzeln seiner Ideen u. a. auch bei A. v. HUMBOLDT liegen. Hier wird deutlich, dass er mit seinem Organismusbegriff die Gründungsbasis für den Ökosystembegriff schuf. Sein früher, plötzlicher Tod ließ hier Vieles unerklärt und damit unverstanden. Dieser Umstand und die Zeit der gesellschaftlichen Umbrüche nach dem Ersten Weltkrieg machten den Weg frei für einen „Dauerwaldstreit". Die unterschiedlichsten, auch anfechtbaren Auslegungen mancher Propagandisten der „Dauerwaldlehre" ließen diese in den Ruf einer Heilslehre geraten (MILNIK 2001).

Bis heute spielt der Umgang mit der „Dauerwaldlehre", ohne Zusammenhänge und Ursprünge zu bedenken, oft eine politisch bedingte naturtümelnde Rolle und führt dann zu Missdeutungen von MÖLLERS Pionieridee. Das ist tlw. darin begründet, dass MÖLLER, obwohl er auch andere Erkenntnisse besaß, das Kiefernrevier Bärenthoren zum Beispiel-„Dauerwaldrevier" erklärte. Bevor er Bärenthoren entdeckte, hatte er bereits die „Dauerwaldidee" entwickelt. Der Fehler von MÖLLER und WIEBECKE (1924) dabei war, nur die aktuellen, aber vergänglichen Strukturen des unter standörtlichen Ausnahmebedingungen in den Oberstand einwachsenden Jungwuchses zu sehen **(Abb. 72, 73)**. Das Bärenthorener Waldgefüge wurde von ihnen nicht als „zweihiebiger Hochwald" angesprochen. Denn das Altholz über den Jungwüchsen sollte später nicht mit einem Hieb, sondern jedes Mal nur bei Hiebsreife in einer Einzelstammwirtschaft mit jährlich schwacher Wiederkehr genutzt werden.

Auch der Unterstand musste langfristig erzogen werden, denn Kiefernanflug sollte sich während des ganzen Bestandeslebens einfinden. F. v. KALITSCH strebte mit dem „Festhalten der Kronen" (HAUSENDORFF 1927 Kap. IV) eine besonders lange grüne Krone an. In diesen Kronenraum wuchs die Naturverjüngung im Optimalfall „dauerwaldartig" ein. MÖLLER und WIEBECKE dachten, weil in diesem Walde viele Hiebe der Einzelstammwirtschaft nötig sind, handele es sich nicht um einen zweihiebigen, sondern um einen „Dauerwald".

Abb. 72:
Bärenthoren um 1920 (aus Krutzsch 1924), Kiefernnaturverjüngungsbetrieb von Möller als „Dauerwaldgefüge" angesprochen

Abb. 73: *Dauerwaldblock Bärenthorens im Jahre 2003 als Ideal Mölleers, Foto: O. Greger*

Ohne die nötige, aber damals noch nicht vorhandene, Standortskenntnis konnte Möller nicht das Wesen, sondern nur die Erscheinung des Kiefernnaturverjüngungsbetriebes erkennen. Er war sich im Unklaren über die Renaturierungskräfte, die aus dem Auseinanderklaffen zwischen potenziellen und aktuellen Standortseigenschaften resultierten.
Er übersah dabei die Vergänglichkeit des damaligen Waldgefügestadiums. Denn die Verjüngungsphase im Kiefernhochwald stellt infolge der Selbstregeneration des Oberbodenzustandes nur eine endliche Durchlaufphase zum Laubmischwald dar.
Letzten Endes waren diese ungeklärten waldkundlichen Fragen die Ursache für Denglers (1922) Missfallen an der Möllerschen „Dauerwalddefinition". Er fand es merkwürdig, dass Möller (Dg 26) außer Bärenthoren nur wenigen anderen Betrieben diesen Status zusprach.
Die Anerkennung als „Dauerwald" erschien ihm nicht einfach. Wichtig erschien ihm dabei der langsame Hiebsfortschritt der Wirtschaft auf ganzer Fläche: ... *„Es kommt nicht so sehr auf die äußere Form und Art der Wirtschaftsmaßnahmen an, sondern, vielmehr auf den Geist, der sie führt, auf den Gedanken, der sie leitet, Stetigkeit als oberster Grundsatz" (=Leitgedanke).*
„Fasst man Möllers Definition seines Dauerwaldes in dem weiteren und milderen Sinne auf, wie sie oben in seinem Dauerwaldgedanken ausgesprochen scheint, dann kommt es nur darauf an, ob der Wirtschafter von der Heilsamkeit der Stetigkeit des Waldwesens durchdrungen, gewissermaßen an sie glaubend wie an ein Evangelium, sich bei allen seinen Maßregeln von diesem Glauben leiten lässt und seine Wirtschaft nach Möglichkeit, d.h. nach Kräften oder nach besonderen Umständen, die etwa Ausnahmen bedingen oder zuzulassen scheinen, danach einrichtet. Dann aber kommt es noch darauf an, ob man orthodox ein gewisses Maß an weiteren Glaubenssätzen als Bekenntnis der Dauerwaldgemeinschaft fordern will, oder ob man in liberaler Weise etwa mit einem allgemeinen Bekenntnis zum Gedanken der Stetigkeit und mit dem guten Willen, seine Wirtschaft nach bestem Gutdünken danach einzurichten, zufrieden sein wird oder nicht!" (Dengler 1922)

13.6 Die Waldstadienentwicklung Bärenthorens seit 1870 samt Schlussfolgerungen

Dass ein „Kiefern-Dauerwald" ein Widerspruch in sich ist, wurde durch die Waldstadienentwicklung offenbar und oft beschrieben – zuletzt erneut durch die Standortserkundung und von auf ihr fußenden Veröffentlichungen (Greger 2004, 2007, 2008, 2009; Greger, Schulze 2007/2008). Rüffer, Pommer (2010) stellen diese Stadienentwicklung an Hand der Oberbodenregeneration im Rev. Bärenthoren von 1870 bis in die Gegenwart übersichtlich und sehr aussagekräftig mit der Vegetationsentwicklung in einem Zeitfenster-Diagramm dar **(Abb. 74)**. Diese Darstellung der zeitlichen Vegetationsentwicklung ist ein grundlegendes Lehrstück für die praktische Forstwirtschaft bei der Wahl richtiger, standortgerechter Betriebsformen und Bestockungszieltypen. Sie offenbart am Beispiel Bärenthorens, welche kulturgeschichtliche Leistung die Forstwirtschaft bei der Regeneration agrarhistorisch devastierter Landschaften vollbracht hat. Damit wurden ökologische Grundgesetzmäßigkeiten erkundet.
Das Aussetzen der Streunutzung, die damit beginnende Selbstregeneration des Oberbodens und die pflegliche Dauerwald-Wirtschaft bewirkten im Pionierwaldstadium den Rückgang der Flechten- und Heidephase im Übergang zur Astmoosphase (insbes. *Hypnum cupressiforme*). Damit öffnete sich nach 1880 ein Verjüngungsfensters für die Kiefernnaturverjüngung. Weil erst nach 1920 in Bärenthoren die Kiefernnaturverjüngung im Zuge der weiteren Waldstadienentwicklung (Vergrasung) aussetzte, konnte Möller ein Ende des Kiefern-Dauerwaldes schwerlich absehen. Denn auf den schwach mesotrophen Braunerden Bärenthorens schritt diese Entwicklung zum Zwischenwaldstadium mit mehr Laubholzanteilen langsamer voran als auf besseren Standortsmosaiken.
Mit der weiteren Entwicklung (Reifung) der Oberbodenfruchtbarkeit zum Hauptwaldstadium, dem Buchenmischwald, begann dann um 2000 auch das Einwandern der Blaubeere aus den höheren Lagen und den besseren Standorten im und aus dem Osten des Reviers Bärenthoren. Dort hatte die Blaubeere Bestand auf Standorten im Revier Golmenglin, die langzeitig Wald geblieben sind. Der Waldbau vergrößerte die Fläche der Buchenbestände.

Zugleich bewirkte der Fremdstoffeintrag eine enorme Verbuschung mit Spätblühender Traubenkirsche und Vergrasung mit Sandrohr (Land-Reitgras). Damit war das Ende der althergebrachten Kiefernwirtschaft und die Entwicklung zum (Möllerschen) Laubholz-Dauerwald endgültig eingeleitet worden.
Diese Entwicklung zum Dauerwald verläuft je nach Naturraum zeitlich und waldökologisch unterschiedlich. Hier zeigt sich, wie Recht MÖLLER (Dg.6, 26, 27) mit seinen organischen Vorstellungen von einer stetigen Waldentwicklung hatte (*„der Wald ist nicht ein fertiger, sondern ein werdender Organismus"*). Seine stark umstrittene Behauptung, die Stetigkeit des Dauerwaldbetriebes erhöhe die Leistungsfähigkeit der Waldbestände, wird durch diese Entwicklung der Oberbodenfruchtbarkeit tlw. bewiesen. Wenn sich auch die Oberbodenregeneration ehemaliger Ackerböden überall ohnehin unter Wald von armen Oberbodenzuständen zu immer nährstoffkräftigeren vollzieht (WIEDEMANN 1925), so enthält der doch dafür zuständige Ursachenkomplex auch den ökologischen Wirkfaktor der dauerhaften Bodenbedeckung und der Pflege langer Kronen durch die Bärenthorener Wirtschaft.
Das Zeitfensterdiagramm **(Abb. 74)** lässt auch die Humusformenentwicklung erkennen und beginnt in Bärenthoren mit der Pionierwaldphase hinsichtlich der Oberbodenvegetationstypen mit ca. 60% Flechten (trockener Magerrohhumus) und 40% Heide (mäßig frischer Magerrohhumus). Mit dieser Humusformenentwicklung hat sich diejenige Fruchtbarkeitssteigerung vollzogen, wie sie MÖLLER mit der Produktivitätssteigerung im Dauerwaldbetrieb verband. Diese Fruchtbarkeit wird in der Standortserkundung mit einer Fruchtbarkeitsziffer (FBZ) in Dezitonnen Trockenmassenproduktion Derbholz pro Hektar und Jahr gemessen. In Bärenthoren ergibt sich für die Hauptbodenform Nedlitzer Sand-Braunerde die FBZ von 38, wenn der Standort nicht degradiert ist (KOPP, SCHWANECKE 1994). Begann die Regeneration in Bärenthoren mit dem besonders dystrophen Flechtentyp (trockener Magerrohhumus oder gar Hungerhumus), lag die FBZ 23, im Extrem nur noch die FBZ 19 vor. Unter dauerhafter Waldbeschirmung entwickelte sich aus dem Flechten- und Heidetyp der bessere Zypressenmoostyp (Astmoosphase, mäßig frischem Magerrohhumus, FBZ 23) im Optimum für die Kiefernnaturverjüngung. Bereits nach MÖLLERS Tod 1922 schritt der Reifeprozess deutlich weiter zum Drahtschmielentyp (mäßig frischer Rohhumus) mit der FBZ 28.
In den 1970er Jahren lief dann die Pionierphase der Kiefernnaturverjüngung mit dem fast völligen Verschwinden der Astmoosphase (nur noch 2 % Anteil) aus **(Abb. 74)**. In dieser Zwischenwaldphase setzte sich die Bodenvegetation wie folgt zusammen: 60 % Drahtschmielentyp, 10 % Spätblühende Traubenkirsche, 10 % Himbeere, 8 % Sandrohr (Land-Reitgras), 7 % Buchenmischwald, 5 % Nichtkieferbestände. Damit hat sich der Oberboden bereits auf 40 % zum Kräuter-Blaubeertyp (mäßig frischen rohhumusartigem Moder, FBZ 33) regeneriert. Die weitere Entwicklung unter Kiefer wurde noch durch Immissionen begünstigt. Damit erreichte die Stetigkeit der Kiefernbestockung mit der Verbesserung der Oberbodenfruchtbarkeit von 23 (19) auf 30,35 eine FBZ-Steigerung von 7,35 FBZ. Das bedeutet eine Steigerung des Altersdurchschnittszuwachses (DGZ) um ca. 16 fm Derbholz mit Rinde/(ha.a).
Dieser Reifungsprozess im Gefolge der Stetigkeit des Waldwesens ist der Mittelpunkt MÖLLERS Dauerwaldgedankens. MÖLLER (1913, 62; Dg 52/53) hat dabei einen langen Zeithorizont vor Augen, wenn er vom Dauerwald als Fernziel spricht. Sein besonderes Verdienst liegt im organischen Denken des dynamischen Zusammenspiels von Boden und Bestand und deren Untrennbarkeit.
Gegenwärtig ist die Regeneration des Oberbodens in Bärenthoren weiter in Richtung Buchen-Mischwald vorangeschritten, so dass der flächengewichtete Schwerpunkt der Humusformen ganz im Bereich des rohhumusartigen Moders liegt: 2 % Astmoose, 35 % Drahtschmiele, 25 % Spätblühende Traubenkirsche, 13 % Nichtkieferbestände, 5 % Sandrohr, 5 % Blaubeere, 15 % Buchenbestände. Das zeigt die Annäherung an die Stammfruchtbarkeit mäßig frischer Moder (FBZ 38) des Buchen-Mischwaldes auf mesotropher Nedlitzer Sand-Braunerde mit einer weiteren Erhöhung des DGZ an.
Ein standorts- und naturraumgerechter Waldbau muss aus dieser Waldgefügeentwicklung entscheidende Lehren ziehen. Beim Waldumbau muss er zunächst den Charakter des Naturraumes beachten. Schwach mesotrophe Naturräume wie im Rev. Bärenthoren verlangen Geduld beim Umbau. Dann gilt es den Grad der Abweichung des aktuellen Zustandes von der eigentlichen Potenz (Stammfruchtbarkeit), d. h. den Status des Waldgefüges zu bedenken. In einem laubholzfähigen Standortsmosaik mit deutlich degradierter Zustandsfruchtbarkeit (z. B. Magerrohhumus, Pionierwaldphase) lässt sich ohne umfangreiche Bodenpflege kein Laubholzbestand begründen. Deshalb hat es in Bärenthoren auch so lange gedauert, bis der Laubholzanteil erhöht

werden konnte. Ist aber die Degradation des Oberbodens erst einmal beseitigt, ist auch die Aufgabe der Kiefer als Pionier zur Selbstorganisation bzw. Naturverjüngung aufgehoben. Dann muss die Kiefer auf der Freifläche künstlich begründet werden – es ist also keine Dauerwaldwirtschaft mehr möglich!

Nicht allein die starke Degradation der Standorte in Bärenthoren war ein Problem bei der Entwicklung zum Buchen-Mischwald, sondern auch das geringe Laubholzpotenzial in der Nachbarschaft und im Revier selber. So wie F. v. KALITSCH zunächst den ökonomisch wie ökologisch richtigen Weg der Waldentwicklung über die Nutzung Gratisnaturkräfte, bzw. der Kiefernnaturverjüngung im Großschirmschlag ging, ist auch die Dauerwald-Leitlinie Wald Sachsen-Anhalts angedacht. Sie vermittelt der Gesellschaft und konkret den politischen Parteien ausgehend vom gegenwärtigen Zustand einer überwiegenden Reinbestandswirtschaft eine neue Entwicklungsrichtung in Form eines Kompromisses dafür, welche Form der Forstwirtschaft tragbar ist. Ihr Ziel kann aus der Entwicklung Bärenthorens abgeleitet werden. Es ist der standortgerechte Dauerwald, der auf den besseren Standorten nur ein Langzeit-Mischwald mit Laubholz sein kann. Die schwächeren Standorte müssen der Nadelholzwirtschaft z. B. der Kiefer überlassen werden. Bedingt durch ihre Pioniereigenschaften muss sie i. d. R. periodisch auf der Freifläche stets neu begründet werden und kann kein (Langzeit-) Dauerwald sein.

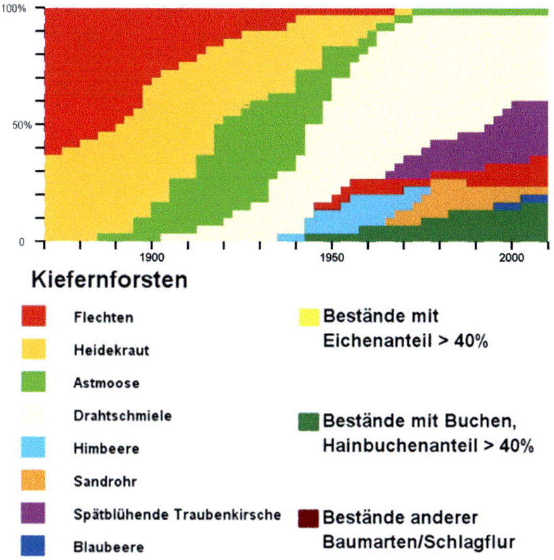

Abb. 74: *Zeitfensterdiagramm mit Entwicklung der Waldstadien und ihrer Bodenvegetation von 1870 bis in die Gegenwart (aus RÜFFER, POMMER 2010)*

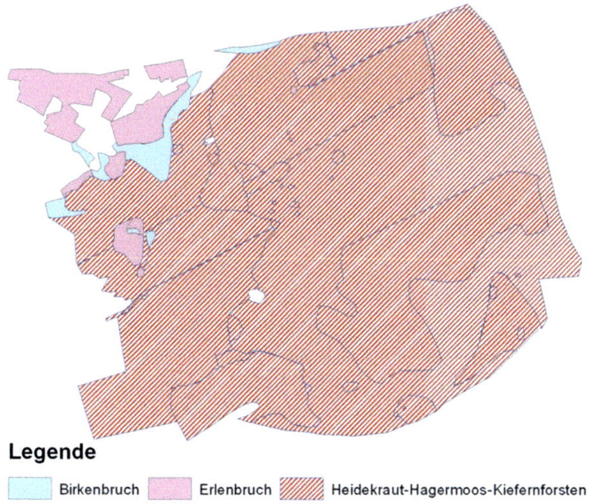

Abb. 75: *Durch verjüngungsfreudige Heidekraut-Astmooskiefernforsten geprägter Oberbodenzustand des Reviers Bärenthorens im Jahre 1911 (KRUTZSCH 1924)*
(aus RÜFFER, POMMER 2010)

Die **Abb. 75** zeigt die Situation im Revier Bärenthoren zur Zeit der ersten Besuche Möllers. An diesem Waldbild bildete sich bei Möller der Gedanke vom kahlschlagslosen, humusmehrenden und nur auf Naturverjüngung setzenden, die Stetigkeit des Waldwesens verkörpernden Dauerwald-Wirtschaftssystem. Der hier übertrieben dargestellte dystrophe Zustand, wie ihn Möller seinerzeit sah, ist irritierend fehlerhaft. Das wurde durch Wiedemann (1925) (F. 7) bewiesen und ist standortskundlich auch nicht nachvollziehbar.
Die Kiefernnaturverjüngung war im Humuszustand von Hagerrohhums bis Rohhumus unter der Bodenvegetationsmischung von Heide mit Hagermoosen erfolgreich. Der Samen konnte den humosen Oberboden erreichen und war durch die feuchtigkeitsspeichernde Moosvegetation vor dem Vertrocknen geschützt. Diese Vegetation war keine Konkurrenz wie eine Grasvegetation, in der die Sämlinge der Schütte anheimfallen. Der Kiefernanflug lief oft dicht auf - „wie Haare auf dem Hund", so dass Qualitätsholzbestände erzogen werden konnten.

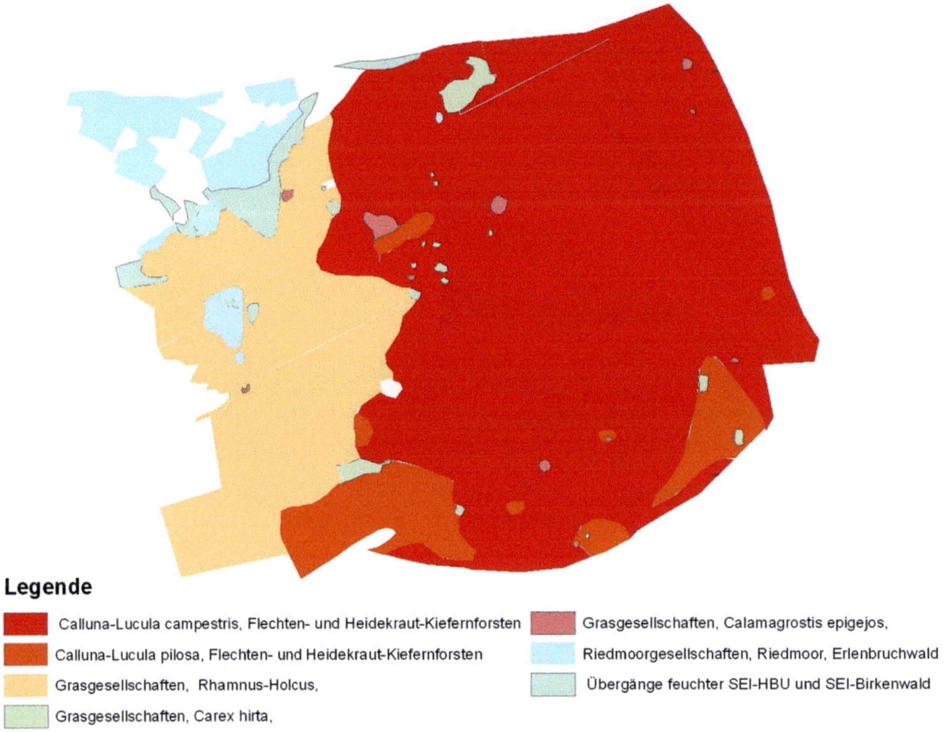

Abb. 76: *Vegetationszustand Bärenthorens im Jahre 1934, rekonstruiert nach Krutzsch und Weck (1934) aus Rüffer, Pommer (2010)*

Die **Abb. 76** zeigt mit einer ersten Vegetationskartierung Bärenthorens durch Krutzsch und Weck (1934), wie sich die Bodenvegetation seit 1911 stadial weiterentwickelte. Mit der in dieser Karte erkennbaren Herausbildung von Grasdecken auf den lehmunterlagerten Böden im Westrevier und zweier Heidekrautgesellschaften sind erste Differenzierungen der Oberbodenvegetation zu sehen. Es beginnt eine Annäherung der Vegetation an die unterschiedlichen Oberbodeneigenschaften. Im Westrevierteil, unterhalb der Hochflächensande und der sie begrenzenden Moräne, beginnt auf den bindigeren Standorten die Ausbildung von Grasdecken. Damit ist das Pionierstadium nach der Ackeraufforstung mit einer verjüngungsgünstigen Moosvegetation abgeschlossen und der Oberboden entwickelt sich zu einem Zwischenwaldstadium weiter, in dem sich Laubholz verjüngen kann. Auch auf den Hochflächensanden bieten die Heidekrautgesellschaften nur beschränkte Möglichkeiten für eine Kiefernnaturverjüngung, so dass keine geschlossenen, ordnungsgemäßen Kiefernbestände entstehen können. Das Zeitfenster für die natürliche Regenerationsfähigkeit der Kiefer schließt sich bereits.

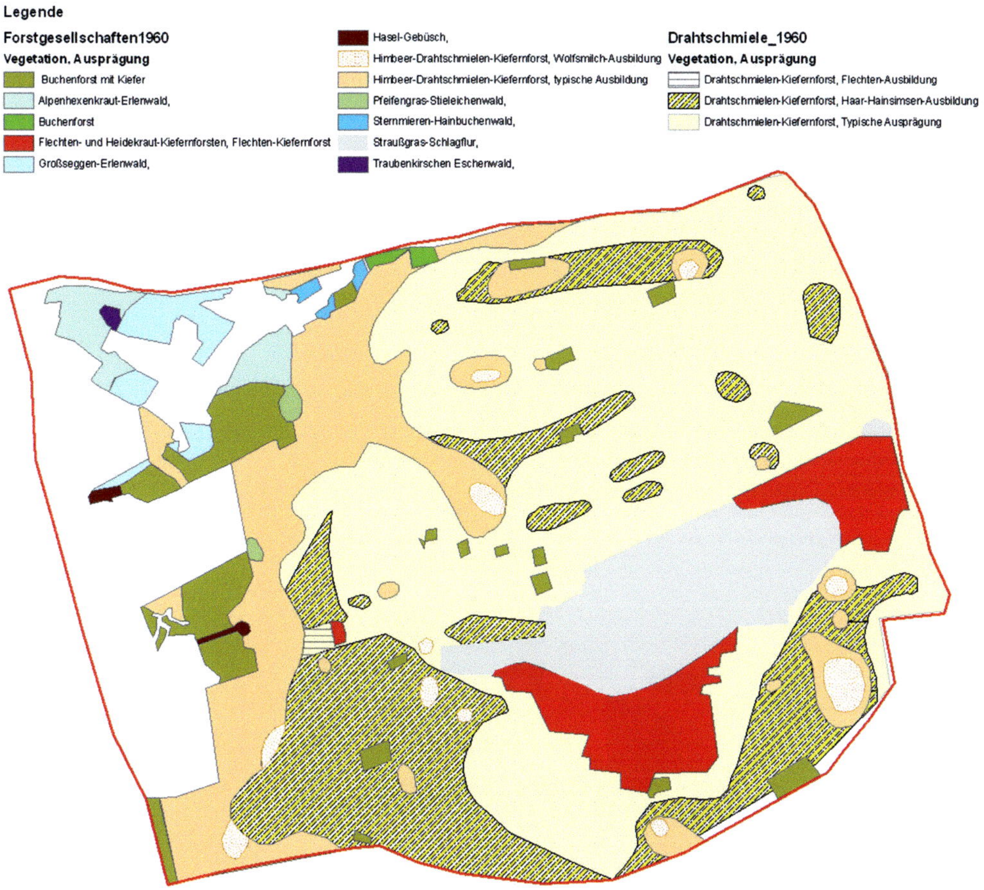

Abb. 77: *aktuelle Vegetation Bärenthorens im Jahre 1960 nach* Hofmann *aus* Waldkundeinst. Eberswalde *(*Jenssen *und* Hofmann *2003)*

In **Abb. 77** ist im Vergleich zum Vegetationszustand Bärenthorens im Jahre 1934 (Abb. **76**) der Beginn des Drahtschmielenstadiums erkennbar. Es existieren nur noch kleinflächig Flechten- und Heidekraut-Kiefernforsten (rot). Damit ist die Kiefern-Dauerwaldphase ausgelaufen. Waldbrände in den Nachkriegsjahren vernichteten fast die gesamte aufgelaufene Kiefernnaturverjüngung der 1930er und 1940er Jahre. Sie waren aber zugleich Grundlage für eine erneute flächige Kiefernnaturverjüngung (Walter 1950).

Die Drahtschmielen-Kiefernforsten auf den „Hochflächensanden" und die Himbeer-Drahtschmielen-Kiefernforsten auf den sorptionsstärkeren Standorten im Westen und punktuell Süden Bärenthorens beherrschen die Waldvegetation im Jahre 1960.

Bärenthoren hat zu diesem Zeitpunkt alle Merkmale eines natürlichen Kiefernwaldes verloren. Lediglich im Bereich des ehemaligen Truppenübungsplatzes (TÜP) sind aufgrund der nur wenige Jahre zurückliegenden militärischen Übungstätigkeit neben Schlagflurvegetation Reste der Flechten- und Heidekraut-Kiefernforsten vorhanden, die 1934 noch rund 75 % Bärenthorens dominierten. Die in den 1970er Jahren in der ehemaligen DDR einsetzenden und bis Anfang der 1990er Jahre anhaltenden flächigen Stickstoffeinträge aus Industrie und Landwirtschaft führten auch in Bärenthoren zu Veränderungen in der Waldvegetation. Nach Konopatzky (2001) führte der enorme Stickstoffeintrag in den mit Kiefer bestockten Weiser- und ÖWK Untersuchungsflächen im Bereich des Brandenburger Teils des Hohen Fläming im Zeitraum1979 bis 1989 zu einem 1,5-fachen Anstieg der Stickstoffstufe.

Das entspricht der Entwicklung von Rohhumusdecken zu Humusformen, die zwischen rohumusartigen Moder und Moder stehen. Im Brandenburger Vergleich des flächenhaft vorhandenen Umweltmonitoringmessnetzes stellt dieser wenige Kilometer von Bärenthoren gemessene Wert den höchsten Anstieg in dieser Dekade dar. Die mit den massiven Stickstoffeinträgen in Bärenthoren erfolgte Humusformenverbesserung in Bärenthoren steht in Übereinstimmung (und ist zugleich Ergebnis) der in Bärenthoren in diesem Zeitraum stattgefundenen Vegetationsveränderungen, die mit einer explosionsartigen Entwicklung der Calamagrostis und Spättraubenkirschen-Kiefernforsten (violett eingefärbte Forstflächen in der **Abb. 78,79**) zu Lasten der Drahtschmielen- und Himbeer-Drahtschmielen-Kiefernforsten (gelbeingefärbte Flächen) umschrieben werden können. Die Flechten-Heidekraut-Kiefernforsten und Schlagflurfazies-Kiefernforsten auf dem ehemaligen TÜP im Jahre 1960 haben sich zu Drahtschmielen-Kiefernforsten weiterentwickelt und bilden im Jahre 1990 den hier größten zusammenhängenden homogenen Drahtschmielen-Kiefernforst.

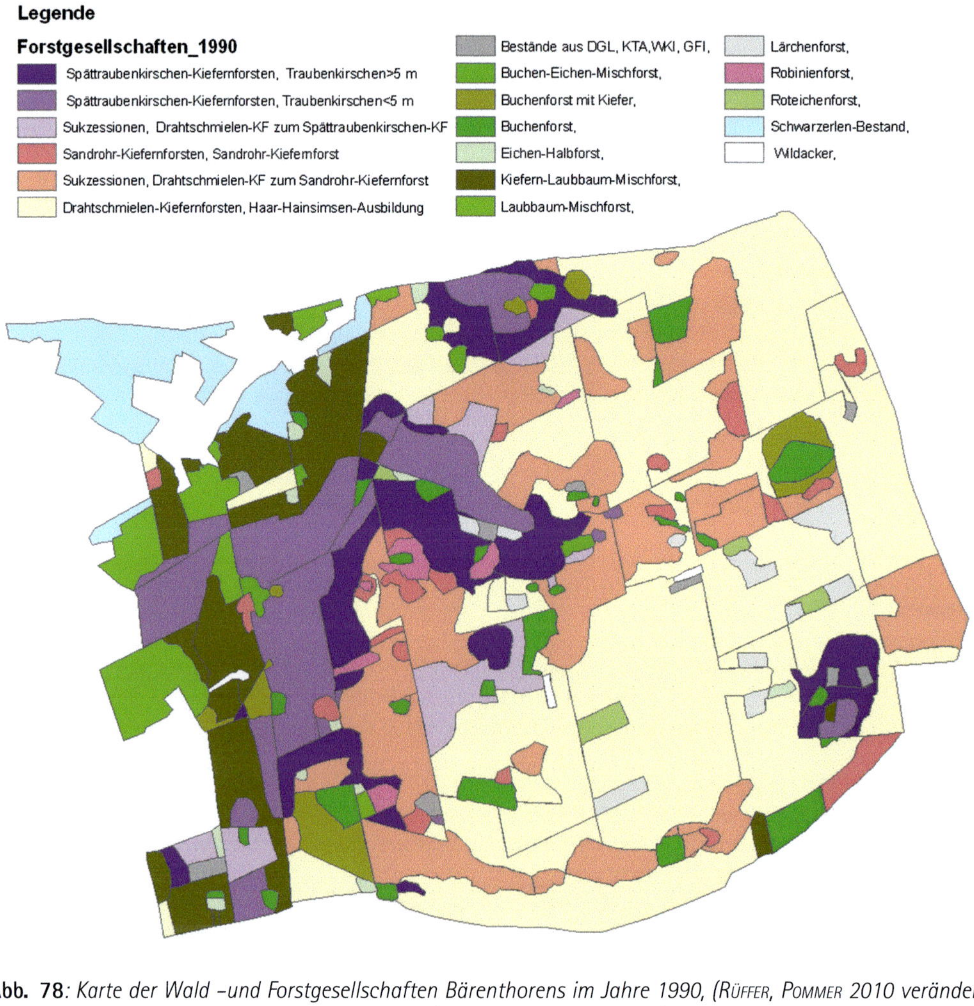

Abb. 78: *Karte der Wald -und Forstgesellschaften Bärenthorens im Jahre 1990, (Rüffer, Pommer 2010 verändert nach Hofmann & Lemme aus Waldkundeinst. Eberswalde (Jenssen und Hofmann 2003)*

Gleichzeitig lässt der Vegetationszustandsvergleich der Zeitreihe - Istzustand der Vegetation zu Möllerss Lebzeiten im Jahre 1911 - Ist-Zustand der Vegetation im Jahre 1934 - Ist-Zustand der Vegetation im Jahre 1960 mit dem

auch keine Waldform; Dauerwald sei eine Idee forstlicher Wirtschaftsführung, der sich die forstlichen Betriebsformen z. T. einfügen lassen, z. T. nicht, und die von Fall zu Fall ganz verschiedenartige, durch keine äußere Form, sondern nur durch den Sinn der Wirtschaftsführung hervorgerufene Waldbilder entstehen lassen".
HAUSENDORFF (1925) folgert, als „einer der begeistertsten Dauerwaldfreunde", so WIEDEMANN (1925,173), dass sich das jeweilige waldbauliche Mittel variabel nach dem Standort richtet und das Ziel dabei auf unterschiedlichen Wegen erreichbar ist: *„Der Dauerwald umfasse tatsächlich alle forstlichen Betriebsformen vom Kahlschlag bis zum Blenderwald."*
Eine unvoreingenommene Würdigung MÖLLERS Pionierleistung macht deutlich, dass seine Dauerwaldwirtschaft zum Schutz des Organismus Wald (Waldwesen) nicht generelle Verbote für den Kahlschlag und Reinbestand, die Bodenpflege und -bearbeitung und den umfassenden Forstschutz ausspricht, weil sie alle Waldformen kennt. Diese Erkenntnis ist von existenzieller Bedeutung für eine ordentliche und ertragreiche Waldwirtschaft mit den Hauptbaumarten Kiefer und Eiche. In den niederschlagsarmen und subkontinentalen Naturräumen Nordostdeutschlandsfindet erleidet eine ertragreiche Forstwirtschaft besonders auf den altpleistozänen Standorten ohne diese Betriebsformen für lichtbedürftige Baumarten Rückschläge, wie sie seit der „Wende" in 30 Jahren bereits deutlich wurden.
MÖLLER wollte nicht einen Umsturz in der Forstwirtschaft, wie es DENGLER (1928) befürchtete, sondern strebte nach einer standortsökologisch weiterentwickelten, ganzheitlichen Waldbetrachtung und eher nach einer Reformation der Forstwirtschaft, wie auch DENGLER (1928) sie forderte. Dieser sah in vielen Auslegungen des Dauerwaldgedankens schwere Vorwürfe ganz vorwiegend gegen die ostdeutsche Kiefernwirtschaft gerichtet. In der nationalsozialistischen Zeit fragte er sich 1937 in dem Artikel, gibt es eine „Zeitwende im Waldbau"? und führt aus: *„Wenn Weltanschauungen wechseln, wie heute, dann wirft das seine Wellen weithin. Das auch unser Beruf dadurch erfasst werden würde, und z.B. die Forstpolitik grundlegend umgestaltet werden musste, war selbstverständlich. Weniger, dass hiervon auch die technischen Fächer, wie der Waldbau, berührt werden könnten. ..."* DENGLER findet es schmerzlich, *„dass alles, was man sich erarbeitet und was man für richtig gehalten hat, nun falsch oder doch ganz anders sein soll".*
DENGLERS Schmerzen entbehren nicht einer gewissen Aktualität. Die deutlichen Veränderungen, wie sie DENGLER befürchtet, sind im Forstwesen nach der „politischen Wende" (der Begriff stammt von Egon Krenz, ehemals Staatsratsvorsitzender der Deutschen Demokratischen Republik) vollzogen worden. Nach dem aus der alten Bundesrepublik Deutschland zugewanderten und umgesetzten Leitspruch „alter Standort neue Wege" befindet sich das Forstwesen nun aus der Sicht der standortgerechten Forstwirtschaft immer noch zielsuchend auf unsicherem Wege.
In den trockenen, subkontinentalen Kieferngebieten bewirkten diese Veränderungen ein weitgehendes Aussetzen der Kiefernwirtschaft trotz eindeutigen, anders lautenden Vorgaben einer erstklassigen Standortserkundung (KOPP; SCHWANECKE 1994). Deshalb gilt es weg zu kommen von alten überholten Auslegungen der Dauerwaldwirtschaft und den Wald nicht als Organismus i. e. S., sondern ehrlicherweise als Ökosystem zu behandeln, um damit mehr Freiheiten für eine nachhaltige Forstwirtschaft zu erhalten. Die getrennte Betrachtung von Waldbestand und Waldstandort muss zugunsten von waldkundlichen Standortseinheiten überwunden werden. Dazu ist eine neue Entwicklungsetappe der Standortkartierung notwendig, die sich aus den Komplexen Boden, Vegetation und Forstwirtschafts- und Waldgeschichte herleitet. Hierzu ist eine Wirtschaft nötig, die sowohl den Einzelstamm beurteilt als auch den Bestand als Wald- oder Forstökosystem mit seiner Waldgefüge-Stadienentwicklung beachtet, wie sie von HOFMANN (1998 c) und HOFMANN; POMMER (2005) entwickelt wurden.
Damit wird es möglich, die Wirkungszusammenhänge im Beziehungsgefüge zu erkennen und tatsächlich das von MÖLLER erstrebte Ziel einer nachhaltig dauerhaften Forstwirtschaft zu erreichen. Die verstärkte Beachtung der Einheit von Standort i. e. S. und Bestand stellt eine neue, waldkundlich erweiterte Typisierung, eine neue Elementareinheit im Waldökosystem, eine neue Entwicklungsetappe der Erkundung dar. Sie tut es insbesondere deshalb, weil sie die Kraft des Bestandes und dessen Einfluss auf den Boden stärker wichtet.
Allein die Einzelstammwirtschaft nach Bärenthorener Vorbild kann dieses Ziel nicht erreichen. Wie bereits WITTICH (1935) betonte, beachtet sie den Zusammenhang mit den örtlichen naturgesetzlichen Bedingungen unzureichend. Deshalb leitete auch die Forstgeschichte ihr Ende ein. Stark handwerklich ausgerichtet, ermöglicht sie die erstrebte ganzheitliche Waldbetrachtung, das Erkennen der intraspezifischen Konkurrenz der Baumarten

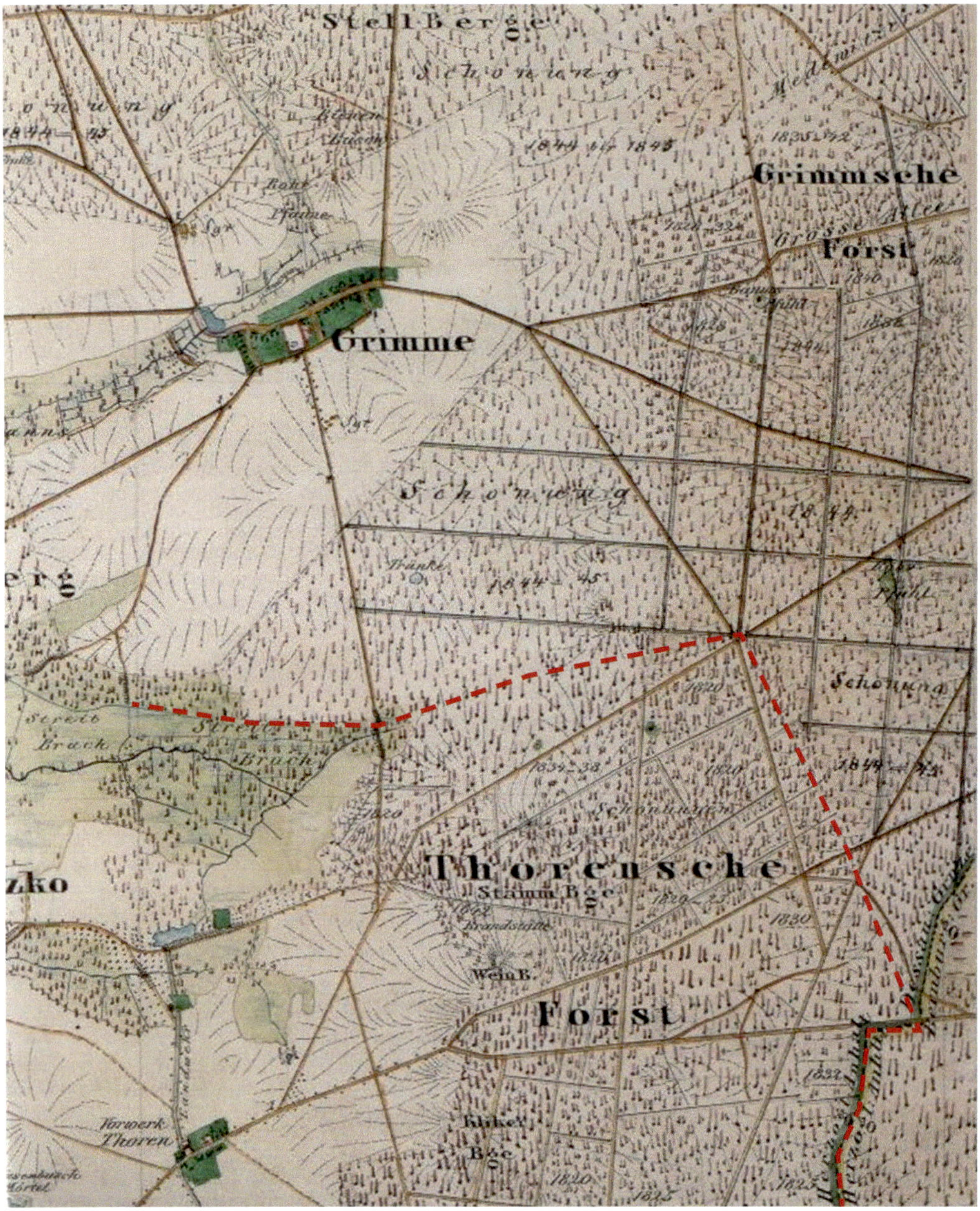

Abb. 80: *Preußische Kartenaufnahme 3939 Nedlitz, 1842: Uraufnahme 1: 25.000.*
Aufgenommen und gezeichnet von v. Bornstedt, Prem. Lieutenant im Gardejäger-Bataillon.
Die Karte zeigt östlich von Thoren das Forstrevier Bärenthoren als Thorensche Forst, der die östliche untere Hälfte der Abbildung bis an die Grenze des Herzogtums Anhalt und nach Norden bis an den Großen Stern einnimmt. Die Jahreszahl der Schonung bezeichnet die Wiederaufforstung. Nach Wiedemann (1925) 57 % der Fläche.
LEGENDE: — — — — *Reviergrenze Bärenthoren*

und die Bestimmung der Naturnähe bzw. des Entwicklungsstadiums des Waldgefüges nicht ausreichend. Damit ist die Sichtweise der Einzelstammwirtschaft als Planungsgrundlage für den Waldumbau ungenügend. Eine solche Grundlage bietet z. B. das Eberswalder Ökosystemkonzept des Waldkundeinstituts Eberswalde (Hofmann; Jenssen 1999). Diesbezüglich galt auch für die Möllersche Zielstellung, zu erkennen, wie weit sich der Waldbau von der Naturnähe entfernen kann (Dg 28). Möller ist nicht der Vertreter ökoromantischer Vorstellungen von Waldentwicklung (Dg 25), die den Wald um seiner selbst wachsen lassen wollen (Hofmann 2010).
So ist die Dauerwaldwirtschaft Möllers ein Bekenntnis nicht zurück zur Natur, nicht gegen die Natur, sondern zum Miteinander mit der Natur. Hofmann (1998a) stellt heraus: *„Das gesamte Möllersche Gedankengut, seine wissenschaftliche Arbeit und sein praktisches Handeln wurde von der Einsicht geprägt, dass eine Waldbewirtschaftung nicht im Kampf gegen die Natur, sondern nur mit ihren Kräften menschliche Zielsetzungen in der Waldbewirtschaftung nachhaltig gewährleisten kann. Diese Grundhaltung kommt sowohl im Gesamtkonzept wie in all seinen Einzelheiten deutlich zum Ausdruck. Den Kern dabei bildet die Besinnung auf die selbstorganisierenden , also selbstregenerierenden und selbstregulierenden Kräfte der Waldnatur, die es im forstlichen Wirtschaftsprozess zu erschließen und zu nutzen gilt, ohne dabei das Wirken der Naturkräfte in ihrem freien Spiel bei der Schaffung der Waldnatur kopieren zu wollen, wie das allzu oft unterstellt wurde."*

13.8 Einige standortskundlich-landeskulturelle Erkenntnisse aus Bärenthoren zum Wald als Ökosystem – älteste Umweltschäden im Waldboden

Die standortskundlichen Untersuchungen im Naturraum Bärenthorens belegen, dass die terrestrischen Standorte nahezu vollständig seit dem Mittelalter mehr oder weniger stark landwirtschaftlich genutzt wurden (Alt-Standortserkundung 1954, Pietschmann 2002, Greger 2007, Greger, Schulze 2007/2008). Auch Wiedemann (1925) belegt, dass ca. 57 % der Dauerwaldfläche Bärenthorens nur in erster oder zweiter Waldgeneration auf alter Feld- oder Hutefläche stocken. Sie wurden erst nach 1800 wieder aufgeforstet (s. Abb. 15, 16)
Bei dieser Nutzung ging der Wald oder die natürliche Waldgesellschaft meistens verloren, und damit verlor auch der Waldboden seinen ursprünglichen Charakter. Viele agrargenutzte Waldböden haben älteste Umweltschäden. Aus Möllers (1922) Sicht ist gerade das wichtig, denn der Komplex von Wald und Boden machte für ihn den Organismus Wald aus. Hätte es sich beim Wald um einen Organismus i. e. S. gehandelt, so wäre er für immer verloren gewesen. Obwohl im Boden enorme Veränderungen im Verlaufe von Jahrhunderten vor sich gegangen sind, ist es der Forstwirtschaft gelungen, den Wald im 19. Jh. wieder aufzubauen – eben deshalb, weil der Wald kein Organismus i. e. S., sondern ein Ökosystem ist.
Die enormen Veränderungen am und im Boden sind von besonderer Bedeutung hinsichtlich der ökologischen Interpretation des Waldes. Gerade im puristischen Organismusgedankengut spielt der Boden eine wichtige Rolle. Aus Sicht dieser Auffassung würde die Bodenzerstörung den unwiederbringlichen Tod des Organismus Wald bedeutet haben. Deshalb ist es interessant, dass auch im Naturraum Bärenthorens viele menschenverursachte Bodenveränderungen gefunden wurden: großflächig Eschböden aus der Flamenzeit (Schulze 2001, Greger 2007) ab 12. Jh. (nach Mückenhausen et al. 1968), Ackerhochbeete, flächendeckend großflächig Ackerhorizonte (Ap), flächige Erosion, äolisch bedingte Sanddecken, Dünen und Deflations (Erosions)mulden. Nach Mückenhausen (1968) erreicht das Plaggendecken in 100 Jahren etwa ein Stärke von 10 cm.

Der Mensch ist also zu einem wesentlichen Standortsfaktor geworden und der Forstmann hat auf diesem tlw. degradierten Standort nach der Seperationsperiode wieder das Ökosystem Wald zusammengesetzt (ein Aggregat nach Möllers 122, 60).
Im Vergleich zur ursprünglichen Buchenmischwaldgesellschaft hat das bis heute noch deutliche Abweichungen bei den leicht beeinflussbaren Standortseigenschaften zur Folge.
Das manifestiert sich im Oberbodenfruchtbarkeitszustand. Aber auch die geologisch bedingten, stabilen Standortsfaktoren sind durch die landwirtschaftliche Nutzung teilflächig reduziert worden. Das geschah irreversibel durch Erosion der waldentblößten Böden auf den Endmoränenhängen. Der abgetragene Boden lagerte sich in der Nachbarschaft als Nährkraft mindernde Sanddecke wieder ab. Erosion trat aber auch in der Folge der flämischen Plaggendeckkultur ein. Sie bewirkte einerseits, dass in Dorfnähe die intensiv bewirtschafteten Böden humusrei-

cher wurden, erreichte aber in der Nachbarschaft dieser verbesserten Böden durch das ständige Plaggenhauen eine Reduktion der Stärke des wertvollen verbraunten Oberbodens. Ober- wie unterirdisch stellt der Wald Bärenthorens und seiner Nachbarschaft ein bereits langzeitig deutlich vom Menschen beeinflusstes Ökosystem dar. Das gilt es besonders für den Fall zu bedenken, in dem der Wald aus gut gemeintem aber falsch verstandenem Idealismus als schonungswürdiger Organismus i. e. S. ohne Kahlschlag, Kunstverjüngung, Bodenarbeit, Melioration und Forstschutz behandelt werden soll!
Die kombinierte Standortserkundung der Neuen Bundesländer kartiert die stabilen Standortseigenschaften unabhängig von den biologisch beeinflussbaren. Das befähigt sie zum Nachweis von Veränderungen des waldbaulich interessanten und beachtenswerten Oberboden-Fruchtbarkeitszustandes anhand des ökologischen Zeigerwertes der Bodenvegetation. Damit vermag sie auch die Regeneration des Waldes nach der Ackeraufforstung, bzw. den Reifeprozess seiner Oberbodenzustandsfruchtbarkeit nachzuweisen (s. Zeitfensterdiagramm Abb. 74). Damit hat sie den Nachweis für die Richtigkeit der MÖLLERschen Auffassung der dynamischen Entwicklungsbeziehungen zwischen Wald und Boden geliefert. Zugleich gelang der Beweis, dass sich das Revier mit seiner Lage auf den Hochflächensanden im unteren Bereich der Zone des Buchen-Mischwaldes des Hohen Flämings befindet. Das setzt einen entscheidenden Impuls für einen meliorativen, rationellen Waldumbau von Kiefer zum Buchenmischwald dort, wo es der Standort und sein Zustand zulassen.

13.9 Wie kann organisches Denken i. S. MÖLLERs den Forstbetrieb, insbesondere die Kiefernwirtschaft, befruchten? Das Beispiel Leitlinie Wald Sachsen-Anhalts

Konkrete Schlussfolgerungen aus MÖLLERs Organismusgedanken müssen davon ausgehen, dass MÖLLER mit der Beschreibung des Waldorganismus das Waldökosystem gemeint hat.
THOMASIUS (1996) stellt dazu fest: *„Tauscht man in MÖLLERS Schriften den Begriff ‚Organismus' gegen die 1935 von TANSLEY in die Literatur eingeführte Bezeichnung ‚Ökosystem' aus, so trifft man genau das, was MÖLLER ausdrücken wollte, nämlich die strukturelle und funktionelle Ganzheit dessen, was sich in einem Walde zwischen den untersten Wurzelspitzen und dem oberen Kronendach befindet und mit dessen Umwelt in Wechselwirkung steht."* HOFMANN (1998a) zitiert RAMANN in dessen Nachruf für MÖLLER „Dem geschiedenen Freunde!"
RAMANN (1923) bewertet aus naturwissenschaftlicher Sicht als das Wesentliche von MÖLLERS Lehre *„die Erkenntnis der biologischen Einheit des Waldes in seinen gesamten Beziehungen zum Standort und seiner Organismenwelt."*
HOFMANN (1998a) folgert: *„Damit hat MÖLLER als erster die ökosystemare Betrachtung des Waldes eingeleitet."* Davon ausgehend, muss heute eine ökologisch orientierte Forstwirtschaft nach den aktuellen Erkenntnissen der Waldökologie, insbesondere der Standortserkundung, und nicht nach modischen Glaubenssätzen arbeiten. Eine produktive Forstwirtschaft lässt sich nur mit der Natur und der Nutzung ihrer Gratiskräfte durchführen. In diesem MÖLLERschen Sinne ist zum Beispiel der Leitgedanke der Dauerwald – „Leitlinie Wald" der Forstverwaltung Sachsen-Anhalts angedacht. Mit der Übernahme dieses Leitgedankens hat sich die „Leitlinie Wald" ein tragendes philosophisches Fundament geschaffen.
Diese Leitlinie Wald ist offen gestaltet und lässt bewusst den Raum zur notwendigen Weiterentwicklung und Fortschreibung. Daher sollen am Beispiel des Kapitels

13.9.1 „Grundsätze ökogerechter Waldbewirtschaftung" der Leitlinie Wald Sachsen-Anhalts (1997, 2014), einige Probleme genannt werden, die von einem falschen Verständnis der „Organismusidee" herrühren können.

13.9.2 „Dauerwald"

„Der entscheidende Grundsatz ökogerechter Waldbewirtschaftung ist die Abkehr vom Prinzip des schlagweisen Hochwaldes".
Hier wird die Wurzel für falsche Vorstellungen der angestrebten Dauerwaldwirtschaft sichtbar. Konkrete Schlussfolgerungen aus MÖLLERS Organismusgedanken müssen davon ausgehen, dass MÖLLER mit der Beschreibung des Waldorganismus das Waldökosystem gemeint hat. Das Dauerwaldprinzip wird in der gesamten Leitlinie in seinen Grundsätzen nicht erläutert, sodass sie suggeriert, eine Bestandeswirtschaft z.B. mit Kiefer wäre naturfremd.

Die Urwaldpraxis lehrt das Gegenteil. Der Zentralgedanke der generellen Abkehr vom Kahlschlag in der Leitlinie ist nach den Erkenntnissen der Waldkunde, insbesondere der Standortserkundung und der Naturwaldkunde z. B. aus dem borealen Wald aber auch des Waldbaus nur für den Laubmischwald gültig, der mit Schlusswaldbaumarten den eigentlichen (Langzeit) Dauerwald darstellt. Für Licht- und Pionierwaldbaumarten wie z.B. die Kiefer, die einen immer wieder zu begründenden Kurzzeitwald darstellen, kann eine Abkehr vom schlagweisen Hochwald nur bedingt erfolgen, und das Arbeiten auf der Freifläche ist ökogerecht.

13.9.3 „Lichtbaumarten-Dauerwald"

Es gibt in unserem Klima keinen Lichtbaumarten-Dauerwald, sondern Lichtbaumarten benötigen die Freifläche und keine Dauerbeschirmung.
„Im Dauerwald werden Raum- und Zeitkategorien des schlagweisen Hochwaldes (Hiebszüge, Schlagreihen, Bestandesalter, Umtriebszeiten, Altersklassen u. a.) und ihre Widerspiegelung in Ertragstafeln gegenstandslos."
Hier handelt es sich um eine diskussionswürdige Vorstellung, denn auch ein ökogerechter Forstbetrieb benötigt zur Aufrechterhaltung des Wirtschaftsbetriebes Ertragstafeln, gegebenenfalls Mischbestandstafeln (Lockow 2010). Deshalb ist folgende Feststellung der Leitlinie völlig richtig: *„Solange schlagweise Hochwälder noch existieren – und das wird mindestens noch 100 Jahre der Fall sein – behalten jedoch eine Reihe der Kategorien des Altersklassenwaldes ihre Bedeutung für die Verständigung und Planung".* Standorte, die mit Licht- und Pionierbaumarten bestockt werden müssen, verlangen grundsätzlich nach der Betriebsform des schlagweisen Hochwaldes, sollten sie nicht naturverjüngt werden können.

13.9.4 „Naturnähe und Erfüllung der Waldfunktionen"

„Reinbestände bleiben unter dem Blickwinkel der Naturnähe auf arme trockene Kiefernstandorte, auf die Fichtenstandorte in den Hochlagen des Harzes, auf ausgesprochene Buchenstandorte und einige Sonderstandorte begrenzt."
Die Naturwaldkunde lehrt, Nadelholzbestände können großflächig gleichartig und gleichaltrig ohne Bodenschädigung vorkommen. Die Forstwirtschaft muss dieses Vorbild aus Gründen der Rationalität und Technologie in ökologisch vertretbarem Umfang unter Nutzung des gegenwärtigen Erkenntnisstandes der Waldökologie in einer Bestandeswirtschaft nachahmen.
Sinnvoll ist eine die Natur nachahmende „ökologische Kahlschlagwirtschaft" im Kleinkahlschlag, wie sie Heinsdorf (2003) beschreibt. Mit einer dem Waldgefüge angepassten Durchforstung und der Ablehnung der mechanischen Abstandsdurchforstung bringt sie auch die erwünschte ökologische Stabilität und Betriebssicherheit.

13.9.5 „Der Wald an sich braucht keine Bewirtschaftung."

Hier ist anzumerken, dass die Forstwirtschaft nicht Wälder, sondern Forsten bewirtschaftet, die i. d. R. naturfern sind und im Flach- und Hügelland großenteils auf Standorten stocken, die langzeitig landwirtschaftlich genutzt wurden. Diese Forsten besitzen keine ausreichenden Selbstregulationsmechanismen und sind auf die forstliche Bestandeserziehung angewiesen.
Die Standortserkundung beweist, dass viele Standorte durch eine jahrhundertelange landwirtschaftliche Nutzung geschädigt und deformiert worden sind. Deshalb ist es heute eine Übertreibung des Organismusgedankens i. e. S., sie nicht pflügen, künstlich verjüngen, düngen und mit Bioziden behandeln zu wollen.

13.9.6 „Langfristiger Waldumbau"

Der „langfristige Waldumbau" wird angesagt, ohne dabei dessen unverzichtbare Basis der Standortslehre zu erwähnen. Demzufolge erfolgte dieser Umbau in den letzten 30 Jahren sehr oft verwegen ohne hinreichende Standortskenntnis und oftmals mit Laubholz als Wagnis auf zu schlechten Standorten, sowie mit falschen waldbaulichen Mitteln.

13.9.7 „Standortsabhängige Vielfalt"

Hier wird die „Standortsbezogenheit aller Maßnahmen" gefordert.
Soll eine Leitlinie einen „Waldumbau" herbeiführen, so muss sie auch die Mittel dazu vorstellen, sonst bleibt sie eine Proklamation. Das Literaturverzeichnis offenbart hier ein Vakuum infolge eines weitgehenden Fehlens wichtiger Grundlagenarbeiten der Standorts- und Naturraumerkundung, der Forstökologie oder der Kiefernwirtschaft aus dem nordostdeutschen Raum.

Im Vorwort zur Leitlinie fordert der zuständige Minister Konrad KELLER eine offene Diskussion um die Waldbewirtschaftung. Offenheit im ökologischen wie ökonomischen Sinne bedeutet die Anwendung aller Betriebsformen zusammen mit den dazugehörenden waldbaulichen Maßnahmen – mit dem Ziel einer stabilen, standortgerechten Forstwirtschaft.

Diesbezüglich gilt es ideologisch wertfrei anzuknüpfen an die ökologisch fortschrittliche standortgerechte Forstwirtschaft, wie sie nach THOMASIUS (1992a) 1937 begann und in der DDR ab 1961 mit Unterbrechungen fortgesetzt wurde (THOMASIUS 1992b). Seitdem galt hier das heute fortzusetzende Bemühen, standortgerechte Bestände aufzubauen. Das wesentlich Neue dieser Forstwirtschaft besteht darin, dass sie nach einer hoch entwickelten Standortserkundung arbeitet. Diese Erkundung gibt einem ökologischen Waldbau die entscheidenden Empfehlungen über den Fruchtbarkeitszustand der Standorte. Sie tut dies, indem sie die waldbaulich entscheidende Zustandsfruchtbarkeit des Oberbodens als labile, waldbaulich veränderbare Standortseigenschaften als Humusform unabhängig von den geologisch bedingten, stabilen Standortseigenschaften kartiert. Diese Fruchtbarkeitskartierung sollte periodisch parallel zur Forsteinrichtung erfolgen und ermittelt dann genau das, wonach MÖLLER strebte, den höheren Grad der Entwicklung eines gesunden Waldökosystems („Waldorganismus"). Hier wurde das organismische Denken MÖLLERS von der Wechselwirkung zwischen Bestand und Boden aufgenommen und dem praktischen Waldbau zur Verfügung gestellt.

Darüber hinaus gilt es, einen Waldbau zu forcieren, der sich nach dem Charakter der Naturräume entwickelt. Diesbezüglich hat die Standortserkundung der Neuen Bundesländer eine Naturraumkartierung durchgeführt, deren Einheiten nach der geologischen und waldgesellschaftlichen Verwandtschaft gebildet sind und damit dem Waldbau den Aufbau ganzheitlicher Forstökosysteme ermöglicht (HOFMANN 2010). Sie hat damit in der Tat MÖLLERS Erbe angetreten, denn sie betrachtet den Wald weder nur als technische Bestandeseinheit nach Bestandesdaten noch aus dem Blickwinkel einer Einzelstammwirtschaft nur mit dem Blick auf die jeweilige Hauptbaumart. Stattdessen sieht sie das Ökosystem Wald als Verbund von Bestandesgesellschaft mit dem Standort in den jeweiligen, forstgeschichtlich beeinflussten Entwicklungsstadien. Daraus werden dann Schlussfolgerungen für den ökologischen Waldbau gezogen. Eine der dringendsten Schlussfolgerungen für eine ertragreiche Forstwirtschaft auf den armen bis mäßig nährstoffversorgten Sandstandorten Nordostdeutschlands lautet – Ein Wiederbeginn der Wirtschaft mit Kiefer ist nötig. Er sollte i. d. R. im Kleinkahlschlag mit ökologisch und gesetzlich vertretbarer Größe erfolgen, aber auch die Naturverjüngung dort nutzen, wo sie sich auf armen, degradierten Standorten anbietet. Diese Wirtschaft ist zugleich eine der notwendigen Antworten auf die Stressprobleme des „Klimawandels". Hinsichtlich der Kiefern-Dauerwaldwirtschaft ist dringend die negative Erfahrung aller vorausgegangener Generationen zu beachten. Es lässt sich generell keine Kiefernwirtschaft auf der Basis der Naturverjüngung führen, weil die Kiefer ein herausragender Pionier und keine Dauerwaldbaumart ist, die i. d. R. den Standort für andere Baumarten nicht aber für sich selbst vorbereitet!

DENGLER (1937) hat in seiner „Zeitwende im Waldbau?" bereits bei den Süddeutschen um ein Verständnis für diese naturräumlich bedingte Notwendigkeit geworben - ebenso wie auch heute die Einsicht Platz greifen muss, dass in Nordostdeutschland sehr oft die Vielfalt der west- und süddeutschen Waldgefüge unerreichbar ist. Das betrifft besonders den altpleistozänen, subkontinentalen Naturraum und das ökologische wie ertragskundlich gleichermaßen gefährliche wie schädliche Aufhacken intakter Kiefernbestände auf reinem Sand zum Zwecke der „Waldumwandlung". Diese Zerstörung der Waldgefüge ist gerade das, was MÖLLER dem „Waldorganismus" ersparen wollte.

13.10 Die Vereinbarkeit von Standortserkundung und naturnaher Waldwirtschaft

Kopp (1999) beabsichtigt mit seinem Beitrag „Naturraum angepasste naturnahe Waldentwicklung" das Verhältnis Standortserkundung zur naturnahen Waldwirtschaft ins Gespräch zu bringen. ***„Die Standortserkundung ist ihrem Wesen nach darauf ausgerichtet, flächendeckend anwendbares Wissen zu vermitteln, wie sich der Waldbau ökologiegerecht an den Naturraum anpassen muss. Ökologiegerecht soll heißen: unter Wahrung und Mehrung der Funktionstüchtigkeit einschließlich der nachhaltigen Bioproduktivität. Sie vermittelt Anpassungswissen nicht Ausbeutungswissen (wie BODE 1994, 1997 argwöhnt)."***

Hätte sie Ausbeutungswissen vermittelt, so hätte sie für die Ausnutzung der Standorte durch Entwässerung, tiefgreifende Bodenbearbeitung, Kompensationskalkung gesorgt. Stattdessen kartiert sie Fremdstoffeinträge und Umweltschäden und kritisiert eine rein gewinnorientierte naturfremd technisierte Forstwirtschaft. Wie auch

G. 1.2 Abriss standortskundlicher Entwicklungsgeschichte

Eine wesentliche Grundlage für die Bestimmung der Bestockungszieltypen sind standortskundliche Kenntnisse. F. W. L. Pfeil war es, der die herausragende Bedeutung des Bodens (Standorts) mit der These hervorhob: ***„Der Nationalreichtum eines Volkes entspringt dem Boden".*** Seine Idee, den Standort im Waldbau stärker zu beachten und die Forsteinrichtung mit diesem zu verbinden war fast revolutionär. Er forderte bereits 1857 eine Bodenkartierung (Schulze 2004).

Wilhelm Pfeil hat in der 1. Hälfte des 19. Jh. zu Beginn der forstlichen Lehre in Eberswalde auf den Zusammenhang zwischen Standort und Waldwachstum hingewiesen. Auf seine Anregung erfolgte durch Julius Theodor Grunert und dann durch Bernhard Dankelmann im Rev. Liepe eine intensive Bodenkartierung mit bis zu 3 m tiefen Bodengruben und einer Bodenbeschreibung, die die unterschiedlichen Bodenarten erfassten.
So ist es nicht verwunderlich, dass die forstliche Lehr- und Forschungsstätten Eberswaldes eine hohe Bedeutung für die Entwicklung der Standortserkundung des Tieflandes besitzt.
Hier sind E. Ramann W. Wittich und F. K. Hartmann zu nennen, ohne dabei die hohen Verdienste anderer Forschungsstätten, wie Jena und Tharandt, zu vergessen. In den 1930-er Jahren wurden in Eberswalde Beispielkartierungen der kombinierten bodenkundlich-vegetationskundlichen Methode durchgeführt, wie sie auch heute die Basis der Forstwirtschaft nach „Eberswalder Schule" darstellt. An dieser Kartierung war bereits A. Scamoni beteiligt. Nach Ausbruch des Zweiten Weltkrieges gab es eine *„Dienstanweisung zur Standortserkundung auf den Aufforstungsflächen diluvialen Ursprungs in den eingegliederten Ostgebieten"* (DAST). Damit wurde eine Wiederbewaldung versteppter Böden angestrebt. Nach 1945 kam die DAST in Vorpommern zum Einsatz.
Das Buch „Eberswalde 1953 – Wege zu standortgerechter Forstwirtschaft" (Wagenknecht et. al. 1956) brachte zum Ausdruck, welche hohe Bedeutung die Standortserkundung für die Forstwirtschaft im nordostdeutschen Tiefland besaß. Seit 1950 wurde in Eberswalde angewandte Standortserkundung betrieben und 1958 eine Entwicklungsgruppe für forstliche Standortserkundung im Tiefland gegründet, die besonders durch die Leistungen von D. Kopp hervortrat.
Die regionalen Entwicklungen auf dem Gebiet der heutigen Neuen Bundesländer mündete 1955 in der Bildung des Instituts für Forsteinrichtung und Standortserkundung Potsdam.
Daraus entstand 1967 der VEB Forstprojektierung Potsdam, der bis 1990 bestehen blieb. Seine Aufgabe als Stabsorgan war das Durchsetzen von Planung, Inventur und Kontrolle. Diese Entwicklung zeigt, welche große Bedeutung der Standortserkundung als Grundlage für eine rationelle Forstwirtschaft in einem langen Zeitraum beigemessen wurde und erklärt auch, dass dabei ein sehr hoher Entwicklungsstand erreicht werden konnte. Im internationalen Methodenvergleich schnitt das kombinierte Verfahren der DDR hervorragend ab. Der Aufbau der Waldbestände in den heutigen Neuen Bundesländern wurde bis zum Beitritt zur Bundesrepublik Deutschland zunehmend auf dieser Grundlage vorgenommen.
Danach setzte sich diese Entwicklung in dieser Weise nicht mehr fort, weil neue forstpolitische Ideen Fuß fassten. In Sachsen-Anhalt setzte z. B. ein überoptimistischer Laubholzanbau ein, ohne dass hierbei die Erfahrungen der Standortserkundung, wie sie in den Standortskarten und den dazugehörigen Erläuterungsbänden für die StFB niedergelegt sind, ausreichend genutzt wurden. Im Ergebnis lassen sich verbreitet misslungene Kulturen oder minder produzierende Flächen finden, deren großer Umfang durch eine Inspektion mit Stichprobenverfahren zu erkunden wäre.
Die Erfahrungen der flächendeckenden Standorts- und Naturraumerkundung werden im Buch am Beispiel der BZT für den Hohen Fläming dargestellt. Ein Vorbild hierfür bildet eine ursprünglich von der Standortserkundung angeregte Baumartenoptimierung auf dem Gebiet der ehemaligen DDR (Kopp, Brost 1964; Flöhr, Kopp, Wünsche 1968; Flöhr, Hengst, Kopp, Lembcke, Schwanecke, Wünsche 1969). Sie ist auch hinsichtlich eines leistungsoptimierten Umfangs des Kiefernanbaus beispielgebend. Heute wäre sie durch eine besondere Wichtung der Erscheinungen der Neuartigen Waldschäden und des Klimawandels zu modifizieren.

G. 1.3 Beginn der Eberswalder Standortserkundung in Bärenthoren

1921 schrieb der Bodenkundeprofessor Albert darüber, dass im Zusammenhang mit der Bestandesaufnahme in Bärenthoren in Absprache mit der Bodenkunde ganz bewusst und zielgerichtet von Oberförster Semper Bodenuntersuchungen und die Forsteinrichtung durchgeführt worden sind. Hier finden sich Wurzeln für die Entwicklung der Standortgerechten Forstwirtschaft in Norddeutschland. Die Bodenanalysen wurden dann in den Jahren des Ersten Weltkrieges ausgewertet. Die Bodenuntersuchungen wurden nach den Bestandesleistungen auf schwache, mittlere und gute Standorte verteilt. Die Untersuchungen ergaben bereits damals, dass die Bärenthorener Waldböden einen *„weit verbreiteten Typus norddeutscher Diluvialsande darstellen, der sowohl seiner stofflichen Zusammensetzung nach als auch insbesondere seiner physikalischen Eigenschaften nach keineswegs besonders günstig beschaffen ist, wird er doch gerade bezüglich der letzteren von den meisten Talsanden wesentlich übertroffen. Ein umso dankbareres Objekt waren diese stark durchlässigen und noch dazu in einem niederschlagsarmen Gebiet gelegenen Sande, für die intensive Pflege, die ihnen durch die Bärenthorener Wirtschaftsweise zuteilwurde. Schließlich darf aber auch*

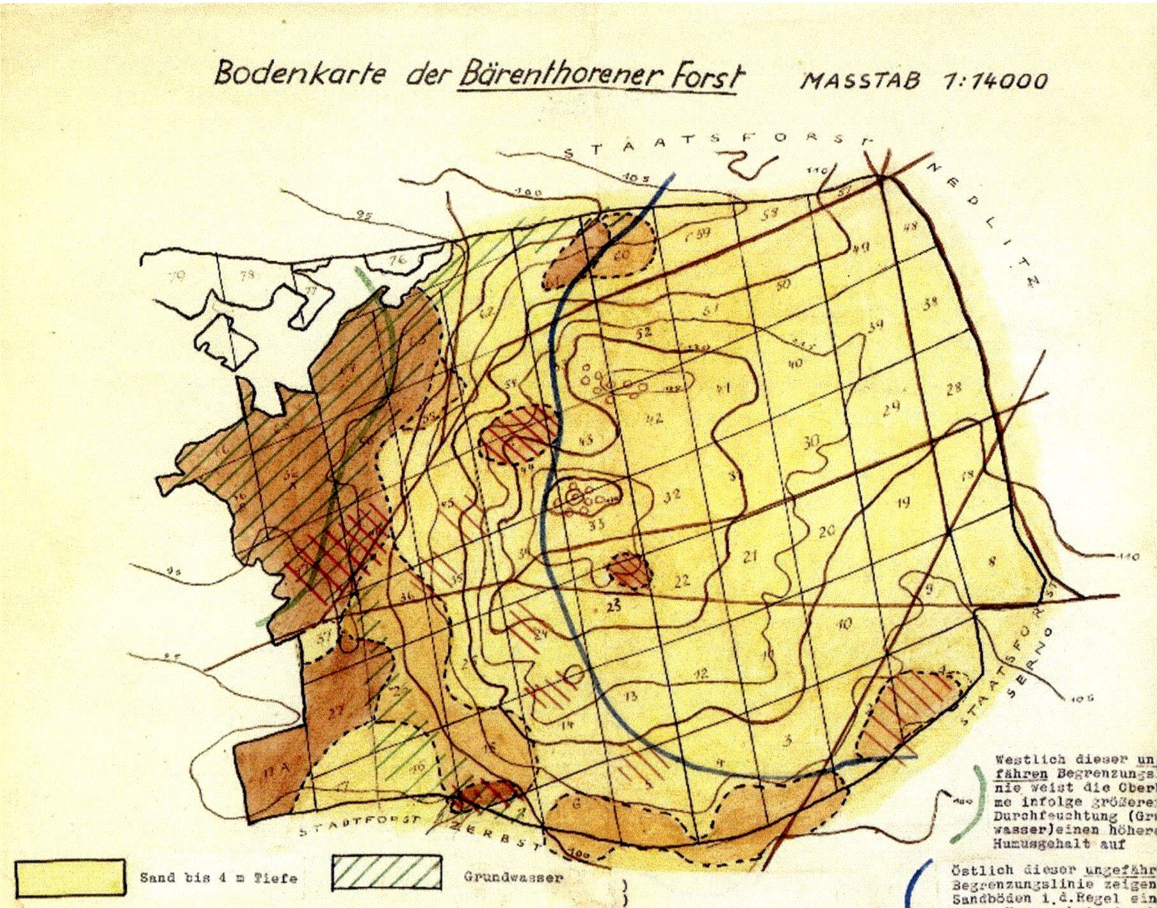

Abb. 83: *Bodenkarte Bärenthorens ca. 1914, Fundus Wiedemann Bibliothek FH Eberswalde*

nicht unerwähnt bleiben, daß vielleicht gerade das durch Klima und physikalische Bodenbeschaffenheit bedingte Fehlen dicht geschlossener und ungünstiger lebender Bodendecken die Wirtschaftsweise des Herrn von Kalitsch wesentlich erleichtert und insbesondere das Gelingen der Naturverjüngung sehr begünstigt hat. Denn gerade in dem Auftreten einer üppig wuchernden und den Boden meist völlig verschließenden Beerkrautflora haben wir in großen Gebieten Norddeutschlands die unerwünschteste und am schwierigsten zu bekämpfender Begleiterscheinung reiner Kiefernbestände zu erblicken. Damit soll aber keineswegs die Übertragbarkeit der Bärenthorener Wirtschaftsweise auf das gesamte norddeutsche Kieferngebiet etwa in Abrede gestellt werden, sondern es soll nur darauf hingewiesen werden, daß die dabei zu überwindenden Schwierigkeiten vielerorts erheblich größer sein werden, als dies in Bärenthoren der Fall war. Ungeschmälert bleibt dadurch das große und bleibende Verdienst des Herren von Kalitsch, der forstlichen Praxis einen mit einfachen Mitteln gangbaren Weg gewiesen zu haben, um durch systematische und zielbewusste Bestandes- und Bodenpflege die Erträge zu steigern. Nebst anderen in neuerer Zeit hat er damit dem Waldbesitzer wie dem Forstbeamten wieder die Tatsache vor Augen geführt, daß ohne Bodenpflege rationelle Waldwirtschaft auf Dauer unmöglich ist. So mögen ihm denn diese Untersuchungen als ein Zeichen der Hochschätzung und Anerkennung seitens der Wissenschaft vom Boden gewidmet sein (Albert 1921)."

Der Bodenkundler Albert offenbart erneut, wie traditionell und kennzeichnend die Lehre vom Standort für die von Pfeil begründete Lehrstätte Eberswalde ist. Albert beschreibt den Charakter der Bärenthorener Forstwirtschaft ausgehend vom Boden richtig. Er ermittelt so auch den Weiserwert der Bärenthorener Waldwirtschaft. Es wird deutlich, dass wir mit der Weiterentwicklung der Forstlichen Standortserkundung diesen Weg ohne ideologische Abweichung weiter gehen müssen. Namhafte Forstleute sind in Eberswalde diesen Weg gegangen. Die Assistenten von Professor Dengler (*1944 Waldbau auf ökologischer Grundlage*) sowie von Professor Wiedemann (*1925 Die praktischen Erfolge des Kieferndauerwaldes*), die Professoren Scamoni, Wagenknecht und Ertelt sind diesen Weg nach dem Zweiten Weltkrieg weiter gegangen. Damit verglichen ist der aktuelle Trend in der Forstwirtschaft nicht vorbildlich, weil er nicht bodenständig wissenschaftlich nachhaltig ist.

Anstatt auf dem standortskundlichen Kenntnisstand aufzubauen, setzt er auf ständig wechselnde modische Projekte und verschmäht alte entscheidende Erfahrungen.

Die Bodenkarte Bärenthorens **Abb. 83** zeigt bereits vor dem I. Weltkrieg alles Wesentliche für das Verständnis der Bärenthorener Forstwirtschaft, die Professor Möller eine Dauerwaldwirtschaft nannte. Sie zeigt eine geschwungene starke Linie, die im Prinzip einen Endmoränenverlauf zeigt. Östlich davon wird der dunkel-humose Oberboden der Eschböden beschrieben und westlich davon der normal humose Boden gezeigt. Östliche befindet sich der Dauerwaldteil, weil er die Kiefernnaturverjüngung mit seinem saatbeetartigen Humusreichtum (Esch) befördert. Zudem ist die moosreiche Vegetation kein Hindernis für den Samenanflug. Westlich der Linie finden sich Böden mit Lehmunterlagerung und Tieflehm. Sie haben eine bessere, aber anflughemmende Vegetation und ermöglichten daher auch nicht die Naturverjüngung des Pioniers Kiefer, die eine dystrophe Bodenoberfläche und -vegetation benötigt. An diesen Gegensätzen war zeitig das Wesen des Kieferndauerwaldes zu erkennen – nur das Vorwaldstadium am Beginn der Waldstadienentwicklung. Der Dauerwaldstreit wäre damit auf der Basis der Erkenntnisse der Standortserkundung zu vermeiden gewesen! Es hätte erkannt werden können, dass die Dauerwaldwirtschaft des östlichen Revierteils durch die typische Bärenthorener Boden- und Bestandespflege in Richtung ähnlicher Humusformen wie im Westteil verbessert und damit die Dauerwaldwirtschaft mit ihrer Naturverjüngung weitgehend ausschließen muss.

G. 1.4 Forstpraktische Bedeutung der „Eberswalder Schule"

In Eberswalde waren ehemals Forschung und deren praktische Anwendung sowie akademische Ausbildung auf den Norden Deutschlands von der Elbe bis zum ehemaligen Ostpreußen ausgerichtet und strahlten bis in den baltischen Raum aus. Allein diese universitäre Ausbildung führte in den Höheren Dienst. Damit besaß sie einen entscheidenden Einfluss auf die Entwicklung und den Charakter der Forstwirtschaft bis in die jüngste Zeit. Im fachlichen Disput mit der Dauerwaldbewegung, die kritisch von der „Eberswalder Schule" sprach, entwickelte sich der Ehrenname von der „Eberswalder Schule" (Wagenknecht 1994). Das regionale Grundprinzip führte auf einem langen Entwicklungsweg zur standorts- und naturraumgerechten Forstwirtschaft. Diese Spitzenleistung vieler verdienstvoller Forstleute ermöglicht eine ganzheitliche regionale ökologische Forstwirtschaft auf naturräumlicher Grundlage, gekennzeichnet durch die Gleichgewichtigkeit von Bestandes- und Bodenpflege.

Damit steht der Forstwirtschaft ein praktikables, in sich geschlossenes und vor allem unter den jeweiligen Bedingungen langfristig erfolgreich erprobtes und laufend vervollständigtes Arbeitsmodell zur Verfügung. Es bietet die Garantie, alle Betriebsformen von der Einzelstammwirtschaft bis zur Bestandeswirtschaft betriebswirtschaftlich erfolgreich anzuwenden, denn es ist für alle anbauwürdigen Baumarten auf die standörtlichen und allgemeinen Verhältnisse des nordostdeutschen Tieflandes eingerichtet. Es geht davon aus, dass der Standort die Baumartenzusammensetzung und diese wiederum nüchtern und wertfrei die Betriebsform vom Plenterhieb bis zum Kahlschlag bestimmt. Damit wurde der Praxis ein vertrauenswürdiges und zuverlässiges Arbeitsmittel gegeben. Die Voraussetzung dafür ist natürlich der ständige Kontakt mit der Praxis sowie deren umfassende Information über die Grundprinzipien und die Fähigkeit zu ihrer Anwendung unter den konkreten Bedingungen.

G. 1.5 Die aktuelle Situation – der zunehmende Verlust des Leitgedankens von der Standortgerechtigkeit

Oft besteht heute ein Irrtum darin, dass die „naturgemäße" Forstwirtschaft nur mit natürlichen Mitteln arbeiten müsse. Auch deshalb reicht der „Eberswalder Schule" der Begriff „naturgemäß" nicht für eine moderne Forstwirtschaft aus. Denn es gibt sehr viele notwendige forstwirtschaftliche Methoden, die durchaus nicht naturgemäß, aber auch nicht „naturwidrig" sind, wenn sie standortgerecht angewandt werden. Das trifft besonders für die vielen Standorte zu, die vom Menschen in ihren potenziellen und aktuellen Eigenschaften so stark verändert wurden, dass die Frage nach der Natürlichkeit schwerlich gestellt werden kann!

Auf ihnen ist ein Arbeiten allein auf der Basis der natürlichen Waldentwicklung ausgeschlossen.

Gegenwärtig existiert eine Auseinandersetzung über grundsätzliche Begriffe. Es gibt ohne kritische Reflexion einen Wetteifer im Gebrauch der Begriffe „öko, naturgemäß, naturnah, natürlich, bis nachhaltig". Modische Wörter werden gerne in den Sprachgebrauch übernommen. Eine kompromittierende Fachsprache macht sich breit, während sich ernsthafte Fachleute um Begriffe und um notwendige schlüssige Konzepte eines zeitgemäßen Waldbaus bemühen.

Die Eberswalder Fakultät wurde im Jahr 1963 aufgelöst und die letzten Eberswalder Hochschulabsolventen sind längst aus dem Dienst ausgeschieden. Es trat nach 1990 ein Wandel in der praktischen Ausrichtung der Forstwirtschaft in Nordostdeutschland ein, der hinsichtlich der Lichtbaumarten Kiefer und Eiche deutlich wird. Der Autor konzentriert sich bewusst aus der Sicht des Praktikers und Anhängers der standorts- und naturraumgerechten Forstwirtschaft auf Probleme im südbrandenburgischen, altmärkischen und Flämingklimagebiet, die durch die Nichtbeachtung der „Eberswalder Schule" entstanden sind. Hier offenbart sich die enorme Problematik des Abwandelns forstwissenschaftlicher Erkenntnisse und Denkweisen besonders charakteristisch am Beispiel der Kiefernbewirtschaftung und seiner einschneidenden betriebswirtschaftlichen Folgen.

1990 begann eine Periode des Wechsels oder Aussetzens von Leitlinien, die einerseits richtigerweise von einer nadelholzbetonten Forstwirtschaft wegführt, aber andererseits auch diesen Wandel in Richtung Laubholz übertrieb. Nach Bundesländern unterschiedlich betroffen sind es hier die Waldgesetze, Waldleitlinien, Waldpflege- und Bewirtschaftungsrichtlinien, Förderrichtlinien und Zertifizierungen. Wichtige Grundzüge der standorts- und naturraumgerechten Forstwirtschaft wurden durch rein laubholzbetonte Erfahrungen aus der alten Bundesrepublik überdeckt. Das gilt besonders für einen Waldbau, der die geringen Niederschläge in großen Teilen dieses Gebietes in Rechnung stellen und daher die Kiefer angemessen berücksichtigen muss. Die Problematik betrifft aber auch eine Waldpflege, welche die Auswirkungen des Klimawandels und der Immissionen sowohl für Laub- als auch für Nadelholz berücksichtigt. Auf einen Nenner gebracht macht sich der Einflussverlust der Eberswalder Erfahrungen besonders dadurch bemerkbar, dass die neu herausgegebenen Leitlinien an einem strengen Bezug auf den Standort und die Bodenpflege verloren haben. In Sachsen-Anhalt ging diese Abkehr so weit, dass einzelne einflussreiche Stimmen davon sprachen, dass die forstliche Standortserkundung als „Geheimwissenschaft" durch den „forstlichen Götterblick" ersetzbar und die standortgerechte Forsteinrichtung eigentlich eine „Nebelkiste" sei.

Damit einher geht insbesondere ein Verlust im Verständnis für die ökologische Konstitution der Lichtbaumarten Kiefer und Eiche, die nach Betriebsformen der Freifläche oder des lichten Schirmes verlangen. Daraus resultierten kostspielige Fehler im Waldumbau, eingeschlossen die Förderrichtlinien für den Privatwald, sowie in der nachhaltigen Waldpflege ganz allgemein. In der Folge fehlt der Praxis ein fortschrittliches, geschlossenes, ganzheitliches System an erprobten Leitlinien für eine rationelle Forstwirtschaft. Die Ausrichtung des Betriebes auf definierte

Wirtschaftsgrundsätze wird gefährdet. Besonders in der gegenwärtigen Periode des ständigen Strukturwandels der Forstverwaltungen wäre aber das Vorhandensein dieser Fundamente die Grundvoraussetzung für den Erfolg dieser Strukturreformen. Diesbezüglich wird hier angesichts der zunehmenden Waldschäden zugleich der folgenschwere strukturbedingte Mangel an der **Waldhygiene** deutlich.
Das Fehlen der althergebrachten funktionierenden Strukturen mit einem bodenständigen Personalstamm beendete die saubere Kultur als Basis der Waldhygiene. Strukturbedingt fehlt daher die ständige Kontrolle der Waldbestände auf Schädlingsbefall oder wird vernachlässigt. Fangbäume wurden nicht gefällt, fängisches, bruttaugliches Schlagholz, Schwache, Kranke und Käferbäume wurde dem Wald belassen. Kiefernbestände wurden jahrzehntelang nicht durchforstet. Daher entwickeln sich die Bestände aus einer zu hohen Zahl von gedrängt gewachsenen, schwachen Stämmen mit kleinen Kronen. Sie besitzen ein ebensolches schwaches, zu wenig tiefgreifendes und wassererreichendes Wurzelwerk. In den aktuellen Dürreperioden und bei fehlender Winterfeuchtigkeit leiden diese Stämme unter Schädlingsbefall. Sie sterben ab und destabilisieren den Gesamtbestand, in dem sie Bestandeslöcher als Eingangspforten für weitere Schädlinge und Wetterextreme schaffen.
So beginnen großflächige Waldschäden. Nähme die Forstpolitik die Klimaprobleme tatsächlich ernst, müsste sie längst mit Hilfe eines deutlich aufgestockten bodenständigen und qualifizierten Forstpersonals dieser Entwicklung entgegengetreten sein. Waldhygiene wird dann nachhaltig wirksam, wenn sie die Förderung und Steuerung der natürlichen Selbstregulation bewirkt. Das kann nur auf der Basis der Kenntnis des Standortes und seines aktuellen Zustandes erfolgen. Je nach Standortszustand erfolgt die Waldhygiene über die Bestandespflege unterschiedlich. Denn der Grad der Abweichung des Bestandeszustandes vom Natürlichkeitsgrad der Waldgesellschaft und vor allem die Abweichung des Oberbodenzustandes von der ursprünglichen Standortspotenz bestimmen den Charakter der Bestandespflege. Die Standortserkundung dient nicht allein der Baumartenwahl sondern u.a. auch der Waldhygiene! Allein mit der löblichen systematischen positiven Grundeinstellung, die Waldhygiene über den Mischwald umsetzen zu wollen, ist es nicht getan. Weit verbreitete, degradierte, umweltgeschädigte und arme Standorte tragen keinen Mischwald in der Form der Baumartenmischung, auch wenn der Glaube daran stark ist. Hier hilft allein auf der Basis arbeitsfähiger Forststrukturen eine saubere Wirtschaft einzuhalten.
In Nordostdeutschland überwiegt die Kiefernforstwirtschaft bei weitem. Im kartierten Gebiet des Hohen Flämings liegt der standörtliche Flächenschwerpunkt mit 67,5 % auf der Nedlitzer Sand-Braunerde. Sie verkörpert mit einer FBZ 38 die schwache Nährstoffmitte, mit dem Schwerpunkt der Kiefernkultur. Das hat standörtliche, kulturgeschichtliche und betriebswirtschaftliche Gründe. In diesem Ausmaße muss der Zustand nicht bestehen bleiben, denn beginnend mit den besseren Standorten mittlerer Trophie (M2+) sind die Kiefernreinbestände differenziert nach Wuchsgebieten in Laub- Nadelholzmischbestände umzuwandeln. Auf großer Fläche bleibt die Kiefer aber unwiderruflich der Brotbaum des Nordostens und muss artgerecht weiter bewirtschaftet werden. Deshalb ist der Verlust wesentlicher Grundsätze der erprobten Eberswalder Erfahrungen sehr bedenklich (z. B. Eberswalder Auslesedurchforstung). Statt das oberste Gebot des Geschlossenhaltens und Einhaltens des optimalen Grundflächenrahmens der Kiefernbestände unter der aktuellen Klima-Stresssituation zu berücksichtigen, wurden und werden gegenwärtig viele Bestände unter Nichtbeachtung der ungeeigneten Standortszustände zu Gunsten von Laubholzvoranbauten oder vergeblich erhoffter Kiefern-Naturverjüngungen aufgelichtet. Der Kiefernanbau dagegen wurde nun bereits auf deutlich über einer Altersklasse ausgesetzt, weil der Kahlschlag verpönt ist. Die Beachtung der standortgerechten Forstwirtschaftlehre hätte darüber aufgeklärt, dass der Standort nicht allein nach seiner Stammfruchtbarkeit als fester Planungsgröße behandelt werden kann, sondern dass der umweltbedingte Fruchtbarkeitszustand (z.B. Eutrophierung, Degradierung, Trockenperioden) eine entscheidende waldbauliche Bedeutung besitzt. Es wurden besonders die waldbaulich wichtigen Oberbodenzustände nicht berücksichtigt. Trotz für den Laubholzanbau ausreichender Stammfruchtbarkeit hätten verschlechterte Oberbodenzustände oftmals zum Kiefernanbau führen müssen.
Darüber hinaus blieb oft unberücksichtigt, dass die ehemalige, Jahrhunderte währende landwirtschaftliche Nutzung viele Böden degradierte, erodierte, deformierte oder tlw. auch eine Grundwasserabsenkung bewirkte. Deshalb müssen diese Standorte ganz besonders im kontinental beeinflussten, regenarmen südmärkischen Klima weiterhin mit der Pionierbaumart Kiefer bewirtschaftet werden. Hier fällt eine Mode auf, die den Kahlschlag missbilligt. Sie versucht gegen die Ökologie und deshalb unter betriebswirtschaftlichen Verlusten, auf trockenen und geringeren Standorten mit unklaren Waldbaumethoden am Kahlschlag und damit an der Kiefer vorbeizukommen. Hier setzt der Einfluss Eberswaldes gänzlich aus, der die ökologische Arteigenheit der Kiefer bei der Betriebsform berücksich-

tigte, mit Hilfe des Kahlschlags die Verjüngungsfreudigkeit der Kiefer nach Brand nachahmend zu benutzen. Auch die Waldentwicklungsstadien, in denen die Kiefer anfliegt, sind mit ihren dystrophen und armen Humusformen als Lehrbeispiel hinlänglich umschrieben. Damit sind die vergeblichen Versuche zur Naturverjüngung der Kiefer auf eutrophierten, vergrasten Flächen auf eine vollkommene ökologische Unkenntnis zurückzuführen.
Bezüglich des betriebswirtschaftlichen und ökologischen Aspektes der Pflege und Umwandlung der Kiefernbestände beachten die Vertreter der „Eberswalder Schule" nicht nur den Standort, sondern auch genetische Grundlagen. Die im Revier Chorin begründete Eberswalder Auslesedurchforstung beachtet, dass die Kiefer entsprechend ihrer ökologischen Konstitution bestandesmäßig und nicht einzelstammweise zu behandeln ist.
Das heißt: mit höherer Stammzahl der phäno- und genotypisch definierten a- und a/b-Typen den Bereich der optimalen Grundfläche einzuhalten. Das modisch gewordene, bestandesauflösende einzelstammweise Nutzen von Zielstärken, welches das ohnehin umweltgefährdete Bestandesgefüge auflöst, ist fachlich nicht vertretbar. Die Untersuchungen in Eberswalde weisen auf die Gefahr der Auflösung der Waldgefüge hin, die von der starken Durchforstung zugunsten einer stammzahlärmeren Wirtschaft mit b-Typen ausgeht.
In diesem Zusammenhang fällt auch eine üblich gewordene betriebswirtschaftliche Widersprüchlichkeit auf. Die defizitären Forstverwaltungen müssen verständlicherweise die Erträge steigern. Wenn sie aber stammzahlarm auf den falschen Kieferntyp b uneingedenk der alten und neuen Erkenntnisse wirtschaften und dabei obendrein die Produktion von Qualitätsholz vernachlässigen, können sie ihr Ziel nicht erreichen. Nur die Berücksichtigung der bekannten, langfristig bewährten Erfahrungen der standorts- und naturraumgerechten Forstwirtschaft hätte zum Ziel geführt.
Diese gefährliche Wirtschaftsweise führt besonders in der aktuellen Umweltsituation zu Mindererträgen und insbesondere zu einer gravierenden Instabilität der Bestände durch Vergrasung, Kalamitäten und Sturmschäden. In Eberswalde wurden bewährte bestandesweise Betriebsformen entwickelt, den Holzeinschlag unschädlich zu erhöhen, wenn die Kiefernbestände den maximalen DGZ überschritten haben. Dabei geht es entsprechend der natürlichen Lebensweise der Kiefer in erster Linie um ökologisch vertretbare Kahlschläge und nicht um bestandesauflösende Zielstärkennutzungen. Die Eberswalder Auslesedurchforstung führt zu gleichmäßig aber differenziert gepflegten Waldgefügen. Je nach den standörtlichen Voraussetzungen arbeitet sie entweder im Wertholzbetrieb mit feinastigen, schmalkronigen Kiefern (a- und a/b-Typ), in denen eine Zielstärkennutzung Illusion ist, oder sie geht auf Standorten mit vorherrschendem b-Typ zum Massenholzbetrieb über. Diesbezüglich kommt es aktuell oft zu dem Kardinalfehler, die Kiefer nicht artgerecht und nachhaltig bestandesweise zu bewirtschaften. Sollte es nicht vordringlich sein, sich wieder eingehend mit den arteigenen Vor- und Nachteilen der Kiefer und den ökologiegerechten Formen ihrer Bewirtschaftung zu beschäftigen und nicht nur einseitig vermeintliche Nachteile in den Vordergrund zu stellen!? Die Eberswalder standortskundliche und waldbauliche Erfahrung ist im Sinne der bestandesmäßigen Kiefernbewirtschaftung die bewährte Garantie für die Einhaltung der Nachhaltigkeit.
Hinsichtlich der Kiefernbestände entscheidet der Standort und sein Zustand darüber, mit welcher Durchforstung die Kiefer weiterbewirtschaftet oder ob eine Umwandlung in Laubholzmischbestände notwendig wird. Beginnend mit den besseren mesotrophen Standorten (z. B. M1, M2+) und Moderhumusformen ist diese Umwandlung nötig und möglich. Hier und nur hier kann der Bestand auf dem Wege der Zielstärkennutzung zum Voranbau und Unterbau vorbereitet werden. In nicht umwandlungsfähigen Kiefernbeständen mit schlechteren Standortbedingungen führen Zielstärkennutzungen zu den schädlichen Sortimentshieben. Hier muss weiterhin bestandesmäßig gewirtschaftet werden. Trotz des Fehlens von Erfahrungen aus der Urwaldpraxis wird aktuell gerne ein naturgemäßes Wirtschaften vorgegeben. Die Kenntnis natürlicher Waldgefüge, wie sie bestandesmäßig in Naturwäldern nach Waldbränden entstehen, ließe die Widerstände gegen eine standortgerechte Bestandeswirtschaft überwinden. Im Bemühen am ideologisch negativ bewerteten Kahlschlag mit Sortimentshieben oder Zielstärkennutzung vorbeizukommen, wurden geschlossene, stabile Kiefernbestände aufgelichtet und damit unter den herrschenden Umweltproblemen ihrer schleichenden Auflösung überantwortet. Die kahlschlagsfeindliche Ideologie führte zu Großkahlflächen entgegen der gesetzlichen Verpflichtung!
Die ganzheitliche standorts- und naturraumgerechte Forstwirtschaft aus Eberswalde beinhaltet Grundlagen zur langfristig-ökologischen Waldumwandlung, in der eine Bewertung der Anbaufähigkeit der Nadel- und Laubhölzer vor allem aus standortskundlicher und der waldgesellschaftlichen Sicht erfolgt. Ohne die Landeskulturgeschichte und Standortskunde zu berücksichtigen, fasst dagegen heute oft ein Glauben Fuß, die Kiefer sei die Ursache für die Degradierung der Landschaft. Es ist aber belegt, dass die Kiefernausbreitung überwiegend die Folge der Zerstörung

der Landschaft durch eine unpflegliche Agrarkultur mit einseitigen Wirtschaftsanforderungen war (Greger 2013, 2015).
Es entstanden Standorte, die aus betriebswirtschaftlicher Sicht nicht mehr laubholztauglich sind. Deshalb ist es angeraten, mit diesem landeskulturellen Erbe ökologiegerecht ohne Naturtümelei umzugehen!
Die Chance einer Regeneration zur Laubholztüchtigkeit dieser Standorte lässt sich vom ergebnisreichen Versuchswesen Eberswaldes für die Klimate Nordostdeutschlands ableiten.
Ein Waldbau, welcher der Immission und dem Klimawandel Rechnung trägt, kann zur biologischen Regeneration der degradierten Standorte nicht allein mit der außerordentlich geringen Anzahl von Gehölzen des mitteleuropäischen Raumes auskommen. Er muss aus dem vielfachen Angebot von ausländischen Baumarten aus vergleichbaren Wuchsgebieten besonders Nordamerikas das auswählen, was im Eberswalder Versuchswesen problemlos und oft über 100 Jahre erfolgreich war. Deshalb ist in einer seit dem Mittelalter stark veränderten Landschaft eine Ausländerphobie in der heimischen Forstwirtschaft nur aus Sicht der Romantik verständlich.
Die „Eberswalder Schule" erarbeite nicht allein zur biologischen, sondern auch zur kombinierten technisch-biologischen Regeneration von Laubholzstandorten Methoden.
Angesichts der vielen Flächen- und Revierbeispiele erfolgreicher Meliorationen auf der gesamten Standortsbreite, sind die zahlreichen aktuellen Beschränkungen der Bodenpflege bzw. -bearbeitung aus vermeintlich naturschutzfachlichen Gründen völlig unverständlich. Aus standortskundlicher Sicht ist diese Beschränkung besonders kritikwürdig, wenn bedacht wird, dass die allermeisten Wälder nicht auf unbeeinflusstem, altem Waldboden, sondern auf ehemaligen Äckern stocken (Greger 2013, 2015). Auf der Basis fortgeschrittener Standortskenntnis wurden für jede Betriebsform Grundlagen geschaffen, die auch eine uneingeschränkte, standortsangepasste, kombinierte Bodenpflege uneingeschränkt einbeziehen.
Eine wesentliche Grundlage der Eberswalder Forstwirtschaft ist das kombinierte Standortserkundungsverfahren, das sowohl die stabilen, potenziellen als auch die leicht menschlich beeinflussbaren labilen, aktuellen Standortsfaktoren erfasst aber voneinander getrennt betrachtet. Mit der Erfassung der labilen Standortseigenschaften wurde beispielhaft eine entscheidende Voraussetzung zur waldbaulichen Bewertung der Standorte und zum Waldumbau auf wissenschaftlicher Basis geschaffen. Im Sinne der Stetigkeit der Traditionslinie der Erkenntnis (s. F 3.4.3.) ist es nötig, auf die standortgerechte Tradition des ökologischen Waldbaus Denglers wieder zurückzukommen. Im Sinne der „Inneren Einheit Deutschlands" darf Professor Dengler nicht vergessen werden. Diesbezüglich ist die Fachvergessenheit gewisser gegenwärtiger Leitlinien unverständlich und nicht zu entschuldigen!
Die Nichtbeachtung dieser Grundlage in aktuellen Leitlinien bewirkt, dass die Bewertung der Standorte für den Waldumbau routinemäßig vorrangig nach ihrer oft aktuell nicht mehr vorhandenen Standortspotenz und nicht nach dem entscheidenden aktuellen, labilen Zustand vorgenommen wird. Hier findet sich die Hauptursache für die kostspieligen Schäden beim Waldumbau.
Deshalb hat die Praxis einen großen Nachholbedarf in der Umsetzung der Erkenntnisse der kombinierten Standortserkundung im Sinne eines Waldentwicklungsdenkens. Danach muss die Waldumwandlung von Nadelholzbeständen in Laubholzmischbestände vom Reifegrad der Waldentwicklung, insbes. vom aktuellen Standortszustand, ausgehen. Die Waldumwandlung muss dort unterbleiben, wo dieser Reifegrad noch nicht erreicht ist.
In einer Zeit, in der nur ein Wandel der Forstverwaltungsstrukturen besonders stetig ist, sollte nicht allein die Politik, sondern auch die Erkenntnisse der Naturraumkartierung Einfluss auf den Zuschnitt neuer Verwaltungseinheiten erhalten. Nur mit einem Naturraumverständnis kann ökologisch, waldbaulich und betriebswirtschaftlich Verwandtes leichter zu nachhaltig stabilen Einheiten verbunden werden. Das ist ein Mittel, die kräftezehrenden Strukturreformen zu Gunsten einer stärkeren Konzentration auf eine ertragreiche ökologische Forstwirtschaft eher beenden zu können.
Im Sinne der „Inneren Einheit" einerseits und der Berücksichtigung der Diversität des Bundesstaates Deutschland andererseits sollte mit demokratischer Selbstverständlichkeit die nordostdeutsche Erfahrung zukünftig wieder anerkannt und berücksichtigt werden.

G. 2 Gedanken in die Zukunft und waldethische Schlussfolgerungen

Die Zukunft erschließt sich aus dem Wissen um die Vergangenheit. Das betrifft auch die Geschichte der Dauerwaldbewegung, die in ihrem Markenkern unvollständig verstanden bis in unsere Zeit reicht. Unverständlich ist, dass am Beispiel des Ursprungsreviers für die Dauerwaldbewegung, dem Revier Bärenthoren, nicht seit langem eine Klärung der Dauerwaldfrage eingetreten ist. Denn bereits vor dem Ersten Weltkrieg haben sich die Forsteinrichtung und Bodenkunde (Semper, Albert) für dieses wichtige Revier interessiert und haben es kartiert (Kapitel A.1; G.1.2, Bodenkarte ca. 1914). Später beschäftigte sich die Eberswalder Bodenkunde (Ganssen) und das Versuchswesen (Wiedemann) mit Semper, Albert mit Bodengrubenbeschreibungen (Kapitel B. 2). Aus allen Befunden ging hervor, der Fläming und besonders das Revier Bärenthoren haben Alleinstellungsmerkmale, die ein leichtfertiges Werben für die Allgemeingültigkeit ihrer Kiefernwirtschaft verbietet. Schon die Darstellung Abbildung 7 im Kapitel B. 2 zeigt, dass die humosen Deckzonen der Hochflächensande im Revier gefunden und durch Wiedemann in ihrer besonderen Bedeutung für die Kiefernnaturverjüngung beachtet wurden. Ganssen beschrieb sie in einer Bodengrube des Reviers Nedlitz (D.1. 2.1.5.1.2) deckungsgleich mit dem hochentwickelten Lokalbodenformensystem, das im VEB Forstprojektierung Potsdam erarbeitet wurde (Greger, Schulze 2007/2008) und den Befund als plaggenbeeinflusste Braunerde (Esch der Flamen) bestimmte. Auch Krutzsch (1924) erkannte die besonders guten Bedingungen für eine Naturverjüngung der Kiefer in Bärenthoren.

Hier zeigt sich, dass das in Ost- und Mitteldeutschland entwickelte Bodenformensystem die Landeskulturgeschichte erklären kann. Daraus kann es Rückschlüsse für Waldpflege und -entwicklung ziehen. Das Umwandlungsprofil (Perstruktionsprofil), das neben dem Horizontund Substratprofil ein Teil des Bodenformensystems ist, kann die anthropogen bedingten Umwandlungen der nacheiszeitlich entstandenen Bodenschichtung erklären. Wenn vor Jahrzehnten in Ermangelung boden- und standortskundlicher Kenntnisse die Dauerwaldbewegung tlw. falsche Wege ging und nicht auf Bedenken von Fachleuten wie z. B. Wiedemann, Dengler, Wittich (z. B. F.13.7 oder G.3), Ganssen (1925) und anderer Waldkundler achteten, dann hatte das negative Folgen für die Kiefernwirtschaft allgemein. Bei ordnungsgemäßer Bewertung der Erfolge der Kieferndauerwaldwirtschaft hätte die Forstwirtschaft einen anderen, tlw. produktiveren und ökologischeren Weg bestritten und ein aufgeregter Streit, der gemildert bis heute anhält, wäre vermieden worden. Die sogenannte „forstliche Keimruhe" auf diesem Gebiet sollte nun endlich vorüber sein. Es ist endlich die Lehre zu ziehen, dass ohne waldkundliche, insbesondere standortskundliche Kenntnisse keine ökologische, volkswirtschaftlich benötigte Waldentwicklung zu erreichen ist. Schon gar nicht ist es mit formalem Handeln möglich, auf die Herausforderungen des Klimawandels und des Naturschutzes einzugehen!

In einer erfolgreichen Demokratie sollten die Fortführung und Weiterentwicklung der in Ost- und Mitteldeutschland entwickelten, und über Jahrzehnte erfolgreich durchgeführten, standortgerechten Forstwirtschaft garantiert sein! Die gegenwärtig stark diskutierte Herstellung der inneren Einheit Deutschlands verlangt die Berücksichtigung der Regionalität des Bundesstaates ganz allgemein. Sie muss aber erst recht in der natürlicherweise zur Bodenständigkeit verpflichteten Forstwirtschaft Grundlage des Wirtschaftens sein. Im Sinne einer standorts- und naturraumgerechten Forstwirtschaft, Forschung, Hoch- und Fachhochschulausbildung geht deshalb mittelfristig kein Weg an der Nutzung und Weiterentwicklung der hier nur stichwortartig dargestellten, langfristig bewährten Erfahrungen vorbei. Die demokratische Einheit Deutschlands bedeutet auch hier teilen, d. h. der weitentwickelten „Eberswalder Schule" einen gleichberechtigten Einfluss auf alle Bereiche des Forstwesens zu gewähren. Mit der erneuten Gründung der traditionsreichen Forstfakultät der Humboldt-Universität zu Berlin könnte im nordostdeutschen Raum ein fachliches Vakuum beseitigt werden.

In der Gesellschaft wird die Beachtung des tradierten nordostdeutschen Erfahrungsschatzes als demokratische Selbstverständlichkeit im Sinne der Anerkennung der eigenen Lebensleistung empfunden und hängt eng mit dem Aufbau Ost zusammen. Dieser wird im nordostdeutschen Forstwesen nur durch ein vorwärtsgewandtes Anknüpfen an die erwähnten Eberswalder Spitzenleistungen möglich sein. Die „Eberswalder Schule" hat im Dauerwaldstreit für wissenschaftliche Klarheit gesorgt, die Ablösung der von Krutzsch dominierten einzelstammweisen „Vorratspfleglichen Waldwirtschaft" durch die „Standortgerechte Forstwirtschaft" bewirkt, zum Nachdenken über eine extreme industriemäßige Forstwirtschaftsperiode beigetragen und wird auch zukünftig benötigt werden. Ohne eine verbindende und verbindliche **Waldethik** in Form der Waldgesinnung, wie sie Leibundgut (1975) formulierte, wird eine nachhaltige Forstwirtschaft nicht möglich sein. Diese der Gesamtgesellschaft verpflichtete Waldgesinnung gleicht die Spannung zwischen einer im Grunde positiv gemeinten aber waldökologisch widersprüchlichen Waldideologie und der generationserfahrenen Waldpraxis aus. Damit können naturschwärmerisch verbrämte Ideologien in der Forstwirtschaft wissenschaftlich hinterfragt werden, und die Zukunft kann optimistisch gesehen werden. Weil die Forstwirtschaft verantwortlich handeln muss, wird eine gleichermaßen rationelle und nachhaltige wie ökologische Forstwirtschaft in Nordostdeutschland immer auf den Eberswalder Erfahrungen aufbauen müssen. Diese Erfahrungen gründen auf der Boden- und Standortskenntnis. Sie lehren – **ohne Boden- und Standortskenntnis ist ein fortschrittlicher, nachhaltiger Waldbau unmöglich**.

G. 3 Die „Eberswalder Schule" im Überblick

1.) Seit der Gründung durch Pfeil im Jahre 1830 zeichnet sich die, später „Eberswalder Schule" genannte, Eberswalder forstliche Denk- und Handlungsrichtung durch eine enge Verbindung von Praxis und Theorie aus. Um in der Lehre immer den Praxisbezug zu gewährleisten, wurden aus der Praxis immer geeignete Kräfte zu Hochschullehrern berufen, die dann gezielt den Verbund von Praxis und Theorie als Garantie für ein bodenständiges Forstwesen an die Studenten weitervermittelten.

2.) Ausgehend von der wissenschaftlich exakten Erkundung des Standortes und der Naturräume arbeitet die „Eberswalder Schule" in enger Bindung von Wissenschaft und Praxis mit allen Betriebsformen - vom Plenterwald bis zum Reinbestand. Denn die „Eberswalder Schule" lehnt Generalregeln ab und betriebt stattdessen eine Typisierung der Befunde.

3.) Wald-, Standorts- und Naturraumkunde begründeten die Leitidee einer standortgerechten Forstwirtschaft, die im Gegensatz zu einigen naturgemäßen Leitgedanken kein Gefühl für wünschenswerte Waldaufbauformen entwickelt.

4.) Die gleichermaßen in Wissenschaft und Praxis hochqualifizierten Leiter der Fachgebiete des Institutes waren zugleich die Lehrer an der Eberswalder Fakultät der Humboldt- Universität zu Berlin

5.) Die Leiter in der Forschung und Hochschullehrer mussten gesicherte Praxiserfahrungen besitzen (i.d.R. mehrjährige Leitungspraxis in der Oberförsterei oder im Forstamt). Dadurch gelangten die neuesten Erkenntnisse unmittelbar und unverzüglich in die Praxis.

6.) Vorlesungen im Wald am Objekt mit anschließender Übung (Anschauungsunterricht).
Kernfächer: Ertragskunde, Holzmeßlehre, Waldbau, Forstbotanik, Standortslehre

7.) Die praktischen Erfahrungen, die die Hochschullehrer besitzen mussten, waren auf das Wirtschaftsgebiet bezogen (Auslandserfahrungen reichten nicht aus).

8.) Die gesamte forstliche Ausbildung war konsequent standortskundlich ausgerichtet.

9.) In der Regel mussten alle Hochschullehrer habilitiert sein.

10.) Die gesamte Ausbildung basierte auf einer sehr engen Zusammenarbeit mit allen Revier- und Oberförstern.

11.) Die Forstwirtschaft, insbesondere der Waldbau, basierte auf einer sich ständig weiterentwickelnden standörtlicher Grundlage.

12.) Für die Praxis existierte ein weit verzweigtes, langfristiges Versuchsflächennetz der Ertragskunde als Basis der Forschung und Lehre.

13.) Eberswalde besaß eine enge Kooperation mit der Potsdamer Forstprojektierung. Über die Einbeziehung des Datenspeichers Wald und der aktuellen Karte der Baumartenverteilung wurde u. a. in diesem Zusammenhang erstmals eine landesweite flächendeckende Quantifizierung der Naturnähe der Baumartenzusammensetzung erstellt. Das Ergebnis für das Gesamtland erbrachte bezeichnenderweise eine 85-%ige Abweichung von der Naturnähe.

H. Gegenüberstellung Wiederholungskartierung – Altkartierung

1. Allgemeines

Unter Neukartierung wird im Nachfolgenden die standortskundliche Bearbeitung als Wiederholungskartierung aus den Jahren 2004 - 2007 verstanden, unter Altkartierung die standortskundlichen Bearbeitungen aus früheren Jahren. Die Altkartierung ist das Gegenstück zur Wiederholungskartierung. Der Begriff Altkartierung wird hier neu eingeführt und umfasst die Kartierung im herkömmlichen Sinne, Umstufung, Umkartierung, Aktualisierung und Humusformenkartierung. Die Wiederholungskartierung berührt zwei ehemalige StfB:

- StFB Zerbst mit dem Waldzustand vom 1. Januar 1989
  - Revier Bärenthoren
  - Revier Golmitz mit Umstufungsformen
  - Revier Golmenglin
  - Revier Grimme
- StFB Roßlau mit dem Waldzustand vom 1. Januar 1983
  - Revier Krakau Neukartierung mit ganzflächiger Humusformen-Kartierung.

Bei dem Vergleich Altkartierung - Neukartierung muss beachtet werden, dass beide Betriebe einen unterschiedlichen Bearbeitungsstand aufweisen.
Der ehemalige StFB Nedlitz wurde standortskundlich 1950/1953 bearbeitet, 1964 wurde dieser StFB in den Staatlichen Forstwirtschaftsbetrieb Zerbst umbenannt. Unter diesem Namen erfolgte eine Neubearbeitung in den Jahren 1961/1963, und zwar während eines Zeitraumes, in dem die forstliche Standortserkundung ihr Verfahren von den herkömmlichen Standortsformen (Sa, Sb usw.) auf Lokalbodenformen (Feinbodenformen) umstellte. Diese Umstellung wurde nur teilweise durchgeführt: die anhydromorphen nach der neuen Nomenklatur, die semi- und vollhydromorphen Böden nach der alten Standortsformenklassifikation.
Die spätere Aktualisierung (1987/1990), die ohne Geländearbeit erfolgte, basiert auf dem Kartierungsstand von 1961/1963. Bei diesem Vorgang wurden die semi- und vollhydromorphen Böden wegen der weit zurückliegenden Erstbearbeitung in Sammelformen umgestuft, z. B. SB(Z) 4 = Grundwassernahe ziemlich arme semihydromorphe Sandböden.
Die Umstufungsformen enthalten i. d. R. mehrere Feinbodenformen, zu entnehmen den im alten Erläuterungsband eingefügten Umstufungstabellen. Während dieser Etappe wurden keine flächendeckenden Humusformenkartierungen durchgeführt, sondern lediglich Zustandsstufen - Degradationsstufen - in den drei Stufen (D) - D - D unterschieden. Von ihnen erschienen in der Standortskarte nur die beiden letzten Stufen als rote Schraffen ohne Aussage zur Humusform. Ab 1964 wurden ganzflächige Humusformenkartierungen durchgeführt, beginnend in den StFB Potsdam und Dresden (Tiefland), nachdem zuvor in den StFB Eberswalde und Jessen Probekartierungen erfolgten. Bis 1970 wurden die Humusformen als Schraffen in die Karte eingebracht, danach als Buchstaben.

Der StFB Roßlau wurde erstmalig in den Jahren 1951 bis1954 standortskundlich bearbeitet.
Im Zeitraum 1978 bis 82 erfolgte eine Neukartierung auf ganzer Fläche. Eine Umstufung der Altkartierung war deshalb nicht erforderlich. Für den StFB Roßlau liegt eine Humusformenkartierung aus den Jahren 1978 bis 82 vor. Sie betrifft nur das Revier Krakau, also nur einen kleinen Teil des Untersuchungsgebietes. Für den Rest des Kartierungsgebietes (StFB Zerbst) existieren Humusformen nur in den Umstufungstabellen ohne Flächenangaben, sind also für die Wiederholungskartierung nicht brauchbar. Weil vergleichbare Grundlagen zur Wiederholungskartierung fehlen, wird auf eine Gegenüberstellung von Humusformen verzichtet. Es erfolgte nur die Gegenüberstellung von Feinbodenformen, zum Teil als Umstufungsformen wie z.B. SG(K)34. Letzteren können aber meistens keine Feinbodenform gegenübergestellt werden, weil sie sich aus mehreren geschätzten oder aus Bohrpunkten abgeleiteten Feinbodenformen zusammensetzen. Wohl aber können Umstufungsformen den Stamm-Standortsformengruppen zugeordnet werden, sofern keine Doppelstufen ausgeschieden wurden.
Die heute bestehenden Diskrepanzen zwischen Alt- und Wiederholungskartierung (Neukartierung) gehen teils auf Änderung in der Zuordnung der Feinbodenformen zur Stamm-Standortsformengruppe zurück, teils auf Änderung

in der Auffassung zur Standortsansprache und teils auch auf Kartierungsfehler. Besonders gravierend ist die Verkennung der Sand-Rumpfrosterden. Diese Hauptbodenform trat erstmalig in den Jahren 1977 bis 1979 in das Bewusstsein der Standortserkunder, als der Blick im bewegten Gelände auf Abtragungen, überwiegend hervorgerufen durch Wasser, örtlich auch durch Wind, gelenkt wurde. Die relativ späte Einführung der Rumpfrosterden könnte mit ein Grund für die Abweichungen der Kartierungsergebnisse sein.

2. Gesamtübersicht

Tabelle 50: *Gesamtübersicht über die Feinbodenformen im Vergleich Neu- und Altkartierung, Angaben in ha*

Bodenform	Neu-kartierung	Alt-kartierung	Stamm-Gruppe
Acker		16	-
BäS 56		7	Z1
BäS 77		974	Z2
BaSG 34		5	NM2
BaSG 45	4		NM2
bNeS	25		M2
bNeS 65	23		M2
bNeS 77	9		M2 t
BrS 77	14	47	A2
BrS 77 h	3		A2
BrS 77 tr	3		A3
BrS 77 tr		33	A2
bRüS 77	5		Z2 t
DdSU 45		1	NK2
DoS 56	6	14	M1
DoS 67	20	21	M2
DoS 77	9		M2 t
DoS 77	157	412	M2
DoS/L 77	4	7	M2+
DüSG 34	8		NA1
FrS 77	2		M2 t
FrS 77	20		M2
GmSB 46	7		K1
GmSB 47	225		K2
GmSB/L 46	7		K1
GödLG 34		8	NM1
GödLG 35	8		NM2
GoSU 46	3	5	Z1
GrtLU 67	5		M2+
HdSB 45	3		NM2
HdSB 46	7		M1
HdSB 56	11	9	M1
HdSB 57	1		M2
HdSB 67	2		M2
FrS 77	8	34	K2
HoTU 46	2		K1
HtSB 45	2		NK2
HtSB 46	2		K1
KdS 77	42	16	A2
KdS 77 h	1		A2
KdS 77 tr	2		A3
KoSB 47	4		M2
KrSG 35	8		NM2
KsSb 47	5		K2
KsSB 57	5		K2
LdtL 77	72	63	K2
LhSU 45	1		NM2
LhSU 45	4		NM2
LhSU 47	2		M2 t
LhSU 57	4		M2
LötLU 35	4		NK2
LU(K) 45		1	NK2
M.A 23	2	8	OA2
M.K 34	28	25	OK3
M.K 45	3		OK4
M.M 23	3	2	OM2
M.M 45	17	14	OM4
MdSB 56	13	8	M1
Mk 23		13	OK2
Mk 34		12	OK3
MüS/BrS 77	20		A2
MuSB 45	16		NZ2
MuSB 46	30		Z1
MwS 77	21		A2
MwS 77 h	1		A2
MwS 77 tr	4		A3
NaSG 34	17		NK1
NaSG 35	9		NK2
NeS 55	6		M2
NeS 56	30	45	M1
NeS 57	9		M2
NeS 66	23		M2
NeS 67	122	148	M1
NeS 77	53		M2 t
NeS 77	1720	1811	M2
NeS 77 fr	50	10	M1
NeS/L 57	8		M2+
NeS/L 56	5		M1
NeS/l 77	49	13	M2
NeS/L 77	59	20	M2+
NeS/l 77 fr	10		M1
NeSw 77	167		M2
nk	1	51	-
OmS 77		22	K2
pNeS 67	4		M2
pNeS 77	394		M2
RüS 77 tr	3		Z3
RuS 77 h	7		A2
RüS 56	4		Z1
RüS 67	4		Z2
RuS 77	40		A2
RüS 77	229		Z2
RüS 77	24		Z2 t
RuS 77 fr	7		A1
RuS 77 tr	7		A3
SB(K) 45		15	NK2
SB(M) 45		7	NM2
SB(Z) 45		31	NZ2
SB(Z) 56		18	Z1
ScSG 34	18		NZ1
ScSG 46	2	2	Z1
SG(A) 34		3	NA 1
SG(K) 34		27	NK1
SG(M) 34		6	NM1
SG(Z) 34		10	NZ1
SltLB 47	4		K2
SM.M 45	11		OM4
SM.M 56	2		OM4
SmSU 56		3	M1
SnLU 37	9		WK2
SnS 77		3	M2
So 71	2		-
So 105	6		
So 117	2		
So 170	33		M2
So 52	5		M2
So 70	1		
Soa		4	-
Sob		14	-
SU(Z) 56		18	Z1
SuSU 35	3		NM2
SuSU 36	2		NM2w
SuSU 45	2		NM2
SuSU 56	13	44	M1
SuSU 57	7		M2
tLU(K) 45		4	NK2
tpNeS 67	2		M2
tpNeS 77	28		M2
WaR 77	1		Z2
WhSU 46	5		K1
WhSU 56		12	K1
WoSU 35	2		NZ2
WpSU 45	2		NZ2
WpSU 46	4		Z1
WpSU 47	5		Z2
ZaS 77		29	M2
ZaS/L 77		20	K2
Summe	4145	4145	

3. Gegenüberstellung der Stamm-Standortsformengruppen Neukartierung – Altkartierung

Plus-Differenz bedeutet ein Mehr in der Neukartierung, Minus-Differenz ein Weniger in der Neukartierung. Weil die Gesamtfläche Neukartierung zu Altkartierung gleich groß bleibt, heben sich Plus- und Minuswerte auf.
Die größten Abweichungen bestehen bei den Stamm-Standortsformengruppen M2 (560 ha zu wenig in der Altkartierung) und Z2 (735 ha zu viel in der Altkartierung). Weiterhin sind 183 ha zu wenig anhydromorphe K-Standorte kartiert, welche die Altkartierung der Stamm- Standortsformengruppe M1 und M2 zuordnete. Durch diese zu geringe Bewertung der Altkartierung entstehen beachtliche betriebswirtschaftliche Konsequenzen hinsichtlich der Auswahl von Bestockungszieltypen, denn die Vorgaben für den Laubholzanbau werden deutlich reduziert.

4. Gegenüberstellung Alt-Neukartierung nach Stammstandortsformengruppen

Tabelle 51: *Gegenüberstellung Neu-Altkartierung nach Stammgruppen in ha*

Stamm - Gruppe	Neu-kartierung	Alt-kartierung	Differenz
A1	7		7,0
A2	146	96	50,0
A3	19		19,0
K1	23	12	11,0
K2	311	139	172,0
M1	151	281	-130,0
M2	2.823	2.263	560,0
M2 t	75	26	49,0
M2+	76	27	49,0
NA1	8	3	5,0
NK1	17	27	-10,0
NK2	15	21	-6,0
NM1		14	-14,0
NM2	32	12	20,0
NM2 t	1		1,0
NM2 w	2		2,0
NZ1	18	10	8,0
NZ2	20	31	-11,0
OA2	2	8	-6,0
OK2		13	-13,0
OK3	28	37	-9,0
OK4	3		3,0
OM2	3	2	1,0
OM4	30	14	16,0
WK2	9		9,0
Z1	43	50	-7,0
Z2	239	974	-735,0
Z2 t	29		29,0
Z3	3		3,0
So	12	85	-73,0
	4.145	4.145	0

5. Bewertung der Abweichungen in der Wiederholungskartierung (Neukartierung) von der Umstufung (Altkartierung)

Forstgeschichte

Im Gegensatz zur Altkartierung mit einer formalen Forstgeschichte bemühte sich die Neukartierung um die Entwicklung einer ganzheitlichen Landeskulturgeschichte.

Weil die Altkartierung bzw. Umstufung für das betrachtete Erkundungsgebiet den Faktor Kulturgeschichte unzureichend beachtete, konnte sie die Dynamik der Standortsentwicklung, wie sie durch den Menschen verursacht wurde, als wesentlichen Standortsfaktor nicht bewerten.

Die Umstufung lässt nicht erkennen, dass nahezu alle heutigen Waldstandorte zwischenzeitlich auch der Landwirtschaft dienten. Daraus erklärt sich, dass die Altkartierung keine Erosionen zu Rumpferden kennt und die betroffenen Standorte dem Waldbau selbst im hängigen Gelände als mesotroph unzulässig aufwertet.

Ebenso erkannte die Umstufung nicht den hohen Bearbeitungsgrad durch die flämische Plaggenwirtschaft auf nahezu 400 ha, obwohl die Plaggenwirtschaft in mehreren Revieren vorkommt. Sie deutet diese Standorte oftmals als Podsole. Damit wird ein durch den Menschen aufgewerteter Standort abgewertet. Dort aber, wo in der Nachbarschaft der Eschböden die Plaggen gehauen wurden, so dass ein reduzierter Verbraunungshorizont entstand, wird unkritisch eine ungestörte Braunerde kartiert. In der Folge konnte keine Landschaftsbilanz hinsichtlich Bodenauf- zu -abtrag gezogen werden.

In gleicher Weise werden 61 ha Ackerhochbeete ignoriert, die oftmals Anlass zu einem vorsichtigen Waldbau mit Laubholz geben. Insgesamt fehlt das Verständnis für die landeskulturelle Entwicklung und alte Umweltschäden im Boden, denn es wurde keine Landeskulturgeschichte behandelt.

Hinsichtlich der Grundwasserabsenkungen lässt die Umstufung den seit längerem stattfindenden Grundwasserrückgang nicht erkennen, sondern sie vergibt i.d.R. normale Grundwasserstufen, die dem Waldbau nicht vorhandene Möglichkeiten vorspiegeln. Die Umstufung (Altkartierung) lässt auch nicht erkennen, dass sich hydromorphe und semihydromorphe Feinbodenformen in der Umwandlung in humus- und nährstoffärmere Formen befinden. So ist tatsächlich die Entwicklung vom Moor zum Gleymoor und vom Humusgley in den Graugley sowie diejenige vom Braungley in die Braunerde in dem Maße zu beobachten, wie das Grundwasser absinkt.

Ganz besonders unterscheidet sich die Neukartierung von der Altkartierung in der Durchführung einer Zustandsfruchtbarkeitskartierung als Humusformenkartierung. Mit dieser Kartierung hat die Neukartierung den immissionsbedingten Grad der Vergrasung und Verbuschung nachgewiesen. Damit wurde dem Waldbau die entscheidende Grundlage für den Waldumbau zur Verfügung gestellt, denn die Kenntnis der Oberbodenzustandsfruchtbarkeit ist für den Waldbau oftmals entscheidender als diejenige der Stammfruchtbarkeit. Die aktuelle Oberbodenzustandsfruchtbarkeit ist das Ergebnis von vielen Generationen der Landeskultur. Ohne die Humusformenkartierung blieb die Alterkundung formal beliebig, weil sie nicht das Wesen der landeskulturellen Entwicklung erarbeitete. Aus diesem landeskulturellen Unverständnis lassen sich keine fundierten Empfehlungen hinsichtlich des Waldumbaus unter den Bedingungen des Klimawandels geben.

Das forstgeschichtliche Fazit der Neuerkundung lautet: Obwohl es sich bei dem Erkundungsbezirk um einen großen, ehemals scheinbar schwer zugänglichen Waldkomplex handelt, sind die bodengeologischen und waldökologischen Verhältnisse dennoch tief greifenden Veränderungen unterzogen worden.

Naturraumtypen und Waldgesellschaften

Die Entwicklung eines neuen Mosaikbereiches oder die Grenzveränderung der bestehenden war die Basis für ein besseres Verständnis für die inneren Zusammenhänge und Strukturen eines Naturraumes mit untereinander verwandten Feinbodenformen. Auf diese Weise konnten neue Feinbodenformen erkannt werden, weil die alten nicht mit dem Mosaikgefüge verwandt waren. Das betrifft besonders die lößsandbeeinflussten Feinbodenformen GmSB, NeSw und FrS auf einer großen Fläche von 418 ha und bewirkt, dass der Mosaikbereich Golmengliner wellige Oberplatte fast in die Standortsmosaikgruppe I „im reichen Mosaik" eingeordnet werden kann.

Die Veränderung der Mosaikbereiche bei Ausstattung mit neuen Feinbodenformen und veränderter Grenzziehung errichtet eine Basis für die verbesserte Bestimmung der Waldgesellschaften und standortgerechten BZT. Diese Neuausstattung der Mosaikbereiche beweist die Rotbuchenfähigkeit aller Mosaikbereiche mit Ausnahme

der Setzsteiger Höhenplatte (Hofmann 2007). Die Vergesellschaftung der Feinbodenformen, welche die Wiederholungskartierung mit einer positiven Abweichung der Durchschnitts-FBZ für das Kartierungsgebiet im Hohen Fläming von ca. 2 dt Derbholztrockenmasse/(ha.a) und einer Veränderung der Feinbodenformen auf 49 % der Fläche erarbeitete, definiert die Waldgesellschaften (Hofmann, Pommer 2005). Die Golmengliner wellige Oberplatte trägt den Hainrispen-Hainbuchen-Rotbuchenwald, die Bärenthorener, Medewitzer und Garitzer Oberplatte und die Bornumer Mittelplatte den Straußgras-Traubeneichen-Rotbuchenwald, die Setzsteiger Höhenplatte den Blaubeer-Kiefern-Traubeneichenwald im Komplex mit dem Beerkraut-Kiefernwald. Die Dobritzer Nutheniederung ist im Kartierungsbezirk von einer deutlichen Grundwasserabsenkung betroffen. Daher stellt die Neukartierung als Wiederholungskartierung einen Wandel des Schwerpunktes des Bodenwasserhaushaltes der Grundwasserstufe 34 auf 45 (46) fest. Damit haben sich langzeitig grundwasserbeherrschte Standorte in langzeitig grundwassernahe bis halbzeitig grundwassernahe verwandelt. Mit diesem Wandel einher geht eine Drift vom Trophieschwerpunkt M zu Z. Dementsprechend verändern sich die Waldgesellschaften zur ärmeren Richtung in einen Komplex vom Pfeifengras-Stieleichen-Hainbuchenwald mit dem Faulbaum-Rotbuchenwald, dem Pfeifengras-Moorbirken-Stieleichenwald und dem Großseggen-Roterlenwald.
Die Bornumer Nutheniederung ist nährstoffreicher als die Dobritzer Nutheniederung ausgestattet. Hier ist besonders bei den Mooren eine Grundwasserabsenkung eingetreten und allgemein eine Drift der Nährkraftstufe von K nach M zu finden. Die Waldgesellschaft stellt einen Komplex vom Pfeifengras-Stieleichen-Hainbuchenwald mit dem Pfeifengras-Stieleichen-Rotbuchenwald dar. In den Mooren und Gleymooren finden sich im langzeitig grundwasserbeherrschten K-Bereich Sumpfseggen-Schwarzerlenwälder und im langzeitig grundwasserbeherrschten M-Bereich Pfeifengras-Moorbirken-Schwarzerlenwälder bis Himbeer-Schwarzerlenwälder im langzeitig grundwassernahen Bereich.

Feinbodenformen, Stamm-Standortsformengruppen

Die Tabelle H. 2. Gesamtübersicht des Vergleiches Alt- und Neukartierung dokumentiert die deutlichen Veränderungen hinsichtlich der Feinbodenformen und Standortsformengruppen im Braunerde- und Fahlerdebereich. Es war das Bestreben der Wiederholungskartierung, diesen mesotrophen, schwer einzustufenden Bereich, zu differenzieren. Dabei wurden ca. 250 ha NeS aus dem M2-Bereich auf der Setzsteiger Höhenplatte als RüS in den Z2-Bereich zurückgestuft. Damit ist der untere Bereich der Nährkraftstufe M erfasst.
Nahezu die gesamte zusammenhängende Fläche des BäS in Z2 auf der Medewitzer Oberplatte von 747 ha als Grundmoräne wurde gesetzmäßig als anlehmige Braunerde in NeS und pNeS (M2) umkartiert, weil es sich nicht um einen Sander handelt. Auf der Setzsteiger Höhenplatte wurden 97 ha BäS (Z2) in BrS (A2), RuS (A2) und MwS (A2) umkartiert.
Im mittleren M-Bereich verbleibt die anlehmige Nedlitzer Sand-Braunerde (M2) mit 1. 1770 ha dominant. Aber auch diesem M-Bereich werden neue Bodenformen hinzugefügt, die aus der unübersichtlichen Gesamtmasse von 2. 2003 ha NeS der Umstufungskartierung herausgelöst wurden. Aus dieser Fläche werden 398 ha plaggenbeeinflusste Nedlitzer Sand-Braunerde pNeS und 57 ha NeS mit Ackerhochbeeten zu bNeS herausgelöst, wobei die Trophie (M2) erhalten bleibt.
Die Neukartierung beachtete nach Möglichkeit auch die Zusammenhänge zwischen Waldgesellschaften bzw. Waldbestände und Standortsform, um im breiten, schwierigen M-Bereich Unterschiede zwischen den Feinbodenformen zu erkennen. Dadurch konnten im oberen M-Bereich aus der NeS-Fläche die laubholzfähigen Braunerden mit wachstumsfördernden Schichten (NeSw) in M2 auf 167 ha herausgelöst werden.
Im oberen M2-Bereich kartierte die Altkartierung im Lößsandbereich der Golmengliner welligen Oberplatte auf 252 ha Dobritzer Bändersand-Braunerde (DoS, M2), die aber Golmengliner Lehmsand-Staugleyfahlerden (GmSB) in K2 sind.

Fruchtbarkeitsziffer

Die folgende Tabelle ist die Basis aller Berechnungen für die Baumarten in den nachfolgenden Tabellen.
Soll für das Erkundungsgebiet die tatsächliche Leistungsfähigkeit der Standorte dargestellt werden, so geht das allein über die Erfassung der gegenwärtigen Oberbodenzustände in Gestalt der Humusform, getrennt nach Stamm-Standortsformengruppen. Wie die **Tabelle 52** zeigt, entspricht die aktuelle Humusform oft nicht der zur Stamm-Feinbodenform gehörenden potenziellen (Stamm-Humusform). Den landeskulturellen Einflüssen ge-

schuldet, finden sich im Trend auf den ärmeren Stamm-Standortsformengruppen viele Eutrophierungen und auf den besseren häufige Degradierungen. Die dadurch veränderte Leistungsfähigkeit berechnet die folgende Tabelle.

Tabelle 52: *Fruchtbarkeitsziffern für Holzmasse (dt/ha und Jahr) des Untersuchungsgebietes (FBZ x ha) unter Berücksichtigung der aktuellen Humusformen*

Stamm-gruppe	nMM	fMM	iMM	mMM	fMo	iMo	mMo	fRM	iRM	mRM	fRo	iRo	mRo	mMa	OH	Summe ha	Summe FBZ	Ø FBZ
ohne															0	1	0	0
A1 m										203					22	7	203	29,0
A2 m							30			676			**2332**	234		146	3272	22,4
A3 m													285			19	285	15,0
K1 m			**392**	364			47			40			238			23	1081	47,0
K2 m			480	**3072**		86	2709			5920			372			311	12639	40,6
M1 m					46	1288	294			108	2780		217			151	4733	31,3
M2 m			43	1892	200	304	**13072**		891	42273	140		30548		561	2823	89924	31,9
M2 t							**770**			480			925			75	2175	29,0
M2+ m				276			**924**			1476			210			76	2886	38,0
NA1 m												208				8	208	26,0
Nk1 m	**252**	462														17	714	42,0
NK2 m	165	**55**								484						15	704	46,9
NM2 m					**980**	423				126						32	1529	47,8
NM2 t													30			1	30	30,0
NM2w m						94										2	94	47,0
NZ1 m								576								18	576	32,0
NZ2 m								**172**	429	185						20	786	39,3
OA2															28	2	28	14,0
OK3															1008	28	1008	36,0
OK4															150	3	150	50,0
OM2															54	3	54	18,0
OM4															1380	30	1380	46,0
WK2 m							220			148						9	368	40,9
Z1 m					42	126		555	**148**	640						43	1511	35,1
Z2 m							33	145		**4756**			1725			239	6659	27,9
Z2 t							30			**364**			308			29	702	24,2
Z3										40			17			3	57	19,0
ohne	0		0	0						0			0			11	0	0,0
Sa. FBZ	417	517	915	5604	1268	2321	18129	1448	1468	57919	2920	208	37207	234	3181		133756	32,3
Sa. ha	11	12	20	123	27	52	467	42	42	1761	110	8	1373	13	84	4145		

Zahl x = Stamm-Fruchtbarkeit bei natürlichem Gleichgewicht

Diese **Tabelle 52** erfasst für das Erkundungsgebiet Hoher Fläming alle Stamm-Standortsformengruppen getrennt nach der Makroklimaform (m = mäßig trockenes Flämingklima, t = trockenes südmärkisches Klima) und ordnet ihnen die Humusformen zu. Damit kann flächengewichtet für jede Stamm-Standortsformengruppe eine flächengewogene Fruchtbarkeitsziffer (FBZ) errechnet werden. Die flächengewichtete Summe ergibt dann die aktuelle Durchschnittsfruchtbarkeit für den kartierten Hohen Fläming in der Höhe von 32,3 fm Derbholz Trockenmasse/ha/(ha.a). Damit liegt der Flächen-Schwerpunkt etwas über dem M2-Bereich, d. h. dem Bereich der anlehmigen Braunerden (FBZ 31,9), der mit 2.823 ha herausragend vertreten ist. Bei der Altkartierung lag der Flächen-Schwerpunkt noch zwischen den Stamm-Standortsformengruppen Z2 und M2 mit einer FBZ von 30,1. Die kartierte aktuelle Durchschnitts-FBZ liegt mit 2,2 dt/ha/(ha.a) Derbholztrockenmasse klar über den Stammformen der Altkartierung. Das ermuntert zum standortgerechten Laubholzanbau. In den nachfolgenden Tabellen für den DGZ max. für die Hauptbaumarten Rotbuche, Eiche, Kiefer, Fichte wird diese Differenz in Festmeterproduktion für das Erkundungsgebiet im Hohen Fläming dargestellt.

Waldbau, Forsteinrichtung

Die Gegenüberstellung Neu- und Altkartierung verdeutlicht die Reserven, die der Waldbau im Bereich der Laubholzwirtschaft besitzt. Außerdem werden dem Waldbau erstmals die Oberbodenzustände vor Augen geführt, so dass meliorative Möglichkeiten durch den Anbau von Mischwäldern erkennbar werden, wo die Humusformen nicht der Stamm-Standortsform entsprechen. Die obige Basistabelle verdeutlicht die starke Streuung der Humusformen für die einzelnen Stamm-Standortsformengruppen und zeigt ihren hohen Anteil an Abweichungen von der Stamm-Fruchtbarkeit. Das ist der Weiser für den standortgerechten Waldbau, den Oberbodenzustand und damit auch die Leistungsfähigkeit des Standortes durch die Verwendung der richtigen BZT und Bestandeserziehung zu verbessern. Diese Fruchtbarkeitskartierung weist auch den hohen Anteil von mit Reitgras verwilderten Flächen aus. Es sind i.d.R. die Flächen mit mäßig frischem rohhumusartigem Moder, die den größten Flächenanteil der Kartierung einnehmen (1.761 ha).

Die Neukartierung weist auch deshalb deutliche Trophieunterschiede gegenüber der Altkartierung auf, weil sie organisch zusammenhängende Standortsfolgeketten kartiert hat. Dabei gehen, von Ost nach West betrachtet, Ranker aus dem Hangfußbereich der Gorrenberge zunächst in eine Zone von Rumpfrosterden (gekappte Braunerden) oder übersandete Böden über, um dann in größerer Entfernung von den Gorrenbergen in eine Zone des mosaikartigen Wechsels von gekappten und ungestörten Braunerden zu münden. Abschließend folgt dann in den Senken und Mulden eine flächig sehr unterschiedlich ausgebildete und zerlappte Zone unterschiedlicher Fahlerden. Moränenabgewandt folgt dann eine weite Ebene von Hochflächensanden im eigentlichen Sinne mit Braunerden. Diese nach naturräumlichen Zusammenhängen erfolgte Kartierung erzielte die waldbaulich bedeutsamen großen Abweichungen auf 2.028 ha von der Umstufung, die in der Übersichtstabelle für die Gesamtfläche von 4.145 ha dargestellt werden. Damit sind auf 49 % der Fläche Abweichungen von der Altkartierung vorgenommen worden. Die Neukartierung hat deutliche Veränderungen bei den BZT zur Folge. Damit ändern sich auch die Inventur- und Planungsergebnisse der Forsteinrichtung insbesondere dort, wo BZT die Planungsbasis bilden, wie insbesondere bei der Walderneuerungsplanung und im Zusammenhang damit bei der Ertrags- und Produktionsregelung.

Betriebswirtschaft und Ertragskunde

Die Wiederholungskartierung orientiert sehr auf ein naturräumliches Arbeiten und stellt zu diesem Zweck ertragskundliche Vergleiche auf der Basis der flächengewichteten aktuellen Fruchtbarkeitsziffern an. Im Buch werden für die gesamte Holzbodenfläche und gesondert für die Mosaikbereiche die Veränderungen durch die Neukartierung gegenüber der Altkartierung tabellarisch aufgestellt. Dabei sind die Veränderungen zu Gunsten höherer Nährkraft und des Laubholzes in den Nährstoffgruppen A bis K tabellarisch zusammengestellt.

Dadurch wird der Betriebswirtschaft eine vergrößerte Naturressource erschlossen. Tabellarisch wird dargestellt, wie stark die Produktion auf Rotbuche oder Eiche umgestellt werden kann.

Damit die Arbeit mit Laub- und Nadelholz besser abgegrenzt werden kann und ein nicht standortgerechtes Arbeiten mit seinen generationslangen negativen Folgen vermieden wird, sind die Grenzen der Mosaikbereiche überarbeitet und ein neuer Mosaikbereich für Traubeneichen-Buchen-Mischwälder geschaffen worden: Mosaikbereich Golmengliner wellige Oberplatte (1602.14). Hier wird für jeden Mosaikbereich im Sinne einer naturräumlichen Arbeitsweise ein waldgesellschaftstypisches Arbeiten empfohlen.

Die Altkartierung (Umstufung) von 1990 besitzt eine problematische Kartierung der Braun- und Fahlerden, die durch die Wiederholungskartierung aufgearbeitet wurde. Der Vergleich Altkartierung – Neukartierung macht deutlich, dass hier ein Wandel zu einer höheren Bonität der Braun- und Fahlerden erfolgt ist. Die Neukartierung hat das breite Band homogen altkartierter Braunerden so breit variiert, dass es zur Ertragsleistung der stockenden Bestände, insbesondere der herausragenden Leistung von Rotbuche und Traubeneiche im Rev. Golmenglin passt. Das gelang durch die Entwicklung neuer Bodenformen nach SEA 95.
Dabei sind auf der Medewitzer Oberplatte (Altreviere Bärenthoren, Grimme, Golmenglin) allein zusammenhängend 747 ha BäS der Trophiegruppe Z in M umgewandelt worden. Ein besonders krasser Fehler der Erkundung von 1990 auf der Golmengliner welligen Oberplatte liegt darin, dass lößsandbedeckte Fahlerden kräftiger Trophie zu Braunerden mäßiger Trophie mit Lehmbändern herabgestuft worden sind, obwohl auf ihnen die besten Traubeneichen und Rotbuchen wachsen. Hier hat die Neukartierung 239 ha korrigiert und in die Golmengliner Lehmsand-Staugleyfahlerde in K eingestuft.
Im Altrevier Bärenthoren (Medewitzer Oberplatte) musste nicht nur die Bärenthorener Sand-Braunerde (BäS) korrigiert werden, um mit der Nedlitzer Sand-Braunerde (NeS) das gute Wachstum der Kiefer zu erklären, sondern dem Betriebswirt war auch zu erklären, warum die Kiefer am Westfuße der Endmoränenvorstaffel (Weinberg) so besonders frohwüchsig ist.
Das gelang über die Erkundung eines Saumes von Tieflehmen mit 10 ha am Fuße der Moräne, die in die gehobene M-Trophie (M+) gehören. Im gleichen Sinne wird die geologische Aufarbeitung der Hochflächensande als grundmoränenverwandt (nicht sanderverwandt) wirksam. Hierbei wird die charakterische mosaikartige Durchsetzung der Hochflächensande mit Lehmunterlagerungen deutlich, welche die angestrebte Mischung der Kiefer mit Eiche und Rotbuche ermöglicht.
Hinsichtlich der Imponderabilien der globalen Klimaänderung hat der Vergleich aber auch der Kiefer als trockenheitsresistenter Baumart einen festen Platz belassen, so dass sie weiterhin aus Sicht der Fm-Produktion die Hauptbaumart im Hohen Fläming bleiben sollte.
Auf dieser neuen Basis kann eine leistungsgerechte Betriebsplanung erfolgen. Der Waldbau kann zielgerichteter ausgerichtet werden und dort ansetzen, wo die Neukartierung die größten Veränderungen dokumentiert. Damit wird die Möglichkeit für einen klimawandelgerechten Waldbau verbessert und im Zuge des Waldumbaus ein rationeller Holzeinschlag ermöglicht.

Überregional

Die Umstufungskartierung des Forstamtes Nedlitz von 1990 ist beispielgebend für vergleichbare Umstufungen in den ehemaligen StFB des Tieflandes Sachsen-Anhalts. Auch dort existieren die gleichen Abweichungen durch Umstufungen von einer Standortserkundung nach neuestem Kenntnisstand wie sie in diesem Kapitel dargestellt werden. Insofern ist die Kartierung des Forstamtes Nedlitz repräsentativ für die Fehler aller umgestuften Standorte des Tieflandes von Sachsen-Anhalt. Damit die Leitlinie Wald, die Bewirtschaftungsrichtlinien und die Betriebswirtschaft des Gebietes auf eine korrekte Grundlage gestellt werden können, müssten alle umgestuften Standorte auf der Basis der Standortserkundungsanweisung von 1995 neu kartiert werden.
Die Wiederholungskartierung hat nicht nur die Fehler der Umstufung aufgearbeitet, sondern sie ist bestrebt, der Forstwirtschaft das naturräumliche Arbeiten zu empfehlen. Deshalb ist mit der Golmengliner welligen Oberplatte ein neuer Mosaikbereich ausgeschieden worden, welcher der Förderung des Laubholzanbaus dient und die Braun- und Fahlerden geologisch, bodenanalytisch, waldökologisch-vegetationskundlich, waldbaulich und ertragskundlich angemessen bewertet. Allein diese exakten Faktoren spielten bei der Kartierung der potenziellen und aktuellen Standortseigenschaften eine Rolle. Aus dieser Sicht wurde auch die Bedeutung des „Kiefern-Dauerwaldes" bewertet und dargestellt, dass dieser in den aktuellen Stadien der Waldgefügeentwicklung nicht mehr aktuell sein kann. Die Neukartierung verdeutlicht, dass der „Dauerwaldstreit" sehr oft durch das Fehlen der nötigen Standortskenntnisse ausgelöst wurde. Die „Dauerwaldfrage" ist heute geklärt und bedarf keiner weiteren Erörterungen mehr, wenn die Forstwirtschaft solide und seriös auf dem Erkenntnisstand der standörtlich-naturräumlichen Grundlagen ökologiegerechter Forstwirtschaft arbeitet.

6. Gegenüberstellung Neukartierung – Altkartierung in fm/ha/a nach Hauptbaumarten

(Nach Tab. 33 bis 36 - Anbauwürdigkeit der Bestockungszieltypen nach Stamm-Standortsformengruppen im Wirtschaftswald für das Untersuchungsgebiet Nedlitz (Auszug aus Kopp, Schwanecke 1985.)

Die oben beschriebenen Abweichungen der Neukartierung von der Altkartierung legen dem Waldbau Möglichkeiten dar, zukünftig mehr mit Laubholz arbeiten zu können, denn die Neukartierung hat deutlich mehr laubholzfähige Standorte ausgewiesen als die Altkartierung.
Die Berechnungen des DGZ max. in fm/(ha.a) sind über die Fruchtbarkeitsziffer des aktuellen Oberbodenzustands erfolgt. Dadurch wurden alle Immissionen, Eutrophierungen und Degradierungen kartiert, so dass die tatsächlich existierende Leistungsfähigkeit der Standorte und nicht deren mögliche Potenz (Stamm-Standortsform) erfasst wurde. Insofern hat die Neukartierung für die Waldumwandlung einen hohen Weiserwert. Würden die entsprechenden Stamm-Standortsformengruppen standortgerecht bewirtschaftet, würden pro Jahr 4.464,2 fm mehr Rotbuche oder 4.419,9 fm Eiche produziert werden können, während die Produktion von Kiefernholz im Jahr um 3.481,8 fm zurückgehen würde. Sowohl die Neu- als auch die Altkartierung zeigen, dass im Hohen Fläming der Schwerpunkt der Wirtschaft auf dem Eichen-Buchen-Mischwald liegen muss. Die Kiefer hat nur einen Schwerpunkt im Mosaikbereich Setzsteiger Höhenplatte und auf der Medewitzer Oberplatte, d. h. den Hochflächensanden i.e.S., auf denen die Dauerwaldwirtschaft durch F. v. Kalitsch erfolgte.
Für die Baumarten Rotbuche, Eiche, Kiefer und Fichte wird anschließend tabellarisch dargelegt, wie groß die Abweichungen der Neukartierung von der Altkartierung in den jeweiligen Stamm-Standortsformengruppen im DGZ max. in fm/a sind. Diese Abweichungen werden nach der für die Baumart auf der jeweiligen Stamm-Standortsformengruppe möglichen jährlichen Zuwachsleistung summiert. Dabei sei hier erneut darauf verwiesen, dass es sich dabei um einen Richtwert für optimale Bestockungszieltypen handelt.
Menschliche Beeinträchtigungen wie Eutrophierungen oder Degradierungen sind über die Humusformenkartierung in der entsprechenden FBZ berücksichtigt. Damit ist eine zentrale Zielstellung der Wiederholungskartierung erreicht – der langfristig ökologische Waldbau kann auf standortskundlich-naturräumlicher Grundlage eine neue Etappe der Forstwirtschaft beginnen, nachdem die erste mit der Neubegründung von Pionierwäldern mit Kiefer und Reifung des Ackerbodens zum Waldboden beendet worden ist.

Baumart Rotbuche

Tabelle 53: *Maximaler Altersdurchschnitt-Gesamtzuwachs (fm Derbholz m. R. je Jahr und Hektar) für Rotbuche in der Gegenüberstellung Neukartierung – Altkartierung*

Stamm-Standortsgruppe	Ø fm/ha/a	Neukartierung [fm/Jahr]	Altkartierung [fm/Jahr]	Differenz [fm/Jahr]
K1	8,3	190,9	99,6	91,3
K2	7,3	2270,3	1014,7	1255,6
M1	6,6	996,6	1854,6	-858,0
M2	5,8	16373,4	13125,4	3248,0
M2 t	5,3	397,5	137,8	259,7
M2+	6,9	524,4	186,3	338,1
NK2	8,0	120,0	168,0	-48,0
NM2	8,6	275,2	103,2	172,0
NM2 t	5,5	5,5	0,0	5,5
		21153,8	16689,6	4464,2

Die **Tabelle 53** lässt erkennen, dass durch die Neukartierung im Bereich der rotbuchenfähigen Standorte M1, M2+, NM2, K2, K1 eine große Fläche zusätzlich zur Altkartierung ausgewiesen worden ist. Es ist zugleich der Bereich, in den Eichen eingemischt werden sollten. Die Differenz im DGZ max. zwischen Alt- und Neukartierung beträgt 4464,2 fm/Jahr, wenn auch die rotbuchenfähigen, aber weniger ertragreichen M2-Standorte mitgerechnet werden. Ohne die M2-Standorte betrüge die Mehrproduktion nach der Neukartierung 956,5 fm/Jahr. Wie die Gesamtübersicht zeigt, hat die Neukartierung 255 ha zusätzliche ertragreiche Buchenfläche ausgewiesen, wenn allein die Stamm-Standortsformengruppen K1 (11 ha), K2 (172 ha) M2+ (49 ha), und NM2 (23 ha) berücksichtigt werden.

Schlussbetrachtung

Der Titel Waldaufbau anstelle von Waldbau stellt eine bewusste Wahl dar. Die mit den Wäldern zusammenhängenden Probleme und Schäden haben aktuell bereits ein solches Ausmaß angenommen, dass erneut ein Aufbau auf wissenschaftlicher, d.h. standortskundlicher und auch grundgesetzlich- demokratischer Basis erfolgen muss. Nach Grundgesetz ist die Bundesrepublik ein demokratischer, freiheitlicher, föderal organisierter Rechtsstaat mit starken, teilsouveränen Bundesländern. Im pluralistischen Sinne erfüllen diese Teilstaaten eigene staatliche Aufgaben, so dass die erwünschte Vielfalt erreicht wird. Das gilt auch für die Vielfalt der Naturräume mit ihren Wäldern und der standortsgerecht angepassten Forstwirtschaft. In den Neuen Bundesländern bestand ein sogenannter Volkswald, der ganzflächig einheitlich als volkswirtschaftliches Gemeingut behandelt werden konnte. Die Waldbestände wurden jahrzehntelang mit der standortsgerechten Forstwirtschaft aufgebaut. Diese gilt es im föderal - demokratischen Sinne nach Möglichkeit beispielhaft fortzuführen. An dem Beispiel Fläming und dem Revier Bärenthoren, beide wurden sehr frühzeitig und häufig wissenschaftlich untersucht, zeigt der Autor, wie standorts- und naturraumgerecht Waldbau betrieben werden sollte. Er weist aber auch darauf hin, dass nach 1990 oft nicht im föderalen, pluralistischen Sinne Waldbau betrieben worden ist, sondern es wurden importierte problematische Waldbauleitlinien angewandt. Das macht regional einen Waldaufbau nötig, um Schäden aufzuarbeiten und die regional standortsgerechte Vielfalt zu erneuern. Der Aufbau dieser standortsgerechten Forstwirtschaft hat sich auch aus dem Verständnis für die Landeskulturgeschichte entwickelt. In diesem Sinne betont der ehemalige Ordinarius für Forstpolitik und Forstgeschichte in Tharandt, Professor Köpf (KÖPF 2019), dass ein Mangel an Geschichtsbewusstsein eine unverantwortliche Reduktion des Forstpersonals und Strukturen zur Folge haben, die z. B. Folgeschäden wie Borkenkäferkalamitäten verursachen.

Das der Standortsgerechten Forstwirtschaft gewidmete Buch betont, dass besonders ohne Bodenkenntnisse auf Dauer weder waldbauliche noch betriebswirtschaftliche Erfolge möglich sind. Das Buch weist darauf hin, dass die Standortserkundung nicht, wie aktuell üblich, zurückgefahren werden sollte. Sie muss methodisch weiterentwickelt und für die praktische Anwendung erläutert werden. In diesem Sinne erklärt das Buch die Bodenformen waldbaulich. Die Standortserkundung steht umweltproblematisch vor neuen Aufgaben. Ihre Bodenformensystematik ist in der Lage, bisher oft unbeachtete alte Umweltschäden im Boden zu erkennen. Ihr kombiniertes System ist auch in der Lage, u.a. Einflüsse des Klimawandels zu erkennen. Denn mit einer periodischen Vegetations- und Humusformenkartierung erfasst sie im Vergleich zu den stabilen, potenziellen Standortseigenschaften den Grad jeder Veränderung. Schließlich stellt das Buch einen standortskundlichen Abschluss der Buchserie Bärenthoren 1924 und 1934 und des Dauerwaldstreites dar.

Der Gesellschaft ist bislang unzureichend bewusst, dass der Klimawandel kein Phänomen ist, welches sich nicht nur in der Atmosphäre, sondern auch im Boden abspielt. Aber ohne Standortserkundung lässt sich diese Tatsache nicht beurteilen und beeinflussen. Das Klima besitzt einen unterschiedlichen Einfluss auf den Kohlenstoffhaushalt des Bodens je nach Art des Standortes. Die Standortserkundung ermittelt diesen unterschiedlichen Einfluss je nach Standortspotenz bzw. -zustand. Damit ist sie in der Lage, über die Empfehlung eines standortsgerechten Waldbaus positiv auf den CO^2- Haushalt zu wirken und Bodenbelastungen zu vermeiden.

Besonders bedeutsam sind die Auswirkungen des Klimawandels auf den Bodenwasserhaushalt. Die Standortserkundung kartiert auch den Bodenwasserhaushalt und kann damit die eintretende Absenkung des Grundwasserspiegels und der Bodenfeuchte erkennen. Der Stoffhaushalt des Bodens steht im engen Zusammenhang mit dem Bodenwasserhaushalt, da der größte Teil der Umwandlungs- und Transportprozesse an das Vorhandensein von Wasser gebunden ist. Darüber wird die Bodenfruchtbarkeit beeinflusst. Ein von der Erkundung empfohlener meliorativer Waldbau ist in der Lage dieser Entwicklung entgegenzutreten. In diesem Zusammenhang ist eine standortsgerechte Forstwirtschaft in der Lage, die Klimakrise über den Boden zu bekämpfen und als CO^2-Senke zu wirken.

Eine periodische Erkundung im Zusammenhang mit der Forsteinrichtung mit eingeschlossener Vegetations- und Humusformenkartierung wäre die Basis für eine Überwachung und Berichterstattung an die zuständigen Dienststellen hinsichtlich der Bodenentwicklung. Dabei werden industriebedingte sowie gleichzeitig älteste, bisher unerkannte, Umweltschäden erfasst. Im Klimawandel ist ein Waldaufbau allein auf streng wissenschaftlicher, standortskundlicher Basis möglich!

Verwendete und weiterführende Literatur

Abel, W. (1962): *Geschichte der deutschen Landwirtschaft vom frühen Mittelalter bis zum 19. Jh.* Ulmer Stuttgart

Albert, R. (1921): *Die Bärenthorener Böden.* Mitt. aus dem bodenkundlichen Laboratorium der Forstlichen Hochschule Eberswalde. Forstliche Wochenschrift Silva Nr. 38

Alemann v., F. A. (1884): *Über Forst-Culturwesen.* Leipzig.

Altermann, M./ Fiedler, H.-J. (1978): *Die Kennzeichnung der Böden in den Sandlößgebieten außerhalb des Lößgürtels der DDR unter besonderer Berücksichtigung des Substrataufbaues.* Beiträge zur Geographie, Bd. 29, S. 157 bis 199, Berlin.

Anders, S./ Beck, W./ Bolte, A./ Hofmann, G./ Jenssen, M./ Krakau, U./ Müller, J. (2002): *Ökologie u. Vegetation d. Wälder Nordostdeutschlands.* Vlg. Kessel, Oberwinter.

Apel, K.-H./ Diezel, K./ Lockow, K.-W./ Löffler, S., Möller, K./ Riek, W./ Schindler, F. (2005): *Differenzierte Regeneration der Kiefer nach Nonnenfraß in der Schorfheide.* AFZ-Der Wald, H. 8, S. 390 - 393

Bergholz, C. (2006):*Vergleichende Untersuchungen zu Morphologie, Wachstum und Entwicklung von Z-Baumanwärtern der Kiefer in Abhängigkeit von der Durchforstungsweise.* Fachhochschule Eberswalde, Fachbereich Forstwirtschaft, Diplomarbeit.

Bergmann, J.-H. (2003): *Quo vadis Forstwirtschaft Brandenburg?* AFZ-Der Wald 18.

Bergmann, J.-H. (1993): *Das Sandrohr.* Forschungsbericht im Auftrag der Landesforstverwaltung Brandenburg.

Bergmann, J.-H. (2009): *Wilhelm Pfeil und die Kiefer.* Brandenburgischer Forstverein e.V.

Beskarawainyi, M.M. (1956): *Zusammenwachsen der Wurzeln im Bestand der Forstmeliorationsobjektes* v. Kamysinsky (russ.). Agrobiologija

Beskarawainyi, M.M. (1958): *Über die Bedeutung des Wurzelzusammenwuchses für das Wachstum der gewöhnlichen Kiefer* (russ.) Lesnaja Chosjeistwo

Bier, A. (1933): *Der Wald in Sauen.* Vortrag vor dem „Verein der Freunde Bärenthorens" in Saarow am 7. Juli 1933. Der Deutsche Forstwirt, Berlin, 5.

Bode, W./ von Hohnhorst. M. (1994): *Waldwende Vom Försterwald zum Naturwald.* C.H. Beck'sche Verlagsbuchhandlung, München.

Bode, W. (Hrsg.) (1997): *Naturnahe Waldwirtschaft Prozeßschutz oder biologische Nachhaltigkeit?* Eukalion 1997.

Bogel. P. (2020): *Trinkwasserversorgung Magdeburg GmbH*, Öffentlichkeitsarbeit Trinkwasserschutz, Info

Bolte, A. (1997): *Stickstoffsättigung und Destabilisierung von Kiefernökosystemen.* AFZ-Der Wald 11.

Bolte, A.,/ Ibisch, P. L. (2007): *Neun Thesen zu Klimawandel, Waldbau und Waldnaturschutz.* AFZ-Der Wald, Nr. 11.

Bonn, S. (1998): *Dendroökologische Untersuchungen der Konkurrenzdynamik in Buchen/Eichen-Mischbeständen und zu erwartende Modifikationen durch Klimaänderung.* Forstwiss. Beiträge Tharandt/3 (1998).

Bork, H. R./ Dalchow, C./ Faust, B./ Piorr, H.-P. & Schatz, T. (1998): *Landschaftsentwicklung in Mitteleuropa Wirkung des Menschen auf Landschaften.* Klett-Perthes, Gotha und Stuttgart, 328 S.

Borowski, M. (1966): *Über den Zuwachs der sozialen Baumklassen in Kiefernbeständen.* Archiv für Forstwesen, Bd. 15, H. 3.

Boivin, B.; Veen, CH. van der (2003): *Drents Boer-book. 7000 jaar boerderij en landshap.* Een uitgave van Stichting het Drentse Landschap en Koninklijke van Gorcum BV.

Braun, H.J. (1965): *Anwendungen von Isotopen in der Forstwirtschaft*, AFZ, 1/2: 3 bis 6.

Brockhaus (1988): *Enzyklopädie in 24 Bänden*, Mannheim.

Brünn, Sylke (1999): *Untersuchungen zum Mineralstoffhaushalt von Calamagrostis epigejos (L.) Roth in stickstoffbelasteten Wäldern.*

Brunner, H. (1961): *Eisrandlagen und Vereisungsgrenzen im Hohen Fläming.* Beiheft zur Zeitschrift Geologie, herausgegeben von der Staatl. Geolog. Kommission der DDR, Akademieverlag. Berlin, Jg. 10 Beiheft 31, S.1 bis 74.

Bülow, von Kurd (1952): *Abriss der Geologie von Mecklenburg.* VEB Volk und Wissen Berlin.

Bullerjahn, K./ Hauskeller, H.-M. (1994): *Auswirkungen des Medinger Verfahrens auf die Wuchsreaktionen von Kiefernzuwachsbäumen.* Univ. Göttingen, Diplomarbeit.

Cermak. L. (1910): *Einiges über den Urwald von waldbaulichen Gesichtspunkten.* Centralbl. f. d. ges. Forstwes. 36. Jg. S. 340 ff.

Credner, H. (1880): *Über Schichtenstörungen im Untergrunde des Geschiebelehmes, an Beispielen aus dem nordwestlichen Dachsen und angrenzenden Landstrichen.* (Z.D.G.G., Bd. XXXII, 1880, S.77-80).

Dannowski, R. (2008): *Mündliche Information*, ZALF Müncheberg

Dengler, A. (1925): *Dauerwald in Theorie und Praxis.* Silva 23. Jg. Nr. 4.

Dengler, A. (1926): *Die Untersuchungen Prof. Dr. Wiedemanns zur Kieferndauerwaldfrage.* Zeitschr. f. Forst- und Jagdwesen, II. Mitteilungen S. 431ff.

Dengler, A. (1927): *Unrichtigkeiten und Übertreibungen aus dem Dauerwaldlager.* Forstliche Wochenschrift Silva 22.April 1927 Nr. 16 S.121 ff.

Dengler, A. (1928): *Die Stetigkeit des Waldwesens. Eine kritische Betrachtung zur Ökologie des Waldes und den Zielen der Wirtschaft.* Silva Nr. 1 1928, 16. Jg.

Dengler, A. (1928): *Die Hauptfragen einer neuzeitlichen Ausgestaltung unserer ostdeutschen Kiefernwirtschaft.* Vortrag, gehalten bei dem akademischen Fortbildungskursus in Eberswalde im Aug. 1927. Zeitschr. f. Forst- und Jagdwesen 1928 2. Heft S. 65 ff

Dengler, A. (1929): *Waldbau auf ökologischer Grundlage*, 1. Aufl. Berlin Springer-Vlg.

Dengler, A. (1944): *Waldbau auf ökologischer Grundlage*, Berlin Springer-Vlg.

Dengler, A. (1926): *Die Untersuchungen Prof. Dr. Wiedemanns zur Kieferndauerwaldfrage.* Zeitschr. f. Forst- und Jagdwesen, II. Mitteilungen S. 431 ff.

Dengler, A. (1927): *Unrichtigkeiten und Übertreibungen aus dem Dauerwaldlager.* Forstliche Wochenschrift Silva 22. April 1927 Nr. 16 S.121 ff.

Dengler, A. (1928): *Die Stetigkeit des Waldwesens. Eine kritische Betrachtung zur Ökologie des Waldes und den Zielen der Wirtschaft.* Silva Nr. 1 1928, 16. Jg.

Dengler, A. (1928): *Die Hauptfragen einer neuzeitlichen Ausgestaltung unserer ostdeutschen Kiefernwirtschaft.* Vortrag, gehalten bei dem akademischen Fortbildungskursus in Eberswalde im Aug. 1927. Zeitschr. f. Forst- und Jagdwesen 1928 2. Heft S. 65 ff.

Dengler, A. (1929): *Waldbau auf ökologischer Grundlage*, 1. Aufl. Berlin Springer-Vlg.

Dengler, A. (1937): *Zeitwende im Waldbau?* Silva, Nr.3.

Dengler, A. (1944): *Waldbau auf ökologischer Grundlage*, Berlin Springer-Vlg.

Dittmar, O. / Knapp, E. (1964): *Zur Wahl des Pflanzenverbandes bei Kiefer.* Die Sozialistische Forstwirtschaft, 14 (1964), S. 210 - 214.

Dittmar, O. (1991): *Zur Z-Baum-Entwicklung in langfristigen Kieferndurchforstungsflächen d. nordostdeutschen Tieflandes.* Allg. Forst- u. Jagdzeitg.,162, H. 7, S. 121 - 125.

Dittmar, O. (1991): *Die Kiefer Wachstum und Ertrag der Kiefer im nordostdeutschen Tiefland.* Ber. a. Forschg. u. Entwicklg., 26, Forschungsanst. f. Forst- u. Holzwirtsch. Ebersw.

Eichhorn, J. / Paar, U. (2000): *Kronenzustand der Buche in Hessen und in Europa.* AFZ-Der Wald 11

Einert, P. / Barth, R. (2001): *Deposition von Luftschadstoffen in Waldbeständen Brandenburgs* in: Forstliche Umweltkontrolle Ergebnisse aus zehnjährigen Untersuchungen zur Wirkung von Luftverunreinigungen in Brandenburgs Wäldern. LFE, Eberswalde und Potsdam 2001, S. 79 - 96.

Eiselt, M. G. (1964): *Nadelgehölze.* Neumann Vlg. Radebeul.

Ejtingen, G. R. (1950): *Das Zusammenleben der Bäume im Walde* (russ.) Agrobiologija S. 42 - 46, Moskau.

Ejtingen, G.R. (1951): *Überlebensfähigkeit der Bäume im Walde* (russ.) Agrobiologija 5. S.46 - 60, Moskau.

Ellenberg. H. (1978): *Der Wald als Ökosystem.* Mitt. Eidg. Anst. Forstl. Versuchswesen 53, 385-395.

Ellenberg, H. (1978): *Vegetation Mitteleuropas mit den Alpen in ökologischer Sicht.* Vlg. Ulmer Stuttgart.

Endtmann, K.J. / Mai, D.H. / Lange, E. (1991): *Die Kiefer* (Pinus sylvestris). Berichte aus Forschung und Entwicklung, 24. Forschungsanstalt f. Forst- und Holzwirtschaft Eberswalde, 1991: Die Kiefer. Berichte aus Forschung und Entwicklung, Nr. 24-26.

Endtmann, K.-J. 2007: *Taxonomie, Artenmerkmale und Verbreitung der Gewöhnlichen Kiefer.* In: Die Kiefer im nordostdeutschen Tiefland – Ökologie und Bewirtschaftung. Eberswalder Forstliche Schriftenreihe, Bd. XXXII, Hrsg.: Ministerium für Ländliche Entwicklung, Umwelt und Verbraucherschutz des Landes Brandenburg.

Ernst, V. (2011): *Dorfstelle und Flure Dore, eine Wüstung und seine Flur nach historischen Aufzeichnungen und morphologisch-bodenkundlichen Befunden.* Unveröffentlichte Arbeit für FFH-Gebiete. Landesumweltamt (LAU) Halle.

Erteld, W. / Kräuter, G. (1957): *Untersuchungen über die Erkennbarkeit guter und schlechter Zuwachsträger bei der Kiefer.* Archiv für Forstwesen 6 (1957), H. 5/6, S. 361 - 420.

Erteld, W. / Kräuter,G. / Knapp, E./ Pagel, U. (1961): *Bärenthoren 1960. Ertragskundliche und waldbauliche Ergebnisse einer 70-jährigen vorratspfleglichen Kiefernnaturverjüngungswirtschaft.* Maschinenschrift, unveröff., 135 S., 5 Anlagen, 48 S.

Ewald, E. (1951): *Forstliche Standortserkundung.* Fowi-Howi, S. 17.

Felbermeier, B. (1993): *Der Einfluß von Klimaänderungen auf die Areale von Baumarten Methodenstudie und regionale Abschätzung für die Rotbuche (Fagus sylvatica L.) in Bayern.* Forstl. Forschungsberichte München Schriftenreihe der Forstwissenschaftlichen Fakultät der Univ. München und der Bayer. Forstl. Versuchs- und Forschungsanstalt 134.

Fiedler, H.-J. / Reissig, H. (): *Lehrbuch der Bodenkunde.* VEB G. Fischer Vlg. Jena.

Fiedler, H. J. & Hunger, W. (1970): *Geologische Grundlagen der Bodenkunde und Standortslehre*, S. 269-270. Dresden (Steinkopff).

Firbas, F.; 1949: *Spät- u. nacheiszeitliche Waldgeschichte Mitteleuropas nördlich der Alpen.* Fischer - Vlg. Jena.

Forstliche Landesanstalt Sachsen-Anhalt; 1, 2012: Forsteinrichtung Nedlitz.

Fröhlich, J. (1954): *Urwaldpraxis: 40jährige Erfahrungen und Lehren.* Neumann Verlag. Radebeul und Berlin.

Flöhr, W. (1959): *Waldbauliche Richtlinien für die Bewirtschaftung der Wälder im mecklenburgischen Grund- und Endmoränengebiet.* AfF, 8. Bd., H. 2 S. 85 - 160.

Flöhr, W. / Kopp, D. / Wünsche, H.-E. (1968): *Festlegung einer optimalen Holzartenverteilung.* In: Großexperiment zur Einbeziehung moderner Rechentechnik in die Leitung des forstlichen Produktionsprozesses der VVB Forstwirtschaft Waren. Unveröffentlichter Abschlußbericht, herausgegeben von VVB Forstwirtschaft Waren, Inst. f. Forstwissenschaften Eberswalde und VEB Forstprojektierung Potsdam, 1968.

Flöhr, W. / Hengst, E. / Kopp, D. / Lembcke, G. / Schwanecke, W. / Wünsche, H.-E. (1969): *Vorschlag f. optimale Baumartenzusammensetzung auf lange Sicht im Gesamtwald der DDR.* VEB Forstprojektierung Potsdam, 45 S. als Manuskript gedruckt.

Flöhr, W. / Kohlstock, N. (1981): *Richtlinien für die Bewirtschaftung und den Aufbau von Kiefernbeständen unter den Bedingungen der Intensivierung der Rohholzerzeugung mit besonderer Betonung der Mechanisierung und Chemisierung.* Promotion zur Erlangung des akademischen Grades doctor scientiae silvaticorum (Dr. sc. silv.) an der Akademie der Landwirtschaftswissenschaften der DDR. Eberswalde-Finow.

Freitag, E.-J.; 2006: *Mündliche Information des langjährigen Revierleiters Bärenthorens.*

Frommhold, H.; 2007: FH- Eberswalde. *Bestimmung von Holzkohlenresten.*

Ganssen, R. (1925): *Die praktischen Versuche des Kieferndauerwaldes.*

Ganssen, R. (1933): *Bodenuntersuchungen in Bärenthoren.* Z.F.J.W. S. 449.

Ganssen, R. (1937): *Geologische Spezialkarte vom Revier Bärenthoren*, Fundus Bibl. FH Eberswalde.

Gayer, K., (1882): *Der Waldbau.* 2. Auflg., Vlg. P. Parey, Berlin.

Gellert, J. F. Herausgeber Deutsche Akademie d. Wissenschaften zu Berlin, Quartärkommitee der DDR; 1965: Die Weichselvereisung auf dem Territorium der DDR, Akademie-Vlg. Berlin.

Glaser, R. (2001): *Klimageschichte Mitteleuropas.* - Primus Verlag, Darmstadt, 227 S.

Giertych, M. / Matyas, Cs. (1991): *Genetics of Scots Pine.* Elsevier Publ., Kiado/ Budapest & Amsterdam

Greger, O.; 1992: *Erfassung von Relikten des autochthonen Fichtenvorkommens im Hochharz.* Dissertation Uni Göttingen, Inst. f. Waldbau. „Aus dem Walde". Mitt. aus der Niedersächsischen Landesforstverwaltung, H. 44.

Greger, O.; 1995: *Biogruppen – Bausteine vielfältiger Waldstrukturen.* Der Dauerwald, Nr. 13, 1995.

Greger, O.; 1998: *Begründung von Elbauewäldern unter besonderer Berücksichtigung des Vorwaldgedankens.* Forst und Holz 13, 53. Jg., Juli, S. 412 – 414.

Greger, O.; Korotaev, A. A. (2002): *Nadel- und Laubbäume im Zusammenleben im Kiefernmischwald.* Untere Havel: Naturkundliche Berichte aus Altmark und Prignitz. H.12/2002, Hrsg.: IHU-Geologie und Analytik Stendal.

Greger, O.; Korotaev, A. A. (2003): *Waldbauliche und ökologische Wirkung von Biogruppen in naturnahen Waldgefügen bei St. Petersburg/Russland.* Forst und Holz, 58, 15/16.

Greger, O. 2004: *Ist Bärenthoren der Ursprung der „Kiefern-Dauerwaldwirtschaft"?* AFZ Der Wald H. 6 S. 323- 325 u. H. 9 S. 475-478

Greger, O., 2005/2: *Kahlschlag im Kiefernwald aus Sicht der Naturwaldkunde.* Teil 1 u. 2, AFZ- Der-Wald 6 u. 9.

Greger, O., Schulze, G.; 2005: *Erläuterungsband zu Standorten im Forstamt Nedlitz. Wuchsgebiet Hoher Fläming m. d. Wuchsbezirken Wiesenburger Fläminghochfläche und Teilen der Nedlitzer Flämingrandplatte.* Entwicklungsstadium.

Greger, O., 2006a: *August Bier und seine Bedeutung für die Organik.* Schriften zur Organik Nr. 11 Vorträge zur Organik. Herausgeber Rolf Hennig, Matthiesen Verlag.

Greger, O. 2006b: *Der natürliche Kiefernwald als Basis für eine rationelle Kiefernbewirtschaftung.* Archiv f. Forstwesen u. Landschaftsökologie, Bd. 40, H. 2, S. 49 – 61.

Greger, O., Schulze, G.; 2007/2008: *Erläuterungsband zu Standorten im Forstamt Nedlitz. Wuchsgebiet Hoher Fläming m. d. Wuchsbezirken Wiesenburger Fläminghochfläche und Teilen der Nedlitzer Flämingrandplatte.*

Greger, O., 2008: *Neue standortskundl. Erkenntnisse im Kiefernrevier Bärenthoren/Fläming und seinen Nachbarrevieren.* AFZ-Der Wald 9/2008 S. 459- 460.

Greger, O., 2009: *Waldwirtschaft in Bärenthoren aus Sicht der Waldökologie* AFZ/Der Wald Nr. 19
Teil 1: Standorte und Waldgesellschaften Bärenthoren 1924, 1934 und 2007
Teil 2: Der Waldbau von F. v. Kalitsch und Folgerungen für die Forstwirtschaft.

Greger, O. (2006): *Der natürliche Kiefernwald als Basis für eine rationelle Kiefernbewirtschaftung.* Archiv für Forstwesen und Landschaftsökologie, Bd. 40, H. 2, S. 49 – 61.

Greger, O. 2013: *Plaggenesch im Fläming – ein Beispiel bodennutzender Landeskultur.* Boden des Jahres 2013. AFZ-Der Wald.

Greger, O. (2015): *Zur waldbaulichen Bedeutung der Landeskulturgeschichte.* AFZ-Der Wald, H. 1, S. 23 – 27; H. 2, S. 23 – 28.

Greger, O. 2015: *Gedanken zum Erbe historischer Bodennutzungen.* Waldökologie Jahr des Bodens 2015 AFZ-Der Wald H. 21.
Greger, O. (2016a): *Kiefernbestandeswirtschaft für die Waldbaupraxis.* Deutscher Waldbesitzer H. 3.
Greger, O. (2016b): *Grundlagen der Kiefernwirtschaft für die Waldbaupraxis.* AFZ-Der Wald, H. 15, S. 27 - 30.
Greger, O. (2018): *Kiefernwirtschaft auf waldkundlicher Basis.* Teil 1, Heft 1; Teil 2, Heft 3.
Grimm, J. und W., 1862: *Deutsches Wörterbuch*, Leipzig, Vlg. S. Hirzel.
Grosse, W. (1929): *Geschichte der Stadt u. Grafschaft Wernigerode in ihren Forst-, Flur- und Straßennamen*, Herausgeb. Harzverein f. Geschichte und Altertumskunde, Selbstverlag Wernigerode.
Haase, G. et. al; (1985): *Methodische Grundlagen und Kartierungsverfahren für eine Naturraumtypenkarte der DDR im mittl. Maßstab.* F/E-Bericht Inst. f. Geograph. u. Geoökol. Leipzig, Akad. d. Wiss. DDR, 1985, unveröff.
Haase, G. et. al. (1992): *Naturraumerkundung und Landnutzung. Geochorologische Verfahren zur Analyse, Kartierung und Bewertung von Naturräumen.* Akademie-Verlag Berlin, 1992.
Hausendorff, E. (1925): *Zur Frage der Dauerwaldwirtschaft im Norddeutschen Kieferngebiet.* Silva, Nr. 13
Hausendorff, E. (1927): *Deutsche Waldwirtschaft. Ein Rückblick und Ausblick mit physiologischen Untersuchungen.* Berlin Vlg. Julius Springer
Hartig, G. L. 1809: *Anleitung zur Forst- und Weidmanns-Sprache.* Tübingen, Cottasche Buchhandlung.
Hartig, G. L.; (1836): *Forstliches u. forstnaturwissenschaftliches Conversations-Lexikon.* Stuttgart und Tübingen, Cottasche Buchhandlung.
Hartmann, F. K. (1928): *Kiefern-Bestandestypen des nordostdeutschen Diluviums*, Neumann- Neudamm.
Hartmann, F. K. (1967): *Was zeigt uns der Wald über die Naturgesetzlichkeiten im Nährstoffhaushalt?* Cbl. für das gesamte Forstwesen, 84. Jg., 2-6, 174-181.
Haunert G. H. (2017): *Messtechnische und modellgeschützte Untersuchungen zum Boden und Landschaftswasserhaushalt im Westfläming.* Diss. Naturwiss. Fak. III Univ. Halle-Wittenberg.
Hausendorff, E. (1925): *Zur Frage der Dauerwaldwirtschaft im Norddeutschen Kieferngebiet.* Silva, Nr. 13.
Hausendorff, E. (1927): *Deutsche Waldwirtschaft: Ein Rückblick und Ausblick, Mit physiologischen Untersuchungen* Berlin Vlg. Julius Springer.
Heinsdorf, D. / Krauß H. H. / Tölle H. 1986a: *Die Entwicklung der C- und N-Vorräte nach Kahlschlag auf ärmeren, anhydromorphen Sandböden unter Kiefer.* Beitr. F. d. Forstwirtsch., Berlin, 20, 1, 8-13.
Heinsdorf, D. (1986 b): *Entwicklung der C- und N-Vorräte nach Kahlschlag auf Sandböden unter Kiefer.* Wiss. Tagung d. Sektion Forstwirtschaft Tharandt v. 8.-10.10. 1986, Bd.1, 98-109.
Heinsdorf, D. (1995): *Forstliche Strategien in Waldgebieten mit erhöhten N-Einträgen, dargestellt am Beispiel des nordost-deutschen Tieflandes.* IMA-Querschnittsseminar: „Wirkungskomplex Stickstoff-Wald". Texte Umweltbundesamt Nr. 28.
Heinsdorf, D., Chrzon, S. (1996): *Untersuchungen über den Vitalzustand mittelalter Buchenbestände im nordostdt. Tiefland auf der Grundlage von visuellen, boden-und ernährungskundlichen Erhebungen in den Jahren 1987 bis 1995*, Forstl. Forschungsanstalt Eberswalde e.V. Abt. Standort-Umwelt.
Heinsdorf, D. (1998):*Zum Anbau der Rotbuche im nordostdeutschen Tiefland unter gegenwärtigen und zu erwartenden Standortsbedingungen.* Beitr. Forstwirtschaft und Landschaftsökologie 32, 4.
Heinsdorf, D. (2003): *Ist ein gänzliches Kahlschlagsverbot für Brandenburgs Wälder sinnvoll?* AFZ- Der Wald 8.
Heinsdorf, D. (2003): *Bemerkungen zu „Zukunftsorientierte Bewirtschaftung der Brandenburger Wälder ohne Kahlschlag".* AFZ -Der Wald 13.
Heinsdorf, M. (1994): *Kiefernnaturverjüngung – ein historischer Abriss.* Beiträge für Forstwirtschaft und Landschaftsökologie 28, 2.
Heinsdorf, M. (1997): *Vergleichende boden- und ernährungskundliche Untersuchungen in Kiefernrein- und Kiefernmischbeständen im Gebiet des nordostdeutschen Tieflandes.* Dissertation TU Dresden.
Heinsdorf, D. / Uebel, E. / Chrzon, S. (2011): *Begründung und Entwicklung stabiler Forstökosysteme auf ehemals ackerbaulich genutzten degradierten Sandböden.* Verlagsgesellschaft für Ackerbau m.b.H., Kassel, S. 853 - 861.
Heinsdorf, D. (2013): *Zur Entwicklung und waldökologischen Bedeutung von neun Baumarten bei unterschiedlicher Nährstoffversorgung auf degradierten, nährstoffärmeren Sandstandorten.* Eberswalder Forstliche Schriftenreihe Band 52.
Hennig, R. (2010): *Mündl. Info des wiss. Leiters der Gesellschaft für Organik.*
Hertel, H. / Kohlstock, N. / Lockow, K.-W. (1998): *Genetische Untersuchungen an Kiefer.* AFZ-Der Wald, H. 18, S. 928 – 930.
Hertel, H. / Kohlstock. N / K.-W. Lockow (1998): *Durchforstungsversuch Chorin 97. Genetische Unters. an Kiefern.* AFZ- Der Wald 18.
Heske, F. (1937): *Im Heiligen Land der Gangesquellen.* Vlg. Neumann, Neudamm.
Heske, F. (1950): *Besitz und Verpflichtung.* Mitt. d. Bundesanst. f. Forst- u. Holzwirtsch., Nr. 19, Reinbek.
Heuer, E. / Walter, M. (2003): *Zukunftsorientierte Bewirtschaftung der Brandenburger Wälder ohne Kahlschläge.* AFZ- Der Wald 12.
Hewicker, H.-A. (2010): *Mündl. Info des stellv. Vorsitzenden der Gesellschaft f. Organik u. pensionierten Amtsleiter des Forstamtes Rantzau.*

Hintermaier, E. / Zech W. (1997): *Wörterbuch d. Bodenkunde.* Enke Vlg. Stuttgart.

Hofmann, G. / Heinsdorf, D. / Krauß, H.H. (1990): *Wirkung atmogener Stickstoffeinträge auf Produktivität und Stabilität von Kiefern-Forstökosystemen.* Beitr. Fortwirtsch., Berlin. 24, 2, 59-73.

Hofmann, G. (1991): *Die Vegetationsgliederung natürlicher Kiefernwälder, kiefernhaltiger Laubwälder und forstwirtschaftlich bedingter Kiefernforsten Mitteleuropas. Forschungsanstalt f. Forst- u. Holzwirtschaft Eberswalde.* Berichte aus Forschung und Entwicklung, 24.

Hofmann, G. (1995): *Kiefernökosysteme im Wandel. Vegetationswandel in nordostdeutschen Kiefernwaldungen durch atmosphärischen Eintrag Stickstoffverbindungen.* Der Wald, 45 (8) 262-267.

Hofmann, G. (1995): *Wald, Klima, Fremdstoffeintrag – ökologischer Wandel mit Konsequenzen für Waldbau und Naturschutz, dargestellt am Gebiet der Neuen Bundesländer Deutschlands.* Angewandte Landschaftsökologie, Bonn-Bad Godesberg, 4.

Hofmann, G. (1998 a): *Alfred Möllers Leitbild einer zukunftsorientierten Waldwirtschaft Dauerwaldwirtschaft,* AFZ - Der Wald 13.

Hofmann, G. (1998 b): *Zur Suche nach neuen Wegen der forstlichen Landnutzung Dauerwaldwirtschaft.* AFZ-Der Wald 13.

Hofmann, G. (1998 c): *Mitteleuropäische Wald- und Forstökosystemtypen.* Sonderh. AFZ-Der Wald

Hofmann, G. / Jenssen, M. (1999): *Ökologische Grundlagen des Waldumbaus in der Schorfheide – Eduard Hausendorff als Pionier.* Beitr. Forstwirtsch. u. Landsch. Ökol. 33 1999 1

Hofmann, G. in Anders et. al. (2002): *Ökologie und Vegetation der Wälder. Nordostdeutschlands.* Vlg Kessel Oberwinter.

Hofmann, G. / Pommer, U. (2004): *Das natürliche Waldbild Brandenburgs.* AFZ-Der Wald 22, S. 1211-1215.

Hofmann, G. / Pommer, U. (2005): *Potentielle Natürliche Vegetation von Brandenburg und Berlin mit Karte im Maßstab 1:2000.* Eberswalder Forstliche Schriftenreihe Bd. XXIV. Hrsg.: Ministerium für Ländliche Entwicklung, Umwelt und Verbraucherschutz des Landes Brandenburg, Landesforstanstalt Eberswalde.

Hofmann, G. (2007): *Die Wald-Kiefer (Pinus sylvestris) in der Vegetation des nordostdeutschen Tieflandes.* In: Die Kiefer im nordostdeutschen Tiefland – Ökologie und Bewirtschaftung. Eberswalder Forstliche Schriftenreihe Bd. XXXII. Hrsg.: Ministerium für Ländliche Entwicklung, Umwelt und Verbraucherschutz des Landes Brandenburg.

Hofmann, G.; 2007: *mündliche Information.*

Hofmann, G. / Jenssen, M. (2009): *Der klimaplastische Wald im nordost-deutschen Tiefland Strategie der forstlichen Risikofürsorge angesichts einer unvorhersagbaren Zukunft Schlussbericht.* (Nr. 8.2 KBF98) zum Forschungsvorhaben 0330562 H: „nachhaltige Entwicklung von Waldlandschaften im Nordostdeutschen Tiefland" (NEWAL-NET) Teilprojekt B: „Modellierung der Waldstruktur-Dynamik standortsplastischer Laubmischwälder und Regionalisierung von Schlüsselparametern für eine nachhaltige Waldentwicklung in der Modellregion NOBrandenburg/SO-Mecklenburg-Vorpommern" Waldkundeinstitut Eberswalde GmbH.

Hofmann, G. / Pommer, U. (2013): *Die Waldvegetation Nordostdeutschlands.* Eberswalder Forstliche Schriftenreihe, Bd. 54. Hrsg.: Ministerium für Infrastruktur und Landwirtschaft des Landes Brandenburg, Landesbetrieb Forst Brandenburg, Landeskompetenzzentrum Eberswalde.

Hofmann, G. (2017): *Mündliche Mitteilung durch Prof. Dr. habil. Gerhard Hofmann,* Waldkunde-Institut Eberswalde.

Huber, M. (1993): *Die Gruppendurchforstung.* Der Dauerwald Nr. 9.

Ivanov, L., (1924): *Über die Transpiration der Holzgewächse im Winter.* I. u. II. Ber. Deutsch. Botan. Ges. 42, 44-49 u. 210-224.

Jenssen, M., (1997): *Vegetationsstrukturen und hydrologische Prozesse in Kiefern- u. Buchen-ökosystemen.* AFZ-Der Wald 52, 25, 1356-1359.

Jenssen, M. / Hofmann G. 2003: *Die Quantifizierung ökologischer Potentiale der Phytodiversität und Selbstorganisation der Wälder.* Waldkundeinstitut Eberswalde; Beitr. Forstwirtschaft und Landschaftsökologie, 37/1.

Joachim, H.-F. / Hübener, E. / Eberhardt, E. (1989): *Anbau und Bewirtschaftung von Pappeln – langjährige Erfahrungen und neue Ergebnisse. IFE- Berichte aus Forschung und Entwicklung,* 15.

Joachim, H.-F. (1991): *Hybridaspen – schnellwüchsige, leistungsfähige und vielseitig einsetzbare Baumsorten.* IFE-Berichte aus Forschung und Entwicklung, 22.

Kache, P. (1938): *Die Praxis des Baumschulbetriebes.* P. Parey, Berlin.

Kainz, W. (2008): *Mündliche Information.* Landesamt für Geologie und Bergwesen Halle.

Kato, F. (1973): *Begründung der Qualitativen Gruppendurchforstung.* Beitrag der entscheidungsorientierten forstlichen Betriebswirtschaftslehre zur Durchforstung der Buche, Habilschrift Univ. Göttingen.

Knoth, W. (1995): *Sachsen-Anhalt.* – In: Benda, L. (Hrsg.) (1995): Das Quartär Deutschlands. S. 148-170. Berlin (Borntraeger).

Kohlstock, N. (1961): *Waldbauliche Richtlinien für die Bewirtschaftung der Wälder im Gebiet des Flämings.* Ein Beitrag zur standortgerechten Forstwirtschaft, Archiv f. Forstwesen, Bd. 10, H. 10.

Kohlstock, N. (1994): *Die Eichenwirtschaft vor der Jahrhundertwende aus der Sicht des Märkischen Forstvereins – Was bringen diese Erfahrungen für das Landeswaldprogramm?* Ber. zur Tagung d. Brandenburgischen Forstvereins „Eichenwirtschaft im Land Brandenburg", 24. Juni 1994 im Amt f. Forstwirtsch. Peitz.

Kohlstock, N. (1998): *Standortgerechter regionaler Waldbau.* AFZ-Der Wald 19.
Kohlstock, N. (1998): *Wuchsgebietsmonographie „Eberswalde 1953 – Wege zur standortgerechten Forstwirtschaft".* AFZ-Wald, 19.
Kohlstock (2007 - 2012): *Mündliche Information.*
König, Hans-C. (2003): *Grundsätzliches Kahlhiebsverbot in Brandenburg?* AFZ-Der Wald 18.
Köpf, E. U. (1998): *Forstliches Handeln bedarf der Intuition.* In: Forst und Holz, S. 740-742 Landwirtschaftsverlag Berlin.
Köpf, E. U. (1999): *„Bildungsbürger" als Dauerwaldbewegte – ein Ärgernis?* Auseinandersetzung mit Irene Selig: Die Dauerwaldbewegung in den Jahren zwischen 1880 und 1930 (Dissertation) Allg. Forst- u. J. – Ztg., 170. Jg., 1 S.1-4.
Köpf, E. U. (2019): Wie mir Tharandt zur Heimat wurde. Tharandter historische Hefte H.5
Kolodziej, Andrea (2007): *Klimawandel in Sachsen-Anhalt: Mögliche Auswirkungen auf phänologische Phasen wildwachsender Pflanzen.* Diplom-Arbeit, Martin Luther-Univ. Halle Wittenberg.
Konopatzky, A. (1998): *Bodenzustandswandel in den Wäldern des Nordostdeutschen Tieflandes.* AFZ-Der Wald 9.
Konopatzky, A. (1998): *Kennzeichnung der substratbedingten Feuchte von grundwasserfernen Sandstandorten mit Hilfe der Standortskartierung und ihre Anwendung.* Unveröffentlicht. Landesamt f. Forstplanung, Eberswalde.
Konopatzky, A. (2000): *Die natürliche Verjüngung von Baum- und Straucharten unter Kiefer.* AFZ-Der Wald 14 S. 732-733.
Konopatzky, A. (2001): *Der Bodenzustand in den Wäldern Brandenburgs* in: Forstliche Umweltkontrolle Ergebnisse aus zehnjährigen Untersuchungen zur Wirkung von Luftverunreinigungen in Brandenburgs Wäldern. LFE, Eberswalde und Potsdam 2001, S. 38 -56.
Konopatzky, A. (2009): *Die Veränderungen von C-org und Nt-Zuständen der Waldböden im Nordostdeutschen Tiefland seit 1986 am Beispiel Brandenburgs.* Tagungsbeitrag zu Kommission III der Tagung: Böden eine endliche Ressource. Veranstalter: DBG, 9.2009, Bonn. Berichte der DBG.
Konopatzky, A. (2011): *Bodenzustandserfassung, aktuelle Gefährdungen und Trends". Freiburger Forstliche Forschung 8: 1–13. Humuszustandsveränderungen (C-org und Nt) in Brandenburg seit 1985.* Tagungsber. DBG, DVFFA, vTI, Mai 2010 Freiburg/ Brsg.
Kopp, D. /. Kirschner. G. (1992): *Fremdstoffbedingter Standortswandel aus periodischer Kartierung des Standortszustandes in den Wäldern des nordostdeutschen Tieflandes nach Ergebnissen der Standortserkundung.* Beiträge f. Forstwirtschaft und Landschaftsökologie 26, 3/4.
Kopp, D. / Brost, E. (1964): *Standörtliche Grundlagen für die Planung der Baumartenwahl, Melioration und Düngung und des Waldbaus im nordostdeutschen Tiefland. Düngung und Melioration in der Forstwirtschaft.* Tagungsbericht Dt. Akademie Landw.-wiss. Berlin Nr. 66 117 -122.
Kopp, D. (1968): *Die Bodenformen in den Wäldern des nordostdeutschen Tieflandes.* Habil.-Schr. TU Dresden.Tharandt.
Kopp, D. u. Mitarbeiter (1969): *Ergebnisse der forstlichen Standortskartierung in d. DDR,* Bd. I. Die Waldstandorte des Tieflandes, VEB Forstprojektierung Pdm.
Kopp, D. (1971): *Die Fruchtbarkeitsziffer als Kennziffer für die Waldbodenfruchtbarkeit.* Archiv f. Bodenfruchtbarkeit und Pflanzenproduktion, Bd.15, S. 267-274.
Kopp, D. / Schübel. G. (1971): *Standörtliche Grundlagen für die Steigerung der Waldbodenfruchtbarkeit.* Arch. Forstwes. 20, 1-20.
Kopp, D./ Jäger, K.-D. (1972): *Das Perstruktions- und Horizontprofil als Trennungsmerkmal periglaziäre und extraperiglaziär Oberflächen im nordmitteleuropäischen Tiefland.* Wiss. Z. Univ. Greifswald, Math.-Naturwiss. Reihe, XXV, 2, 3 bis 16.
Kopp, D. / Jäger. K.-D. / Succow M. (1982): *Naturräumliche Grundlagen der Landnutzung.,* Akademie-Vlg. Bln.
Kopp, D. u. Jeschke, L. (1992): *Natürliche Waldgesellschaften (als Stamm-Vegetationsform) und Phytomasseproduktivität im Zusammenhang mit der Stamm-Vegetationsform und deren waldökologischer Gruppierung in Stamm-Standortsformengruppen in Gestalt eines Vierfach-Ökogrammes, alles für rezentnatürlichen Status (nach Klimastufen),* z.T. veröff. in AFZ 26, 1992.
Kopp, D. & Schwanecke W. (1994): *Standörtlich-naturräumliche Grundlagen ökologiegerechter Forstwirtschaft.* Deutscher Landwirtschaftsverlag Berlin.
Kopp, D. u. Jochheim, H. unter Mitarbeit Pries E. u. Schöneich J. (2002): *Forstliche Boden- und Standortsformen des Nordostdeutschen Tieflandes als Datenbasis für die Landschaftsmodellierung.* Forstbuchverlag Dr. Kessel Remagen-Oberwinter
Kopp, D. (1999): *Naturraum – angepasste naturnahe Waldentwicklung.* AFZ-Der Wald, H. 25, S. 1.344/1.345.
Kopp, D. (1999): *Naturnahe Waldwirtschaft und Standortserkundung Naturraum angepasste naturnahe Waldentwicklg.* AFZ-Der Wald 25
Kopp, D. / Jeschke, L. / Baumgart, A. / Linke, C. (2002): *Bestimmung der Naturnähe von Waldnaturräumen im nordostdeutschen Tiefland auf der Grundlage der Standortserkundung und Forsteinrichtung.-* Arch. für Naturschutz und Landschaftsforsch. 41 (3 / 4): 187-241.
Kopp, D.; 2002 - 2007: *Mündliche Information.*
Köstler J.N. / Brückner, E. / Bibelriether, H. (1968): *Die Wurzeln der Waldbäume. Vlg. P. Parey Hmbg. Bln.*

Kowalkowski, A. (1973): Geneza i podstawy Klasyfikacji gleb wytworzonych z Utworow peryglcjalnych:
(Genese und Grundlagen der Klassifikation von Böden aus periglaziären Formationen).
Polski Towarzyszwo gleboznawcze, Warszawa, 93-126.
Kowalkowski, A.; Borzykowski, J.; 1977: *The Role of periglacial and extraperiglacial perstruktions in the formation of soil profile in central europa.* folia quaternaria 49, 37 bis 45, Krakow.
Krahl-Urbahn, J. (1959): *Die Eichen.* Hamburg-Berlin, Paul Parey-Verlag.
Krüssmann, G. (1997): *Die Baumschule,* 6. Aufl. Parey, Berlin. Verlag Neumann Neudamm.
Krutzsch, H. (1924): *Bärenthoren 1924,* Vlg. Neumann-Neudamm.
Krutzsch, H. / Weck, J. (1935): *Bärenthoren 1934. Der naturgemäße Wirtschaftswald.* Verlag Neumann Neudamm.
Kainz, W. (2008): *Mündliche Information.* Landesamt für Geologie und Bergwesen Halle.
Klostermann, J. (1999): *Das Klima im Eiszeitalter.*- S. 63-66. Stuttgart.
Köstler J.N. / Brückner, E. / Bibelriether, H. (1968): *Die Wurzeln der Waldbäume.* Vlg. P. Parey Hmbg. Bln.
Kurth. H. 1970: *Einschätzung der Standortserkundung aus Sicht des Forsteinrichters Bereich Forsteinrichtung und Ertragskunde der Sektion Forstwirtschaft Tharandt.*
Arch. Forstwes. Bd. 19. H. 8. S. 775 - 796. Berlin.
Landesforstanstalt Eberswalde (2007): *Die Kiefer im nordostdeutschen Tiefland - Ökologie und Bewirtschaftung.*
Eberswalder Forstliche Schriftenreihe Bd. XXXII.
Lang, G. (199)3: *Quartäre Vegetationsgeschichte Europas.* G. Fischer Jena.
Lang, G. (1994): *Quartäre Vegetationsgeschichte Europas. Methoden und Ergebnisse.* Gustav Fischer Verlag Jena, Stuttgart, New York.
Lang, P. (1993): *Mündliche Information des Schriftleiters vom "Dauerwald".*
Lang, P. (1993): *Zum Geleit „Der Dauerwald"* H. 9.
Lashchinsky, N. (2003): *9th. Soil-ecological excursion, 2003 across Western Sibiria,* Novosibirsk, mündliche Informationen.
Leibundgut, H. (1970): *Der Wald. Eine Lebensgemeinschaft.* Frauenfeld - Stuttgart.
Leibundgut, H. (1975): *Wirkungen des Waldes auf die Umwelt.* Eugen Rentsch Vlg. Zürich u. Stuttgart.
Leibundgut, H. (1993): *Europäische Urwälder. Wegweiser zur naturnahen Waldwirtschaft.* Vlg. Paul Haupt Bern u. Stuttgart.
Leitlinie Wald (1997): *Leitlinie zur Erhaltung und nachhaltigen Entwicklung des Waldes im Land Sachsen-Anhalt.*
Hrsg.: Ministerium für Landwirtschaft u. Forsten, Magdeburg.
Leitlinie Wald (2014): *Leitlinie zur Erhaltung und weiteren nachhaltigen Entwicklung des Waldes im Land Sachsen-Anhalt.*
Hrsg.: Ministerium für Landwirtschaft u. Umwelt.
Liebold, E. (1967): *Kritische Betrachtung der Waldgefügetypenlehre* von J. Weck. Arch. Forstwes. Bd. 16, H. 3.
Lobanov, N. B. (1953): *Die Mykorrhizierung der Gehölze* (russ.), Staatl. Vlg. „Sowjetische Wissensch.", Moskau.
Lembcke, G. / Knapp, E. / Dittmar, O. (1975): *DD-Kiefernertragstafel. Inst. f. Forstwissensch.*
Eberswalde, Abt. Waldbau/Ertragskunde.
Lemmel, H. (1939): *Die Organismusidee in Möllers Dauerwaldgedanken.* Springer Berlin.
Lockow, K.-W. (1992): *Zum Wachstumsablauf und zur Wuchsdynamik der Kiefer mit einigen Schlußfolgerungen für die Bestandesbehandlung.* Der Wald 42, H. 5, S. 170 - 173.
Lockow, K.-W. (1993): *Zur Qualifizierung der Wuchsdynamik der Kiefer und Schlussfolgerungen für die Bestandespflege.*
Forst und Holz 48, H.13, S. 357 - 360.
Lockow, K.-W. / Pofahl, U. (1993): *Analytische Untersuchungen zum Einzelbaumwachstum der Kiefer anhand langfristiger Versuchsflächendaten.* Deutscher Verband Forstlicher Forschungsanstalten. Sektion Ertragskunde.
Jahrestagung am 24.5.1993. Unterreichenbach-Karpfenhardt, S. 129 - 143.
Lockow, K.-W.; Pofahl, U. (1994): *Neue Erkenntnisse über Gesetzmäßigkeiten des Einzelbaumwachstums der Kiefer.*
Beiträge für Forstwirtschaft und Landschaftsökologie 28, H. 2, S. 83 - 86.
Lockow, K.-W. (1997): *Neue ertragskundliche Ergebnisse zur Kiefer.* Mitt. Bundesforstanstalt für Forst- und Holzwirtschaft, Hamburg. Nr. 195, Januar 1999. 23. Internationale der Arbeitsgemeinschaft Forstgenetik - Forstpflanzenzüchtung vom 1.9. bis 3.9.1997 in Sandkrug/Chorin, S. 125 - 142.
Lockow, K.-W. (1998): *Langfristige Versuchsflächen Eberswalde.* Beitr. Forstwirtsch. u. Landschaftsökol. 32, 1.
Lockow, K.-W. (1998): *Der Kieferndurchforstungsversuch Chorin 97 - Ziel und Ergebnisse für die Praxis.*
Beiträge für Forstwirtschaft u. Landschaftsökologie 32, H. 1, S.15 - 23.
Lockow, K.-W. (1999): *Kieferndurchforstungsversuch Chorin* 97. AFZ-Der Wald 17.
Lockow, K.-W. (2000): *Durchforstungsweise und Bestandesentwicklungsdynamik bei Kiefer.* AFZ-Der Wald 55, H. 20, S. 1.084 - 1.086.
Lockow, K.-W. (2000): *Zusammenhänge zwischen Durchforstungsweise, Holzqualität und Wuchsleistung bei Kiefer.*
AFZ-Der Wald 55, H. 17, S. 925 -928.
Lockow, K.-W, (2001): *Aktuelle Versuchsflächen Schwappachs - Langzeitergebnisse und Schlussfolgerungen für den Waldumbau im nordostdeutschen Tiefland.* Beitr. für Forstwirtsch. u. Landschaftsökologie, Bd. 35.

Lockow, K.-W. (2000/1): *Zusammenhänge zwischen Durchforstungsweise, Holzqualität u. Wuchsleistung bei Kiefer.* AFZ-Der Wald H. 17.
Lockow, K.-W. (2000/2): *Durchforstungsweise u. Bestandesentwicklungsdynamik bei Kiefer.* AFZ-Der Wald H. 20.
Lockow, K.-W. ab (2002): *Mündliche Informationen.*
Lockow, K.-W. (2002): *Der Internationale Kiefern-Provenienzversuch Chorin 85.* AFZ-Der Wald, H. 12, S. 603/604.
Lockow, K.-W; (2006): *Empfehlungen für die Kiefernwirtschaft* (unveröffentlicht).
Lockow, K.-W. / Lockow, J. (2010): *Ertrags- und Wertschöpfungspotenzial der Kiefer biologisch rationell besser nutzen.* AFZ-Der Wald, H. 9, S. 14 - 16, S. 18.
Lockow, K.-W. (2015): *Grundlagen der Kiefernwirtschaft - Versuchsflächenergebnisse und Entscheidungshilfen.* Verlag Dr. Kova, Hamburg, 320 S.
Lockow, K.-W. (2017): *Tabelle für Zuwachsverluste.*
Lösch, R. (2001): *Wasserhaushalt der Pflanzen*, Quelle & Meyer Wiebelsheim.
Lützke, R. (1991): *Die Kiefer Bestandesklima und Wasserhaushalt in Kiefernbeständen des nordostdeutschen Tieflandes.* Ber. aus Forschung und Entwicklung, 25, Forschungsanstalt für Forst- und Holzwirtschaft Eberswalde.
Lyr, H. / Polster, H. / Fiedler, H.-J. (1967): *Gehölzphysiologie.* VEB Gustav Fischer Vlg. Jena
Mager, F. (1936): *Die ehemalige Waldbienenzucht der deutschen Nordostmark.* Vierteljahrschrift f. Sozial- und Wirtschaftsgeschichte, 29. Bd., H. 4, S. 373 - 384, Franz Steiner Verlag.
Mager, F. (1955): *Geschichte des Bauerntums und der Bodenkultur im Lande Mecklenburg.* Hrsg.: Deutsche Akademie der Wissenschaften zu Berlin. Veröff. der Historischen Kommission, Bd. 1, Akademie-Verlag.
Martin, H. (1996): *Die Folgen der Bodenreinertragstheorie.* 3.Bd.
Martin, H. (1932): *Die geschichtliche Methode in der Forstwirtschaft m. besonderer Rücksicht auf Waldbau u. Forsteinrichtung.* Springer Bln.
Maurin, A. (1953): *Das natürliche Zusammenwachsen von Bäumen einer Art* (russ.), Agrobiologija, Moskau.
Mayer, H. (1984): *Waldbau auf soziologisch-ökologischer Grundlage.* G. Fischer Vlg. Stuttgart, New York.
Mehlitz, (bei Radtke, D.) (2007): *Dr. hc. Siegfried Mehlitz war der langjährige Oberförster von Nedlitz, ihm folgte Detlef Radtke.*
Milnik, A. (2001): *Das Leben Alfred Möllers 1860 – 1922.* Eberswalder forsthistorische Schriftenreihe Nr. 7
Milnik, A. (2005): *Wagenknecht ein langes Leben für Wald u. Wild.* Forstl. Biographien H. 13.
Milnik, A. (2009): Mündliche Information.
Milnik, A. (Hrsg.): *Eberswalder Forsthistorische Schriften. Reihe 1: Ausstellungen in der Alten Forstakademie*, H. 5, 1994, A. Dengler, H.6,1996 M. Kienitz, Reihe 2: Forstl. Biographien H.4, 1997: W. Wittich, H. 5 1998: A. Olberg, 2001 H. 7. A. Möller.
Milnik, A. (Hrsg.) (2013): *In Verantwortung für den Wald. Die Geschichte der Forstwirtschaft in der Sowjetischen Besatzungszone und der DDR.* 2. Auflage. Verlag Kessel. Min. f. Ernährung, Landwirtsch. u. Forsten (1998): Leitlinie Wald LSA. Magdeburg.
Mirov, N. T. (1967): *The Genus Pinus.* The Ronald Press Company New York.
Mlinsek, D. (1975): *Die Waldpflege im subalpinen Fichtenwald am Beispiel von Pokljuka.* Forstw. Cbl. 94: 202–209.
Möller, A. (1913): *Vortrag vor dem Deutschen Forstverein in Trier.* Ber. S. 47-62 u. S. 77-78.
Möller, A. / Schwappach, A., (1918): *Offener Briefwechsel zwischen Ofm Dr. Möller u. Geh. Regierungsrat Dr. Schwappach.* Zeitschr. f. Forst- u. Jagdwesen S.441-449.
Möller, A. (1920): *Kiefern-Dauerwaldwirtschaft. Untersuchungen aus dem Forst des Kammerherren v. Kalitsch - Dem Andenken des gest. Oberförster Semper gewidmet.* Zeitschr. f. Forst- u. Jagdwesen 52, S.4-41.
Möller, A. (1921): *Kiefern-Dauerwaldwirtschaft II.* Zeitschr. f. Forst- u. Jagdw. 53, S.70- 85.
Möller, A. (1922): *Der Dauerwaldgedanke. Sein Sinn und seine Bedeutung.* Springer Bln.
Möller, A. (1922): *Vortrag „Welche Methoden waldbaulicher Behandlung des norddeutschen Kiefernwaldes haben sich bewährt"?* 19. Vollversammlung des Deutschen Forstvereins v. 3.- 7.9.1922 in Dessau. Bericht S. 81-96.
Möhring, B. (2004): *Betriebswirtschaftliche Analyse des Waldumbaus.* Forst u. Holz, 59. Jg.
Möhring, B. / Bodelschwingh, von H. (2016): *Betriebswirtschaftliche Aspekte der Starkholzproduktion.* AFZ-Der Wald, H. 19, S. 29 - 32.
Morosow, G. F. (1928): *Die Lehre vom Walde.* Herausgegeben von K. RUBNER. Neumann Vlg. Neudamm.
Mrazek, F. (1996): *Gedanken zur Pflege von Kiefernjungbeständen.* AFZ-Der Wald H. 9
Mückenhausen, E. / Scharpensel H. W. / Pietig, F. (1968): *Zum Alter des Plaggen* - Eiszeitalter Gegenwart 19: 190-196 (in Schulze, G., 2001: Forstl. Standortskartierung in Mecklenburg-Vorpommern. Teil C. Anthropogene Spuren in den Waldböden. S. 53 Herausg: Landesamt f. Forsten u. Großschutzgebiete M-V, Malchin.
Mülder, D. (1982): *Helft unsere Buchenwälder retten.* DRW-Verlag Stuttgart.
Mülder, D. (1990): *Nur Individualauswahl oder auch Gruppenauswahl?* Schriften der Forstl. Fak. d. Univ. Göttingen u. d. Nds. Forstl. Versuchsanstalt. Bd. 96, Fft.a.Main.

Mülder, D. / Greger, O. (1995): *Überlegungen zur Fortentwicklung der naturgemäßen Waldwirtschaft unter besonderer Berücksichtigung der Gruppendurchforstung.* Der Dauerwald, Zeitschrift für naturgemäße Waldwirtschaft, Nr.12

Müller-Starck (1996): *Biodiversität und nachhaltige Forstwirtschaft.* Ecomed - Verlagsges.

Nachtigall, W. / Blüchel K. G. (2000): *Das große Buch der Bionik. Neue Technologien nach dem Vorbild der Natur.* Deutsche Verlags-Anstalt, Stuttgart/München.

Naumann-Tümpfel, H. (1989): *Die ökologische Wasserbilanz als Eingangsgröße für Ökomodelle.* Abhandl.

Nikitin, I. N. (1952): *Neue waldbauliche Ideen im Lichte der Mitschurinschen Agrobiologie* (russ.), Lesnoje chosiajstwo Nr. 6.

Nikitin, I. N. / Grebennikova (1961): *Der Aufbau der Wurzelsysteme bei der Kiefer u. bei den Unterwuchssträuchern im Kiefernmischwald* (russ.), Soobsc. Lab. Lesoved.

Noack, M. (2008): *Waldkundlich-biomathematische Grundlagen für die Umwandlung von Kiefernreinbeständen in Kiefern-Trauben-Eichenmischbestände als Beitrag zur zukunftsorientierten forstlichen Ressourcennutzung im Nordostdeutschen Tiefland.* Landwirtschaftl.-Gärtnerische Fak. der Humboldt-Univ. zu Berlin, Habilitationsschrift.

Noack, M. (2015): *Grundlagen für die nordostdeutsche Kiefernwirtschaft.* AFZ-Der Wald, H. 22, S. 46/47.

Oelkers, J. (1930): *Waldbau.* Vlg. Schaper, Hannover.

Oesten, G. (1999): *Über die geschichtl. Dimension forstökonomischer Forschungsgegen stände. Zur Auseinandersetzung von E. U. Köpf mit der Dissertation von Irene Selig: Die Dauerwaldbewegung in den Jahren 1880 und 1930.* Allg. Forst- u. Jagdzeitung, 170. Jg., 1 S. 5-11.

Olberg, A. / Kühn, G. (1930): *Über den Zusammenhang zwischen der Holzqualität und der Jugendentwicklung der Kiefer.* Z. für Forst- und Jagdwesen, 62, S. 625 - 658.

Olberg, A. (1940): I. *Abhandlungen. Waldbauliche Erfahrungen in Chorin.* Z. f. Forstund Jagdwesen, L II. Jg. 5/6 H. S. 129 - 149 u. 193 - 227.

Olberg, A. (1950): *Die Durchforstung der Kiefer.* Vlg. Schaper Hannover.

Olberg, A. (1957): *Beiträge zum Problem der Kiefernnaturverjüngung.* Schriftenreihe der Forstl. Fak. d. Univ. Göttingen, Bd. 18, Sauerländer`s Vlg., Frankfurt a. M.

Otto, H.-J, (1994/1): *Waldökologie.* Ulmer, Stuttgart.

Otto, H.-J. (1994/2): *Die Verwirklichung naturgemäßer Waldwirtschaft in den niedersächsischen Landesforsten - Chancen und Probleme.* Der Dauerwald H.10.

Otto, H.-J. (2002): *Wachstum und Strukturbildung in europäischen Kiefernwäldern - Ein Beispiel für das Gesetz des Standortes, Growth and natural structuring in European Scots Pine forest - an example for the impact of sites,* Forst u. Holz, 57, Nr.17/18: 507-511 u. 550-555.

Pfeil, W. (1829): *Das forstliche Verhalten der deutschen Waldbäume,* S. 228 Kritische Blätter Bd.7, S.74; Bd. 27, S. 252.

Pfeil (1839): *Die Forstgeschichte Preußens bis zum Jahre 1806.* Leipzig. Baumgärtners Buchhandlung 1839.

Papendieck, Chr. / Stephan H. (2001): *Reformen und Erfolge - die Intensivierung der Landwirtschaft: Der Pflug - im Blickpunkt von Tradition und Inovation.*

Pietschmann, G. (1996): *Zur Geschichte des Reviers Bärenthoren. Wald in Sachsen/Anhalt.* Landesforstverwaltung Sachsen-Anhalt, Forstverein Sachsen-Anhalt e. V., Gernrode 01/97.

Pietschmann, G. (2000): *Literatur-Sammlung zur Geschichte des Reviers Bärenthoren, zur Familie von Kalitsch und zum Dauerwald.* Schriftenreihe der Landesforstverwaltung Sachsen-Anhalt 07/2000.

Pietschmann, G. (2002): *Forstgeschichte und Waldentwicklung im Staatlichen Forstamt Nedlitz.* Schriftenreihe der Landesforstverwaltung Sachsen-Anhalt 12/2002.

Pietschmann, G. (2007): *Mündliche Information.*

Preising (1939): *Erläuterungen zur Vegetationskarte Bärenthoren.* 26 Seiten (unv.).

Pries, E. (1982): *Erläuterungsband zu den forstl. Standortskarten des StfB Malchin.* Historische Ursachen von Standortsunterschieden, S. 298 ff.

Pries, E. (1996): *Traditionelle Forstwirtschaft oder Walderhaltung.* Lenzer Gespräche 13 - 14.10.1994 Tagungsband Dummerstorf Jan. 1996.

Pries, E. (2002): in Kopp, Jochheim: *Forstliche- und Standortsformen des nordostdeutschen Tieflandes als Datenbasis für die Landschaftsmodellierung.* Forstbuch-Vlg. Dr. Kessel Remagen- Oberwinter.

Rachtejenko I. N. (1952): *Die Wurzelsysteme der Baum- u. Straucharten* (russ.), Lesnaja promyschlenost, Moskau 1- 262

Radtke, D. (2007 - 2019): *Mündl. Information des langjährigen Forstamtsleiters in Nedlitz.*

Ramann, E. (1923): *Dem geschiedenen Freunde!* ZFJW, S. 2-3.

Rebel, K. (1924): *Waldbauliches aus Bayern II.* (Ausführungen zum Gesetz des Örtlichen).

Rehfuess, K. E. 1981: *Waldböden.* Pareys Studientexte 29 Vlg. Paul Parey.

Reinecke, H.; (1993): *Begleitwuchsregulierung.*

Reinecke, H.;(2001): *Begleitwuchsregulierung 2000.* Reinecke-Forstservice Forsting.-Büro

Richter, A. (1957): *Zur Entwicklung der Waldverbreitung im Gebiet der DDR während der letzten 150 Jahre.* Archiv für Forstwesen, 6. Bd., H. 11/12 S. 802 ff.
Richter, A. (1959): *Aufgaben und Methoden Standortgerechter Forsteinrichtung.* Sitzungsberichte Band VIII. h.2. Deutsche Akademie der Landwirtschaftswissenschaften zu Berlin.
Riemann, K. (1999): *Das Revier Bärenthoren im Ergebnis der Forsteinrichtung per 1.1.98.* Forst und Holz, 54. Jg., S.672-675.
Ritter, G. (1990): *Zur Wirkung von Stickstoffeinträgen auf Feinwurzelsystem und Mykorrhizabildung in Kiefernbeständen.* Beitr. Forstwirtsch., Berlin. 24, 3, 100-104
Ritter, G. (1991): *Die Kiefer Zur Mykorrhiza d. Kiefer. Ber. a. Forschung u. Entwicklg. Forschungsanst. f. Forst- u. Holzwirtsch. Eberswalde*
Röder, U. (1999): *Untersuchungen zum Einfluss des Mykorrhizapilzes Suillus bovinus (L.: Fr.) auf die Wirkung von Cadmium bei Pinus sylvestris (L.) unter den Bedingungen einer erhöhten Stickstoffbelastung.* Selbstverlag d. Forschungszentrums Waldökosysteme Universität Göttingen.
Röhrig, E. Bartsch, N. (1992): *Waldbau auf ökologischer Grundlage begründet von Prof. Alfred Dengler.* Band I: Der Wald als Vegetationsform und seine Bedeutung für den Menschen. Verlag Paul Parey, Hamburg und Berlin.
Rothmaler, W. (1987): *Exkursionsflora für die Gebiete der DDR und der BRD.* Volk und Wissen Volkseigener Verlag Berlin.
Rohmeder, E. (1972): *Das Saatgut in der Forstwirtschaft.* P. Parey Hmbg. u. Bln.
Rubner, K. (1960): *Die pflanzengeographischen Grundlagen des Waldbaues.* Neumann Vlg. Radebeul, Berlin.
Rübensam, E. (1960): *Über die Entwicklung der Bearbeitungstiefe von Ackerböden.* Probleme der Bodenbearbeitung. Vorträge und Diskussionsbeiträge d. wiss. Arbeitstagung v. 27.-29. Aug. 1959 im Inst. f. Acker- u. Pflanzenbau Müncheberg d. Dt. Akademie d. Landwirtschaftswiss. zu Berlin. Tagungsberichte Nr. 28.
Rüffer, O. / Pommer, U. (2010): *Naturnahe Waldwirtschaft – Dauerwald heute?* Eberswalder Forstl. Schriftenreihe, Bd. 46, S. 29-47. Min. f. Infrastruktur u. Landwirtsch. Brandenburgs u. Landeskompetenzzentrum Forst Eberswalde. Was zeigt uns die vergleichende Waldentwicklung der letzten Jahrzehnte in den Dauerwaldrevieren Gr. Ziethen u. Bärenthoren in Hinblick auf die Möllersche Dauerwaldidee? Vortrag vor dem Brandenburg. Forstverein in Rangsdorf am 21.10.2010 zum 150. Geburtstag von Prof. A. Möller.
Scamoni, A. (1950): *Kriterien bei der Standortserkundung im Diluvium von Mecklenburg und Sachsen-Anhalt.* AFZ S. 435
Scamoni, A. (1952): *Über die Verbreitung der natürlichen Waldgesellschaften im Gebiet des Diluviums der DDR.* AfF, Bd.7. S.89, S.104.
Scamoni, A. (1955): *Teeröfen als Nachweis eines ursprünglichen Vorkommens der Kiefer,* Archiv f. Forstwesen 4, 1955.
Scamoni, A. (1960): *Waldgesellschaften und Waldstandorte.* Akademie-Verlag Berlin.
Schaefer, M. (1992): *Wörterbücher der Biologie,* Ökologie. Jena.
Schauer, W. (1957): *Untersuchungen zur Waldverbreitung in den Bezirken des ehemaligen Landes Brandenburg.* Inaugural-Dissertation Forstwirtschaftliche Fak. der Humboldt- Univ. zu Berlin.
Scheffer, F. / Schachtschabel P. (1992): *Lehrbuch der Bodenkunde,* 13. Aufl., Ferd. Enke Vlg. Stuttgart.
Schenck, C. A. (1924): *Der Waldbau des Urwaldes.* Allg. Forst- und Jagd-Zeitung 100. J. S. 377 ff.
Schmidt. W. (1932): *Betrachtungen über den Urwald.* Silva, 20. Jg. Nr. 29.
Schmierer, Th. (1908): *Erläuterungen zur geologischen Karte von Preußen und benachbarten Bundesstaaten,* Lieferung 138, Bl. Nedlitz. – Berlin (Königl. Preuß. Geol. L.-Anst).
Schneck, V. (2019): *Information Thünen-Institut für Forstgenetik Waldsieversdorf.*
Schulze, G. (1995): *s. unter Anweisung für d. forstliche Standortserkundung SEA 95, Teil A.*
Schulze, G. (1996): *siehe unter Anweisungen für die forstliche Standortserkundung Teile A, B, C und D.*
Schulze, G. (2001): *Forstl. Standortskartierung in Mecklenburg-Vorpommern.* Teil C. Anthropogene Spuren in den Waldböden. S. 53. Herausgeber: Landesamt f. Forsten und Großschutzgebiete M-V, Malchin.
Schulze, G. (2001): *siehe unter Forstliche Standortskartierung in Mecklenburg-Vorpommern, Teil C.*
Schulze, G.; (2001): *Forstliche Standortskartierung in Mecklenburg-Vorpommern Teil C: Anthropogene Spuren in den Waldböden.* Herausgeber: Landesamt für Forsten und Großschutzgebiete M-V, Malchin.
Schulze, G. ab (2007): *mdl. Mitteilungen.*
Schulzke, D. (2009): *Eberswalde – Entwicklungszentrum der forstl. Standortserkundung für das nordostdeutsche Tiefland.* Zum Gedenken und zur Würdigung d. Leistungen v. Dr. habil. Dietrich Kopp. Archiv f. Forstwesen und Landschaftsökologie H.4 Bd. 43.
Selig, I. (1996): *Zur Überführung von Altersklassenwald in Dauerwald – Versuch einer wirtschaftsempirischen Analyse im Forstamt Erdmannshausen.* Arbeitsber. 24-96 d. Inst. F. Forstökonomie d. Univ. Freiburg.
Selig, I., (1997): *Die Dauerwaldbewegung in den Jahren zwischen 1880 und 1930. Eine sozialhistorische Analyse.* Dissertation. Schriften aus dem Inst. F. Forstökonomie der Univ. Freiburg, Bd. 8.

Smolentseva, E. / Lashchinsky, N. / Babenko, A. / Barsukow, P. (2003): *9th. Soil-ecological excursion 2003 across Western Sibiria. Novosibirsk.*
Soldatov, A.G. (1955): *Wurzelsysteme verschiedener Baumarten* (russ.), staatl. Vlg. d. landw. Lit. der Ukraine.
Specht, S. (2006): *Analytische Untersuchungen über Wachstum und Entwicklung von Kiefernnaturverjüngung in Abhängigkeit vom Standort und der Bestockungsdichte des Kiefernhauptbestandes mit Schlussfolgerungen für den Waldbau.* Dipl. Arbeit FHS Eberswalde.
Speidel, G.; (1983): *Forstliche Betriebswirtschaftslehre.* Verlag Paul Parey, Berlin. 226 S.
Spellmann, H. (1996): *Waldbau im Wandel. - Vortrag anläßlich der Tagung des Nordwestdt. Forstvereins am 30. August 1995 in Hameln,* in Forst und Holz, 51. Jg., Nr. 1, 3 - 9.
Spellmann, H. (2005): *Produziert der Waldbau am Markt vorbei?* AFZ-Der Wald, H. 9, S.454- 458.
Staschel, R. / Greger, O. (1993): *Vergleich des Radialzuwachses einzeln und gruppiert stehender Altkiefern in einem Buchengrundbestand.* Gedanken zur Durchforstungspraxis, Forst u. Holz, Nr. 18.
Stugren, B. (1986): *Grundlagen der Allgemeinen Ökologie.* VEB Gustav Fischer Vlg. Jena 4. Auflg.
Schwanecke, W. / Kopp D. (1994): *Forstliche Wuchsgebiete u. Wuchsbezirke des Landes Sachsen-Anhalt.* Im Auftrag der Forstl. Landesanstalt Sachsen-Anhalt, Haferfeld.
Strohbach, B.; 2006: *Mündliche Information und Analysenergebnisse,* LFE
Sturm, K.: *Naturschutzkonzept für die Waldflächen in fünf ausgewählten Naturschutzgebieten im Naturpark Nossentiner-Schwinzer Heide,* unveröffentlicht.
Tansley, A. C., (1935): *The use and abuse of vegetational concepts and terms.* Ecology, 16, 284-307.
Teichmann, J. (1954): *Ergebnisse der Standortserkundung im StFB Nedlitz.*
Teichmann, J. (1954): *Beitrag zur Waldgeschichte des SW-Flämingvorlandes,* Forst und Jagd, Sonderheft Forstliche Standortserkundung, S. 52- 58
Thomas, U. (2007): *FH Eberswalde, Fachbereich f. Landschaftsnutzung und Naturschutz,* Labor, A. 284-307.
Thomasius, H. (1992a): *Prinzipien eines ökologisch orientierten Waldbaus.* Forstwiss. Cbl., 111, 141-155.
Thomasius, H. (1992b): *Naturgemäße Waldwirtschaft in Sachsen - gestern, heute und in Zukunft.* Dauerwald. H. 6. 4-29.
Thomasius, H. (1996): *Geschichte, Theorie und Praxis des Dauerwaldes.* Vortrag in Garitz/Fläming/Sachsen-Anhalt anläßlich einer gemeinsamen Tagung des Landesforstvereins, der ANW und der Schutzgemeinschaft Deutscher Wald am 14.5.1996.
Trittel, (1936): *Forstgeschichtliches aus dem Kreise Zerbst.* Z. f. Forst- und Jagdwesen, 68. Jg. S. 292-319.
Tschermak, L. (1910): *Einiges über den Urwald von waldbaulichen Gesichtspunkten.* Centralblatt f. d. ges. Forstw.
Tzschacksch, O. (2012): *Die Zusammenhänge zwischen der Immissionsproblematik und Trockenresistenz der Waldbäume sowie dem Krisenmanagement der globalen Erwärmung.* (mdl. Information).
Varenholt, F. / Lüning, S. (2012): *Die kalte Sonne. Warum die Klimakatastrophe nicht stattfindet.* Hoffmann und Campe.
Vanselow, K. (1931): *Theorie und Praxis der natürlichen Verjüngung im Wirtschaftswald.* Verlag Neumann, Neudamm. Das Bärenthorener Verjüngungsverfahren S. 201-206.
Vink, A. P. A. (1949): *Bijdrage tot de kennis van loess en dekzanden in het bijzonder van de zuidoostelijke veluwe.* Verlag H. Veenmann & Zonen, Wageningen.
Vogt, A. (2007): *Forstbaumschule in Pinneberg,* Mündliche Beratung.
Vollprecht, J. (1996): *Der Einfluß v. Ammonium u. Nitrat auf d. Wachstum mykorrhizierter u. nicht mykorrhizierter Stieleichen am Beispiel des Pilzes Paxillus involutus.* Dipl.- Arbeit. Forstwiss. Fachber. Univ. Göttingen.
Wagenbreth, O. / Steiner, W. (1990): *Geologische Streifzüge. Landschaft und Erdgeschichte zwischen Kap Arkona und Fichtelberg.* VEB Deutscher Verlag für Grundstoffindustrie, Leipzig.
Wagenknecht, E. / Scamoni, A. / Richter, A. / Lehmann, J. (1953): *Wege zu standortgerechter Forstwirtschaft.* Neumann Vlg., Radebeul, Bln.
Wagenknecht, E. (1955): *Bestockungszieltypen für das nordostdt. Diluvium.* Archiv f. Forstwesen Bd. 4, H.1, S.11-65.
Wagenknecht, E. / Scamoni, A. / Richter, A. / Lehmann, J. (1956): *Eberswalde 1953 – Wege zu standortgerechter Forstwirtschaft.* Neumann Vlg., Radebeul, Bln.
Wagenknecht, E. (1994): *Zum Gedenken an Professor Dr. Dr. h. c. Alfred Dengler.* Festvortrag aus Anlass des 50. Todestages von Professor Dengler am 14. 10.1994 in Chorin durch den Brandenburgischen Forstverein e. V.
Wagenknecht, E. (1997): *Waldbaul. Konsequenzen der Klimaänderung.* AFZ-Der Wald 52, 1.
Wagenknecht, E. (1999): *Was ist naturgemäßer Waldbau?* AFZ-Der Wald 6.
Wagner, S. / Huth, F. (2010): *Dauerwald heute – was geht, vor allem mit Blick auf die Lichtbaumarten? Vortrag Jahrestagung des Brandenburgischen Forstvereins am 21.10.2010 in Rangsdorf.* Eberswalder Forstliche Schriftenreihe, Bd. 46, Hrsg.: Lan deskompetenzzentrum Forst Eberswalde, Eberswalde.
Wahnschaffe, F. (1906): *Über glaziale Schichtenstörungen im Diluvium und Tertiär bei Freienwalde a. O. und Fürstenwalde a. d. Spree* (D.G.G. 1906, M.-B. 8-10, S. 242).

Wahnschaffe, F. / Schucht, F. (1921): *Geologie und Oberflächen-Gestaltung des Norddeutschen Tieflandes.* Vlg. J. Engelhorn Nachf. 4. Auflage, Stuttgart.
Walter, M. (1950): *Ergebnisse einer Leistungsüberprüfung des Dauerwaldreviers Bärenthoren.* Forstwirtschaft – Holzwirtschaft 4. Jg., S. 181-185 in Pietschmann, 1996.
Walter, H. (1968): *Die Vegetation der Erde.* VEB Gustav Fischer Vlg. Jena.
Wechsung, F. / Becker, A. / Gräfe, P. (2005): *Auswirkungen des globalen Wandels auf Wasser, Umwelt und Gesellschaft im Elbegebiet. – Konzepte für die nachhaltige Entwicklg. einer Flusslandschaft* Bd. 6, Weißensee Verlag Berlin 405 S.
Weck, J. (1944): *Dauerwaldgefüge. Aus d. Arbeitsgemeinschaft Kieferndauerwaldwirtschaft.* Der Deutsche Forstwirt, 26. Bd., Nr. 63/64
Weck, J. (1947): *Waldgefügetypen.* Schweizerische Zeitschrift für Forstwesen, Jahrgang, 98, H. 5.
Weck, J. (1947/1): *Die Kiefer Ostelbiens und das Plenterprinzip.* Schweiz. Zeitschr. f. Forstwesen 98
Weck, J. (1947/2): *Waldgefügetypen.* Allg. Forstzeitschr. München 3.
Weck, J. (1952): *Forstliche Zuwachs- und Ertragskunde.* Neumann Vlg. Radebeul, Bln.
Wiebecke, E. (1924): *Der Dauerwald.* Pommernblatt Verlagsgesellschaft Stettin- Neutorney.
Wiedemann, E. (1925): *Die praktischen Erfolge des Kieferndauerwaldes.* Vlg. Vieweg Braunschweig.
Wiedemann, E. (1926): *Die Kiefernnaturverjüngung i.d. Umgebung v. Bärenthoren.* Z.F.J.W. S. 269.
Wiedemann, E. (1936): *Bärenthoren 1934.* Z. F. J. W. S. 513.
Wiedemann, E. (1948): *Die Kiefer 1948.* Schaper Verlag Hannover.
Wiedemann, E. (1951): *Ertragskundliche und waldbauliche Grundlagen der Forstwirtschaft.* Frankfurt/M.
Wittich, W. (1932): *Für und wider den Kahlschlag?* Silva Nr. 28 S. 217ff.
Wittich, W. (1935): *Einzelstammwirtschaft im norddeutschen Tiefland.* Zeitschr. f. Forst- u. Jagdwesen APRIL 4. Heft.
Wittich, W. (1949): *Wege zu einem Waldbau auf standörtlicher Grundlage.* FW Cbl. S. 486.
Wittich, W. (1955): *Die standörtlichen Bedingungen für die natürliche Verjüngung der Kiefer und für ihre Erziehung unter Schirm.* AFJZ.
Wloczewski, T. (1968): *Ökologische Grundlagen des Waldbaus,* II. Teil, Abschn. 8: Baumgruppen/Biogruppen im Bestand (poln.): 111-114.
Woithe, F /; Rösler, H. (2001): *Bodenkundliche Untersuchung überdünter Wölbäcker in den Fluren von Merzdorf und Dissenchen, Tagebauvorfeld Cottbus-Nord. Ausgrabungen im Niederlausitzer Braunkohlenrevier 2000.* Arbeitsberichte zur Bodendenkmalpflege in Brandenburg 8 (Calau 2001) 197-202.
Woldstedt, P. (1961): *Das Eiszeitalter. Grundlinien einer Geologie.* F. Enke Vlg. Stuttgart.
Zajaczkowski, J. (1990): *Stabilisierende Gruppendurchforstung in Kiefernbeständen,* Forstarch. 61:39-40.
Zajaczkowski, J. (1994): *Biogruppen in Beständen - Möglichkeiten u. Zweckmäßigkeit ihrer Ausnutzung b. d. Durchforstg.* (poln.), Prace Institytutu Badawczego Lesnictwa ser. A, Warschau.

Autorenkollektive, Institutionen

Agrarwissenschaftliche Gesellschaft Magdeburg (1984): *100 Jahre Bärenthorener Kiefernwirtschaft 1884-1984.* Vorträge anlässlich der Veranstaltung der AWIG, Bezirksverband Magdeburg, am 30.8.1984 im StFB Zerbst.

Anders, S. / Beck, W. / Bolte, A. / Hofmann, G. / Jenssen, M /, Krakau, U. / Müller, J. (2002): *Ökologie und Vegetation der Wälder Nordostdeutschlands.* Vlg. Dr. Kessel, Oberwinter.

Anleitung für die forstliche Standortserkundung im nordostdeutschen Tiefland, SEA (1995): *Teil D. Bodenformenkatalog* 3. Aufl. 1.1.1998, G. Schulze, Schwerin.

Anweisung für die forstliche Standortserkundung in den Wäldern des Landes Mecklenburg-Vorpommern SEA (1995): *Teil A. Standortsformen*, Min. f. Landw. u. Natursch. d. Landes Mecklenburg-Vorpommern.

Anweisungen für die forstliche Standortserkundung in den Wäldern des Landes Mecklenburg- Vorpommern, SEA (1995), *Teil A, B, C und D.* Herausgegeben vom Ministerium f. Landwirtschaft und Naturschutz des Landes Mecklenburg-Vorpommern, Landesamt f. Forstplanung 1996.

Autorenkollektiv Friedrich, G. et al. (1956): *Lehrbuch des Acker- und Pflanzenanbaus f. d. Fachschulen f. Landwirtschaft* Bd. 1. Deutscher Bauernverlag, S. 149 ff.

Bundesamt für Geowissenschaften und Rohstoffe: *Geologische Karte Lage des Reviers Bärenthoren im nordostdt. Tiefland.*

Bundesforschungsanstalt f. Forst- und Holzwirtschaf; (2003): *Der Waldzustand in Europa.* Kurzbericht.

Deutsche Akademie d. Wissenschaften zu Berlin, Quartärkommitee der DD (1965): *Die Weichselvereisung auf dem Territorium der DDR.* Herausgeber Gellert, J.F., Akademie-Vlg Berlin.

Deutscher Forstwirtschaftsrat (2016): *Pressemitteilung 18/16 vom 28.11.2016 auf den Beschluss des Regierungskabinetts vom 14.11.2016 zum „Klimaschutzplan 2050".*

Ergebnisse d. Standortserkundung im StFB Nedlitz (1954): Verwaltung Staatl. Forstwirtschaftsbetriebe, Abt. Forsteinrichtung und Standortserkundung Halle/Saale, bearbeitet von J. Teichmann.

Ergebnisse d. Standortserkundung im StFB Zerbst (Erläuterungsband) (1963): Inst. f. Forsteinrichtung u. Standortserkundung Potsdam, AG Potsdam.

Erläuterungsbände z. geolog. Karten v. Preußen (1904): Blatt Lindau, Zerbst, Stackelitz.

Forstliche Landesanstalt Sachsen-Anhalt, Autorenkollektiv (2001): *Naturraumerkundung des Landes Sachsen-Anhalt, Standortsregion Tiefland.* Schriftenreihe d. Forstl. Landesanstalt 1/01.

Forstliche Landesanstalt Sachsen-Anhalt (1998): *Forsteinrichtung im FoA Nedlitz.*

Forstliche Standortskartierung in Mecklenburg-Vorpommern, Teil C. *Anthropogene Spuren in den Waldböden.* Landesforstverwaltung M-V, Herausgeber: Landesamt f. Forsten u. Großschutzgebiete M-V, Malchin. 2001.

GCI Grundwasser Consulting Ing.-ges. (2002): Hydrolog. *Gutachten – Optimierung des Fassungsbetriebs der WF Nedlitz und Dobritz II.*

GCI Grundwasser Consulting Ingenieurgesellschaft (2005): *Hydrologischer Jahresbericht 2005 Werk Lindau.*

Geologische Erläuterungsbände (1922): *Erläuterungsbände zur geolog. Karte von Preußen,* Blätter Lindau, Nedlitz, Zerbst, Stackelitz.

Gerstengarbe, F.W. / Badeck F. / Hattermann F. / Krysanova V. / Lahmer W. / Lasch P. / Stock M. / Suckow F. / Wechsung F. und Werner P.C. (2003): *Studie zur klimatischen Entwicklung im Land Brandenburg bis 2055 und deren Auswirkungen auf den Wasserhaushalt, die Forst- und Landwirtschaft sowie die Ableitung erster Perspektiven.* PIK Report No. 83. Potsdam Institut für Klimafolgenforschung. 92 S. Alternatives Zitat zu (PIK 2003), hier verwendet.

IHU Geologie und Analytik Stendal (2006): *Korngrößenanalysen für das Alt-Revier Golmenglin.*

Institut für Forsteinrichtung und Standortserkundung Potsdam (1963): *Ergebnisse d. Standortserkundung im StFB Zerbst.*

IPCC (2007): *Summary for Policymakers. In*: Climate Change 2007: Impacts, Adaptation and Vulnerability. Contribution of Working Group II to the Fourth Assessment Report of the Intergovernmental Panel on Climate Change, M.L. Parry, O.F. Canziani, J.P. Palutikof, P.J. van der Linden and C.E. Hanson, Eds., Cambridge University Press, Cambridge, UK, 7-22.

Landesamt für Forsten und Großschutzgebiete Mecklenburg-Vorpommern (1996): *Erläuterungsband zur forstlichen Standortskarte des Forstamtes Altentreptow,*

LFE Landeskompetenzzentrum Forst Eberswalde (2002): *Versuchsfläche Nedlitz.*

LPF (Landesbetrieb f. Privatwaldbetreuung u. Forstservice Geschäftsbereich Gernrode), Greger, O.; Schulze, G. (2007/2008): *Erläuterungsbd. zu Standorten im Forstamt Nedlitz Wuchsgebiet Hoher Fläming mit den Wuchsbezirken Wiesenburger Fläminghochfläche und Teilen der Nedlitzer Flämingrandplatte.*

MLUR Brandenburg, Landesforstanstalt Eberswalde (Hrsg.) (2002): *Ausländische Baumarten in Brandenburgs Wäldern.*

Min. f. Ernährung, Landwirtschaft u. Forsten (1998): *Leitlinie Wald LSA.* Magdeburg.

Nowak, W. et al, (1956): *Lehrbuch der Landtechnik für die Fachschulen f. Landwirtschaft. Deutscher Bauernverlag,* S. 242 ff.

Preußische Kartenaufnahme 3939 Nedlitz (1842): *Uraufnahme* 1:25 000, Aufgenommen und gezeichnet von v. Bornstedt Prem. Lieutenant im Gardejäger-Bataillon.

Schmettau, Friedrich Wilhelm Graf v. (1776 - 1787): *Schmettausches Kartenwerk d. preuß. Staatsgebietes.* im Maßstab 1: 50. 000, Nr. 88 Belzig.

Fein-boden-formen	Humusformen															Summen		Stamm-gruppe
	nMM	fMM	iMM	mMM	fMo	iMo	mMo	fRM	iRM	mRM	fRo	iRo	mRo	mMa	OH	ha	%	
WpSU 47								5								5	0,1	Z2
Summen	11	12	20	123	27	52	467	42	45	1863	5	8	1373	13	84	4145	100	

• Humusformenuntersuchung unter Traubenkirsche in Kiefernbeständen

Tabelle 18: *Analysenergebnisse der chemischen Bodenuntersuchungen*

Proben-Nr.	Abt./ Gruppe	Tiefe cm	Horizont	pH-Wert KCl	pH-Wert H_2O	Ca-CO_3 %	C %	S %	N %	C/N	Hu %	
1	1363a^{1}/1	1 - 0	Oh	3,1	3,9	< 0,01	25,77	0,223	1,205	21,39	44,43	Trki jung
2	1363a^{1}/1	0 - 1	Ah	3,1	3,9	< 0,01	15,73	0,139	0,686	22,93	27,12	
3	1363a^{1}/2	1 - 0	Oh	3,3	4,0	< 0,01	20,61	0,292	1,226	16,81	35,53	
4	1363a^{1}/2	0 - 1	Ah	3,4	4,2	< 0,01	8,09	0,071	0,478	16,92	13,95	
5	1363a^{1}/3	1 - 0	Oh	3,6	4,2	< 0,01	17,75	0,151	0,901	19,70	30,60	
6	1363a^{1}/3	0 - 1	Ah	3,7	4,5	< 0,01	6,94	0,042	0,298	23,89	11,96	
7	1337a^{1}/11	1 - 0	Oh	3,3	4,1	< 0,01	28,10	0,228	1,374	20,45	48,44	Trki alt
8	1337a^{1}/11	0 - 1	Ah	3,2	4,1	< 0,01	8,68	0,072	0,392	22,14	14,96	
9	1337a^{1}/12	1 - 0	Oh	3,0	4,0	< 0,01	31,86	0,292	1,467	21,72	54,93	
10	1337a^{1}/12	0 - 1	Ah	3,0	3,9	< 0,01	6,53	0,046	0,244	26,76	11,26	
11	1353a^{2}/13	1 -0	Oh	3,0	3,8	< 0,01	27,29	0,389	1,147	23,79	49,66	ohne
12	1353a^{2}/13	0 - 1	Ah	3,2	4,0	< 0,01	6,14	0,064	0,239	25,69	11,17	
13	1353a^{2}/14	1 - 0	Oh	3,0	3,7	< 0,01	24,44	0,349	0,994	24,59	44,48	
14	1353a^{2}/14	0 - 1	Ah	3,2	4,0	< 0,01	6,84	0,070	0,262	26,11	12,45	

Tabelle 19: *Pflanzenverfügbare Nährstoffe*

Proben-Nr.	Abt./ Gruppe	Tiefe cm	Horizont	P mg/100g Boden	K mg/100g Boden
1	1363a^{1}/1	1 - 0	Oh	2,84	13,55
2	1363a^{1}/1	0 - 1	Ah	1,75	6,08
3	1363a^{1}/2	1 - 0	Oh	2,40	9,02
4	1363a^{1}/2	0 - 1	Ah	1,66	3,24
5	1363a^{1}/3	1 - 0	Oh	3,56	12,96
6	1363a^{1}/3	0 - 1	Ah	2,85	4,38
7	1337a^{1}/11	1 - 0	Oh	3,36	25,68
8	1337a^{1}/11	0 - 1	Ah	1,02	6,22
9	1337a^{1}/12	1 - 0	Oh	1,51	11,78
10	1337a^{1}/12	0 - 1	Ah	0,58	2,81
11	1353a^{2}/13	1 -0	Oh	1,20	7,29
12	1353a^{2}/13	0 - 1	Ah	0,56	1,83
13	1353a^{2}/14	1 - 0	Oh	1,68	6,43
14	1353a^{2}/14	0 - 1	Ah	0,79	2,56

Tabelle 20: *Verbale Einstufung der Proben nach Bodenreaktion, Carbonat- und Humusgehalt (abgeleitet aus den Analysenergebnissen Tab. 19)*

Proben-Nr.	Tiefe cm	Bodenreaktion	Carbonatgehalt	Humusgehalt
1	1 – 0	extrem sauer	carbonatfrei	organisch, Torf
2	0 – 1	extrem sauer	carbonatfrei	extrem humos
3	1 - 0	sehr stark sauer	carbonatfrei	organisch, Torf
4	0 – 1	sehr stark sauer	carbonatfrei	sehr stark humos
5	1 – 0	sehr stark sauer	carbonatfrei	organisch, Torf
6	0 – 1	sehr stark sauer	carbonatfrei	sehr stark humos
7	1 – 0	sehr stark sauer	carbonatfrei	organisch, Torf
8	0 – 1	sehr stark sauer	carbonatfrei	sehr stark humos
9	1 – 0	extrem sauer	carbonatfrei	organisch, Torf
10	0 - 1	extrem sauer	carbonatfrei	sehr stak humos
11	1 - 0	extrem sauer	carbonatfrei	organisch, Torf
12	0 – 1	sehr stark sauer	carbonatfrei	sehr stark humos
13	1 – 0	extrem sauer	carbonatfrei	organisch, Torf
14	0 - 1	sehr stark sauer	carbonatfrei	sehr stark humos

Tabelle 21: *Pflanzenverfügbare Nährstoffgehalte der Bodenproben des Forstamtes Nedlitz (2007), Einschätzung nach KERSCHBERGER u. a. (1986)*

Proben-Nr.	Tiefe cm	pH mit Bezug zum Bodensubstrat	Phosphor	Kalium
1	1 – 0	sehr niedrig	mittel	hoch
2	0 – 1	sehr niedrig	niedrig	mittel
3	1 – 0	sehr niedrig	mittel	mittel
4	0 – 1	sehr niedrig	niedrig	mittel
5	1 – 0	sehr niedrig	mittel	hoch
6	0 -1	sehr niedrig	mittel	mittel
7	1 - 0	sehr niedrig	mittel	sehr hoch
8	0 - 1	sehr niedrig	niedrig	mittel
9	1 – 0	sehr niedrig	niedrig	hoch
10	0 - 1	sehr niedrig	sehr niedrig	niedrig
11	1 - 0	sehr niedrig	niedrig	mittel
12	0 – 1	sehr niedrig	sehr niedrig	niedrig
13	1 – 0	sehr niedrig	niedrig	mittel
14	0 - 1	sehr niedrig	sehr niedrig	niedrig

Tabelle 22: *Gesamtgehalte Nähr- und Spurenelemente (Königswasseraufschluss)*

Prb. Nr.	Abt./ Gruppe	Tiefe cm	Horizont	P mg/kg	K mg/kg	Ca mg/kg	Na mg/kg	Fe mg/kg	Al mg/kg	Mo mg/kg	Mg mg/kg
1	1362b/1	1 - 0	Oh	885	668,5	2030	233	7209	7213	1750	564,2
2	1362b/1	0 - 1	Ah	543,1	556,1	1143	210	6374	7295	1261	472,3
3	1362b/2	1 - 0	Oh	1210	709,3	1332	181,1	11200	8702	2244	729,6
4	1362b/2	0 - 1	Ah	474,7	431,5	690,5	223,5	6494	6760	1169	525,3
5	1355c/3	1 - 0	Oh	996	802	1717	165,4	7786	7899	1764	683,5
6	1355c/3	0 - 1	Ah	387,9	438,1	564,7	201	4354	7074	740,4	502,5
7	1337a[1]/11	1 - 0	Oh	1435	1181	4707	238,8	8440	7774	2067	783,4
8	1337a[1]/11	0 - 1	Ah	275,7	369,4	629,6	174,1	3033	3741	668,8	242,7
9	1337a[1]/12	1 - 0	Oh	862,2	533,7	2175	210,1	7218	6048	1849	463,2
10	1337a[1]/12	0 - 1	Ah	166,8	240,2	612,3	124	2569	3027	474,7	193,5

Tabelle 23: *Analysenergebnisse V-Wert*

Proben-Nr.	Abt./ Gruppe	Tiefe cm	Horizont	S- Wert	H- Wert	T- Wert	V- Wert
1	1363a^{1}/1	1 - 0	Oh	12,6	65,75	78,35	16,1
2	1363a^{1}/1	0 - 1	Ah	5,55	32,88	38,43	14,4
3	1363a^{1}/2	1 - 0	Oh	8,6	63,25	71,85	12
4	1363a^{1}/2	0 - 1	Ah	3,7	34,88	38,58	9,6
5	1363a^{1}/3	1 - 0	Oh	12	53	65	18,5
6	1363a^{1}/3	0 - 1	Ah	5,1	29,63	34,73	14,7
7	1337a^{1}/11	1 - 0	Oh	18,5	69,5	88	21
8	1337a^{1}/11	0 - 1	Ah	3,4	29,38	32,78	10,4
9	1337a^{1}/12	1 - 0	Oh	13,6	79,5	93,1	14,6
10	1337a^{1}/12	0 - 1	Ah	3,3	29,5	32,8	10,1
11	1353a^{2}/13	1 -0	Oh	16,1	60,25	76,35	21,1
12	1353a^{2}/13	0 - 1	Ah	5,0	24,75	29,85	17,1
13	1353a^{2}/14	1 - 0	Oh	15,1	49,25	64,35	23,5
14	1353a^{2}/14	0 - 1	Ah	5,55	21,63	27,18	20,4

Tabelle 24: *Gesamtgehalte an Nähr- und Spurenelementen (HF-Aufschluss)*

Proben-Nr.	Abt./ Gruppe	Tiefe cm	Horizont	P %	K %	Ca %	Mg %
1	1363a^{1}/1	1 - 0	Oh	0,104	0,497	0,2787	0,0737
2	1363a^{1}/1	0 - 1	Ah	0,0612	0,6891	0,1988	0,0691
3	1363a^{1}/2	1 - 0	Oh	0,128	0,6707	0,2178	0,0962
4	1363a^{1}/2	0 - 1	Ah	0,0564	0,7711	0,1634	0,0776
5	1363a^{1}/3	1 - 0	Oh	0,1134	0,6	0,2492	0,0876
6	1363a^{1}/3	0 - 1	Ah	0,0508	0,6718	0,1427	0,0725
7	1337a^{1}/11	1 - 0	Oh	0,0894	0,4082	0,3347	0,0541
8	1337a^{1}/11	0 - 1	Ah	0,0313	0,5717	0,1147	0,0363
9	1337a^{1}/12	1 - 0	Oh	0,1112	0,3191	0,2942	0,0618
10	1337a^{1}/12	0 - 1	Ah	0,0253	0,6008	0,1195	0,034

Tabelle 25: *Gesamtgehalte im HF-Aufschluss – SEA 95*

Proben-Nr.	K	P	Mg	Ca
1	ziemlich gering	Hoch	ziemlich gering	mäßig
2	ziemlich gering	Mäßig	ziemlich gering	mäßig
3	ziemlich gering	ziemlich hoch	ziemlich gering	mäßig
4	mäßig	Mäßig	ziemlich gering	mäßig
5	ziemlich gering	ziemlich hoch	ziemlich gering	mäßig
6	ziemlich gering	Mäßig	ziemlich gering	ziemlich gering
7	ziemlich gering	ziemlich hoch	ziemlich gering	mäßig
8	ziemlich gering	ziemlich gering	gering	ziemlich gering
9	ziemlich gering	ziemlich hoch	ziemlich gering	mäßig
10	ziemlich gering	ziemlich gering	gering	ziemlich gering

Tabelle 26: *Wertespannen für N-Stufen*

Proben-Nr.	Abt./Gruppe	Tiefe cm	Horizont	Stickstoffstufe	$N_{c\,\%}$ N_t von C_t	C/N	N-Stufe SEA 74
1	1363a¹/1	1 - 0	Oh	N_5	4,68	21,39	N_3
2	1363a¹/1	0 - 1	Ah	N_5	4,36	22,93	N_3
3	1363a¹/2	1 - 0	Oh	N_6	5,95	16,81	N_2
4	1363a¹/2	0 - 1	Ah	N_6	5,91	16,92	N_2
5	1363a¹/3	1 - 0	Oh	N_5	5,08	19,7	N_3
6	1363a¹/3	0 - 1	Ah	N_5	4,29	23,89	N_3
7	1337a¹/11	1 - 0	Oh	N_5	4,89	20,45	N_3
8	1337a¹/11	0 - 1	Ah	N_5	4,52	22,14	N_3
9	1337a¹/12	1 - 0	Oh	N_5	4,6	21,72	N_3
10	1337a¹/12	0 - 1	Ah	N_4	3,74	23,79	N_4
11	1353a²/13	1 - 0	Oh	N_5	4,20	25,69	N_3
12	1353a²/13	0 - 1	Ah	N_4	3,89	24,59	N_4
13	1353a²/14	1 - 0	Oh	N_4	4,07	26,11	N_4
14	1353a²/14	0 - 1	Ah	N_4	3,83	6,84	N_4

Tabelle 27: *Wertespannen für B-Stufen*

Proben-Nr.	Abt./Gruppe	Tiefe cm	Horizont	Säure-Basestufe	V- Wert %	pH/KCl	V- Stufe (SEA 74)
1	1363a¹/1	1 - 0	Oh	B_4	16,1	3,1	V_4
2	1363a¹/1	0 - 1	Ah	B_4	14,4	3,1	V_4
3	1363a¹/2	1 - 0	Oh	B_4	12,0	3,3	V_4
4	1363a¹/2	0 - 1	Ah	B_4	9,6	3,4	V_4
5	1363a¹/3	1 - 0	Oh	B_5	18,5	3,6	V_3
6	1363a¹/3	0 - 1	Ah	B_4	14,7	3,7	V_3
7	1337a¹/11	1 - 0	Oh	B_5	21,0	3,3	V_3
8	1337a¹/11	0 - 1	Ah	B_4	10,4	3,2	V_4
9	1337a¹/12	1 - 0	Oh	B_4	14,6	3,0	V_4
10	1337a¹/12	0 - 1	Ah	B_4	10,1	3,0	V_4
11	1353a²/13	1 - 0	Oh	B_5	21,1	3,0	V_4
12	1353a²/13	0 - 1	Ah	B_4	17,1	3,2	V_3
13	1353a²/14	1 - 0	Oh	B_5	23,5	3,0	V_4
14	1353a²/14	0 - 1	Ah	B_4	20,4	3,2	V_4

Tabelle 61: *Gegenüberstellung der Neukartierung – Altkartierung nach Mosaikbereichen in ha*

- **Bornumer Nuthe-Niederung**

Boden-form	Neu-kar-tierung	Alt-kartie-rung	Stamm-Gruppe
BaSG 34		5	NM2
BaSG 45	4		NM2
DdSU 45		1	NK2
GödLG 34		8	NM1
GödLG 35	8		NM2
HdSB 45	1		NM2
HdSB 46	5		M1
HdSB 56	1		M1
KsSB 57	5		K2
LhSU 57	4		M2
M.K 45	3		OK4
M.M 45	17		OM4
MdSB 56	13	8	M1
Mk 23		13	OK2
Mk 34		12	OK3

Boden-form	Neu-kar-tierung	Alt-kartie-rung	Stamm-Gruppe
Mm 45		14	OM4
NeS 56	13		M1
NeS 67		2	M1
SM.M 45	11		OM4
SM.M 56	2		OM4
SmSU 56		3	M1
SuSU 35	3		NM2
SuSU 36	2		NM2w
SuSU 56	6		M1
SuSU 56	7	39	M1
SuSU 57	4		M2
SuSU 57	3		M2
WhSU 46	5		K1
WhSU 56		12	K1
Summe	117	117	

- **Golmengliner wellige Oberplatte**

Bodenform	Neu-kar-tierung	Alt-kartie-rung	Stamm-Gruppe
Acker		16	-
DoS 56		4	M1
DoS 77	10	244	M2
DoS/L 77		4	M2
FrS 77	20		M2
GmSB 46	7		K1
GmSB 47	225		K2
GmSB/L 46	7		K1
GrtLU 67	5		M2+
FrS 77		16	K2
HoTU 46	2		K1
LdtL 77	37	31	K2

Bodenform	Neu-kar-tierung	Alt-kartie-rung	Stamm-Gruppe
LU(K) 45		1	NK2
NeS 67		10	M2
NeS 77	7	207	M2
NeS/l 77	32		M2
NeS/L 77	32		M2+
NeSw 77	167		M2
nk		23	-
SltLB 47	4		K2
SnLU 37	9		WK2
So 105	6		
Sob		14	-
Summe	570	570	

- Setzsteiger Höhenplatte

Bodenform	Neu-kartier.	Alt-kartier.	Stamm-Gruppe
BäS 77		91	Z2
BrS	14		A2
BrS h	3		A2
BrS tr	3		A3
BrS 77		45	A1
BrS 77 tr		33	A2
DoS 77		14	M2
FrS 77		3	K2
KdS	42		A2
KdS h	1		A2
KdS tr	2		A3
KdS 77		16	A2
LdtL	1		K2
MüS/BrS	11		A2
MüS/BrS h	3		A2
MüS/BrS tr	3		A3
MwS 77	21		A2
MwS 77 h	1		A2
MwS 77 tr	4		A3
NeS 77		156	M2
NeS/L 77	1		M2+
RüS 77 tr	3		Z3
RuS 77 h	7		A2
RuS 77	40		A2
RüS 77	182		Z2
RuS 77 fr	7		A1
RuS 77 tr	7		A3
So 71	2		-
Summe	358	358	

- Bärenthorener Oberplatte

Bodenform	Neukartierung	Altkartierung	Stamm-Gruppe
BäS 77		71	Z2
NeS 77	62	6	M2
RüS 77	14		Z2
WaR 77	1		Z2
Summe	77	77	

- Medewitzer Oberplatte

Bodenform	Neu-kartierung	Alt-kartierung	Stamm-Gruppe
BäS 56		7	Z1
BäS 77		740	Z2
bNeS	25		M2
bNeS 65	23		M2
BrS 77		2	A1
DoS	120		M2
DoS 56	6	10	M1
DoS 67	2	21	M2
DoS 77		101	M2
DoS/L 77	4	3	M2+
HdSB 67	2		M2
HgS 77	8	15	K2
LdtL 77	13	14	K2
MüS/RüS	3		A2
MuSB 46	4		Z1
NeS 55	4		M2
NeS 56	15	39	M1
NeS 57	9		M2
NeS 66	23		M2
NeS 67	88	89	M2
NeS 77	1573	1358	M2
NeS 77 fr	50	10	M1
NeS/L 77	26	20	M2+
NeS/L 57	8		M2+
NeS/L 56	5		M1
NeS/l 77	17	13	M2
NeS/l 77 fr	10		M1
nk		28	-
OmS 77		22	K2
pNeS 67	4		M2
pNeS 77	394		M2
RüS 56	4		Z1
RüS 67	4		Z2
RüS 77	33		M2
SB(Z) 45		2	NZ2
SG(Z) 34		1	NZ1
So 117	2		
So 170	33		M2
So 52	3		M2
So 70	1		
Soa		4	-
tpNeS 67	2		M2

J. 3. Tabellenzusammenstellung

J. 4. Sachwortregister